机载激光雷达森林资源调查与监测

李春干　李　振　代华兵　著

科学出版社

北京

内 容 简 介

本书是著者近年来提出并实践的天空地一体化森林资源调查监测新技术体系的系统总结。在综述中国森林资源调查历史、现状和发展趋势的基础上，主要介绍了新技术体系总体方案设计、机载激光雷达工作原理和森林参数估测的物理基础、地面样地调查和机载激光雷达数据获取与处理、森林空间信息精细化提取和基本属性准确识别、机载激光雷达大区域森林参数估测模型、机载激光雷达森林垂直结构分类、点云密度和样地大小及数量对机载激光雷达森林参数估测精度的影响、历史调查资料挖掘和森林自然环境与经营管理属性信息自动提取及新技术体系在广西的实践情况，基本涵盖了新技术体系的各个方面，尤以机载激光雷达大区域森林参数估测模型和森林垂直结构分类为重点，可为森林资源调查与监测理论技术研究提供方法学参考。

本书强调理论与实践相结合，适合从事森林资源和生态状况调查与监测的科技人员、研究生阅读参考。

审图号：桂 S（2023）3 号

图书在版编目（CIP）数据

机载激光雷达森林资源调查与监测/李春干，李振，代华兵著. —北京：科学出版社，2023.6
　ISBN 978-7-03-075127-0

Ⅰ.①机… Ⅱ.①李…②李…③代… Ⅲ.①机载雷达–激光雷达–应用–森林资源调查②机载雷达–激光雷达–应用–森林资源–监测 Ⅳ.①S757.2

中国国家版本馆 CIP 数据核字(2023)第 040737 号

责任编辑：李秀伟 / 责任校对：郑金红
责任印制：吴兆东 / 封面设计：刘新新

科学出版社 出版
北京东黄城根北街 16 号
邮政编码：100717
http://www.sciencep.com

涿州市般润文化传播有限公司印刷
科学出版社发行　各地新华书店经销
*

2023 年 6 月第 一 版　开本：720×1000　1/16
2024 年 11 月第二次印刷　印张：20 1/2
字数：413 000
定价：298.00 元
(如有印装质量问题，我社负责调换)

序

　　森林生态系统是人类社会赖以生存和发展的物质基础,在维护全球生态平衡、生物多样性保育、缓解全球气候变化中发挥着重要作用。开展森林资源调查,准确摸清森林资源"家底"是林业一项重要的基础性工作,对林业可持续发展和生态建设具有重大意义。

　　中国森林资源调查技术经几代人长期不懈努力探索,取得了长足进步,中国是国际上坚持定期开展大区域森林资源调查和监测的少数国家之一。然而,现行森林资源调查的高新技术含量低,仍以地面调查为主,导致出现劳动强度高、调查工期长、现场信息收集不全、调查质量受人为因素影响大等问题。因此,迫切需要采用现代遥感、地理信息系统等高新技术改造传统森林资源调查监测体系。

　　自 2016 年以来,广西大学、广西壮族自治区林业勘测设计院和中国林业科学研究院资源信息研究所在广西开展了以高空间分辨率光学遥感和机载激光雷达应用为核心的天空地一体化森林资源调查新技术体系研究与实践,在国内首次完成了机载激光雷达省(区)域全覆盖森林资源调查,初步构建了一个理论技术先进、组装配套、可复制、易推广的全新技术体系,克服或改善了现行技术体系存在的问题,实现了森林资源的精准、高效、多产调查监测,取得了森林资源调查技术的革命性进展。

　　该书是上述工作的系统性理论技术总结。内容包括森林资源调查机载激光雷达数据获取标准与预处理方法、高空间分辨率遥感图像森林小班精细化区划和基本属性准确识别方法、机载激光雷达森林参数估测物理基础、森林参数估测模型与制图、历史调查资料挖掘和森林自然环境与经营管理属性信息自动提取方法、机载激光雷达和样地数据获取技术方案优化等,覆盖了森林资源调查新技术体系的主要方面。该书的出版将为广大森林资源调查监测工作者、科研人员提供有益的理论技术参考,有助于推动我国森林资源调查监测技术进步。

唐守正

中国科学院院士

2021 年 10 月 20 日

前　　言

　　森林资源是林业发展的物质基础，是国家重要的自然资源，在维护国家生态安全中发挥着基础作用，在促进经济社会发展中具有战略地位。开展森林资源调查，准确摸清森林资源"家底"是一项基础性自然资源调查工作，对于林业可持续发展和生态建设具有重大意义。自 1950 年以来，经几代森林调查工作者不懈求索，中国森林资源调查的理论技术体系和工作机制都得到了长足的发展。中国是国际上定期开展大区域森林资源调查和监测的少数国家之一，并且拥有数量最为庞大的森林资源调查监测队伍。然而，现行森林资源调查仍以地面调查为主，存在着工作量大、劳动强度高、调查工期长、效率低、调查质量难以控制等问题。鉴于此，2016 年开始，我们开展了以高空间分辨率光学遥感和机载激光雷达应用为核心的天空地一体化森林资源调查监测新技术体系研究与实践，试图通过构建一个理论技术先进、组装配套、可复制、易推广的全新技术体系，全面克服现行技术体系存在的问题，实现森林资源的精准、高效、多产调查监测。

　　试验工作始于 2016 年在广西国有高峰林场开展的小规模（4770 hm^2）试验，2017 年在南宁市开展了较大规模（2.21 万 km^2）的应用试点，2018～2019 年在广西壮族自治区全域（21.55 万 km^2）推广应用，完成了广西第五次森林资源规划设计调查（二类调查）工作，在国内首次应用机载激光雷达完成了大区域森林资源调查。

　　本书是上述工作的系统总结，也是集体知识、智慧和长期相关研究与实践积累的结晶。除署名作者外，中国林业科学研究院资源信息研究所庞勇研究员参与了项目的总体策划和设计，并带领团队完成了南宁市机载激光雷达森林参数估测与制图、边境地区高分光学卫星图像森林参数估测与制图工作；西安科技大学李崇贵教授团队为小班自然环境和管理属性信息提取提供了算法；广西壮族自治区林业勘测设计院高级工程师杨承伶和梁耀等率领广西南宁林业勘测设计院有限公司、玉林市林业勘测设计院等 10 余家林业调查机构 170 人完成了1870 个地面样地调查工作；广西三维遥感信息工程技术有限公司、广州建通测绘地理信息技术股份有限公司、飞燕航空遥感技术有限公司等完成了机载激光雷达数据获取和预处理工作；广西壮族自治区林业勘测设计院高级工程师龙植豪研发了小班属性信息提取等相关软件；广西壮族自治区基础地理信息中心唐长增教授级高级工程师及其团队为地面样地定位进行了大量试验并提供了解决方案；广西大学林学院研究生周相贝、余铸、陈中超在森林参数（含生物量）估测模型研制、森林垂直结构信息提取中做了大量卓有成效的工作；国家林业和草原局林草调查规划院曾伟生教授级高级工程师对模型研制提出了很多建设性意见。没有这些极富造诣、各有建树的专家参与和指导，没有思维活跃的年轻林业科技工作者辛勤而富有创造性的工作，新技术体系构建难说成功。广西壮族自治区林业勘测设计院的领导和专家对试验研究的全力支持至关重要，没有他们的支持，就没有高峰林场开展的先行试验。广西壮族自治区林业局森林资源管理处的领导和专家的支持尤为关键，没有他们在面对异议时的坚守和竭力支持，没有他们在争取财政资金的努力，就不可能有南宁市试点和后续的广西全域推广应用。森林资源调查监测领域的权威专家、中国科学院院士唐守正及国家林业和草原局森林资源管理司领导的高度肯定与支持也十分关键。值本书出版之际，谨向所有参与、帮助和支持试验研究的专家、领导和众多森林调查工作者表示由衷的感谢。

本书在综述中国森林资源调查历史、现状和发展趋势的基础上，介绍了天空地一体化森林资源调查监测新技术体系总体方案、机载激光雷达工作原理和森林参数估测的物理基础、地面样地布设与调查及机载激光雷达数据获取标准与预处理方法，详细介绍了调查时间与激光雷达扫描时间不同步的样地森林参数调整方法、森林空间信息精细化提取和基本属性准确识别方法、森林参数估测模型研制与制图方法、森林垂直结构分类方法、点云密度和样地大小及数量对机载激光雷达森林参数估测精度的影响、历史调查资料挖掘和森林自然环境与经营管理属性信息自动提取方法及新技术体系在广西的实践情况，基本上涵盖了天空地一体化森林资源调查监测新技术体系的各个方面，尤以机载激光雷达大区域森林资源调查监测应用为重点。

在本书撰写过程中，除作者团队的成果外，我们参考了国内外大量文献、著作和相关网站资料。

我从事森林资源调查监测工作近 40 年。大学毕业后在广西壮族自治区林业勘测设计院作为森林调查队员，曾有多年在一年之中有近半年时间从事外业调查工作，历尽山高路远、陡坡深沟、悬崖峭壁、密林荆棘、烈日酷暑、暴雨山洪、毒蛇毒虫、捕兽铁夹等带来的恶劣且不甚安全的工作环境，深刻体会到森林调查工作的艰辛与不易，因此，长期致力于采用现代遥感和地理信息系统技术改进森林资源调查监测技术。所幸的是终在职业生涯的末期初步构建了全新的森林资源调查技术体系。近几年来，每每看到年轻的同行们坐在舒适的办公室里较为轻松地完成一个又一个县域的森林资源规划设计调查工作时，倍感欣慰。然而，正如书中所言，我们尚有很多理论技术问题没有得到根本解决，也有很多技术需要进行更有效的改进。并且，当前遥感技术高速发展，传感器种类越来越多，数据分析新理论新方法不断出现，低空无人机遥感平台的高速发展，等等，都为森林资源调查监测技术的进步提供了无限的可能性。撰写本书的目的是对过往工作进行粗浅的总结，为后人的进一步探究提供一些参考资料，更希望能为中国森林资源调查监测技术取得更大进步贡献绵薄之力。

由于我们的理论技术水平十分有限，书中不足之处在所难免，恭请同行与读者不吝赐教。

李春干

2021 年 10 月于广西大学，南宁

目　　录

第1章　中国森林资源调查：历史、现状与发展趋势

森林资源包括林地资源和林木资源，是林业发展的物质基础，是国家重要的自然资源，在维护国家生态安全中发挥着基础作用，在促进经济社会发展中具有战略地位。因此，开展森林资源调查，摸清森林资源"家底"，为林业和生态建设方针政策制定、重大工程科学决策、森林保护与利用规划等提供基础依据，对于促进林业可持续发展和构建良好生态环境具有重要意义。自20世纪50年代初在东北林区开展森林资源调查（李留瑜，1999；张美祥等，1980）以来，随着森林经营管理的逐步开展与深入，经验总结与理论认识的不断加深与提高，并且受益于科学技术的快速发展，我国森林资源调查无论是调查目的与内容、技术方法和手段、成果产出与用途等各个方面，都发生了很大的变化。本章对70年来中国森林资源调查的内容、技术方法和手段的发展过程进行综述，并对今后的发展趋势进行展望，为构建新的森林资源调查技术体系提供参考。

1.1　中国森林资源调查队伍的发展

中国最早的森林资源调查是1902～1903年日本为掠夺东北丰富的原始林资源在鸭绿江流域进行的调查，调查范围达2400多平方千米，当时采用经纬仪测量分界线，用平板仪测量地形及林地，编制了基本图和林相图（李克志，1985）。20世纪30年代，中山大学师生在广州白云山林场用区划小班的方法开展过实验性质的森林调查（李留瑜，1999）。但是，大规模、有组织、系统性地进行森林调查工作，实际上是东北解放和新中国成立之后，森林调查队伍迅速建立后才开始的。

1950年4月和1951年6月东北人民政府林业部先后在沈阳农学院和哈尔滨东北农学院举办了两期森林调查培训班，培养了450余名森林调查队员（李范五，1988）。以这些学员为基础，1950年，东北人民政府林野调查队正式组建，成为我国第一支森林调查队伍。该队伍于1949～1950年，在东北林区开展了局部的伐区调查（省森林资源管理局，1981）。1952年冬，中央林垦部在辽宁营口举办了500多人参加的"森林调查纵队训练班"，这些学员结业后加入东北林野调查队，扩编至1000多人，并改编为中央林垦部第一、第二森林调查大队（李范五，1988）。在这些队伍的基础上，于1960年成立了"林业部综合调查大队"（1985年改名为林业部调查规划设计院）。

1950 年，河南省成立了省级森林资源调查机构，之后云南、山西、陕西（1951年）、湖北、广东、江西、贵州、北京（1952 年）、浙江、安徽、广西、甘肃、新疆（1953 年）、四川、湖南（1956 年）、福建（1958 年）等全国绝大多数省（自治区、直辖市）都相继成立了省（区）级森林资源调查机构。林垦部直属的调查队伍也扩编至 8 个大队，分布于东北林区、西南林区、西北林区和山东省等地，至 20 世纪 50 年代中后期，林垦部直属森林调查队伍发展到 4500 多人，全国森林调查队伍达 9000 余人（李范五，1988；李克志，1983）。20 世纪 80 年代初，林业部在多个调查大队的基础上成立了中南、华东、西北林业调查规划设计院。

20 世纪 60～90 年代，很多设区市、县也成立了林业调查规划机构，森林调查队伍得到进一步发展，2000 年后，全国各地成立了大量林业调查规划设计专业公司，森林调查队伍迅速发展。至 2015 年，全国有林业调查规划设计队伍共 2909家，其中，甲级 75 家、乙级 470 家、丙级 1508 家、丁级 856 家，从业人员 51 000多人，其中，技术人员 44 000 多人，具有本科以上学历的技术人员 12 000 多人，具有中级以上职称的技术人员 17 500 多人（其中具有高级职称的技术人员 4700多人）。

1.2　中国森林资源调查监测技术体系构成

1973 年全国林业调查工作会议（湖北咸宁）将我国森林资源调查分为 3 类：①森林资源清查（简称一类调查），一般以省（自治区、直辖市）、大林区为单位进行，主要为制定全国林业方针政策，编制全国、各省（自治区、直辖市）、大林区的各种林业计划和规划以及预测趋势提供依据；②森林经理调查（简称二类调查），以国营林业局、林场、县（旗）或其他部门所属林场为单位进行，以满足编制森林经营方案、总体设计和县级林业区划、规划、基地造林规划等需要；③作业设计调查（简称三类调查），林业基层单位为满足伐区设计、造林设计、抚育采伐设计等而进行的调查均属作业设计调查（李留瑜，1999；周昌祥，2014）。2014年开始，原国家林业局部署开展年度林地变更调查工作（区汉明，2016），由于只进行变化信息的采集和数据更新，属森林资源信息管理范畴（李春干和罗鹏，2015），不属严格意义的森林资源调查。

3 类森林资源调查的目的不同，其调查范围、作业载体也不同。森林资源清查也称为森林资源连续清查，始于 1973 年的大兴安岭林区吉文林业局（北方试点）和湖南省会同县（南方试点）（大兴安岭地区勘察设计队，1973），调查总体范围大，以抽样理论为基础，以固定方形样地（面积为 600～800 m^2，2005 年以前广西壮族自治区为角规样地）为调查载体，每 5 年进行一次复查（李留瑜，1976），得到区域森林资源宏观估计数据，包括森林面积、蓄积量、生长量、消耗量等，

汇总得到全国森林资源数据。作业调查也称为作业设计调查，是为森林经营作业
设计开展的一项调查，包括伐区调查、抚育间伐调查、林分更新调查等，其调查
范围是作业区，调查内容包括林地和林木数量、出材量、生长状况等，调查范围
小（王兴昌，1985）。森林经理调查，后称为森林资源规划设计调查，一般以县级
行政区域和国有林场为调查范围，是一种全域性的面状调查，调查基本单元是小
班——内部特征基本一致、与相邻地段有明显区别的森林地块，每 10 年进行一次
（国有林场每 5 年进行一次），是调查内容最详细、用途最广泛的森林调查，本章
阐述仅限于这一类调查。

1.3　中国森林资源调查技术的发展

自 20 世纪 40 年代末以来，中国森林资源调查经过了目测调查（含踏查）、航
空目测调查、以小班为基础的抽样调查、以地形图为基础的小班调查和以高分卫
星遥感图像为基础的小班调查 5 个阶段。各个阶段技术方法、调查内容和质量要
求都不尽相同，现分述如下。

1.3.1　目测调查

新中国成立之初，百废待举，国家建设需要大量木材，因此，早期的森林调
查实际上是为服务林区开发而开展的。受当时科学技术水平限制，加上调查用图
（如地形图、航空影像等）和材积表等基础技术资料缺乏、专业人才少、经验不足，
调查方法以目测调查为主。主要技术方法是：①有 1∶5 万（或 1∶10 万）地形图
的地区，以地形图为工作手图，实地勾绘森林小班，通过目测方法记录小班优势
树种、林分平均高、平均直径和单位面积蓄积量等调查因子。②在地形平缓的东
北林区，引进苏联的实测方格林班网法，采用经纬仪按 6 km×6 km 测设分区，其
内用罗盘仪按 1 km×1 km 测设林班网，作为工作手图进行目测调查，调查内容除
林分调查因子外，还记录地形、地物、道路、河流等，最后得到森林调查基本图
等资料（易淮清，1991）。③在难以进行直线测量的山区，采用自然区划法区划林
班（如两坡夹一沟等），沿山脊、河谷、道路等自然地物，用经纬仪导线测量境界
线和分区线，用罗盘仪测量林班线，得到工作手图后进行目测调查（易淮清，1991；
广西壮族自治区林业勘测设计院志编审委员会，2013）。④在有航空影像的地区，
通过立体镜在影像上区划小班，判读土地类型、优势树种、郁闭度等林分调查因
子，然后在实地修正核对、修正小班界线，通过目测为主、标准地实测为辅的方
法调查小班蓄积量等林分调查因子（易淮清，1991；李留瑜，1999）。

目测调查是 20 世纪 50 年代初期至 60 年代中期森林资源调查的主要技术方

法，尽管调查的深度和广度都有限，调查精度不高，普遍存在偏大的问题（资源调查队，1973），但在当时经济社会发展水平和科学技术水平下，基本上摸清了我国主要林区的森林资源概况，为重点林区开发和国家的国民经济建设做出了重大贡献。

为了克服目测调查精度受人为因素影响较大的问题，1964 年开始，我国森林资源调查工作者开始试验分层抽样调查。通过航空像片判读与实测回归、目测与实测回归的方法，修正像片判读结果和目测结果（原黑龙江省林业厅勘察设计局，1972；资源调查队，1973；关玉秀等，1979；秦家鼎和刘敬信，1984；黑龙江省大兴安岭地区勘察设计大队，1973；邓佩文，1980），一定程度上提高了航空像片判读和目测调查的精度。

1.3.2 航空目测调查

航空目测调查是 20 世纪 50 年代森林资源调查的先进技术。由于交通极不发达，加上调查任务繁重，航空目测调查是 20 世纪 50 年代初期中国森林调查最好的技术选择。尽管我国于 1953 年在黑龙江大海林业局就开展了 27 万 hm² 的森林航空调查（示羊，1975；李维纶，1984），但最有代表性、最有影响的项目是 1954～1955 年大兴安岭森林航测项目。该项目为新中国成立初期苏联援助我国的 156 个项目之一，于 1954 年 6 月开始实施。苏方派出 4 架飞机（3 架轻型、1 架重型）及相关仪器设备和 139 名专家来华，中方配备了航空摄影测量人员 45 人、航空调查和地面调查人员 160 多人跟随苏方专家学习。于 1955 年 2 月结束全部航空摄影工作，完成航空摄影 1424 万 hm²，获取航摄底片 55 077 张（比例尺为 1∶2.5 万）、接触印像照片 118 046 张、镶嵌复印图 999 张。1954 年 9 月完成航空调查外业，翌年 3 月完成全部内业。完成航空调查面积 1180 万 hm²，内部出版了详尽的大兴安岭森林资源调查报告，共 8 卷。该项目依据《苏联国有林森林经理调查规程》进行（中华人民共和国林业部调查设计局航空调查队和苏联农业部全苏森林调查设计总局特种综合调查总队，1955），具体的调查方法、内容和成果材料如下所述（苏联林业部，1955）。

1）用接触印像照片（将底片和相纸相互接触后让相纸曝光，得到与底片大小相同的像片）编制航线照片略图（1281 幅），并勾绘出照片和照片略图的有效面积。

2）采用反光立体镜对照片和照片略图进行初步判读，勾绘小班。小班土地类型分为有林地、疏林地、采伐迹地、火烧迹地、空旷地、非林地（分为草地、耕地、熟荒地、居民点）、不能利用地（分为沼泽地、裸露地、沙地），其中有林地小班的划分条件为优势树种、主要树种的林木组成所占比重相差 0.2、优势树种的林龄相差 1 个龄组、地位级、疏密度。小班面积精确到 1 hm²（中华人民共和国林业部调查设计局航空调查队和苏联农业部全苏森林调查设计总局特种综合调查总队，1955）。

3）飞机飞行速度为 160 km/h（有两架飞机的航速分别为 100 km/h 和 220 km/h），航高为 300 m（有一架飞机的航高为 500 m）。调查带宽一般为 1 km，个别为 1.5 km，航线间距为 2 km 或 3 km。

4）两名航空调查员在飞机上通过两个舷窗对地面进行目测调查，调查内容包括林木组成、龄组、疏密度（精度到 0.1）、林型和地位级，如有小块无林地（如沼泽地等）、枯立木，应标明面积、蓄积量的百分比，并且对于内业中未区划的小班，在飞行中补充勾绘。

5）没有航片覆盖的区域（120 万 hm^2），采用 1∶10 万地形图在飞机上勾绘小班并同时进行目测调查。

6）将航空调查小班转绘到 1∶10 万地形图上，编制 103 个森林利用小区的航空调查簿，内容包括各土地类型的面积及比例、各龄组的森林面积及比例、各优势树种的面积和可伐量、各小班的面积、林木组成、优势树种、龄组、地位级、疏密度、蓄积量和各优势树种的近成过熟林蓄积量。其中蓄积量由平均高、地位级及疏密度通过标准表查出。

7）按森林利用小区—森林利用区（8 个）—整个调查区汇总调查数据，编制森林利用区的森林分布图（1∶10 万）和整个调查区的森林分布略图（1∶50 万）。

此外，还编制了生长过程表、材种等级表、材积表和出材量表，完成了林型、天然更新、病理、土壤调查报告。

由于时间短、任务巨大，加上技术手段固有的问题（飞机航速快而每个小班的观测时间有限），调查质量不会很高，但对于国家百废待兴、急需摸清资源、亟待开发的东北林区，这是一种有效的技术手段（李兰田，1978）。该项目的重要意义不仅是在当时技术和经济社会条件下完成了大兴安岭的森林航空调查，更在于引进了当时世界上先进成熟的森林资源调查技术，培养了相当数量的航空摄影、航空调查和专业调查的技术骨干，为此后我国在东北、西北和西南林区开展中比例尺航空摄影测量奠定了坚实的基础（李范五，1988），在我国森林资源调查技术发展过程中影响深远（李留瑜，1999）。

1955～1959 年，在东北、西北和西南林区大规模地开展航空调查，初步摸清了森林资源，为林区开发建设规划提供了科学依据（李兰田，1978）。1954～1964 年，全国航摄面积达 4000 多万公顷，接近全国森林面积的一半（周昌祥和李春亭，1979）。1974 年，黑龙江省在大兴安岭和牡丹江地区开展航空摄影 1500 万 hm^2（示羊，1975）。

1.3.3　以小班为基础的抽样调查

由于目测调查受调查员的理论技术水平和经验积累影响很大，调查质量参差不齐,质量难以保证,存在偏大的问题(熊大桐等,1995)。为此,20 世纪 60 年代初期,在森林调查中进行了以数理统计学理论为基础、以航测制图与航空像片判读技术为手段的森林分层抽样调查技术方法的试验研究。

1973~1976 年农林部部署开展了全国性森林资源清查("四五"清查),是迄今为止唯一的一次全国性森林资源调查。调查以县(集体林区)或林业局、林场(国有林区)为总体进行。主要调查方法:①将 1:5 万地形图放大至 1:2.5 万作为工作手图在实地勾绘小班,目测优势树种和林木组成、郁闭度(疏密度)、龄组、单位蓄积量等调查因子(广西壮族自治区林业勘测设计院志编审委员会,2013),或采用航空图像区划小班,判读林分调查因子(易淮清,1991)。小班按一定的原则进行分层。②在总体范围内,通过机械或随机方法布设样地进行实测调查(部分地区还对样地进行目测调查)。③根据目测材料将全部小班按一定的规则分层,如杉木林—成熟林—密度(郁闭度)等。④将样地实测材料按小班相同的分层规则进行分层,计算各层的单位面积蓄积量均值。⑤各小班的单位面积蓄积量为其所属层的样地调查值的均值。

"四五"清查基本实现了除台湾、西藏麦克马洪线以南地区外的全国覆盖,通过抽样方法有效地控制了总体的蓄积量。但也存在同一层小班的单位面积蓄积量均相同,不能反映小班之间调查因子客观差异的问题,为此,部分地区采用目测-实测回归方法估算了小班蓄积量(吉林省林业勘测第二大队,1974)。此外,各地还试验和应用了两阶抽样、角规双重抽样等多种抽样方法,对推动抽样理论的认识和理解及应用起到了极大的促进作用(李维纶,1984)。

1.3.4 以地形图为基础的小班调查

为提高森林资源调查的效率和精度,我国于 1956 年引进角规(薛有祝,1984),1957 年开始在森林资源调查中推广应用(劳可道,1985)。在很多地方,角规测树代替了小班目测调查,森林资源调查技术取得了较大进步,小班调查因子的精度得到了较大幅度的提高。从 20 世纪 50 年代末开始,我国林业科技工作者对角规测树的理论、方法及应用进行了大量的研究(田景明和郝纪鹤,1959;何智英,1960;云南省林业勘察设计第五大队,1974;骆期邦,1982;林昌庚等,1981;眭善,1984;张绍石,1986;虞岳世,1983,1988;秦安臣,1989;韩连桐,1989;宋新民,1990),对进一步完善角规测树理论和应用范围、改善角规测树精度、提高调查工作效率、推动我国森林资源调查技术进步起到了重要作用。其间,我国林业科技工作者根据角规测树原理,发明了林分速测镜(华网坤,1963)、综合测树器(成子纯,1962)、LG-1 型棱镜角规(刘元本,1963)、DQW-2 型望远测树镜(张绍良和杜丽雁,1982)等多种新型测树仪器并推广应用,进一步提高了角规测树精度和效率。角规测树至今仍是我国森林资源调查的主要技术手段（许正亮等，2016；陈新云等，2019；钟康勇，2019）。

20 世纪 60 年代末至 70 年代，国家测绘部门陆续大量生产了 1∶5 万地形图，直至 80 年代初期后国家测绘部门大量生产 1∶1 万地形图之前，采用 1∶5 万地形图勾绘小班，通过角规测树方法测量小班调查因子，是这一时期我国森林资源调查的主要技术手段，由于 1∶5 万地形图的比例尺太小，小班区划不够细致，因此，森林面积的调查精度存在一定的问题。1980 年至 21 世纪初，我国大部分地区森林资源调查都是采用 1∶1 万地形图勾绘小班，采用角规测树方法得到小班林分平均高、平均直径、断面积和蓄积量等调查因子，森林面积调查精度得到了一定的提高。但仍存在着工作量大、劳动强度高、效率低、调查质量难以控制等问题。

1982 年，林业部颁发了《森林资源调查主要技术规定》，对小班划分条件、调查内容和方法、调查的详细程度和质量要求、调查成果构成等做出了较为全面和详细的规定，此后，虽经 1986 年、1996 年、2003 年和 2011 年修订，但小班区划条件和调查方法、调查质量要求和成果产出等，未有实质性改变。尽管如此，随着 20 世纪 80 年代末数据库技术的普及和 90 年代末地理信息系统（GIS）的应用，森林资源调查的数据处理技术发生了根本性的变化。

20 世纪 80 年代和 90 年代，我国一些森林调查工作者认为小班应该是经营单位而不是调查单元（徐军廷，1985；李留瑜，1999），主张进行小班界线固定化（易美华，1984；杨永康等，1993；翁友恒等，1996），并在广东进行了固定（地籍）小班的实践（周仁坊，1992）。此外，一些森林调查工作者认为需要拓展森林资源调查内容，增加生态环境（任瑞才和罗刚，2001）和野生经济植物资源（刘学林，1993）的调查。然而，上述工作在实际中并未得到应用或者难以长期坚持。

1.3.5 以高分卫星遥感图像为基础的小班调查

1972 年，世界上第一颗地球资源卫星[ERTS-1，搭载多光谱扫描仪（MSS），后改为 Landsat]升空，开启了地球观测的新时代。我国林业科技工作者紧跟技术发展步伐，较早地进行了应用卫星技术进行森林资源调查的试验。1977 年利用 MSS 影像进行西藏森林资源清查（一类调查），其主要技术方法为采用 MSS-5、MSS-7 两个波段分别制作 1∶50 万卫星影像图（纸质灰度图），根据阴影、黑度、形状及相互关系，通过目视判读将森林分为暗针叶林、亮针叶林、阔叶林、矮林和灌木林，勾绘其边界（有航空图像的地区，通过航空图像判读后在卫星影像上勾绘地类边界），然后利用网点板计算森林面积（郭生观和刘进，1978）。采用类似的方法，于 1978 年对 1954～1964 年大兴安岭森林分布图进行了更新，并利用

MSS-7 对火烧迹地、采伐迹地进行判读（李兰田，1978；周昌祥和李春亭，1979）。由于空间分辨率低（80 m），MSS 图像实际上并不适用于小班区划。

随着计算机的普及和遥感图像处理技术的发展，商业遥感图像处理软件逐步应用，我国森林调查工作者积极研究、探索卫星遥感在森林资源调查中的应用技术。20 世纪 90 年代中后期至 21 世纪初，我国云南、内蒙古、广西、贵州、青海和大兴安岭等地较大规模地尝试采用 Landsat 5 TM（空间分辨率为 30 m）开展森林资源调查，大多是在纸质的彩色合成影像图上进行小班区划和优势树种判读，也有少部分直接在计算机的 GIS 平台上进行小班区划和判读，然后在实地进行小班调查（马建明，2000；李伟云，2001；罗文德等，2001；潘瑞生等，2002；吴平，2002；党永峰和刘尔平，2003；李春干和谭必增，2004）。由于空间分辨率较低和有限的光谱信息不足以准确分辨不同的优势树种，较低分辨率的 Landsat 图像既不能保证小班区划精度，也难以保证优势树种判读的准确性，因此，这些试验难说成功，但是，通过这些试验，培养了大量遥感应用人才，并且积累了丰富的经验，为航天遥感技术的应用奠定了可靠的基础。20 世纪 80 年代开始，赵宪文（1997）对利用 TM 图像开展森林蓄积量估测进行了大量深入的研究，21 世纪初，李崇贵等的加入，使 TM 图像的森林蓄积量估测研究更加系统深入，初步构建了较为完善的理论技术体系（赵宪文和李崇贵，2001；李崇贵等，2005），但由于前述原因，加上光学卫星图像估测森林参数的物理基础不够牢靠，研究成果在森林资源调查中没有得到大规模应用。

2000 年以后，IKONOS（1 m）、QuickBird（0.61 m）、SPOT5（2.5 m）等高空间分辨率卫星的陆续发射，由于具有较好的性能价格比，SPOT5 图像大规模地应用于森林资源调查。云南省林业调查规划院对应用 SPOT5 图像开展森林资源调查进行了较为系统的试验研究，主要内容包括：①通过目视解译方法从图像中获取优势树种组、龄组、郁闭度等；②采用图像数据通过数量化模型 I、岭估计、神经网络等进行小班蓄积量估测，结果表明：小班优势树种正判率 80.7%，约 50% 的小班蓄积量估测精度达到 75%（华朝朗，2005），结果也不甚理想。但 SPOT5 图像可通过图像分割方法进行小班初步区划，经过编辑后通过纸质手图或掌上电脑在外业进行核对修正，极大地提高了小班区划的效率和精度（李春干等，2010）。在云南（2003～2013 年）（李云，2014；孙亚丽等，2017）、宁夏（2006～2007 年）（俞立民，2008）、广西（2008～2009 年）等全省（自治区）的大规模应用中，都是采用了 SPOT5 等高空间分辨率遥感图像进行小班区划。由于 SPOT5 等米级空间分辨率卫星遥感数据具有较好的区分森林、无林地、采伐迹地、非林地的能力，在森林破碎的南方林区，极大地提高了森林面积调查精度。2010 年后，随着国产天绘一号、资源三号卫星的陆续升空，森林资源调查大量采用了米级分辨率卫星数据。

我们的初步试验表明，在光谱分辨率有限的情况下，卫星遥感图像优势树种的解译主要依靠图案、纹理、形状、大小等图像特征，要求图像的空间分辨率必须优于 0.5 m，当前，只有 WorldView-2/3 等少数卫星符合这种要求。

1.4　中国森林资源调查技术的最新进展

随着全球定位系统（GPS）和惯性导航系统（inertial navigation system，INS）的集成应用，激光扫描仪实现了精确定位定姿，点云位置精度得到了严格保证，激光雷达（light detection and ranging，LiDAR）于 20 世纪 90 年代中期开始实现商业应用（Vauhkonen et al.，2014）。由于机载激光雷达（airborne laser scanning，ALS）具有精确测距和穿透树冠的能力（Watt and Watt，2013），可以准确计算所有回波的空间位置，能够精确描绘森林冠层三维结构（Bouvier et al.，2015），由于激光雷达点云提取的高度、密度等生物物理变量与样地林分蓄积量、断面积、平均高等森林参数具有良好的统计关系，所以，ALS 应用成为当前森林资源调查和生态监测的先进技术手段。尽管激光雷达数据获取比较昂贵，但由于降低了地面调查成本并且激光雷达数据具有广泛的用途（Hudak et al.，2009），激光雷达比现行的林分调查方法具有更好的精度与成本比（Hummel et al.，2011），所以，广泛用于各个尺度的森林参数估测与制图（McRoberts et al.，2010；Johnson et al.，2014；Straub et al.，2013）。在经过多年试验后，挪威于 2002 年开展了机载激光雷达区域森林资源调查的商业应用（Næsset，2015），此后，在挪威、芬兰、瑞典和加拿大等国家，ALS 已经成为森林资源调查监测的常规技术手段（Montaghi et al.，2013；Kauranne et al.，2017）。在其他很多国家和地区，ALS 在人工林监测、生态监测中也得到大面积应用（Watt and Watt，2013；Görgens et al.，2015；Maltamo et al.，2016；Silva et al.，2017；Dube et al.，2017）。

2016 年，广西大学、广西壮族自治区林业勘测设计院和中国林业科学研究院资源信息研究所在广西国有高峰林场开展了小区域（4770 hm²）的机载激光雷达森林资源调查应用试验，2017 年在广西南宁市开展了大区域（2.21 万 km²）应用推广试点，2018～2019 年，该技术在广西全境推广（21.55 万 km²，不含南宁市），取得了良好的效果，实现了只需少量外业调查即可完成大区域森林资源规划设计调查的目标。主要技术方法如下所述（代华兵等，2021）：

（1）利用 2015～2016 年数字正射航空图像（空间分辨率 0.2 m）进行小班区划和基本属性识别（土地类型、优势树种、伴生树种和林木起源），通过当年高空间分辨率（优于 3 m）卫星图像变化检测结果和冠层高度模型（CHM）修正已变化的小班边界和基本属性，不能确定边界和基本属性的小班，通过外业补充调查进行修正、确认。

（2）获取调查区域全覆盖机载激光雷达数据（点云密度≥2.0 点/m²），经分类后生产数字高程模型（DEM）、数字表面模型（DSM）、CHM（空间分辨率均为 2 m）和高程归一化点云等产品。

（3）每个调查区域（分 3 个年度完成，故分 3 个区域）的每个森林类型（优势树种组）布设 100 个左右样地（面积为 600 m²）进行每木检尺调查，并测定林分平均高及下木层、草本层生物量。

（4）通过样地调查材料和 LiDAR 变量建立森林参数估测模型，并采用全林实测小班调查材料进行检验。以 20 m×20 m 的格网进行全区域森林参数制图。

（5）以激光雷达点云生产的 DEM、生态公益区划调整材料、历史调查资料等为基础，自动提取小班的自然环境和管理属性因子。

以上技术路线的特点是：①小班区划精细、调查因子精度高且质量可控；②大幅度减少调查工作量和劳动强度，缩短调查工期；③实现了全区域森林参数制图，调查成果更为丰富；④与现行以地面调查为主的方法相比，调查成本不增加并有所降低。

然而，经过多年实践，上述技术路线和方法仍存在以下问题：①小班区划和基本属性识别仍依赖于人工在 GIS 平台上通过人机交互方法进行，存在着工作量大的问题，并且质量和精度很大程度受到调查员的理论技术水平、经验和责任心的影响；②小班区划和基本属性识别依赖于航空图像，存在着数据源非实时、时效性差的问题；③样地调查仍采用现行方法，存在着工作量大、技术落后、效率低、劳动强度高的问题，并且由于在边界测量中需要砍伐下木灌木和草本，属有损测量，在保护区、森林公园中不宜布设样地。

1.5 中国森林资源调查技术的发展趋势

机载激光雷达作为当前最先进的森林资源调查监测技术，必将在今后中国森林资源调查中得到广泛应用，随着研究的深入和经验的积累，可以期望，中国森林资源调查将在以下几个方面取得显著进展。

1.5.1 超高空间分辨率卫星遥感影像+机载激光雷达的大区域森林资源调查应用

随着卫星技术的高速发展，米级、亚米级、分米级空间分辨率（如高分二号，0.8 m；高景一号，0.5 m；WorldView-3，0.3 m；Pléiades-1，0.4 m 等）的卫星遥感数据越来越多，获取越来越容易、成本越来越低。森林资源调查小班区划和基本属性识别可用的数据源越来越多、时效性更强，小班区划将会更精细，小班基本属性识别更准确，加上机载激光雷达广泛用于森林参数准确估测，在室内进行全部森林资源调查工作已经成为现实，并且质量更可控、精度更高。跋山涉水、日晒风吹雨淋的艰苦岁月已经成为历史。

　　近年来，建立在概率统计基础上的机器学习方法，包括支持向量机（SVM）、决策树（decision tree）、主成分分析（PCA）、k 均值聚类（k-means）和稀疏表示（sparse representation）等，为遥感图像分类提供了许多可靠的方法。深度学习（deep learning）作为机器学习算法中的一个新兴技术，通过海量的训练数据和具有很多隐藏层的深度模型学习更有用的特征，最终提升分类的准确性。同时，包括自动编码器（AE）、卷积神经网络（CNN）、深度信念网络（DBN）和迁移学习（TL）等深度学习在图像分类应用中取得了令人可喜的成绩（张裕等，2018）。周询等（2018）采用空间分辨率为 0.4 m 的 Pléiades-1 卫星遥感数据，通过机器学习算法对东北地区的耕地、林地、居民地进行分类，精度达到了 90.8%。张鑫龙等（2017）采用高斯伯努利深度限制玻尔兹曼机模型，对 WorldView-3 与 Pléiades-1 影像进行变化检测，精度达到 83.64%，由此认为深度学习可作为高空间分辨率遥感数据挖掘的有效手段，为高分影像数据的分类与变化检测提供一条有效途径。蔡淑颖等（2020）采用 WorldView-3 高分卫星遥感影像为数据源，通过改进的 U-net 深度学习神经网络，并结合面向对象多尺度分割方法，对城市森林进行提取，总体分类精度达到 93.83%，Kappa 系数提高到 0.9295。实际上，大量的研究证明了机器学习等人工智能算法在高空间分辨率的遥感图像的分类中，可以取得良好的效果，为森林资源调查小班区划和基本属性识别的自动化提供了现实的可行性。

1.5.2　低空无人机广泛用于中小区域森林资源调查

　　近 10 年来，低空无人机以惊人的速度进入了大众消费领域和专业应用领域。随着无人机定位、定姿技术的发展，目前，无人机在快速、实时、低成本获取小区域光学图像方面具有十分明显的优势。随着电池技术的突破，无人机续航时间的提高，无人机将在较大区域（如国有林场，甚至是一个县域）光学遥感图像实时获取中得到广泛应用，为小班区划和基本属性识别提供更可靠的数据。通过无人机密集匹配点云，可以对林分平均直径、平均高、蓄积量、生物量等进行精确的估计（许子乾等，2015；何诚等，2020；苏迪和高心丹，2020；李祥等，2020）。此外，随着激光传感器技术的发展，低成本、小型化、长测程激光扫描仪的出现，无人机搭载激光雷达将为中小区域森林参数估测与制图提供可靠的技术手段（解宇阳等，2020）。可以预见，不久的将来，无人机遥感（光学摄影和激光雷达）将广泛应用于中小区域森林资源的调查和监测。

1.5.3　地基和移动激光雷达

　　地基激光雷达（terrestrial laser scanning，TLS）和移动式激光雷达（也称为背包式或手持式激光雷达)可以快速获得极为详细的森林三维点云数据,能够有效地提取单木的树干、枝叶信息,更准确地获取样地的森林参数信息(范伟伟等,2020;黄旭等,2019;王佳等,2018;晏颖杰等,2018;肖杨等,2018),并且具有无损测量的特点,在样地测量和调查中具有广泛的应用前景,也将成为森林资源调查的重要技术手段。

参 考 文 献

蔡淑颖, 何少柏, 韩凝, 等. 2020. U-net深度学习神经网络结合面向对象的城市森林高分影像信息提取. 园林, (11): 28-37.

陈新云, 王文文, 曾伟生, 等. 2019. 北京市二类调查小班蓄积量预段模型研究. 林业资源管理, (5): 33-36+51.

成子纯. 1962. 综合测树器的初步设计. 林业科学, (1): 55-62.

大兴安岭地区勘察设计队. 1973. 全国森林资源清查北方试点技术总结. 林业资源管理, (4): 1-18.

代华兵, 李春干, 庞勇, 等. 2021. 基于天空地一体化森林资源调查的小班因子设置与信息获取方法. 林业资源管理, (1): 180-188.

党永峰, 刘尔平. 2003. TM卫片在森林资源二类调查中的应用分析. 内蒙古林业调查设计, 26(4): 38-39.

邓佩文. 1980. 目实测回归抽样调查试验. 云南林业调查规划, (1): 17-20.

范伟伟, 刘浩然, 徐永胜, 等. 2020. 基于地基激光雷达和手持式移动激光雷达的单木结构参数提取精度对比. 中南林业科技大学学报, 40(8): 63-74.

关玉秀, 唐宗桢, 周沛村, 等. 1979. 大比例尺(1:10000)航空像片测树和双重抽样回归估测试验. 北京林业大学学报, (1): 30-39.

广西壮族自治区林业勘测设计院志编审委员会. 2013. 广西壮族自治区林业勘测设计院志(1953—2012). 南宁: 广西科学技术出版社: 51-56.

郭生观, 刘进. 1978. 卫星照片在森林资源清查中的应用. 林业资源管理, (Z1): 8-13.

韩连桐. 1989. 对角规观测误差的分析. 林业勘查设计, (1): 54-58, 14.

何诚, 董志海, 王越. 2020. 利用无人机立体摄影技术获取森林资源信息. 测绘通报, (6): 28-31.

何智英. 1960. 利用角规测定株数. 林业科学, (1): 72-74.

河北林业勘测设计大队. 1972. 用两阶抽样调查森林资源的初步报告. 林业资源管理, (4): 1-6.

黑龙江省大兴安岭地区勘察设计大队. 1973. 航空象片判读和实测蓄积的回归试验. 林业科技通讯, (5): 11-13.

华朝朗. 2005. SPOT5卫星数据在县级森林资源调查中的应用研究. 林业调查规划, (3): 8-12.

华网坤. 1963. 林分速测镜的设计及应用. 北京: 中国林业科学研究院.

黄旭, 贾炜玮, 王强, 等. 2019. 背包式激光雷达的落叶松单木因子提取. 森林工程, 35(4): 14-21.

吉林省林业勘测第二大队. 1974. 采用目测与实测回归方法进行森林调查的报告. 吉林林业科技, (3): 5-11.

劳可道. 1985. 谈二类调查的一种方法. 林业资源管理, (1): 1-4.

李崇贵, 赵宪文, 李春干. 2005. 森林蓄积量遥感估测理论与实现. 北京: 科学出版社.

李春干, 代华兵, 谭必增, 等. 2010. 基于 SPOT5 图像分割的森林小班边界自动提取. 林业科学研究, 23(1): 53-58.

李春干, 罗鹏. 2015. 中国森林资源信息管理: 历史、现状和发展趋势. 世界林业研究, 28(4): 64-71.

李春干, 谭必增. 2004. 基于 GIS 的森林资源遥感调查方法研究. 林业科学, 40(4): 40-45.

李范五. 1988. 我对林业建设的回忆. 北京: 中国林业出版社.

李克志. 1983. 建国以来的森林经理工作. 林业勘查设计, (4): 38-42.

李克志. 1985. 建国前的森林经理史. 林业勘查设计, (3): 46-50.

李兰田. 1978. 航空在我国森林调查规划中的应用. 林业资源管理, 4: 18-22.

李留瑜. 1976. 再谈森林资源清查问题——关于建立森林资源连续清查体系的几点意见. 林业勘查设计, (3): 11-16.

李留瑜. 1999. 林业调查技术的回顾与思考. 林业资源管理, (5): 49-57.

李维伦. 1984. 对森林经理几项技术改革的意见. 中南林业调查规划, (4): 17-20.

李伟云. 2001. 林资源调查中图斑目视判读区划实例分析. 四川林勘设计, (1): 49-54.

李祥, 吴金卓, 林文树. 2020. 基于无人机影像的森林生物量估测与制图. 中南林业科技大学学报, 40(4): 50-56.

李云. 2014. 云南新一轮森林资源二类调查技术特点与若干问题探讨. 林业建设, (6): 29-32.

林昌庚, 彭世揆, 刘世荣, 等. 1981. 用点抽样进行森林连续清查的研究. 南京林业大学学报(自然科学版), (4): 1-15.

刘学林. 1993. 森林资源调查中应加强对野生经济植物的调查. 中南林业调查规划, (1): 24-27.

刘元本. 1963. 棱镜角规的测树原理和设计. 河南农学院学报, (1): 75-82.

罗文德, 柴春林, 董得红. 2001. 利用 TM 影像进行森林资源调查中存在的问题及建议. 甘肃林业科技, 26(2): 37-38, 42.

骆期邦. 1982. 点抽样蓄积量估测有偏的理论探讨和偏差排除方法的研究. 中南林业调查规划, (1): 1-8.

马建明. 2000. TM 卫片在森林资源二类调查中的应用. 内蒙古林业, (6): 24.

潘瑞生, 张玉民, 孙天洪. 2002. 卫片 "TM" 影像在森林资源调查中的应用. 内蒙古林业调查设计, 25(4): 40-41, 54.

秦安臣. 1989. 林分形高和角规测树估测林分公顷蓄积量有偏的研究. 林业勘查设计, (3): 35-37.

秦家鼎, 刘敬信. 1984. 利用航空象片信息进行二类森林资源调查方法的探讨. 林业勘查设计, (2): 20-24.

区汉明. 2016. 广东省林地变更调查工作存在的问题与对策研究. 林业调查规划, 41(1): 44-46, 50.

任瑞才, 罗刚. 2001. 加强森林资源二类调查中生态环境信息的调查. 内蒙古林业调查设计, (1): 54-56.

省森林资源管理局. 1981. 黑龙江的森林经理三十年. 林业勘查设计, (1): 2-9.

示羊. 1975. 我国森林航测的回顾与展望. 林业资源管理, (1): 22-25.

宋新民. 1990. 点抽样误差来源的研究. 北京林业大学学报, (2): 21-29.

苏迪, 高心丹. 2020. 基于无人机航测数据的森林郁闭度和蓄积量估测. 林业工程学报, 5(1): 156-163.

苏联林业部(集体翻译). 1955. 苏联国有林经理及调查规程. 北京: 中国林业出版社.

睦善. 1984. 森林资源调查中如何确保小班勾绘和角规测树的质量. 江苏林业科技, (3): 39-40, 42.

孙亚丽, 周筑, 黄海燕, 等. 2017. 基于卫星遥感影像的森林资源二类调查. 西部林业科学, 46(2): 150-152, 156.

田景明, 郝纪鹤. 1959. 角规测树的研究. 林业科学, (5): 67-79.

王佳, 张芳菲, 高赫, 等. 2018. 地基激光雷达提取单木冠层结构因子研究. 农业机械学报, 49(2): 199-206.

王兴昌. 1985. 我国的森林资源调查体系. 云南林业, (3): 7.

翁友恒, 徐昭壬, 李建荣. 1996. 优化森林资源二类调查小班区划的思考. 林业勘察设计(福建), (2): 14-17.

吴平. 2002. TM 卫星影像图在剑河县森林资源二类调查中的应用. 林业调查规划, 27(4): 60-63.

肖杨, 胡少兴, 肖深, 等. 2018. 从三维激光点云中快速统计树木信息的方法. 中国激光, 45(5): 1-7.

解宇阳, 王彬, 姚扬, 等. 2020. 基于无人机激光雷达遥感的亚热带常绿阔叶林群落垂直结构分析. 生态学报, 40(3): 940-951.

熊大桐, 李霆, 黄枢. 1995. 中国林业科学技术史. 北京: 中国林业出版社: 351.

徐军廷. 1985. 关于小班区划问题——论二类调查的改革. 林业资源管理, (1): 4-5.

许正亮, 王应泉, 卢永飞, 等. 2016. 森林资源二类调查系统抽样 2 种样地调查方法的比较与分析. 林业资源管理, (3): 140-144, 150.

许子乾, 曹林, 阮宏华, 等. 2015. 集成高分辨率 UAV 影像与激光雷达点云的亚热带森林林分特征反演. 植物生态学报, 39(7): 694-703.

薛有祝. 1984. 中国农业百科全书. 北京: 中国农业出版社: 477-478.

晏颖杰, 范少辉, 官凤英. 2018. 地基激光雷达技术在森林调查中的应用研究进展. 世界林业研究, 31(4): 42-47.

杨永康, 林书宁, 周仁坊, 等. 1993. 优化森林资源二类调查技术方法的探索——兼谈调查规划成果的组织实施设想. 广东林业科技, (4): 1-5.

易淮清. 1991. 中国林业调查规划设计发展史. 长沙: 湖南出版社: 286-507.

易美华. 1984. 小班区划及其设想. 林业资源管理, (2): 22-23.

俞立民. 2008. "3S" 技术在宁夏森林资源规划设计调查中的应用. 宁夏农林科技, (2): 41-42.

虞岳世. 1983. 角规调查森林生长量方法的探索. 林业资源管理, (1): 23-26.

虞岳世. 1988. 角规测树无偏性探讨. 华东森林经理, (3): 12-15.

原黑龙江省林业厅勘察设计局. 1972. 用分层抽样结合目测调查估测林班小班蓄积量的尝试. 林业资源管理, (4): 14-15.

云南省林业勘察设计第五大队. 1974. 几种测树方法试验. 林业资源管理, (2), 29-30.

张美祥, 任锡初, 李远畴, 等. 1980. 回顾森林经理三十年. 云南林业调查规划, (6): 1-4.

张绍良, 杜丽雁. 1982. DQW-2 型望远测树镜的设计与应用. 辽宁林业科技, (3): 24-28.

张绍石. 1986. 角规测树估测值偏高的理论探讨. 河北林业科技, (3): 36-37.

张鑫龙, 陈秀万, 李飞, 等. 2017. 高分辨率遥感影像的深度学习变化检测方法. 测绘学报, 46(8): 999-1008.

张裕, 杨海涛, 袁春慧. 2018. 遥感图像分类方法综述. 兵器装备工程学报, 39(8): 108-112.

赵宪文. 1997. 林业遥感定量估测. 北京: 中国林业出版社.

赵宪文, 李崇贵. 2001. 基于"3S"的森林资源定量估测——原理、方法、应用及软件实现. 北京: 中国科学技术出版社.

中华人民共和国林业部调查设计局航空调查队, 苏联农业部全苏森林调查设计总局特种综合调查总队(中国航空调查队和苏联特种综合调查总队). 1955. 大兴安岭森林资源调查报告(第一卷).

钟康勇. 2019. 广东省森林资源规划设计调查技术应用及质量管控措施的探讨. 林业勘查设计, (3): 11-13.

周昌祥. 2014. 我国森林资源规划设计调查的回顾与改革意见. 林业资源管理, (4): 1-3.

周昌祥, 李春亭. 1979. 遥感技术在我国森林调查中的应用. 林业资源管理, (3): 23-25.

周仁坊. 1992. 区划固定小班, 实行地籍管理. 林业资源管理, (3): 25-26.

周询, 王跃宾, 刘素红, 等. 2018. 一种遥感影像自动识别耕地类型的机器学习算法. 国土资源遥感, 30(4): 68-73.

资源调查队. 1973. 目实测回归抽样调查试验. 林业资源管理, (1): 10-14.

Bouvier M, Durrieu S, Fournier R A, et al. 2015. Generalizing predictive models of forest inventory attributes using an area-based approach with airborne LiDAR data. Remote Sensing of Environment, 156: 322-334.

Dube T, Sibanda M, Shoko C, et al. 2017. Stand-volume estimation from multi-source data for coppiced and high forest *Eucalyptus* spp. silvicultural systems in KwaZulu-Natal, South Africa. ISPRS Journal of Photogrammetry and Remote Sensing, 132: 162-169.

Görgens E B, Packalen P, da Silva A G P, et al. 2015. Stand volume models based on stable metrics as from multiple ALS acquisitions in *Eucalyptus* plantations. Annals of Forest Science, 72: 489-498.

Hudak A T, Evans J S, Smith A M S. 2009. Review: LiDAR utility for natural resource managers. Remote Sensing, 1(4): 934-951.

Hummel S, Hudak A T, Uebler E H, et al. 2011. A comparison of accuracy and cost of LiDAR versus stand exam data for landscape management on the Malheur National Forest. Journal of Forestry, 109(5): 267-273.

Johnson K D, Birdsey R, Finley A O, et al. 2014. Integrating forest inventory and analysis data into a LiDAR-based carbon monitoring system. Carbon Balance Management, 9(3): 11.

Kauranne T, Pyankov S, Junttila V, et al. 2017. Airborne laser scanning based forest inventory: comparison of experimental results for the Perm Region, Russia and Prior Results from Finland. Forests, 8: 72. doi: 10.3390/f8030072.

Maltamo M, Bollandsas O M, Gobakken T, et al. 2016. Large-scale prediction of aboveground biomass in heterogeneous mountain forests by means of airborne laser scanning. Canadian Journal of Forest Research, 46: 1138-1144.

Maltamo M, Bollandsas O M, Gobakken T, et al. 2018. Large-area mapping of Canadian boreal forest cover, height, biomass and other structural attributes using Landsat composites and lidar plots. Remote Sensing of Environment, 209: 90-106.

McRoberts R E, Tomppo E O, Næsset E. 2010. Advances and emerging issues in national forest inventories. Scandinavian Journal of Forest Research, 25: 368-381.

Montaghi A, Corona P, Dalponte M, et al. 2013. Airborne laser scanning of forest resources: An overview of research in Italy as a commentary case study. International Journal of Applied Earth Observation and Geoinformation, 23: 288-300.

Næsset E. 2015. Area-based inventory in norway–from innovation to an operational reality. *In*:

Maltamo M, Næsset, E, Vauhkonen J. Forestry Applications of Airborne Laser Scanning: Concepts and Case Studies, Managing Forest Ecosystems. Dordrecht: Springer Science+ Business Media: 215-240.

Silva C A, Hudak A T, Klauberg C, et al. 2017. Combined effect of pulse density and grid cell size on predicting and mapping aboveground carbon in fast-growing Eucalyptus forest plantation using airborne LiDAR data. Carbon Balance Management, 12: 13. doi: 10.1186/s13021-017-0081-1.

Straub C, Tian J, Seitz R, et al. 2013. Assessment of Cartosat-1 and WorldView-2 stereo imagery in combination with a LiDAR-DTM for timber volume estimation in a highly structured forest in Germany. Forestry, 86: 463-473.

Vauhkonen J, Maltamo M, McRoberts R E, et al. 2014. Introduction to forestry applications of airborne laser scanning. *In*: Maltamo M, Næsset, E, Vauhkonen J. Forestry Applications of Airborne Laser Scanning: Concepts and Case Studies, Managing Forest Ecosystems. Dordrecht: Springer Science+Business Media: 1-16.

Watt P, Watt M S. 2013. Development of a national model of *Pinus radiate* stand volume from lidar metrics for New Zealand. International Journal of Remote Sensing, 34, 15-16: 5892-5904.

第 2 章　天空地一体化森林资源调查监测新技术体系总体方案

尽管自 20 世纪 50 年代以来，中国森林资源调查监测技术取得了巨大的进步，但如第 1 章所述，仍然存在工作量大、劳动强度高、工期长、质量难以控制等问题。由于近 20 多年来机载激光雷达技术的快速发展和机载激光雷达森林参数估测与制图理论技术的基本成熟，我们提出并实践了以高空间分辨率光学遥感和机载激光雷达应用为核心的森林资源调查监测新技术体系。本章将介绍该技术体系的主要框架。

2.1　调查内容与小班调查因子设置

经过几十年的发展，中国森林资源调查的目的、内容和调查因子设置已经较为明确和完善，因此，新技术体系基本上予以沿用，但不完全相同。

2.1.1　小班调查目的和内容

小班调查的目的是摸清各个山头地块林地和林木资源的类型、数量、质量、结构及其自然环境和经营管理条件，为各种相关应用提供基础数据。这些应用随着时代的变迁而有所不同，就现阶段而言，包括森林经营管理成效评估，森林资源资产评估，森林经营方案编制，林业工程规划设计，林业发展规划编制，林业方针政策制定，党政生态文明建设绩效考核，地方自然资源资产负债表编制，国土空间规划编制，等等。

小班主要调查内容包括调查各类林地的面积；调查各类森林、林木蓄积；调查与森林资源有关的自然地理环境和生态环境因素；调查森林经营条件、前期主要经营措施与经营成效（GB/T 26424—2010），此外，还包括林分垂直结构状况（垂直分层结构），以提高森林资源调查成果反映森林生态状况的能力。

2.1.2　小班调查因子设置

小班调查因子是小班调查内容的具体体现，是区域森林资源调查内容在每个山头地块的具体落实。作为森林资源调查的基本单元，小班调查因子设置应遵循以下基本原则：

    （1）在整体上服从于森林资源调查的内容，满足森林资源调查目的；

    （2）全面反映小班林地和林木资源的类型、数量、质量和结构；

    （3）较全面地反映小班林地和林木资源的自然环境及经营管理状况；

    （4）易于直接准确调查、测量或估测；

    （5）尽可能地简单、实用，提高成本效益。

    根据以上原则，综合考虑森林资源调查的目的、成本和效率，设置了 59 项小班调查因子，其中：反映小班空间位置（行政区划、森林区划、国有林区划）的调查因子 15 项，反映小班林地和林分状态实质性内容的调查因子 44 项，见表 2-1。

表 2-1　小班调查因子设置与信息获取方法

编号	类组	数据项名称	数据来源	编号	类组	数据项名称	数据来源
1	行政区划	市	根据林班图自动赋值	25	自然环境	成土母质	历史数据提取
2		县	根据林班图自动赋值	26		土壤类型（名称）	历史数据提取
3		乡镇	根据林班图自动赋值	27		土层厚度	历史数据提取
4		乡镇（名称）	根据林班图自动赋值	28		石砾含量等级	历史数据提取
5		村	根据林班图自动赋值	29		林地质量等级	历史数据提取
6		村（名称）	根据林班图自动赋值	30	管理属性	土地所有权	根据林班图自动赋值
7	森林区划	林班	根据林班图自动赋值	31		林木权属	根据林班图自动赋值
8		小班	自动编号	32		林种	历史数据提取、图像解译修正
9	国有林区划	林场/自然保护区	根据林班图自动赋值	33	经营管理	森林类别	历史数据提取
10		林场/自然保护区（名称）	根据林班图自动赋值	34		公益林事权等级	历史数据提取
11		分场/管理站	根据林班图自动赋值	35		重点公益林保护等级	历史数据提取
12		分场/管理站（名称）	根据林班图自动赋值	36		林地保护等级	历史数据提取
13		工区	根据林班图自动赋值	37		林业工程类别	历史数据提取
14		国有林班	根据林班图自动赋值	38	林分因子	郁闭度/覆盖度	LiDAR 估测与赋值
15		国有小班	自动编号	39		平均年龄	LiDAR 估测与赋值
16	基本属性	土地类型	图像解译和补充调查	40		平均胸径	LiDAR 估测与赋值
17		优势树种名称	图像解译和补充调查	41		平均树高	LiDAR 估测与赋值
18		林木起源	图像解译和补充调查	42		优势高	LiDAR 估测与赋值
19		伴生树种名称	图像解译和补充调查	43		每公顷断面积	LiDAR 估测与赋值
20	自然环境	地貌	DEM 提取	44		每公顷株数	LiDAR 估测与赋值
21		海拔	DEM 提取	45		每公顷蓄积量	LiDAR 估测与赋值
22		坡向	DEM 提取	46	散生木/四旁树	散生/四旁主要树种（组）	图像解译和补充调查
23		坡位	DEM 提取	47		散生/四旁树蓄积	LiDAR 估测与赋值
24		坡度	DEM 提取	48		散生/四旁树株数	LiDAR 估测与赋值

续表

编号	类组	数据项名称	数据来源	编号	类组	数据项名称	数据来源
49	空间结构	群落结构类型	LiDAR 估测与赋值	55	派生因子	经济林产期	自动计算
50		林层结构类型	LiDAR 估测与赋值	56		小班蓄积量	自动计算
51	小班面积	小班面积	自动计算与平差	57	注释因子	备注	
52	派生因子	树种结构类型	自动计算	58	附加土地类型	林地保护利用规划的土地类型	林地"一张图"提取
53		龄组	自动计算	59		现行林地土地类型	林地"一张图"提取、编辑
54		龄级	自动计算				

　　2017 年国家颁布了《土地利用现状分类》，林地属于土地的一个组成部分，森林资源调查也应用执行该标准。该标准采用 2 级分类系统，与现行林业相关标准存在一些衔接问题，如耕地上临时种植的林木、果树等，未作进一步的分类，不利于森林资源统计。因此，为有效衔接该标准与现行林地分类标准，对该标准结合林业管理和森林资源调查特点作了进一步的细化（广西壮族自治区林业厅，2018），并且为了与现行森林资源调查标准保持一致，在表 2-1 的小班调查因子中，设置了附加土地类型——林地保护利用规划的土地类型（仅分林地和非林地两个类型）和现行林地类型（与全国第九次森林资源连续清查的土地分类系统相同），其目的是有效地将小班区划与林地保护利用规划、现行调查资料进行有效衔接。

　　与现行的小班调查内容（GB/T 26424—2010）相比，以上小班调查因子中缺少了下木植被、天然更新、林分健康状况及腐殖质厚度、土壤质地等需要实地调查记录的因子，增加了附加空间位置类组因子，其原因是在国土"一张图"中，国有林场、自然保护区中连片区域单独作为村级行政单位，而其非连片分布区域归入相邻村级行政单位，为便于国有林场、自然保护区的资源统一管理，故增加了此类组调查因子。此外，增加了 2 个反映森林垂直结构的调查因子——群落结构类型和林层结构类型，前者反映森林成层现象（乔木层、下木灌木层和草本层），后者反映乔木层的分层情况（主林层、次林层），这两个调查因子均可通过激光雷达点云提取。

2.2　新技术体系的总体技术路线

　　新技术体系以全面取代现行技术体系，实现森林资源精准、高效、多产调查监测为目标，以高分光学遥感和机载激光雷达遥感应用为核心，通过集成应用多源遥感（高分卫星、航空、机载激光雷达）、地理信息系统、北斗卫星导航系统和移动计算等高新技术，构建理论技术先进可靠、组装配套、产出丰富、易推广的森林资源监测评估新技术体系。

（1）以近期真彩色航空图像为基础材料，精细化区划小班，准确识别土地类型、优势树种、林木起源和伴生树种的基本属性。

（2）通过调查当年高空间分辨率卫星遥感图像森林变化检测结果材料，更新小班区划图和基本属性信息。

（3）按森林类型（杉木林、松树林、桉树林、阔叶林、石山灌木林、毛竹林、丛生竹林）布设和设置地面样地，调查森林参数和下木灌木层、草本层生物量。

（4）获取全覆盖机载激光雷达数据并进行预处理，生产 DEM、DSM、CHM 等产品。进行激光点云高程的归一化处理，按 30 m×20 m 和 20 m×20 m 分别提取样地和全域的激光点云统计特征参数（LiDAR 变量）。

（5）研制机载激光雷达森林参数（平均直径、平均高、蓄积量、断面积）估测模型，并进行全覆盖森林参数制图。

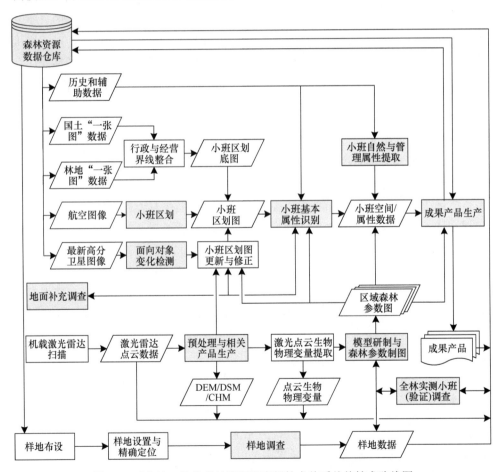

图 2-1　天空地一体化森林资源调查新技术体系总体技术路线图

（6）收集、整理公益林区划调整、林地保护利用规划、森林资源"一张图"、历次森林资源规划设计调查等经营管理及历史调查成果资料并标准化。

（7）根据森林参数图、DEM 和经营管理及历史调查成果资料自动提取小班属性信息。

（8）生产各种调查成果产品。

新技术体系的详细技术路线见图 2-1。

2.3　新技术体系的技术构成

天空地一体化森林资源调查监测新技术体系包含基于高空间分辨率遥感图像的森林空间和基本属性信息准确获取、机载激光雷达森林参数准确估测及自然环境与管理属性信息自动提取三大技术，涵盖了从小班区划与调查、林分调查因子测量、成果编制的森林资源调查全过程的全部技术。

2.3.1　基于高分遥感图像的森林空间和基本属性准确提取技术

主要解决森林分布和面积、类型确定的森林资源调查基础问题，包括以下技术：

（1）高空间分辨率光学遥感图像小班基本属性[土地类型、林木起源、优势树种（组）、伴生树种]准确快速识别技术；

（2）小班精细化区划技术；

（3）高空间分辨率光学遥感图像森林变化信息自动提取与小班边界修正技术；

（4）基于机载激光雷达产品（CHM、DEM）的小班边界修正技术。

2.3.2　机载激光雷达森林参数准确估测技术

全面解决林分定量调查因子（平均直径、平均高、断面积、蓄积量、优势高、生物量等）准确测量关键问题，主要包括以下内容：

（1）顾及成本效率的地面样地调查技术；

（2）山区密林下准确定位技术；

（3）机载激光雷达森林参数估测的普适性经验模型；

（4）机载激光雷达森林参数估测的变量组合穷举寻优法模型；

（5）机载激光雷达森林参数估测的相容性模型；

（6）机载激光雷达森林参数森林垂直结构分类技术；

（7）基于垂直结构分层的机载激光雷达森林参数估测；

（8）点云密度对机载激光雷达森林参数估测的影响；

（9）样地数量对机载激光雷达森林参数估测的影响；

（10）样地面积对机载激光雷达森林参数估测的影响。

2.3.3 小班自然环境和经营管理属性信息自动获取技术

全面解决自然地形地貌、林地土壤、权属、林种、林地保护等级、生态公益林事权等级等自然环境和经营管理属性信息的准确、自动获取问题，主要包括以下 3 个方面：

（1）基于数字高程模型（DEM）的地貌区划和地形信息提取技术；

（2）历史调查资源整理与标准化技术；

（3）基于矢量、栅格数据的小班信息提取算法。

2.3.4 技术标准和支撑软件

为确保各项技术工作实施的标准化和自动化，制定编制了一系列技术标准和软件工具。

（1）技术标准 10 项：涉及小班区划、基本属性识别、小班数据结构与代码、样地调查、机载激光雷达数据采集、遥感图像变化检测、资源统计报表格式、森林分布图等。

（2）软件工具 10 个：涉及小班区划底图制备、小班基本属性识别、小班信息提取、资源统计、机载激光雷达异常数据检查与修正、机载激光雷达点云统计特征参数提取、机载激光雷达森林参数制图等。

2.4　新技术体系的实现路径

（1）小班区划在 GIS 软件平台支持下，以航空数字正射图像（DOM）为基础资料，辅以由机载激光雷达点云生产的森林冠层高度模型（CHM）、历史调查资料、经营管理档案资料（造林验收图、占用征收林地调查图等），通过目视解译、屏幕矢量化方法区划小班，并对小班的土地类型、优势树种（组）、林木起源、伴生树种 4 个基本属性进行判读确定。

（2）采用调查当年高空间分辨率（以优于 3 m 为好）卫星遥感图像进行变化检测，获取航空图像摄影至调查时的森林变化信息，将小班区划图更新至调查当年，同时一并更新小班基本属性。

（3）将乔木林按优势树种分为杉木林、松树林、桉树林和阔叶林 4 个优势树种（组），每个优势树种（组）设置 100 个方形样地（30 m×20 m），进行每木检尺和平均木测量，计算样地的平均直径、平均高、每公顷断面积、每公顷蓄积量、每公顷株数等森林参数，采用基固定站+移动站的定位方案，通过 RTK 准确测量样地角点坐标。

（4）获取全覆盖的机载激光雷达点云数据，分类后生产 DEM、DSM、CHM，并通过 DEM 对植被点云进行高程的标准化处理。通过植被点云提取全覆盖 LiDAR 变量。

（5）通过 LiDAR 变量与样地森林参数的统计关系建立森林参数估测模型，编制全覆盖森林参数分布图，提取小班的林分平均高、平均直径、单位面积断面积、单位面积蓄积量等森林参数和垂直结构类型。

（6）由激光雷达点云生成的冠层高度模型（CHM）和 LiDAR 变量提取林分优势高和郁闭度/覆盖度。

（7）以机载激光雷达点云生产的 DEM 或其他来源的 DEM 为依据，进行地貌区划，得到地貌区划图，用于提取小班的地貌类型。

（8）根据 DEM 提取小班的海拔、坡度、坡向。

（9）收集权威部门编制的成土母质分布图、土壤分布图，用于提取小班的成土母质和土壤类型。

（10）根据历史调查材料提取小班的土层厚度、石砾含量等级、林地质量等级。

（11）根据包含国有林场、农场等权属范围（行政界线）的林班图提取小班的土地所有权、林木权属信息。

（12）根据重点公益林分布图和历史调查材料，提取小班的林种、森林类别、公益林事权等级、重点公益林保护等级信息，并以航空 DOM、DEM 为参考，修正小班的林种。

（13）以林地保护规划图为基础，提取小班的林地保护等级。

（14）根据林业重点工程规划材料，提取小班的林业工程类别。

2.5　成果产品体系设计

现行的森林资源规划设计调查成果包括森林资源调查报告、森林资源统计表、森林分布图（GB/T 26424—2010），以及森林资源数据库（广西壮族自治区林业局，2008）。新技术体系实现了全区域森林参数制图，因此，其调查成果除包含上述全部成果材料外，还可以产出更多种类的成果材料。

（1）森林资源调查报告；

（2）森林资源统计表；

（3）森林分布图；

（4）森林资源数据库[村级以上行政区划界线，林班区划图，小班区划图（含属性表）等]；

（5）全区域机载激光雷达点云数据库（已进行预处理后）；

（6）全区域机载激光雷达产品（DEM、DSM 和 CHM）数据库（2 m×2 m格网）；

（7）全区域机载激光雷达点云主要特征参数数据库（2 m×2 m 格网），包括点云平均高、点云高度分布的标准差和变动系数、郁闭度、分位数高度、分位数密度、叶面积密度均值和标准差及变动系数、枝叶垂直结构剖面均值和标准差及变动系数等；

（8）全区域森林参数估测产品（20 m×20 m 格网），包括小班平均直径、平均高、单位面积断面积和蓄积量等；

（9）全区域森林地上生物量估测产品（20 m×20 m 格网）；

（10）全区域森林垂直结构分类图（20 m×20 m 格网）。

上述第（5）～（10）项成果为新技术体系增加的成果资料，其中第（6）～（8）项成果均为栅格的数据格式数据，格网小（最大为 20 m×20 m），故新技术体系的成果材料在表现森林资源状况方面，远比现行方法的调查成果精细。例如，现行方法中，每个小班只得到 1 个平均高，而新技术体系按 20 m×20 m 格网提供 1 个平均高，由于 1 个小班包含很多格网，故新技术体系的成果能够反映小班内部各个森林参数的变化情况，有利于森林的精细化经营。

2.6　新技术体系与现行技术体系的比较优势

2.6.1　小班调查内容的丰富性

我国林业发展指导思想已由过往以木材生产为主向以生态建设为主转变。因此，一些学者认为森林资源规划设计调查应增加反映森林生态效益方面的内容（王建明和朗子岩，2014；曾伟生和周佑明，2003；戢建华，2009；陈新林，2016），也有学者认为应根据森林分类经营管理的要求，根据不同的森林特点设计调查内容（古育平等，2008），还应加强野生经济植物和其他林副产品的专业调查（高喜贵和姜涛，2006），由单纯的森林资源调查向林区多资源调查转变（任瑞才和罗刚，2001；邱德瑶和蔡良良，2004）。总之，普遍认为森林资源规划设计调查不应仅着眼于森林面积和蓄积调查，应对小班的森林植被、自然环境、经营管理状况等进行全面、详细的调查。

在森林资源规划设计调查中，小班调查和专项调查各有分工（广西壮族自治区林业局，2008）。小班调查以摸清各个山头地块的森林资源现状（类型、数量、质量、结构等）和自然环境条件为主，提供描述森林及其自然环境当前状态的完整信息。若条件成熟尤其是具备专家队伍的情况下，鼓励根据调查区域的特点在森林资源规划设计调查中选择性开展若干项专项调查。然而，在大区域森林资源规划设计调查中，极少开展专项调查，以致造成小班调查就是全部森林资源规划设计调查的错觉，导致很多调查内容都想落实到小班，不但增加了工作量，也由于专业性要求较高而导致可操作性不强（陈雪峰等，2004），难以保证调查质量。

我国现行小班调查因子 50 余项，可归纳为基本属性、自然环境与立地条件、经营管理属性、林分因子、散生木/四旁树、下木植被与天然更新、空间结构、森林健康 8 个类组。在新技术体系中设置的小班调查因子中，缺少下木植被（优势或指示种、平均高、盖度）与天然更新（幼树或幼苗种类、年龄、平均高、平均根径、密度、分布状况和生长状况等）、森林健康（病虫害种类、危害程度、火灾受害面积、损失蓄积等）2 个类组的调查因子。尽管这两个类组的调查信息有助于完整描述当前森林状态，并且前者还有利于异龄林的经营管理，但是把这 2 个类组的调查内容归入专项调查（森林生态因子、森林病虫害和森林火灾）似乎更合适。实际上，现行森林资源统计报表中并未体现这 2 个类组的调查结果，也在某种程度上反映了这 2 个类组提供的信息并非基本的森林资源信息。

总之，新技术体系中设置的小班调查因子，较为全面地反映了每个山头地块的森林自然状态、经营管理属性、自然环境与立地条件，能够提供较为完整的森林资源信息，完全满足集体林区森林经营管理需要和现行方法中资源统计报表的统计需要，也能够满足森林经营方案编制、各种林业规划编制、森林经营成效评估、林业方针政策制定、党政生态文明建设绩效考核、地方自然资源资产负债表编制、空间规划编制等对森林资源基础数据的需要。

2.6.2　小班信息获取质量的可控性

现行的森林资源调查方法通过众多调查人员逐一山头地块调查作业完成。面对巨大的工作量和极高的劳动强度，即使极具专业精神的调查人员也有畏难之时。加之调查工作难以复核，实际工作中不严格执行技术标准的情况并不少见。不甚精密的调查工具和仪器，也很难保证调查质量。总之，在现行的调查技术方法中，森林资源调查质量难以得到有效控制。如 2.3 节所述，在新技术体系中，除样地调查和少量小班补充调查需要进行野外作业外，其余工作全部在室内完成，工作环境大大改善，劳动强度极大降低，并且机载激光雷达森林参数估测与制图只需少数专家即可完成。此外，新技术体系的各项工作均可复核。总之，新技术体系的调查质量完全可控，成果质量可得到有效保证。

现行方法中，小班调查因子都是由调查员逐项填写调查卡片（现大部分采用平板电脑代替调查卡片），受调查员理论技术水平限制，加上工作量极大（每个小班填写 70 多项甚至更多），调查记录错误难以避免，甚至还会大量出现山顶为中山地貌和山脚为丘陵地貌、相邻小班的土壤类型一个为红壤另一个为黄壤等低级错误，因此，每个调查单位都会花大量的时间进行小班调查因子错误侦查、修正，严重影响工作效率。而在新技术体系中，这些工作都可由少数专业人员通过自动化的方法完成，极大程度地降低了错误发生的概率。

2.6.3 调查成果的丰富性

由于现行调查方法中小班调查均采用样地（角规样地或方形、圆形样地）调查方法进行，每个小班只提供定量调查因子均值，如平均直径、平均高、单位面积断面积和蓄积量等。在新技术体系中，小班的定量调查因子按 20 m×20 m 格网提供，而一个小班包含很多格网。因此，新技术体系的成果资料不但更丰富，而且更详细，全面反映了小班内部森林参数的异质性。

2.6.4 新技术体系的技术经济优势

（1）新技术体系充分利用高空间分辨率光学遥感和机载激光雷达的技术优势，除少量工作需要在野外进行外，绝大部分工作均在室内完成，全面取代了现行技术方法，拥有诸多技术优势，也有效地克服了现行方法存在的问题。

（2）新技术体系设置的小班调查因子，较为全面地反映了小班林地和林木资源状况及其所在环境条件，包括林地类型、森林类型（林种、优势树种组）、数量（面积、蓄积量）、质量（平均直径、平均高、单位面积蓄积量等）和结构（树种结构、群落结构、林层结构）、自然环境和立地条件（地形地貌、森林土壤、立地类型等）、经营管理（权属、林种、公益林事权等级、林地保护等级、林业工程类别等），完全满足集体林区森林经营管理需要和森林资源报表的统计需要，并可满足各种相关应用对森林资源基础数据的需要。

（3）除小班基本属性需要逐一进行判读外，新技术体系的其余小班因子都实现了计算机自动赋值，不但极大地提高了工作效率，而且有效地避免了调查员理论技术水平参差不齐造成的错误，小班调查数据质量可控，有效保证小班调查数据的可靠性，确保森林资源调查成果质量。

（4）新技术体系的单位面积调查成本与现行体系基本持平。

参 考 文 献

陈新林. 2016. 浅议森林资源二类调查存在的主要问题与对策. 华东森林经理, 30(3): 19-21, 32.

陈雪峰, 唐小平, 翁国庆. 2004. 新时期森林资源规划设计调查的新思路. 林业资源管理, (1): 9-14.

高喜贵, 姜涛. 2006. 改进和完善我省森林资源二类调查体系的探讨. 黑龙江生态工程职业学院学报, 19(3): 46-47.

古育平, 李文斗, 郭在标. 2008. 我国森林资源二类调查和档案管理工作的历史发展特点、现状和对策措施. 华东森林经理, 22(2): 42-44.

广西壮族自治区林业局. 2008. 广西森林资源规划设计调查技术方法. 南宁.

广西壮族自治区林业厅. 2018. 广西壮族自治区第五次森林资源规划设计调查技术标准汇编(部分). 南宁.

何齐发, 蒋苏珍, 宋辛森. 2004. 江西森林资源二类调查的主要问题及对策. 江西林业科技, (2): 45-47.

戢建华. 2009. 对辽宁省森林资源二类调查的技术特点和问题的探讨. 防护林科技, (5): 106-108.

邱德瑶, 蔡良良. 2004. 现行森林资源调查方法存在问题及对策研究. 浙江林业科技, 24(1): 36-38.

任瑞才, 罗刚. 2001. 加强森林资源二类调查中生态环境信息的调查. 内蒙古林业调查设计, (1): 54-56.

唐小平, 陈雪峰, 翁国庆, 等. 2010. GB/T 26424—2010 森林资源规划设计调查技术规程. 北京: 中国标准出版社.

王建明, 郎子岩. 2014. 谈森林资源二类调查技术的发展过程及存在问题. 林业勘查设计, (1): 8-10.

曾伟生, 周佑明. 2003. 森林资源一类和二类调查存在的主要问题与对策. 中南林业调查规划, 22(4): 8-11.

第3章　机载激光雷达工作原理和森林参数估测的物理基础

机载激光雷达应用是天空地一体化森林资源调查监测新技术体系的核心之一，主要应用于森林参数估测与制图、森林冠层垂直结构信息的提取等，是实现森林参数由野外测量向室内估测转换的关键技术。因此，深入了解机载激光雷达工作原理和森林参数估测的物理基础，有助于研制符合森林计测理论、解析性好、结构稳定、普适性广的森林参数估测模型，也有助于开发一些新的森林结构信息提取方法，拓展机载激光雷达森林应用领域。此外，本章还将介绍普遍采用的面积法机载激光雷达森林参数估测的流程和森林参数制图方法。

3.1　机载激光雷达森林资源调查发展简史

20世纪50年代末，人们开始试验制造第一台可操作的激光器（光放大），并于1960年在美国、1961年在加拿大和苏联先后取得成功。1960年5月，在美国休斯研究实验室工作的物理学家Theodore H. Maiman组装并运行了第一台脉冲合成红宝石0.694 μm（红色）激光器。第一批激光器是单次发射的仪器，闪光灯会激发介质（最初是红宝石晶体），激光会立即发出一个短脉冲的相干光。在Maiman的红宝石激光器演示后7个月的1960年12月，贝尔实验室的Ali Javen、William Bennett Jr.和Donald Herriott开发了氦-氖（Helium-Neon，He-Ne）气体激光器，这是第一台产生连续相干光束的激光器。这种连续波（continuous wave，CW）激光器在0.633 μm处发出橙色或红色光束。1961年，美国的光谱物理（Spectra-Physics）公司和Perkin Elmer公司等开始将激光器商业化销售。1964年，R. C. Rempel和A. K. Parker组装和测试了一个光谱为0.633 μm的He-Ne连续气体激光器，该激光器与气压传感器（用于确定飞机高度）和一台俯视摄影测量相机耦合，用于记录飞行线上的目标。他们在不同的高度（如离地高度85 m和183 m）飞行机载激光轮廓系统（airborne laser profiling system），取得了地面和树高数据。尽管他们记录的轨迹非常粗糙，但他们认为在3000 m的飞行高度，如果平滑长度为3 m，可以达到30 cm的测距精度，同时还首次提到可能的林业应用（Nelson，2013）。

在地学领域的早期激光应用中，主要集中于海冰表面粗糙度测量（Ketchum，1971；Tooma and Tucker，1973；Hibler，1975）、近岸水深测量（Hickman and Hogg，

1969；Hoge and Swift，1979)、地形测量（Krabill et al.，1980；Arp et al.，1982)、
海洋表面流研究（Hoge and Swift，1981，1983)、海洋石油泄漏探测（Hoge and
Swift，1980）和陆地植被荧光探测（Hoge et al.，1983)。许多早期研究使用连续
波激光器，如 0.633 μm He-Ne 激光器。脉冲激光器在 20 世纪 70 年代末和 80 年
代初开始出现（Nelson，2013)。

　　航空摄影测量很早以前就应用于森林测量，经过了机载激光轮廓系统发展阶
段，机载激光雷达开始用于森林参数建模估测。1976 年，苏联的 V. I. Solodukhin
等开展了第一个激光实际测量树木实验，他们砍伐了一棵桦树和一棵云杉树，并
将一束 0.63 μm 的 He-Ne 激光以大约 25 mm 的光斑对准水平的树木；并制作了一
个轮廓仪，将其与测量尺测量结果进行比较，同时得出结论：随着功率的增加，
这种激光器可以安装在飞机上，以远程测量森林冠层。同年晚些时候，他们通过
不同形状树冠（圆锥形、抛物线形、椭球形垂直、球形、椭球形水平和圆柱形）
的林分对随机横截面轮廓的影响进行了数学探索，并推导出不同树冠形状如何影
响激光轮廓高度的重建。1979 年，他们将 He-Ne 激光器安装在一架 AN-2 双翼飞
机上，并获得了第一个机载森林垂直轮廓图（Nelson，2013)。此后，在北美进行
了使用激光轮廓仪的类似研究（Nelson et al.，1984；Aldred and Bonner，1985；
Maclean and Krabill，1986)，一些研究开发了利用空中树冠轮廓估算森林体积和
生物量的方法（Maclean and Martin，1984；Maclean and Krabill，1986)。

　　20 世纪 80 年代，很多学者对机载激光雷达进行了大量的实验研究。Arp 等
（1982）使用连续波 He-Ne 激光仪（波长 0.63 μm，光斑直径 20 cm，飞行高度 1200～
1500 m）收集了总长度超过 11 000 km、宽度约 1.5 km 的数据用于编制委内瑞拉
一个新保护区的地形图，并根据得到的机载激光雷达轮廓评估树高。Maclean 和
Martin（1984）建立了从航空图像获得的林冠轮廓横截面积与木材材积的回归模
型，决定系数为 $0.75 \leqslant R^2 \leqslant 0.87$。早期的激光雷达研究模拟了这种方法，使用的
数据来自于飞机飞行线沿线的狭窄横断面采集的激光雷达轮廓系统。Aldred 和
Bonner（1985）使用激光雷达轮廓数据估计实际林分高度低于 4.1 m 的林分高度，
并划分树冠密度等级，精度为 62%。Maclean 和 Krabill（1986）建立了总商品材
积与由激光轮廓得出的横截面面积的回归模型，$R^2 \approx 0.9$。Nelson 等（1984）使用
轮廓系统的数据来描述垂直森林冠层轮廓，沿飞行路线的激光雷达树高的均值和
由航空图像提取的高度估计值具有可比性，照片解释的冠层郁闭度与激光雷达变
量之间的线性模型的 $R^2 \approx 0.8$。Nelson 等（1988）构建了将林分高度、平均单位
面积蓄积量和平均单位断面积作为响应变量，将从激光雷达轮廓数据得出的高度
轮廓变量作为预测变量的回归模型，决定系数 0.50～0.60。激光雷达轮廓系统的
演进产品为 ALS 系统，其小光斑直径为 0.1～2.0 m，大光斑直径为 5.0～10.0 m。
当需要完全覆盖时，ALS 系统的数据比轮廓数据更适合。

20 世纪 90 年代，随着全球定位系统（GPS）和惯性导航系统（INS）的集成应用，激光扫描仪实现了精确定位和定姿，机载激光雷达开始实现商业化应用（Næsset，2004）。一些研究者发现实地测量的林分高与基于 ALS 的高度度量之间具有密切的相关关系（Nilsson，1996；Næsset，1997a；Magnussen and Boudewyn，1998）。并且，森林生物物理变量的林分尺度平均值或总值，如断面积和林分蓄积量，可以根据小光斑 ALS 数据估算，其精度与地面样地推算得到的数据相似甚至更好（Means et al.，2000；Næsset，1997b）。最初的研究集中在基于实地测量的样地尺度森林参数与基于 ALS 的高度分布之间的关系。挪威于 1995 年进行了第一次 ALS 森林调查应用研究试验，目的是估测林分平均高和蓄积量等参数（Næsset，1997a，1997b），1998 年，开展了第一次全面应用测试，对面积法的各个步骤进行了详细研究，并在 1000 hm² 的研究区中测量了约 1600 个地面样地，以实证测试由 ALS 或航空图像匹配得到的点云对该方法表现的影响，提出了当前机载激光雷达森林调查中广泛应用的面积法的"两步法程序"（a two-step procedure）。在经过后续一系列试验研究及学术界、森林调查公司合作进行第二次全面应用示范（6000 hm²）的基础上，于 2002 年在挪威实施了第一个机载激光雷达森林资源调查实际应用项目（调查面积 46 000 hm²）（Næsset，2004）。芬兰早期开展的是单木法机载激光雷达应用研究，2004 年开始开展面积法研究并实施了第一个先期项目，2008 年，机载激光雷达在森林调查中得到全面应用，目前每年开展面积约为 300 万 hm² 的调查（Maltamo and Packalen，2014）。瑞典于 2003 年开展第一次全面测试（Holmgren，2004），于 2005 年开始第一次实际应用（Næsset，2014）。自此之后，澳大利亚、加拿大、西班牙陆续开展 ALS 森林资源调查。

3.2 机载激光雷达工作原理

激光雷达是一种集激光技术、计算机技术、导航定位技术等多种技术于一体的主动式遥感测量技术。按照搭载平台的不同，可以分为星载激光雷达（spaceborne laser scanner，SLS）、机载激光雷达（ALS）、地基激光雷达（terrestrial laser scanner，TLS）。本节主要介绍机载激光雷达系统构成与工作原理，并介绍各类激光扫描仪的工作方式与特点。

3.2.1 激光雷达测距原理

激光测距是激光雷达获取三维信息的基础，其基本原理是通过记录激光从发射到接触目标再返回到接收系统的时间差 t，依据光的传播速度，计算传感器与被测物体之间的距离。距离计算公式如下：

$$R = \frac{1}{2} \times c \times t \tag{3.1}$$

式中，R 为传感器到目标的距离；c 为光在空气中的传播速度。

目前，激光测距主要的实现方式有脉冲式测距和相位式测距两种。脉冲式测距是通过激光器发射瞬时脉冲，并记录返回信号与发射信号的时间差来测定距离。其工作过程可分为激光发射、激光探测、时延估计和时延测量 4 个环节。激光发射是指通过激光脉冲发射器发射一个极窄的高速激光脉冲，通过扫描棱镜的转动和反射后射向物体；激光探测是指由物体反射回来的激光脉冲经激光接收器接收后转换为电信号；时延估计是指对不规则的激光回波信号进行处理，估计出测距的时延，生成回拨脉冲信号；时延测量是利用精密原子钟控制的精密仪器，通过距离计数的方法测量激光回波与激光发射主脉冲之间的时间间隔。

相位式测距是一种连续波的工作机制，通过记录反射波和发射波之间的相位差来测定距离。其工作原理为，激光器发射一束调制好的连续的激光脉冲，到达目标物体并反射信号到接收系统。通过计算发射的激光束与接收的激光束之间的相位差，得到激光往返时间，进而计算距离，其公式为

$$R = \frac{1}{2} \times c \times t = \frac{1}{2} \times c \times \frac{\varphi}{2\pi} \times T = \frac{c\varphi T}{4\pi} \tag{3.2}$$

式中，R 为传感器到目标的距离；c 为光在空气中的传播速度；T 为连续波的一个周期；φ 为激光发射往返相位差；t 为往返时间差。

3.2.2　机载激光雷达测量系统

机载激光雷达测量系统主要以飞机作为搭载平台，主要组成部分为激光测距装置（laser ranging unit）；光机扫描仪（opto-mechanical scanner）；控制、监视和记录装置（control，monitoring，and recording units）；全球导航卫星系统（global navigation satellite system，GNSS）接收机；惯性测量单元（inertial measurement unit，IMU）（Wehr and Lohr，1999）（图 3-1）。

光机扫描仪在用户指定的角度内移动激光横跨飞行轨迹。卫星导航接收机对于精确测量平台（飞机或直升机）的位置至关重要，而 IMU 则测量平台的动态姿态（横摇、俯仰和偏航）。GPS 和 IMU 提供信息准确识别激光脉冲截获物体的位置所必需的信息。用于森林调查的 ALS 系统通常在近天底入射角（<25°）以较高的脉冲重复频率（50～200 kHz）发出非常短的（3～10 ns）、窄光束宽度（0.15～2.0 mrad）、红外（0.80～1.55 μm）激光脉冲。通常情况下，当在 500～3000 m 的飞行高度上运行时，ALS 系统会生成密集的样本模式（每平方米为 0.5～20 个脉冲），并且地面光斑较小（一般小于 1 m）。

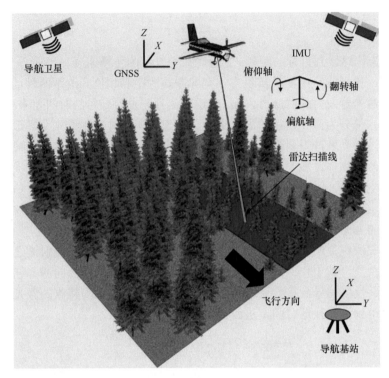

图 3-1　机载激光雷达系统示意图（White et al.，2013）

1. 激光雷达测距系统

激光雷达测距系统由激光雷达测距单元、光学机械扫描单元和控制处理系统三部分组成。激光雷达测距单元由激光发射器和激光接收器组成。光学机械扫描单元通过棱镜和转动机械控制激光发射器发出的激光的方向，将单一方向的测距转变为某些范围角度的测距，实际扫描范围取决于光学机械扫描单元的构造（赖旭东，2010）。目前，机载激光雷达系统的光学机械扫描单元主要有4 种扫描方式：摆镜扫描、多面棱镜扫描、圆锥棱镜扫描和光学纤维电扫描（图 3-2）。

摆镜扫描方式在地面形成"Z"形激光脚点分布，在扫描条带中心线至两侧分布不均匀，中心密度大，边缘密度小；多面棱镜及光学纤维电扫描方式在地面形成平行线分布的激光脚点；圆锥棱镜扫描方式在地面形成一系列有一定重叠度的椭圆形（图 3-3）。控制处理系统控制激光信号的发射与接收，协调激光发射单元与接收传感器的工作。

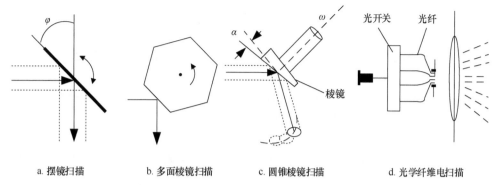

a. 摆镜扫描　　　　b. 多面棱镜扫描　　　　c. 圆锥棱镜扫描　　　　d. 光学纤维电扫描

图 3-2　机载激光雷达的 4 种扫描方式（Wehr and Lohr，1999）

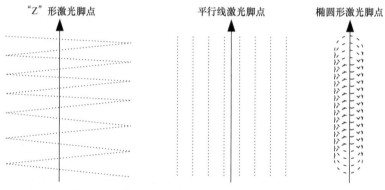

图 3-3　不同扫描方式获得的激光脚点阵列形式

2. 定位定向系统

全球导航卫星系统（global navigation satellite system，GNSS）具有全天候、高精度和全球覆盖的特点，能提供地球上任意点的精确三维坐标。GNSS 与现代通信相结合，可提供静态与动态、事后与实时的高精度定位与导航。在精度、效率、速度、成本等方面都具有巨大的优越性（张小红等，2001）。

惯性导航系统（INS）是定位定向系统（position orientation system，POS）的一个重要组成部分，提供飞机等载体的瞬时姿态参数，包括俯仰角、侧滚角和航向角三个姿态角。惯性导航系统根据惯性空间的力学定律，使用陀螺仪和加速度计等惯性元件测定载体在运动过程中的旋转角度和加速度，在一定的坐标系内进行积分计算，最终得到运动载体的位置、速度及姿态等参数。

GNSS 与 INS 相结合的组合导航方案，可以校正 INS 的时间积累误差与 GNSS 信号受干扰或丢失等造成的误差，从而提供高精度、高可靠性的导航定位信息。

3. 数据同步系统

数据同步系统在机载激光雷达系统中主要是控制上述多个硬件之间的数据采

集、同步和记录。在机载激光雷达系统中，GNSS 接收机、惯性导航系统和激光雷达测距系统的数据控制通过时钟控制系统来同步，虽然多个设备的采样频率不一致，但是通过相同的时间系统可以保持完全同步（Williams et al.，2013）。

机载激光雷达对地定位原理是基于欧氏空间的简单几何法定位。需建立以下坐标系进行坐标的解算：瞬时激光坐标系、激光扫描参考坐标系、载体坐标系、惯性平台参考坐标系、当地水平参考坐标系、当地垂直参考坐标系、WGS-84 坐标系、工程实际使用的坐标系（张小红，2007）。无论是离散回波激光雷达还是全波形激光雷达，其定位解算都需要实现从瞬时激光坐标系到 WGS-84 坐标系的计算转换。

3.2.3　几种传感器的工作方式和技术参数

目前，商业激光雷达扫描仪很多，在广西第五次森林资源规划设计调查中，主要应用的激光雷达扫描仪包括奥地利 Riegl 公司的 VQ-1560/1560i、瑞士 Leica 公司的 Terrian Mapper 和 Leica SPL100、加拿大 Teledynew 技术公司的 Optech ALTM Galaxy T1000，见图 3-4。

a. VQ-1560i　　　　b. Terrian Mapper　　　　c. SPL100　　　　d. Galaxy T1000

图 3-4　几种机载激光雷达扫描仪

Riegl VQ-1560i 的外观功能如图 3-5 所示。

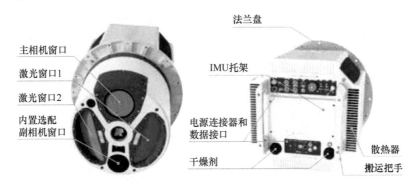

图 3-5　Riegl VQ-1560i 机载激光雷达扫描仪（RIEGL®，2019）

5 个机载激光雷达扫描仪的主要技术参数见表 3-1。

表 3-1　5 个机载激光雷达扫描仪的技术参数

传感器	Riegl VQ-1560	Riegl VQ-1560i	Leica Terrian Mapper	Leica SPL100	Optech ALTM Galaxy T1000
激光波长（nm）	近红外	近红外	1064		1064
激光发散度（mrad）	0.25	0.25	0.25		0.25
发射频率（kHz）	800	2000	2000	2000	550
（最多）回波脉冲	无限	无限	15		无限
扫描方式	每个通道平行线扫描，两通道间交叉线扫描	每个通道平行线扫描，两通道间交叉线扫描	倾斜扫描	倾斜扫描（阵列）	平行线扫描
扫描频率	20～400 线/s	40～600 线/s	120～300 线/s	25Hz	0～240 线/s
视场角（°）	58	58	20～40	20/30	10～60

3.3　机载激光雷达森林参数估测的物理基础

讨论某项技术的科学性和可靠性，必须分析其理论基础。遥感技术作为一门现代对地观测技术，具有极为坚实的物理基础。例如，中低空间分辨率光学卫星遥感通过记录不同地物对不同波长太阳辐射的反射强度（率），可有效地辨识不同类型的地物；航空遥感和高空间分辨卫星遥感，除具有上述特征外，还通过纹理反映了不同地物的形状、大小、阴影和图案等，可更精细地进行地物分类。离散机载激光雷达通过点云准确地刻画了森林的三维结构，包括林分的高度、密度和垂直结构，而林分的三维结构与林分调查因子（森林参数，如林分平均直径、平均高、断面积、单位面积蓄积量和生物量等）具有高度的相关关系。因此，机载激光雷达已成为最有前途的遥感技术之一，为森林生态系统管理相关业务的应用和广泛学科的研究提供了准确可靠的数据（Vauhkonen et al.，2014b）。本节详细讨论机载离散激光雷达森林参数估测的物理基础。

机载激光雷达森林应用有 2 个基本方法：面积法（area-based approach，ABA）和单木法（individual tree approach 或 single-tree approach）。顾名思义，单木法是采用 ALS 估测单株林木的参数，如树高、冠幅、林木株数，然后通过聚合估计得到森林参数（Peuhkurinen et al.，2007，2011；Vauhkonen et al.，2014a）。单木尺度的应用步骤包括树木检测、特征提取和单木参数估测。树木检测的困难性和异速生长模型估测中的误差降低了样地和林分尺度估计值的准确性，并严重限制了单木法在天然林等复杂结构森林中的应用（Korpela et al.，2007）。因此，ALS 在区域性森林资源调查监测应用中，都是采用面积法。这种方法是利用样地尺度的 LiDAR 变量与样地森林参数的相关关系,建立估测模型对样地尺度的森林参数进行估测的(Næsset,2002,2004;Næsset et al.,2004)。

3.3.1 样地尺度的激光点云分布

机载激光雷达系统中的激光器在 2500 m 左右的空中以极高的频率向地面发射激光脉冲时,大量的激光脉冲接触到林分冠层的叶片、枝条和树干及地面后,部分脉冲经反射后被激光接收器接收,并测量反射脉冲从发射到接收器之间经过的时间。通过光速将经过的时间转换为从发射点到反射光的基础对象的距离。由于传感器的位置和方向是使用 GPS 和 INS 记录的,ALS 数据构成了一组三维坐标数据,表示脉冲反射的扫描表面(Vauhkonen et al.,2014b)。于是,可以得到大量具有精确三维坐标的点云。这些点云在水平方向(图 3-6a)和垂直方向(图 3-6c)显示了林分冠层的枝、叶和树干的分布,可以精确地重构林分冠层的三维结构(图 3-6b)。

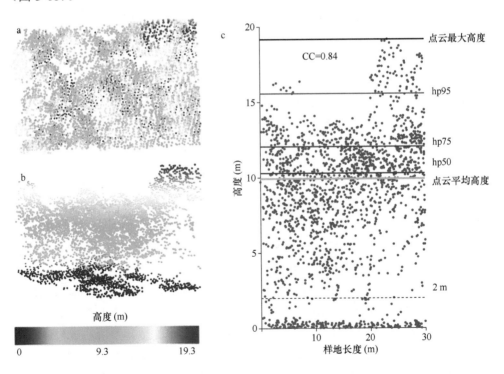

图 3-6 样地内激光点云分布的俯视(a)和三维显示(b)及其主要 LiDAR 变量指示(c)

hp95、hp75、hp50 分别为 95%、75%、50%分位数高度;CC 为郁闭度

3.3.2　样地尺度 LiDAR 变量与森林参数的相关性

林分蓄积量与林分高度（如平均高等）和密度（如郁闭度、林木密度等）具有较为紧密的相关关系（周梅等，2017），说明林分蓄积量与由高度、密度构成的三维结构密切相关。在森林计测学理论和实际应用中，林分蓄积量一般通过以林分平均高和林分断面积为自变量的异速方程计算。机载激光雷达点云准确地刻画了林分三维结构，反映了林分的高度、密度（枝叶覆盖度）和垂直结构（亚林层分布）。大量研究表明：由激光点云提取的高度、密度等特征参数（LiDAR 变量）与样地的林分蓄积量、断面积、平均高等森林参数之间具有良好的统计关系（van Leeuwen and Nieuwenhuis，2010；Fekety et al.，2015；White et al.，2017）。将样地的森林参数与其相应的 LiDAR 变量作散点图分析，得到图 3-7 的结果。由该图可以看出，各个森林类型的林分蓄积量、断面积、平均高和地上生物量与激光点云平均高（H_{mean}）和 50%、75%、95%分位数高度（hp50、hp75 和 hp95）及结构变量（$H_{mean} \times CC$、$H_{mean} \times dp50$）等具有较好的相关关系（林分断面积与 LiDAR 变量或结构变量的相关性差于蓄积量、生物量和平均高），该图也显示了森林参数与激光雷达变量之间多为非线性关系（林分平均高与 hp75 可能呈线性关系）。

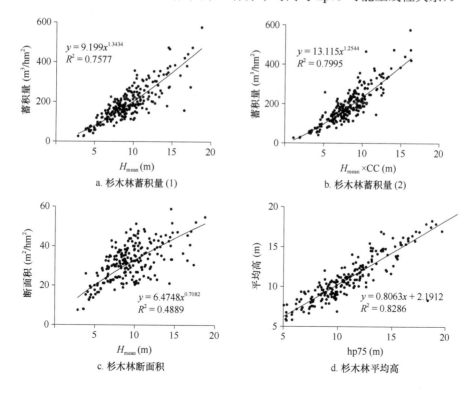

a. 杉木林蓄积量 (1)　　　　b. 杉木林蓄积量 (2)

c. 杉木林断面积　　　　d. 杉木林平均高

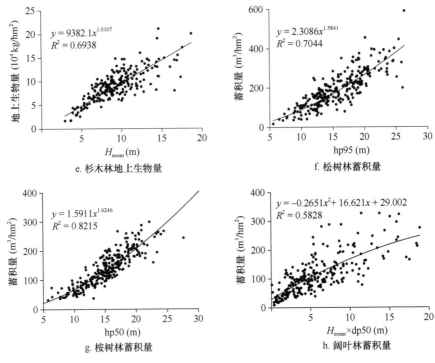

图 3-7　森林参数与 LiDAR 变量的散点图

由图 3-6 还可以看出，若激光点云密度越大，点云对林分三维结构的刻画就越精细。

对林分平均高（H）、胸高直径（DBH）、断面积（BA）和蓄积量（VOL）4 个森林参数与几个刻画林分三维结构的激光点云变量作 Pearson 相关分析，结果表明：LiDAR 的高度变量、密度变量和垂直结构变量与森林参数均呈较强的相关关系，且绝大部分达到显著水平（表 3-2）。

表 3-2　森林参数与 LiDAR 变量的相关系数及显著性 t 检验结果

森林类型	森林参数	hp75	hp95	H_{mean}	dp50	dp75	CC	LAD$_{mean}$	VFP$_{mean}$
杉木林	H	0.910***	0.888***	0.890***	0.446***	0.499***	0.001ns	0.145*	0.687***
	DBH	0.769***	0.741***	0.749***	0.416***	0.490***	0.115ns	−0.119ns	−0.591***
	BA	0.519***	0.494***	0.536***	0.468***	0.412***	0.200***	−0.005ns	−0.372***
	VOL	0.527***	0.499***	0.555***	0.438***	0.356***	0.123ns	−0.041ns	−0.420***
松树林	H	0.933***	0.902***	0.913***	0.405***	0.642***	0.040ns	−0.213***	−0.710***
	DBH	0.687***	0.692***	0.606***	0.102ns	0.322*	−0.082ns	−0.236***	−0.623***
	BA	0.717***	0.674***	0.773***	0.675***	0.692***	0.291***	−0.164***	−0.476***
	VOL	0.864***	0.821***	0.901***	0.579***	0.733***	0.158**	−0.189***	−0.579***

续表

森林类型	森林参数	hp75	hp95	H_{mean}	dp50	dp75	CC	LAD_{mean}	VFP_{mean}
桉树林	H	0.901***	0.881***	0.880***	0.332***	0.585***	0.193***	−0.250***	−0.694***
	DBH	0.868***	0.856***	0.822***	0.310***	0.527***	0.215***	−0.251***	−0.658***
	BA	0.811***	0.781***	0.804***	0.456***	0.675***	0.328***	−0.178***	−0.623***
	VOL	0.878***	0.849***	0.871***	0.422***	0.672***	0.279***	−0.186***	−0.651***
阔叶林	H	0.788***	0.733***	0.787***	0.593***	0.617***	0.241***	−0.052ns	−0.518***
	DBH	0.550***	0.544***	0.517***	0.302***	0.415***	0.107ns	−0.055ns	−0.358***
	BA	0.667***	0.620***	0.682***	0.627***	0.501***	0.446***	−0.118ns	−0.461***
	VOL	0.781***	0.718***	0.797***	0.648***	0.629***	0.328***	−0.092ns	−0.523***

注：*为 $\alpha=0.05$ 时相关性显著，**为 $\alpha=0.01$ 时显著，***为 $\alpha=0.001$ 时显著，ns 为相关性不显著

从表 3-2 还可以看出，LiDAR 高度变量与森林参数的相关性，高于密度变量，垂直结构变量（LAD_{mean} 和 VFP_{mean}）与森林参数呈负相关关系。显然，这符合森林计测学理论解释和一般常识。

为进一步检验 LiDAR 变量（含结构变量）与森林参数的相关性，建立如下 LiDAR 变量及结构变量（$H_{mean} \times CC$）和林分蓄积量的简单线性回归估测模型：

$$V = a_0 + a_1 \times y \tag{3.3}$$

式中，V 为林分蓄积量；y 为 LiDRA 变量和结构变量；a_0、a_1 为模型参数。通过优度（R^2）和相对均方根误差（rRMSE）检验模型拟合效果。

$$R^2 = 1 - \sum_{i=1}^{n}(V_i - \hat{V}_i)^2 \Bigg/ \sum_{i=1}^{n}(V_i - \overline{V})^2 \tag{3.4}$$

$$\text{rRMSE}(\%) = \sqrt{\frac{1}{n}\sum_{i=1}^{n}(V_i - \hat{V}_i)^2} \times 100 \Bigg/ \overline{V} \tag{3.5}$$

式中，V_i 和 $\hat{V}_i$ 分别为林分蓄积量的实测和估测值；$\overline{V}$ 为蓄积量实测值的均值；n 为样本数量。

模型拟合结果表明：除 CC 外，其余 LiDAR 变量与 4 个森林类型的林分蓄积量均具有较强的线性关系，LiDAR 的高度变量（H_{mean}、hp75、hp95）与森林蓄积量的关系尤为明显，结构变量 $H_{mean} \times CC$ 与林分蓄积量也具有较强的线性关系（表 3-3）。

显然，机载激光雷达变量与森林参数之间这些较强的相关性，表明通过 LiDAR 变量可以进行森林参数估测，而这些 LiDAR 变量与森林参数之间的相关性，构成了机载激光雷达森林参数估测的物理基础。

表 3-3 林分蓄积量 LiDAR 简单线性估测模型的拟合效果指标

森林类型	拟合效果	hp75	hp95	H_{mean}	dp50	dp75	CC	$H_{mean} \times CC$	VFP_{mean}
杉木林	R^2	0.65	0.578	0.7	0.337	0.319	0.031	0.749	0.278
	rRMSE（%）	27.48	30.19	25.44	37.86	38.35	45.76	23.28	39.5
松树林	R^2	0.747	0.673	0.811	0.336	0.538	0.025	0.753	0.261
	rRMSE（%）	23.58	26.78	20.36	38.19	31.86	46.26	23.27	32.4
桉树林	R^2	0.771	0.72	0.758	0.178	0.452	0.079	0.616	0.424
	rRMSE（%）	21.1	23.32	21.66	39.95	32.64	42.29	27.33	33.46
阔叶林	R^2	0.606	0.512	0.633	0.414	0.393	0.098	0.597	0.304
	rRMSE（%）	36.86	41.02	35.6	44.98	45.75	55.79	37.3	48.99

3.4 面积法机载激光雷达森林参数估测与制图的流程

面积法机载激光雷达森林参数估测一般采用两阶段法进行：①通过样地的 LiDAR 变量和样地调查数据，建立样地尺度的森林参数估测模型；②将研究区域按一定的规格（如 20 m×20 m）进行格网化，提取每个格网的 LiDAR 变量，利用已建立的森林参数估测模型估测每个格网的森林参数，得到研究区域全覆盖的森林参数图（Næsset，2002，2004）。

在实际森林资源调查监测应用中，森林参数估测与制图包含更多的步骤（White et al.，2017）（图 3-8）。

（1）全覆盖机载激光雷达数据获取与预处理。在这个阶段，除进行航带匹配和点云分类等基本的预处理外，需要生产 DEM、DSM、CHM 等产品，需要进行点云的高程归一化处理，并按格网大小计算每个格网的主要 LiDAR 变量。

（2）以历史调查资料或 LiDAR 数据为参考，布设样地并进行调查，获取各个样地的森林参数。在样地调查过程中，必须确保样地定位误差在可接受的范围内。

（3）根据各个样地的空间范围提取激光点云，计算样地尺度的主要 LiDAR 变量，这些变量应包含：用于建模的变量，用于分析的变量（如点云最大高，99% 分位数高度等，视分析需要确定）。

（4）建立样地（林分）尺度的森林参数估测模型并进行适应性检验。

（5）制图。根据所建立的森林参数估测模型和步骤（1）得到的全覆盖 LiDAR 变量图，估测研究区内每个格网的森林参数，得到研究区内每个森林参数的分布图。

在以小班为森林资源基本统计单元的森林资源规划设计调查中，小班区划和基本属性识别是最基本的工作，也是小班森林参数提取的前提。由于森林参数估测都分森林类型进行，所以，只有当小班区划和基本属性识别完成后，才能根据小班空间范围将森林参数估测结果提取至小班属性表中。

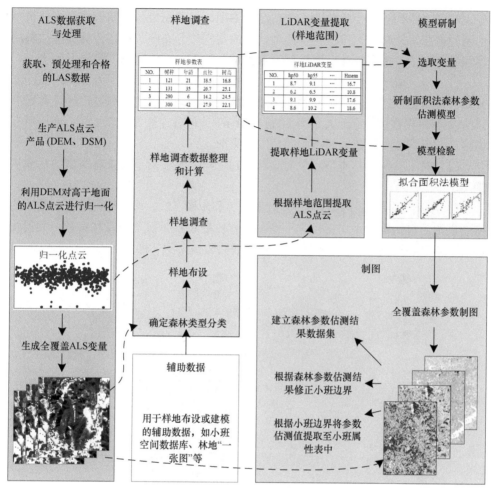

图 3-8　面积法机载激光雷达森林参数估测与制图流程（改自 White et al.，2017）

3.5　森林参数制图

森林参数制图在森林参数估测模型的基础上进行。森林参数估测模型研制是机载激光雷达森林资源调查监测应用中的关键技术，涉及的内容较多，方法较为复杂，篇幅较大，我们将在第 6 章和第 7 章专门介绍，本节将介绍森林参数制图的基本方法。

由于小班区划工作量大，工期长，需要反复核实、修改，并且在通常情况下，小班区划也需要采用森林参数估测结果（如林分平均高等）进行修正。为避免小班边界和基本属性（如优势树种）反复修改而导致需要反复制图的情况，在森林参数制图过程中，每一个森林参数都按既定的森林类型（广西为 4 个森林类型）

分别制图，得到同一个参数的多个估测结果图，如蓄积量分布图有按杉木林模型估测的蓄积量分布图、按松树林模型估测的蓄积量分布图、按桉树林模型估测的蓄积量分布图、按阔叶林模型估测的蓄积量分布图，具体制图步骤如下所述。

（1）从区域（县、区）范围的第一个栅格（格网，像元大小为 20 m×20 m）开始，采用已经建立的某个参数的某个森林类型的估测模型，通过已经计算好的 LiDAR 变量栅格图（像元大小为 20 m×20 m）读取各个模型变量的值，遍历所有栅格后，得到该参数该森林类型的估测结果图。

（2）对于其余森林类型，重复步骤（1），得到该参数所有森林类型的估测结果图。

（3）对于其余森林参数，重复步骤（1）和步骤（2），即可得到所有参数的估测结果图，包括林分平均直径、平均高、蓄积量和断面积 4 个森林参数，共得到 16 个（4 个森林类型×4 个参数）森林参数估测结果图（图 3-9）。

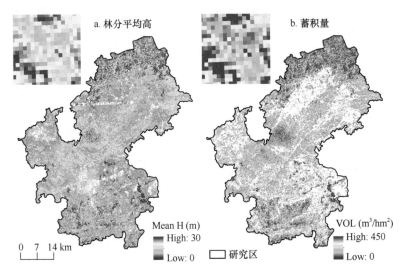

图 3-9　以松树林模型计算得到的林分平均高和蓄积量估测结果图（崇左市江州区）
Mean H：平均高；High：高；Low：低；VOL：蓄积量

（4）由于异常点云的存在，少数像元 LiDAR 变量存在异常值，可能出现少数像元森林参数估测值明显偏大的情况，如平均高明显偏大等。尤其是在喀斯特地区，由于悬崖峭壁的存在，在大区域 ALS 数据预处理过程中，或多或少存在异常点云的情况。为此，在森林参数制图过程中，需要根据经验对每个参数设置一个最大值，当估测值大于此设定值时，自动用设定值替代或通过邻域方法进行平滑修正。同理，每个参数也需设定一个最小值。

（5）当小班区划确定不再修改后，将小班区划图与森林参数栅格图进行叠加运算，得到区域范围内整合后每个森林参数一幅估测结果图。

参 考 文 献

赖旭东. 2010. 机载激光雷达基础原理与应用. 北京: 电子工业出版社.

张小红. 2007. 机载激光雷达测量技术理论与方法. 武汉: 武汉大学出版社.

张小红, 李征航, 汪志明. 2001. GPS 定位技术在不同领域的应用. 测绘信息与工程, (2), 10-13.

周梅, 李春干, 代华兵. 2017. 采用林分平均高和密度估计人工林蓄积量. 广西林业科学, 46(3): 319-324.

Aldred A H, Bonner G M. 1985. Application of airborne lasers to forest surveys. Information Report PI-X-51, Technical Information and Distribution Center, Petawawa National Forestry Institute, Chalk River, Ontario, Canada: 62.

Arp H, Griesbach J C, Burns J P. 1982. Mapping in tropical forests: a new approach using laser APR. Photogrammetric Engineering and Remote Sensing, 48: 91-100.

Fekety P A, Falkowski M J, Hudak A. 2015. Temporal transferability of LiDAR-based imputation of forest inventory attributes. Canadian Journal of Forest Research, 45: 422-435.

Hibler W D. 1975. Characterization of cold-regions terrain using airborne laser profilometry. Journal of Glaciology, 15(73): 329-347.

Hickman G D, Hogg J E. 1969. Application of an airborne pulsed laser for near shore bathymetric measurements. Remote Sensing of Environment, 1: 47-58.

Hoge F E, Swift R N. 1979. Wide area airborne laser bathymetry mapping. IEEE Journal of Quantum Electronics, 15(9): 14-15.

Hoge F E, Swift R N. 1980. Oil film thickness measurement using airborne laser-induced water raman backscatter. Applied Optics, 19(19): 3269-3281.

Hoge F E, Swift R N. 1981. Airborne simultaneous spectroscopic detection of laser-induced water raman backscatter and rluorescence from chlorophyll a and other naturally occurring pigments. Applied Optics, 20(20): 3197.

Hoge F E, Swift R N. 1983. Airborne dual laser excitation and mapping of phytoplankton photopigments in a Gulf Stream warm-core ring. Applied Optics, 22(15): 2272-2281.

Hoge F E, Swift R N, Yungel J K. 1983. Feasibility of airborne detection of laser-induced fluorescence emissions from green terrestrial plants. Applied Optics, 22(19): 2991-3000.

Holmgren J. 2004. Prediction of tree height, basal area and stem volume using airborne laser scanning. Scandinavian Journal of Forest Research, 19: 543-553.

Ketchum R D. 1971. Airborne laser profiling of the arctic pack ice. Remote Sensing of Environment, 2: 41-52.

Korpela I, Dahlin B, Schäfer H, et al. 2007. Single-tree forest inventory using lidar and aerial images for 3D treetop positioning, species recognition, height and crown width estimation. In: Proceedings of the ISPRS workshop laser scanning 2007 and SilviLaser 2007, Espoo, Finland, 12–14 Sept 2007, IAPRS, vol XXXVI, Part 3/W52, 2007: 227-233.

Krabill W B, Collins J G, Link L E, et al. 1984. Airborne laser topographic mapping results. Photogrammetric Engineering and Remote Sensing, 50(6): 685-694.

Maclean G A, Krabill W B. 1986. Gross-merchantable timber volume estimation using an airborne lidar system. Canadian Journal of Remote Sensing, 12: 7-18.

Maclean G A, Martin G L. 1984. Merchantable timer volume estimation using cross-sectional photogrammetric and densitometric methods. Canadian Journal of Forest Research, 14: 803-810.

Magnussen S, Boudewyn P. 1998. Derivations of stand heights from airborne laser scanner data with canopy-based quantile estimators. Canadian Journal of Forest Research, 28: 1016-1031.

Maltamo M, Packalen P. 2014. Species-Specific management inventory in Finland. Chapter 12. *In*: Maltamo M, Næsset E, Vauhkonen J. Forestry Applications of Airborne Laser Scanning: Concepts and Case Studies. Managing Forest Ecosystems, 27. Dordrecht: Springer: 241-252.

Means J E, Acker S A, Fitt B J, et al. 2000. Predicting forest stand characteristics with airborne scanning lidar. Photogramm Engineering and Remote Sensing, 66: 1367-1371.

Næsset E. 1997a. Determination of mean tree height of forest stands using airborne laser scanner data. ISPRS Journal of Photogramm Remote Sensing, 52: 49-56.

Næsset E. 1997b. Estimating timber volume of forest stands using airborne laser scanner data. Remote Sensing of Environment, 51: 246-253.

Næsset E. 2002. Predicting forest stand characteristics with airborne scanning laser using a practical two-stage procedure and field data. Remote Sensing of Environment, 80(1): 88-99.

Næsset E. 2004. Practical large-scale forest stand inventory using a small airborne scanning laser. Scandinavian Journal of Forest Research, 19: 164-179.

Næsset E. 2014. Area-based inventory in Norway – from innovation to an operational reality. Chapter 11. *In*: Maltamo M, Næsset E, Vauhkonen J. Forestry Applications of Airborne Laser Scanning: Concepts and Case Studies. Managing Forest Ecosystems, 27. Dordrecht: Springer: 215-240.

Nasset E, Gobakken T, Holmgren J, et al. 2004. Laser scanning of forest resources: the nordic experience. Scandinavian Journal of Forest Research, 19: 482-499.

Nelson R, Krabill W, Maclean G. 1984. Determining forest canopy characteristics using airborne laser data. Remote Sensing of Environment, 15: 201-212.

Nelson R. 2013. How did we get here? An early history of forestry lidar. Canadian Journal of Remote Sensing, 39(S1): 1-12.

Nelson R, Krabill W, Tonelli J. 1988. Estimating forest biomass and volume using airborne laser data. Remote Sensing of Environment, 24: 247-267.

Nilsson M. 1996. Estimation of tree heights and stand volume using an airborne lidar system. Remote Sensing of Environment, 56: 1-7.

Peuhkurinen J, Maltamo M, Malinen J, et al. 2007. Preharvest measurement of marked stands using airborne laser scanning. Forest Science, 53(6): 653-661.

Peuhkurinen J, Mehtätalo L, Maltamo M. 2011. Comparing individual tree detection and the areabased statistical approach for the retrieval of forest stand characteristics using airborne laser scanning in Scots pine stands. Canadian Journal of Forest Research, 41(3): 583-598.

Tooma S G, Tucker W B. 1973. Statistical comparison of airborne laser and stereophotogrammetric sea ice profiles. Remote Sensing of Environment, 2: 261-272.

van Leeuwen M, Nieuwenhuis M. 2010. Retrieval of forest structural parameters using LiDAR remote sensing. Europran Journal of Forest Research, 129(4): 749-770.

Vauhkonen J, Maltamo M, McRoberts R E, Næsset E. 2014a. Introduction to forestry applications of airborne laser scanning. Chapter 1. *In*: Maltamo M, Næsset E, Vauhkonen J. Forestry Applications of Airborne Laser Scanning: Concepts and Case Studies. Managing Forest Ecosystems, 27. Dordrecht: Springer: 1-16.

Vauhkonen J, Packalen P, Malinen J, et al. 2014b. Airborne laser scanning based decision support for wood procurement planning. Scandinavian Journal of Forest Research, 29(S1): 132-243.

Wehr A, Lohr U. 1999. Airborne laser scanning—an introduction and overview. ISPRS Journal of Photogrammetry and Remote Sensing, 54(2-3): 68-82.

White J C, Tompalski P, Vastaranta M. 2017. A model development and application guide for generating an enhanced forest inventory using airborne laser scanning data and an area-based approach. Natural Resources Canada, Canadian Forest Service, Canadian Wood Fibre Centre. https://cfs.nrcan.gc.ca/publications[2021-04-27].

White J C, Wulder M A, Varhola A, et al. 2013. A best practices guide for generating forest inventory attributes from airborne laser scanning data using an area-based approach. Natural Resources Canada, Canadian Forest Service, Canadian Wood Fibre Centre. https://cfs.nrcan.gc.ca/publications[2021-04-27].

Williams K, Olsen M, Roe G, et al. 2013. Synthesis of transportation applications of mobile lidar. Remote Sensing, 5(9): 4652-4692.

第4章　地面样地调查和机载激光雷达数据获取与处理

机载激光雷达数据获取和样地调查是机载激光雷达森林资源调查监测应用最基础的工作，也是极其关键的工作。本章在简单介绍试验区域基本情况的基础上，详细介绍样地布设与调查方法、激光雷达点云统计特征参数的提取方法和调查时间与激光雷达数据获取时间不同步时的样地调查数据调整方法。

4.1　研究区概况

4.1.1　研究区分区

研究区包含整个广西壮族自治区（104°28′～112°04′E，20°54′～26°24′N），总面积 23.76 万 km²。受经费预算、技术力量等限制，广西第五次森林资源规划设计调查分 3 个年度完成，根据机载激光雷达数据获取的时间顺序、样地布设范围和各项试验研究涉及的区域范围，整个研究区划分为 4 个区域：高峰林场试验区、南宁试验区、东部试验区和西部试验区（图 4-1），其中，南宁、东部和西部试验区既是研究试验区，也是广西第五次森林资源规划设计调查技术推广应用区，相互不重叠，高峰林场试验区为前期试验区，以技术试验和经验积累为主，与南宁试验区重叠。研究区 2017 年森林分布见图 4-2。

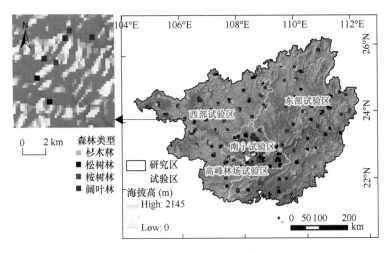

图 4-1　研究区与样地分布图

High：高；Low：低

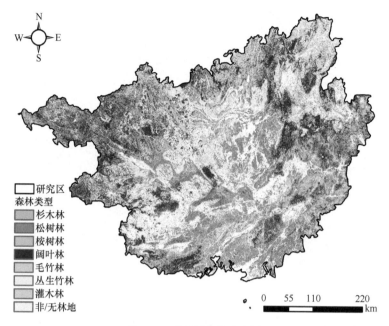

研究区
森林类型
杉木林
松树林
桉树林
阔叶林
毛竹林
丛生竹林
灌木林
非/无林地

0　55　110　　　220
km

图 4-2　研究区森林分布图

为满足红树林监测应用，机载激光雷达数据获取范围还包含了近海滩涂。涸洲岛（面积为 24.74 km²）和斜阳岛（面积 1.89 km²）等海岛由于远离陆地，没有获取激光雷达数据，不包括在研究区范围内。

4.1.2　高峰林场试验区概况

高峰林场试验区位于南宁市北部的高峰林场内，为一个呈东北—西南走向的近矩形区域，长 11.2 km，宽 4.2 km，面积约 4770 hm²，中心地理位置为 22°58′33″N、108°23′45″E（图 4-3），涉及高峰林场的界牌、东升、延河 3 个分场，以及南宁市武鸣区、兴宁区、西乡塘的少量林地。

试验区属低山、丘陵地貌，为大明山（最高峰 1760 m）余脉，海拔 90～460 m，一般坡度为 25°～35°，坡度大于 25°的面积占试验区面积的 70%。位于北回归线以南，属湿润亚热带季风气候，年均气温 21.6℃，年均降水量 1300 mm，年均相对湿度 79%，具有热量充足、雨量充沛的特点，林木生长迅速。试验区内森林覆盖率 90%以上，约 95%为人工林，除桉树林年龄为 2～9 年外，其余林分年龄大多都在 15 年以上，主要树种为尾叶桉（*Eucalyptus urophylla*）、巨尾桉（*Eucalyptus grandis×E.urophylla*）、马尾松（*Pinus massoniana*）、湿地松（*Pinus elliottii*）、杉木（*Cunninghamia lanceolata*）、八角（*Illicium verum*）、红锥（*Castanopsis hystrix*）、

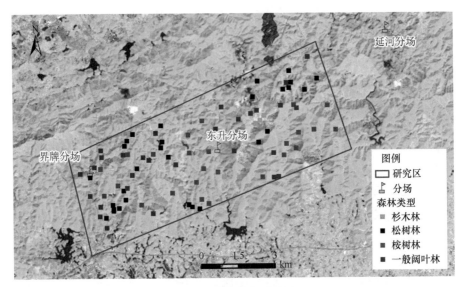

图 4-3　高峰林场试验区

火力楠（*Michelia macclurei*）、灰木莲（*Manglietia glauca*）、观光木（*Michelia odora*）、椴树（*Tilia tuan*）、米老排（*Mytilaria laosensis*）、厚荚相思（*Acacia crassicarpa*）等。除桉树人工林、八角人工林为纯林外，其余林分中约有 60% 为人工天然混交林。其形成过程为，由于水热条件良好，在杉木、马尾松和阔叶树人工造林 3～4 年后，原生树种——主要为白楸（*Mallotus paniculatus*）、木荷（*Schima superba*）等在林内萌芽、生长，形成人工天然复层混交林。也有少量为人工混交林，如杉木×马尾松、厚荚相思×红锥等。在沟谷有少量天然阔叶混交林。

4.1.3　南宁试验区概况

南宁试验区包括南宁市辖区范围，含七区五县（兴宁区、江南区、青秀区、西乡塘区、邕宁区、良庆区、武鸣区、横县①、宾阳县、上林县、马山县、隆安县）。辖区内有广西壮族自治区林业局直属国有高峰林场、七坡林场和南宁树木园，以及大明山国家级自然保护区。南宁试验区位于广西壮族自治区中南部，地理位置为 107°45′～108°51′E，22°13′～23°32′N，总面积约 2.21 万 km² （图 4-1）。

该地区海拔 50～1760 m，山地、丘陵、盆地、平原和岩溶地貌兼而有之，地势北高南低，西北部和北部为岩溶地貌，中部至东部的大明山－镇龙山为广西弧形山脉的主要组成部分，南部为连绵丘陵，内有武鸣盆地、南宁盆地、宾阳平原、郁江平原（横县中部）。虽然山体不大、海拔不高，但山坡较为陡峭。一般坡度为 24°～34°，坡度大于 24° 的林地面积约占该地区面积的 65%。地处亚热带，北回归

---

① 横县，现为县级横州市，考虑到本文相关研究数据为 2021 年前，故本书伴留 "横县" 表述。

线穿过大明山，属亚热带季风性气候。光照充足，雨量充沛，夏长冬短。年均温
21℃左右，年均降水量 1300 mm 以上。

　　森林以桉树人工林、马尾松天然林、天然阔叶林为主。地带性森林为季风常
绿阔叶林，代表性类型有红锥（*Castanopsis hystrix*）林、公孙锥（*C. tonkinensis*）
林、青钩栲（*C. kawakamii*）林、黄果厚壳桂（*Cryptocarya concinna*）林、华润楠
（*Machilus chinensis*）林等（《广西森林》编辑委员会，2001），有面积较大的岩溶
石山灌木林和少量杉木人工林，该区域为杉木的一般适生区，生长较差。

　　据 2016 年南宁市林地和森林资源变更调查结果，全市林地面积为 109.44 万 hm²，
占全市总面积的 49.5%，森林面积 100.72 万 hm²，森林覆盖率为 45.56%，活立木
总蓄积量为 4005.09 万 m³。松树（主要为马尾松）林、桉树人工林、一般阔叶林
和石山灌木林分别占全市森林面积的 21.8%、33.3%、12.2% 和 22.1%，杉木林、
竹林和灌木经济林的比重较小，分别为 2.7%、2.1% 和 4.9%。此外，全市有耕地
上种植的林木 2.83 万 hm²。

　　森林分布与地貌极为耦合。由于以丘陵、低山地貌为主，森林、耕地相间分
布，且属集体林区，林地经营权分散，森林分布较为破碎。据 2016 年各县林地"一
张图"，全市林地小班平均面积为 3.6 hm²，44% 的林地小班面积小于 1 hm²。

4.1.4　东部试验区概况

　　东部试验区位于广西壮族自治区东部（107°28′～112°03′E，21°21′～26°23′N），
面积为 12.82 万 km²，包括桂林、柳州、来宾、贺州、梧州、玉林、贵港、钦州、
北海、防城港 10 个设区市（图 4-1）。

　　北回归线穿过梧州市和贵港市附近，南北气候相差较大，南部为热带季风气
候，中北部为亚热带季风气候。北部的桂林市年平均气温 19.3℃，最热月 7 月平均
气温 28℃，最冷月 1 月平均气温 7.9℃，年平均降水量 1949.5 mm，年均相对湿度 73%～
79%，年日照时数 1670 h。西南部的防城港市各地年均气温 21.6～23.7℃，年最大降
水量 3111.9 mm，年最少降水量为 1745.6 mm，多年平均降水量为 2362.6 mm。

　　该区山地、丘陵、平原相间。中北部以中山、低山地貌为主，局部间有喀斯
特山地地貌；中部为山地、丘陵地貌，有几处平原；南部为丘陵、台地地貌；西
南部为山地、丘陵地貌。自南向北，地带性天然森林依次为以狭叶坡垒（*Hopea
chinensis*）林、橄榄（*Canarium album*）林、乌榄（*C. pimela*）林、格木（*Erythrophleum
fordii*）林、紫荆木（*Madhuca pasquieri*）林为代表的季雨林（有学者称之为季节
性雨林），以红锥（*Castanopsis hystrix*）林、黄果厚壳桂（*Cryptocarya concinna*）
林、华润楠（*Machilus chinensis*）林为代表的季风常绿阔叶林，以木荷（*Schima
superba*）林、银木荷（*S. argentea*）林、罗浮锥（*Castanopsis fabri*）林、栲树（*C.*

fargesii）林为代表的典型常绿阔叶林。垂直系列有典型常绿阔叶林、常绿落叶阔叶混交林、针阔混交林、针叶林和山顶（山脊）矮林。马尾松（*Pinus massoniana*）林广布南北各地，既有天然林，又有人工林，中北部的林分生长状况普遍较南部好。以尾叶桉（*Eucalyptus urophylla*）、巨尾桉（*Eucalyptus grandis*×*E.urophylla*）为主的桉树人工林，广泛分布于中南部，北部仅有零星分布，且易受冻害。杉木林是北部的主要人工林类型，在中南部也有，但生长速度、产量和品质均不如北部地区。

据 2017 年森林资源"一张图"更新成果，乔木林、石山灌木林、竹林和其他森林（主要为经济果木林）分别占该区总面积的 51.8%、7.0%、1.9%和 6.1%。在乔木林中，杉木林、松树林、桉树林和阔叶林的面积比重分别为 20.5%、22.0%、20.6%和 36.9%。

4.1.5　西部试验区概况

西部试验区位于广西壮族自治区西部（104°26′～109°09′E，21°35′～25°36′N），总面积 8.71 万 km²，包括河池、百色和崇左 3 个设区市（图 4-1）。

该区域位于我国地势第二级阶梯向第三级阶梯的过渡地带，西部、北部为山原地貌，分布有九万大山、凤凰山、青龙山、都阳山、金钟山、六诏山等中山山地，最高峰岑王老山海拔 2062.5 m；南部主要为中山、低山地貌，分布有十万大山（西段）中山、西大明山中山、四方岭低山；其余区域多为喀斯特地貌，以峰丛-洼地为主，局部有河谷和平原。整体上属于亚热带季风气候区，热量自北向南递增，降水量自东向西递减。各地年平均气温为 16.9～22.4℃，年降水量 1113～1713 mm，年均日照 1405～1889 h。具有冬短而暖和、热量丰富、光照充足、雨量充沛、无霜期长的特点。

天然林类型十分多样，地带性森林自南向北依次为以榄类（*Canarium* spp.）林为代表的季雨林，以红锥（*Castanopsis hystrix*）林为代表的季风常绿阔叶林，以木荷（*Schima superba*）林、青冈（*Cyclobalanopsis glauca*）林、罗浮锥（*Castanopsis fabri*）林、栲树（*C. fargesii*）林为代表的典型常绿阔叶林。中部、南部水热条件优越的地段，则分布有以望天树（*Parashorea chinensis*）为代表的沟谷雨林。在喀斯特地貌区，由南向北逐步由石灰岩石山季雨林向石灰岩石山常绿落叶阔叶混交林过渡，并分布有大面积的石灰岩石山灌丛（石山灌木林）。受自然条件与人类活动的双重影响，西部试验区广泛分布着以栓皮栎（*Quercus variabilis*）、麻栎（*Q. acutissima*）、白栎（*Q. fabri*）、槲栎（*Q. aliena*）为主的栎类林。自西向东，细叶云南松（*Pinus yunnanensis* var. *tenuifolia*）林逐步为马尾松（*Pinus massoniana*）林所取代，滇青冈（*Cyclobalanopsis glaucoides*）林逐步为青冈（*Cyclobalanopsis glauca*）林所取代，西南木荷（*Schima wallichii*）林逐步为木荷（*Schima superba*）

林所取代。人工林广泛分布。南部以桉树林、马尾松（*Pinus massoniana*）林为主，也是八角（*Illicium verum*）林、肉桂（*Cinnamomum cassia*）林的主产区；北部则以杉木（*Cunninghamia lanceolata*）林、马尾松林为主，油茶（*Camellia oleifera*）林、核桃（*Juglans regia*）林等经济林的种植规模也很大。

　　据 2017 年森林资源"一张图"更新成果，乔木林、石山灌木林、竹林和其他森林（主要为经济果木林）分别占该区总面积的 38.9%、23.7%、0.6% 和 2.6%；其中，杉木林、松树林、桉树林和阔叶林面积分别占乔木林面积的 19.8%、15.6%、24.5% 和 40.1%。

4.2　顾及成本效率的样地布设与调查

　　样地是激光雷达林分尺度森林参数估测的基础（Baltsavias，1999；Hyyppä and Inkinen，1999；Næsset，2002）。在森林资源和生态调查监测中，样地调查是必不可少的基础性工作。因此，广大林业工作者尤其是森林资源调查监测工作者，对样地调查十分熟悉，包括我国在内的很多国家的森林资源宏观监测都是通过固定样地监测完成的（Smith and Darr，2004；Bechtold and Patterson，2002；Forest Service，2004；叶荣华，2003；张会儒等，2002；雷相东等，2008；国家林业局，2014）。我国省级和东北国有林区森林资源监测是国家森林资源监测的组成部分，也是通过固定样地为载体进行的（赵义民，2005；岑巨延等，2007；周昌祥，2013；曾伟生，2018；宗丽彬，2017；魏清华，2018）。机载激光雷达点云准确地描述了森林三维结构，提供了极为丰富的森林结构信息。如何充分利用这些信息，产出更多更好的森林资源监测成果，是激光雷达森林资源调查监测应用需要解决的问题。此外，样地调查劳动强度高、工作量大、效率低，并且存在较高的作业安全隐患。因此，如何在满足激光雷达森林和生态参数估测的前提下，减少样地调查工作量、降低调查成本、提高工作效率，也是机载激光雷达森林调查监测应用中需要解决的问题。本节介绍顾及成本效率的样地布设与调查方法，有关样地优化问题，将在第 7 章进行讨论。

4.2.1　样地布设

　　不同树种的树冠形状、大小及其内部生物材料（枝条和叶片）相差较大。同理，不同森林类型的三维结构也存在较大的差异，如集约经营的人工林和强阳性树种构成的林分多为同龄单层纯林，天然阔叶林多为异龄复层混交林。因此，不同森林类型的激光点云生物物理参数（如密度分位数高度、高度分位数密度等）存在一定的差异（McRoberts et al.，2014）。大量的研究表明，在区域性激光雷达森林参数估测中,对森林进行分类(分层)建模有助于在既定成本的情况下提高估测精度(Hawbaker et al.,2009;McRoberts et al.,2014)。森林分层的主要依据包括土地(森林)类型(Zhang et al.,2017)、优势树种组(Maltamo et al.,2016)、龄组和立地质量(Næsset,2002,2004),但更多的是根据研究区森林分布和结构特点进行分类,如 Nelson 等(2017)将美国大陆和墨西哥森林分为灌木林、幼龄林、成熟林,Bouvier 等(2015)将森林分为单一人工针叶林、复层落叶林、山地森林(含针叶林、落叶林和混交林),等等。

根据广西森林分布和结构特点,以及森林资源经营管理情况,将广西森林分为 7 个类型:杉木林、松树林(主要为马尾松林,少量为湿地松林、云南松林等)、桉树林(特指高度集约经营桉树人工林)、阔叶林、毛竹林、丛生竹林和石山灌木林。其中,杉木林和桉树林全为人工林,松树林超过 80%为天然林,阔叶林超过90%为天然。每个区域中每个森林类型布设 100 个样地(高峰林场试验区为 25个)。其方法如下:①在 GIS 软件环境中,以最新森林分布图和高空间分辨率遥感图像为基础,按照"总体均匀,群团状分布,便利到达,典型选取"的原则,在森林分布图上确定 40~50 个样地群的大概位置,样地群均匀地分布于监测区范围内;②每个样地群附近尽可能有乡村公路或林区公路通达,以提高样地调查效率;③在每个样地群中,根据森林分布图中各个小班的优势树种、龄组,选取典型小班,每个小班布设 1 个样地,记录小班中心坐标,每个样地群布设 10~30 个样地,样地间距原则上大于 500 m;④对于每个乔木林类型,每个龄组布设的样地数量尽可能接近。样地分布图见图 4-1。

4.2.2 样地设置与调查

采用平板电脑或手机等移动终端,根据样地布设图,导航至样地所在小班,观察小班内林木分布状况,选择林木分布均匀、森林类型与目标类型相同的地段设置样地。每个样地原则上只包含 1 个森林类型,并且距离林缘 30 m 以上。样地全部按南北方向设置,用罗盘仪和红外线测距仪(Leica DISTO™ X30)测量样地边界和分隔亚样地(乔木林样地),样地闭合差≤1/200。各个类型样地的设置方法和调查内容分述如下。

4.2.2.1 乔木林样地

样地规格为 30 m×20 m,分为 4 个 15 m×10 m 亚样地(高峰林场样地规格为30 m×30 m,分为 9 个 10 m×10 m 亚样地)。在南北中线下方的左、右边线和样地中心设置 3 个 2 m×2 m 下木灌木层生物量调查样方,在每个下木灌木层样方内设置 1 个 1 m×1 m 的草本层生物量调查样方(高峰林场试验区不设下木灌木层和草本层样方)。样地设置见图 4-4,每个角点均埋入一个木桩,用尼龙绳连接各个角点。

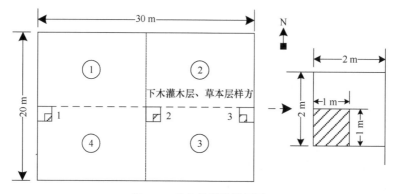

图 4-4　乔木林样地设置图

乔木林样地调查以亚样地为单位进行。对直径≥5.0 cm 的乔木进行每木检尺，记录其树种名称。每个亚样地选取 3 株平均木，用超声波测高仪（Haglöf VERTEX IV）分别测量它们的树高、枝下高、冠幅（东西方向和南北方向）。若林木由两个以上树种组构成，则分为两个树种组，各选取 3 株平均木进行测量。每个样方选取 1 株高优势木、1 株粗优势木分别测量其胸径、树高、枝下高、冠幅（东西方向和南北方向），见图 4-5。

图 4-5　样地设置和调查

调查记录草本层样方内的优势草本植物（不包括苔藓、地衣等）的名称、盖度、平均高，将草本平地面全部割刈，用杆秤测定其鲜重（精确至 0.1 kg）。

观察、记录样方内下木灌木层的优势种类型（乔木幼树、灌木）和总盖度，选取 3 株生长正常、大小中等的平均木，分别测量其高度、平均冠幅（垂直两个方向之均值），将全部下木、灌木砍伐（砍口紧贴地面），测定其鲜重（精确至 0.1 kg）。

亚样地计算指标包括平均胸高直径（DBH）、平均高（H）、胸高断面积（BA）、林木密度（N）、林分蓄积量（VOL）、优势高（H_{max}）等，其中，林分蓄积量根据断面积和平均高采用广西通用的形高模型计算。采用以下方法计算样地森林参数：

将 4 个亚样地的断面积、蓄积量进行合计，得到样地断面积和蓄积量；通过全部检尺木直径计算样地平均直径；采用亚样地断面积加权平均法计算样地平均高。此外，还采用相关异速方程计算乔木林的地上生物量（AGB）、灌木层和草本层的生物量（鲜重）。

4.2.2.2 毛竹林样地

样地规格为 20 m×20 m，设置方法与乔木林样地相似，但内部不分隔样方。在样地的西北角和东南角分别设置一个下木灌木层样方，规格为 2 m×2 m，在 1号样方东南角和 2 号样方西北角设置一个草本层样方，规格为 1 m×1 m，样地设置见图 4-6，每个角点均埋入一个木桩，用尼龙绳连接各个角点。

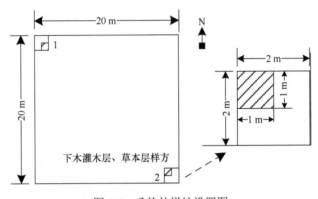

图 4-6 毛竹林样地设置图

在样地内调查记录立竹的株数、平均年龄和郁闭度，选取 5 株生长正常、大小中等的立竹，分别测量其胸径和竹高。下木灌木层、草本层的调查方法与 4.2.2.1节相同。

样地计算指标：毛竹平均直径、平均高、立竹株数和生物量（采用相关异速方程计算），灌木层和草本层生物量（鲜重）。

4.2.2.3 丛生竹林样地

样地规格为 20 m×20 m，设置方法与毛竹林样地相同，不设下木灌木层样方，在竹丛间选择具有代表性的地段，设置 2 个草本层样方，规格为 1 m×1 m，样地设置见图 4-7。

丛生竹样地的调查内容与方法：①调查记录样地内丛生竹的种类、竹丛数、平均年龄、郁闭度；②目测草本层的覆盖度；③按照交叉对角线方式在样地中心区域选取 5 个调查竹丛（呈梅花状分布，见图 4-7），每个竹丛调查其立竹株数，选取 1 株生长正常、大小中等的立竹，测量其胸径、立竹高度。

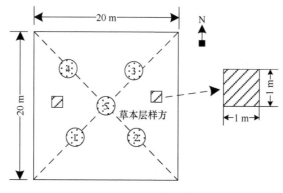

图 4-7　丛生竹林样地设置图

样地计算指标：丛生竹平均直径、平均高、立竹株数和生物量（采用相关异速方程计算），草本层生物量（鲜重）。

4.2.2.4　石山灌木林样地

石山灌木林样地规格为 20 m×20 m，在西北至东南对角线上分别设置 3 个灌木层生物量调查样方和 3 个草本层生物量调查样方，见图 4-8。

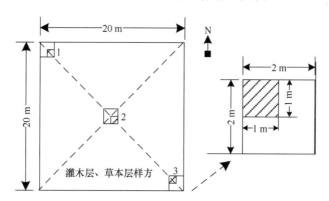

图 4-8　石山灌木林样地设置图

样地的调查内容与方法如下所述。

（1）目测灌木层覆盖度和草本层覆盖度。

（2）分别选取中等高度的 3 株灌木、3 丛草本，测量、计算其平均高。

（3）灌木层和草本层样方调查：

1）调查记录样方内灌木层的优势种和高≥1.0 m 的灌木株数；

2）每个样方选取 3～5 株生长正常、大小中等的平均木，分别测量其高度、冠幅（垂直两个方向之均值），取算术平均值得到样方灌木层平均高和平均冠幅，均精确至 0.1 m；

3）将全部下木、灌木砍伐，测定鲜重（精确至 0.1 kg）；

4）草本层样方调查与 4.2.2.1 节相同。

（4）样地中胸径≥5.0 cm 的乔木的调查：

1）对于样地内胸径≥5.0 cm 的所有乔木样木进行每木检尺；

2）根据样地的乔木样木测量记录，计算样木平方平均胸径，选取 3 株与平均胸径接近、生长正常的样木作为平均木，测量其树高，精确到 0.1 m；

3）在每个样地内选取 1 株最高、1 株最粗的乔木样木为优势木，分别测量其树高、冠幅。

样地计算指标包括乔木林平均直径、平均高、断面积、蓄积量，灌木林平均高和生物量（鲜重），草本层生物量（鲜重）等。

4.2.3 样地精确定位

4.2.3.1 样地定位解决方案

激光点云必须与样地在空间上准确配准，才能确保 LiDAR 变量与样地森林参数相互匹配，保证估测模型精度。因此，样地准确定位是激光雷达森林调查应用的前提（Næsset，1997）。20 世纪 90 年代中期，林冠下差分 GPS 定位达到了 3～4 m（Deckert and Bolstad，1996）。为改善样地定位精度以更好地与激光点云（平面精度为 30～40 cm）匹配，很多研究者开展了很多试验，包括使用载波相位观测；增加观测和记录俄罗斯 GLONASS 卫星信号应用不同型号的接收机，包括测量级的接收仪；试验不同处理算法和软件包。其结果表明：在林冠下，至少在北方森林林冠下，样地平均定位精度优于 0.5 m（Næsset，1999；Næsset et al.，2000；Næsset and Jonmeister，2002；Næsset and Gjevestad，2008）。Gobakken 和 Næsset（2008）研究表明：当样地定位误差由 0 m 逐渐增大至 5 m 左右时，林分平均高估测精度十分稳定，但断面积和蓄积量估测精度的降低速度远高于平均高估测精度的降低速度；样地面积小的上述森林参数估测精度的降低速度大于样地面积大的森林参数估测精度；当样地定位误差继续增大时，森林参数估测精度急剧下降。同时他们建议在挪威激光雷达森林资源调查中，样地定位误差应小于 2 m。

广西早于 2007 年年初建成了北部湾（覆盖北海、钦州和防城港市）连续运行参考站服务系统（continuous operational reference system，CorS），并于 2017 年年初建成了覆盖全广西的 CorS，建立了厘米级似大地水准面模型。然而，林区远离城镇，无法接收到 CorS 信号。林区的山体虽不高但坡度大，地形较为封闭，能够接收信号的导航卫星数量较少，并且天然复层林分比重大，林分冠层枝叶茂密，导航卫星信号受到林分冠层干扰较大，极不稳定，因此，相当一部分样地很难取得理想的定位精度。经过反复试验，采用固定基准站+移动站的样地定位方案，有效地解决了样地较精确定位问题，其方法如下所述。

（1）在 1 个样地群内或其附近，选取 2 处空旷露天之地（如房屋屋顶、球场、耕地等）架设 2 台星站差分 RTK 作为基站，2 个基站间的距离大于 2 km；

（2）用 1 台 RTK 作为移动站，分别测量每个样地西北角和东南角的坐标，每个角点观测时间 30 min 以上；

（3）通过后处理差分方法解算 2 个角点的坐标。

样地定位实况见图 4-9。

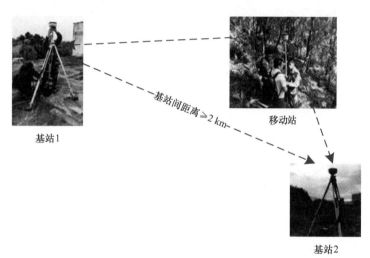

图 4-9　固定基站+移动站的样地定位实况

4.2.3.2　样地坐标解算

样地角点坐标采用后差分方式进行解算，数据处理的主要步骤包括基线向量解算及网平差。基线向量的解算是一个较复杂的平差计算过程，解算时要顾及观测时段中信号间断引起的数据剔除、观测数据粗差的发现及剔除、星座变化引起的整周未知参数的增加等，基线处理完成后要对其结果进行分析与检核，包括观测值残差分析、基线长度精度、基线向量环闭合差的计算及检核等。基线向量检核合格后，进行基线向量网的平差计算，最后求得各角点的 GNSS 定位值。

市场上有多款成熟的坐标解算商业软件供选择。在实际解算过程中，设置的控制等级为 E 级控制网，但由于前述林冠下卫星信号的原因，确实无法使所有基线解算均满足精度要求，只能尽量减小误差。

4.2.3.3　样地定位精度

严格的定位误差计算是抽取一定数量的样地（一般需要 30 个以上），精确测量样地某个角点的坐标，然后分析由 4.2.3.1 节和 4.2.3.2 节得到的坐标的误差。由于大部分林区远离城镇，无法接收由 4G 无线网络传播的广西 CorS 信号，并且大多数样地与空旷地距离较远，所以，准确测量一些样地的精确坐标不是不可能，但工作量巨大、成本较高。作为退而求其次的方案，我们通过测量样地 2 个角点的距离与理论距离的误差，来评价样地定位误差。

乔木林样地的对角线理论长度为 36.06 m。根据两个角点测量的样地坐标计算得到各个样地的实际距离，实际距离与理论长度之差为样地对角线定位的误差。东部试验区 401 个乔木林样地定位结果表明：误差绝对值的平均值为 0.34m，最大误差为 1.98 m，误差绝对值小于 0.5 m 的样地数占总样地数的 79.3%，误差绝对值为 0.51～1.0 m 的样地占 12.0%，误差绝对值大于 1.0 m 的样地占 8.7%。东部试验区乔木林样地定位误差见图 4-10。

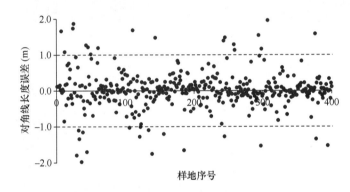

图 4-10　东部试验区乔木林样地对角线长度的误差

计算各个试验区的样地对角线实际距离与理论长度的相对误差，得到表 4-1 的结果。由该表可以看出，各个试验区中，样地对角线长度的误差小于 1.0 m 的样地比重均超过 90%（西部试验区为 84.1%），说明样地定位精度较高。

表 4-1　4 个试验区乔木林样地对角线长度测量的误差

试验区名称	样地数量	平均误差（m）	最大误差（m）	不同误差范围的样地占全部样地数量的比重（%）				
				≤0.5 m	0.5～1.0 m	1.0～1.5 m	1.5～2.0 m	≥2.0 m
高峰林场试验区	105	0.33	2.03	78.1	17.1	3.8	0	1
南宁试验区	399	0.23	1.73	88.7	8.5	1.3	1.5	0
东部试验区	401	0.34	1.98	79.3	12	5.2	3.5	0
西部试验区	409	0.49	3.11	63.5	20.6	11.3	4.4	0.2

将样地边界与航空图像进行叠合，没有发现样地边界存在严重偏离的情况，因此，可以认为样地空间定位准确。

4.2.4　样地调查时间

高峰林场试验区、南宁试验区、东部试验区和西部试验区的样地调查时间分别为 2016 年 10 月至 2017 年 1 月、2017 年 10 月至 2018 年 3 月、2018 年 11 月至 2019 年 5 月、2019 年 8 月至 2020 年 1 月。

4.2.5　样地布设和定位的若干问题

（1）样地调查是一项必不可少且成本极高的工作。据东部试验区 355 个乔木林样地统计，在普遍由 3 个专业人员和 1 个辅助工人组成 1 个调查工组的情况下，不包含往返样地路上的耗时，每个样地调查平均耗时 5.8 h，中位数为 6.0 h，最长达 10.7 h。在无雨的情况下，平均每个工组每天只能完成一个样地的调查。由于广西地区常年多雨，受天气影响，适宜样地调查作业的时间减少，大多情况下，每 3 天只能完成 2 个样地的调查，甚至是每 2 天只能完成 1 个样地调查。考虑到人员工资和差旅费、交通、管理、管理费等成本，每个样地的调查成本为 4500～5000 元。我们试验采用的群团状样地布设，具有如下特点：①样地在宏观上均匀分布于调查监测区内，考虑了不同区域森林结构和生长的差异，样地代表性较强；②以最新的森林分布图为样地布设基础，尽可能地确保了不同龄组的样地数量接近，有利于提高激光雷达森林估测模型的精度；③方便调查队伍组织。每个群团可由一个调查小队（含 3～5 个调查工组）负责，有利于调查队伍住宿安排和交通工具调度，也有利于保证野外作业安全；④每个样地群可共用两个 GNOSS 基站，节约调查成本；⑤样地相对集中，间距小，有利于节省往返样地的时间，提高效率。总之，这样的样地布设方案，很大程度上顾及了样地调查的成本和效率。

（2）采用本节介绍的样地定位方案，样地定位最大误差为 2.43 m，误差≤1.0 m 的样地占全部样地的 97.6%，样地定位精度高，完全满足激光雷达森林参数估测需要。但在本节提出的样地定位方案中，需要架设两个基站，一定程度上增加了成本。有专家不应用基站观测数据，直接利用部分移动站观测数据进行解算试验，也可取得与上述基本一致的定位精度。因此，本节提出的样地定位方案虽然可行、可靠，但并不是最先进的方案，在有更专业的专家参与的情况下，还可进一步提高样地调查效率。

（3）样地面积大小、样地数量对激光雷达森林参数估测精度有一定的影响，我们将在第 8 章中予以介绍。

4.3　机载激光雷达数据获取和预处理与变量提取

根据专业人做专业事的原则，机载激光雷达数据获取、预处理及产品生产由专业测绘公司完成。本节在对上述过程进行简要介绍的基础上,重点介绍 LiDAR 变量的提取,并分析不同激光传感器 LiDAR 变量的差异,为机载激光雷达森林参数估测模型构建提供参考依据。

4.3.1 机载激光雷达数据获取过程及技术标准

4.3.1.1 数据获取过程

各试验区机载激光雷达获取的时间分别为 2016 年 10 月至 2017 年 4 月(高峰林场试验区)、2017 年 10 至 2018 年 5 月(南宁试验区)、2018 年 10 月至 2019 年 9 月(东部试验区)和 2019 年 8 月至 2020 年 1 月(西部试验区)。

飞行平台:直升飞机(高峰林场试验区)、美国塞纳斯飞机公司的塞纳斯 208 "大逢车"飞机(南宁试验区)、PC-6 型固定翼飞机(东部试验区北部)、P-750 XSTOL 飞机(其余大部分试验区)(图 4-11)。

a. 直升飞机

b. 塞纳斯208B飞机

c. PC-6型固定翼飞机

d. P-750 XSTOL飞机

图 4-11 飞行平台

采用了 3 个厂家的 5 种激光传感器,分别为 Reagl 公司出品的 VQ-1560 和 VQ-1560i、Leica 公司出品的 Terrian Mapper 和 SPL100、Optech 公司出品的 ALTM Galaxy T1000,各个传感器的覆盖区域见图 4-12。

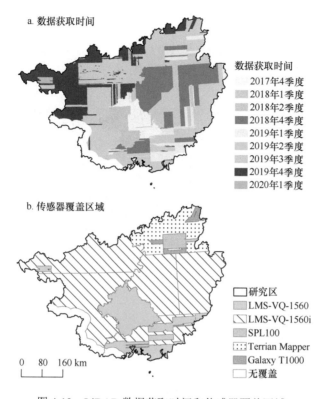

图 4-12　LiDAR 数据获取时间和传感器覆盖区域

5 个传感器中,Riegl VQ-1560i 覆盖面积约占全部面积的 67%,Riegl VQ-1560 占 18%,Leica Terrian Mapper 占 11%,其余传感器的覆盖面积不到 5000 km²,见表 4-2。

表 4-2　各传感器覆盖面积 （单位：km²）

传感器	南宁试验区	东部试验区				西部试验区		合计
		1 标段	2 标段	3 标段	4 标段	1 标段	2 标段	
Riegl VQ-1560	22 104				17 133	1 060		40 297
Riegl VQ-1560i			31 793	30 308	13 553	37 626	39 125	152 405
Leica Terrian Mapper	24 824							24 824
Leica SPL100	4 818							4 818
Optech ALTM Galaxy T1000	3 805							3 805

4.3.1.2　数据获取的技术标准

3 个地区的激光雷达数据获取采用相同的标准,飞行的相对高度为 2500 m 左右,飞行速度为 200～240 km/h,旁向重叠 21%～25%,航带间隔 1.3～2.2 km。平均点云密度≥2.0 点/m²。激光点云高程中误差优于 0.15 m。

4.3.1.3　数据预处理

　　机载激光雷达数据预处理包括点云坐标解算、点云坐标转换、航带拼接与航带平差、点云去噪与去冗余。其工作流程见图 4-13。

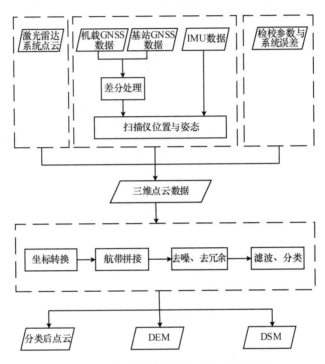

图 4-13　机载激光雷达数据预处理流程

　　通过激光雷达发射激光束并接收回波以获取目标三维信息，以离散、不规则方式分布在三维空间中的点的集合称为"激光雷达点云"（lidar point cloud）（CH/T 8024—2011）。激光雷达点云数据可以存储为二进制格式、文本格式等，可以存储为通用格式或者扫描仪硬件厂商及数据处理软件厂商自定义的格式。本研究采用美国摄影测量与遥感协会（American Society for Photogrammetry and Remote Sensing，ASPRS）发布的 LAS 格式。LAS 格式经历 1.0、1.1、1.2、1.3 版本，目前发展到 1.4 版本，其具体介绍可查阅官方网站（www.asprs.org）的详细文档说明。

　　（1）坐标解算：将获得的机载 GNSS 数据与 CorS 或自行布设的 GNSS 基站进行后差分精密动态测量处理，获取飞行过程中各时刻 GNSS 天线基准坐标，基于差分 GNSS 结果与 IMU 数据进行 POS 数据联合处理，并顾及系统检校量测的偏心分量，解算出飞行过程中扫描仪各时刻的位置与姿态，应用检校数据改正飞行过程中的系统误差、航带偏移等改正航带平面和高程漂移等系统误差。联合 POS 数据和激光测距数据，附加系统检校参数，进行点云数据解算，生产三维点云。

（2）坐标转换：利用测区已建立的 GNSS 控制网，采用 7 参数法求取 WGS-84 坐标系和 2000 国家大地坐标系（China geodetic coordinate system 2000，CGCS2000），两个坐标系之间的转换参数，将点云数据由 WGS-84 坐标系转换至 CGCS2000 坐标系。从测区点云数据中提取部分关键点利用广西似大地水准面成果解算出 1985 国家高程基准，从而求出整个测区的高程拟合模型，将点云数据由大地高转换至 1985 国家高程基准。

（3）航带拼接与航带平差：解算后的激光雷达数据是以航带的形式独立存储的，航带拼接与航带平差是根据航带数据之间的重叠区域对数据进行关联并通过平差模型消除航带间的系统性误差（郭庆华等，2018）。航带拼接时，如果不同航带间中误差超限且存在系统误差，应采取布设地面控制点的方式进行系统误差改正，小于限差后，再进行航带拼接。航带点云叠加检查激光点云航飞漏洞，确保点云 100% 覆盖测区，无漏洞。航带拼接完成后，使用外业实测的平面检查点和高程点进行检查，确保点云数据的精度符合技术要求。

（4）点云去噪与去冗余：仪器设备、环境条件、地物性质等因素均会造成点云数据中的噪声，需要对噪声点云进行滤除；不同航带重叠区域会存在大量冗余点云，需要对冗余点云进行滤除。

4.3.2　机载激光雷达数据产品生产

机载激光雷达数据产品包括分类后点云、数字地表模型（DSM）、数字高程模型（DEM）。坐标系统采用 CGCS2000，地图投影采用高斯-克吕格投影（Gauss-Kruger projection）1.5°分带，高程基准采用 1985 国家高程基准。本研究各分区机载激光雷达数据处理流程基本相同，因传感器、数据处理软件及作业公司不同而略有差异。

4.3.2.1　点云滤波

滤波与分类：分离地面点与非地面点，将非地面点继续分类为植被点与其他点。比较典型的滤波算法有基于坡度的滤波算法（Wang and Tseng，2010；Susaki，2012）、基于形态学的滤波算法（Zhang et al.，2003；Chen et al.，2013；Pingel et al.，2013）、基于插值的滤波方法（Lee and Younan，2003；Mongus and Žalik，2012）、基于渐进三角网加密的滤波方法（Zhang and Lin，2013；Zhang et al.，2016）、基于分割思想的滤波算法（Wang and Tseng，2010；Sánchez-Lopera and Lerma，2014）、基于布料模拟的点云滤波算法（Zhang et al.，2016）及结合强度、波形、光学影像信息的混合滤波算法。点云分类算法主要包括监督分类方法与非监督分类方法。监督分类方法包括将点云转换为影像后进行分类（Priestnall et al.，2000；Hodgson et al.，2003；Huang et al.，2008）及对点云直接分类（Alexander et al.，2010）。

非监督分类方法常用聚类分析方法，主要包括了分层聚类与分割聚类（Jain et al.，1999）。这些滤波算法在使用范围、稳健性和灵活性方面存在差异，且滤波之后的非地面点继续分类过程中，计算机自动分类算法在植被与人工地物混杂区域很容易出现分类错误，因此，无论是滤波还是滤波后的继续分类，均采用计算机自动处理与人工手动处理相结合的方式。本研究要求分类的类别为地面点、植被点、其他点，其中植被点分类精度≥98%。

4.3.2.2 分幅产品生产

数字高程模型（DEM）与数字表面模型（DSM）是在一定范围内通过规则格网或不规则三角网描述地面或地表高程信息的数据集（CH/T 9008.2—2010）。点云数据为分布在三维空间中的离散点，对点云数据地面点进行插值，可以得到数字高程模型，对首回波点进行插值，可以得到数字表面模型。常用的插值算法有反距离加权法（inverse distance weighted，IDW）、不规则三角网法（TIN）、克里金法（Kriging）、自然临近法（natural neighbor，NN）、径向基函数法（Radial basis function，RBF）等。插值完成后需进行空洞填充及其他异常值处理，然后进行人工检核继续修改异常值区域。本研究 DEM 及 DSM 数据均采用 tif 格式，栅格数据平面分辨为 2 m×2 m，分幅尺寸为 1 km×1 km。栅格高程精度符合技术标准（CH/T 8024—2011）中的 1∶2000 比例尺测图要求（图 4-14）。

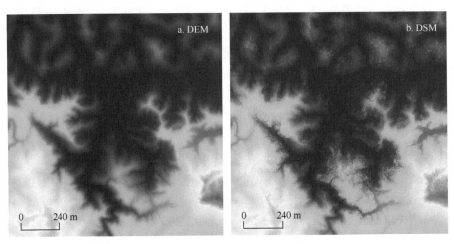

图 4-14 DEM 和 DSM 产品示例

4.3.3 LiDAR 变量提取

4.3.3.1 点云数据高程归一化处理

将分类后的原始点云数据（图 4-15a）去除地形的高程，使点云的高度值变为相对于地面的高度值（图 4-15b），这个过程称为点云数据高程归一化。可以利用 DEM 或者地面点对点云数据进行归一化处理。在本研究中，采用点云高程减去相应位置的 DEM 高程值的方法进行归一化处理。

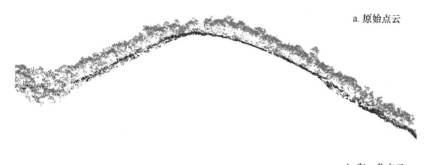

a. 原始点云

b. 归一化点云

图 4-15　高程归一化前后的点云数据

高程归一化点云是 LiDAR 变量提取的数据源。

4.3.3.2　LiDAR 变量提取

在讨论 LiDAR 变量提取之前，需要明确以下几个概念。

植被点：是指高于地面 2 m 且分类为植被的点。

首回波：统计单元内一次回波及多次回波中的首回波点。第一回波更趋于稳定，因此多采用第一回波计算森林高度有关变量（Næsset and Gobakken，2008）。

所有点：统计单元内所有类别的回波点。

总点数：统计单元内所有类别点的总数量。

激光脉冲经发射器发射—地物（如林木枝叶、地面等）反射—接收器接收后，得到了大量激光点云，由于具有精确的空间位置，这些点云准确地刻画了林分冠层的三维结构。采用数据统计方法，对这些点云的高度分布、水平分布特征进行统计，可以得到大量与高度、密度相关的统计参数，以用于森林结构分析和参数估测，这个过程称为 LiDAR 变量提取，在大多数情况下，称为 LiDAR 变量提取。

在本研究中，LiDAR 变量提取有 2 个用途：①森林结构分析和建立森林参数估测模型；②森林参数制图。在森林结构分析和模型研制应用中，LiDAR 变量提取是根据样地的空间范围（这是为何十分强调样地定位精度的原因），在海量的全覆盖点云数据中，抽样各个样地范围内的点云数据（图 4-16），逐一计算各个样地的 LiDAR 变量；在森林参数制图应用中，需要事先将制图区域在平面空间中进行格网化（本研究的格网为 20 m×20 m），然后逐一格网读取其范围内的点云数据，计算森林参数估测应用到的 LiDAR 变量及其他感兴趣的 LiDAR 变量。

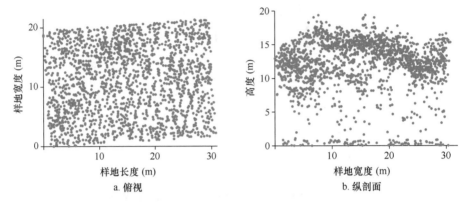

a. 俯视   b. 纵剖面

图 4-16　激光点云在样地水平（a）和垂向（b）上的分布

由激光点云可以计算大量的 LiDAR 变量（McGaughey，2020），这些变量可分为高度类变量、密度类变量、强度类变量、结构类变量及其他统计类变量。由于研究目的不同，不同的研究者提取的 LiDAR 变量不尽相同，在本研究中，我们提取的 LiDAR 变量如表 4-3 所示。

表 4-3　本研究中提取的 LiDAR 变量

变量	含义	分组
hp	高度分位数	高度变量
H_{max}	最高高度	高度变量
H_{range}	高度分布范围	高度变量
H_{mean}	平均高度	高度变量
H_{med}	中值高度	高度变量
H_{stdv}	标准差	高度变量
H_{cv}	变动系数	高度变量
H_{skew}	偏态	高度变量
H_{kurt}	峭度	高度变量
H_{iqr}	四分位间距	高度变量
H_{crr}	冠层突出比	高度变量
dh	密度分位数	密度变量
CC	郁闭度	密度变量
CC_{cor}	扫描角修正郁闭度	密度变量

续表

变量	含义	分组
BCC	覆盖度	密度变量
BCC$_{cor}$	扫描角修正覆盖度	密度变量
LAD$_{mean}$	叶面积密度均值	垂直结构变量
LAD$_{stdev}$	叶面积密度标准差	垂直结构变量
LAD$_{cv}$	叶面积密度变动系数	垂直结构变量
VFP$_{mean}$	枝叶剖面密度均值	垂直结构变量
VFP$_{stdev}$	枝叶剖面密度标准差	垂直结构变量
VFP$_{cv}$	枝叶剖面密度变动系数	垂直结构变量

尽管大多数 LiDAR 变量的定义十分明确，但由于用于计算的点云数据、相关阈值设置不尽相同，研究角度不同，所以，LiDAR 变量的计算方法也不完全相同。在本研究中，我们通过下列算法计算 LiDAR 变量。

1. 高度分位数和与高度相关的变量

p 分位数 θ_p 定义为对于总体 X 和给定的 $P(0 < p < 1) = p$，如果存在 θ_p，使得

$$P(X \leqslant \theta_p) = p \qquad (4.1)$$

则 θ_p 即为总体 X 的 p 分位数。

计算方法如下：

a. 将植被点按高度排序；

b. 植被点点数 n 乘以 p，得到 np，np 若为整数，则取第 np 个点云点的高度值为相应的分位数高度，若 np 不为整数，则取 np 前后两个整数序号的点云点的平均值作为相应的分位数高度。

植被点最高高度（H_{max}）、最低高度（H_{min}）、高度分布范围（H_{range}）、平均高度（H_{mean}）、高度中值（H_{med}）、高度分布的标准差（H_{stdev}）和变动系数（H_{cv}）、偏度（H_{skew}）和峭度（H_{kurt}）、四分位间距（H_{iqr}）、冠层突出比（H_{crr}）的定义及计算方法如下：

H_{max}：植被点中高度最大的点的高度值；

H_{min}：植被点中高度最小的点的高度值；

H_{range}：植被点中高度最大的点的高度值与植被点中高度最小的点的高度值之差；

H_{mean}：所有植被点的高度的算术平均值；

H_{med}：亦称为中位数，等于 $H_{range/2}$；

H_{stdev}：植被点高度分布的标准差；

H_{cv}：植被点高度的标准差与植被点高度的平均值的比值，计算公式为

$$H_{cv} = H_{stdev}/H_{mean} \qquad (4.2)$$

式中，H_{cv} 为植被点高度变动系数；H_{stdev} 为植被点高度的标准差；H_{mean} 为植被点高度平均值。

H_{skew} 和 H_{kurt} 的计算公式为（McGaughey，2020）

$$H_{skew} = \sum_{i=1}^{n}(x_i - \bar{x})^3 \Big/ (n-1)s^3 \qquad (4.3)$$

$$H_{kurt} = \sum_{i=1}^{n}(x_i - \bar{x})^4 \Big/ (n-1)s^4 \qquad (4.4)$$

式中，x_i 为点云高；$\bar{x}$ 为点云高度的均值；s 为点云高度的标准差。

H_{iqr}：为 75%高度分位数与 25%高度分位数差值。

$$H_{iqr} = hp75 - hp50 \qquad (4.5)$$

H_{crr} 的计算公式为

$$H_{crr} = (H_{mean} - H_{min})/H_{range} \qquad (4.6)$$

2. 密度分位数和与密度相关的变量

密度分位数（dp）：密度分位数与 H_{max} 相对应，是指高度大于 $H_{max} \times p$ 的植被点与全部植被点的比例。

郁闭度（CC）和扫描角修正郁闭度（CC_{cor}）：为首回波中植被点与全部首回波点的比例。当扫描视场角大于 12°时，为消除扫描角度不同而造成的误差，可对 CC 作如下修正（Korhonen et al.，2011）

$$CC_{cor} = CC - 0.0253 \times \theta_{scan} \times H_{max} \qquad (4.7)$$

式中，θ_{scan} 为全部点扫描角的平均值。

覆盖度（BCC）和扫描角修正覆盖度（BCC_{cor}）：首回波点中的归一化后高度大于 1m 的分类为植被点的点在所有首回波点中的比例，在山区或扫描角较大时，可用式（4.7）进行修正。

3. 垂直结构变量

垂直结构变量是指描述冠层垂向异质性的变量，包括叶面积密度均值（LAD_{mean}）、标准差（LAD_{stdev}）、变动系数（LAD_{cv}），及枝叶剖面密度均值（VFP_{mean}）、标准差（VFP_{stdev}）、变动系数（VFP_{cv}），计算方法如下（Bouvier et al.，2015）。

a. 将首回波中最高点与最低点的高程间距，以一定的高度（dz，可取值为 0.3 m）进行水平切片，计算垂向分层数（n）和每一片层的孔隙率（P_i）。

$$n = \frac{H_{\max} - H_{\min}}{\mathrm{d}z} \tag{4.8}$$

$$P_i = N_{h(i-1)} / N_{hi} \tag{4.9}$$

式中，N_{hi} 为进入第 i 层的点数，即高度低于或等于第 i 层上界高度的点数；$N_{h(i-1)}$ 为离开第 i 层的植被点数，即高度低于或等于第 i 层下界（$i-1$ 层的上界）高度的点数。

最后一层因没有出去的点，所以孔隙率为 0，下一步计算叶面积指数时无法取对数，故最后一层 P_n 取固定值 0.01。

b. 计算每层的叶面积指数（LAI_i）和叶面积密度（LAD_i）：

$$\mathrm{LAI}_i = \frac{\ln P_i}{k} \tag{4.10}$$

$$\mathrm{LAD}_i = \mathrm{LAI}_i / \mathrm{d}z \tag{4.11}$$

式中，k 取值 0.5；最后一层厚度 $\mathrm{d}z$ 一般不足 0.3 m，以实际厚度计算。

c. $\mathrm{LAD}_{\mathrm{mean}}$、$\mathrm{LAD}_{\mathrm{stdev}}$ 和 $\mathrm{LAD}_{\mathrm{cv}}$ 可由 LAD_i 按定义计算。

$\mathrm{VFP}_{\mathrm{mean}}$、$\mathrm{VFP}_{\mathrm{stdev}}$ 和 $\mathrm{VFP}_{\mathrm{cv}}$（Knapp et al.，2020）：计算方法与 $\mathrm{LAD}_{\mathrm{mean}}$、$\mathrm{LAD}_{\mathrm{stdev}}$ 和 $\mathrm{LAD}_{\mathrm{cv}}$ 相似，其中，第 i 层的累积枝叶剖面密度值（VFP）为

$$\mathrm{VFP}(h_i) = \frac{1}{k \times \mathrm{d}z} \times \ln\left[\frac{P(h_i)}{P(h_{i+1})}\right] \tag{4.12}$$

式中，$P(h_i)$ 为累积孔隙率；k 取值 0.3。

4.4　样地调查与激光雷达扫描时间不同步的样地森林参数调整

机载激光雷达（包括无人机激光雷达）用于森林参数估测的物理基础是激光点云能够准确地反演森林三维结构，由激光点云提取的生物物理参数与地面调查数据具有紧密的相关关系。因此，一般要求地面调查和激光雷达数据获取（扫描）同步进行，以确保激光点云数据和样地调查数据的一致性，确保估测模型的精度。然而，在大区域森林资源调查监测中，由于受天气、空中交通管制、招投标、队伍组织、进度控制等各种原因影响，容易出现机载激光雷达数据获取时间与样地调查时间不一致，甚至两者间隔时间较长的情况，由此将导致如下现象：①若样地调查在前，激光雷达数据获取在后，当间隔期较长时，可能出现一些样地在激光雷达获取时该样地森林已经被采伐，或出现森林火灾的情况，这些样地的数据不能用于估测模型构建；②热带、亚热带地区的大多数树种（如杉木、马尾松、湿地松、红锥、米老排、桉树等）生长迅速，尤其是桉树人工林，为高度集约经营，林木生长极为迅速，人工造林 6 个月林分平均高达 3.8 m（黄荣林，2006），

2.3~2.7 年平均高为 13.1~17.3 m（陈健波和刘健，2011），3 年生年均蓄积生长量为 49.8 m^3/(hm^2·a)（张健军等，2012），最高可达 70.3 m^3/ (hm^2·a)（项东云等，2008）。当两种数据获取时间的间隔期较长时，林分平均直径、平均高、断面积和蓄积量等森林参数已经出现了较大的变化并导致郁闭度等林分结构参数也发生了较大变化，由此造成了激光雷达点云反演的森林结构与样地调查时的森林结构相差较大的现象，激光点云数据和样地调查数据不匹配。鉴于此，在样地调查时间与激光数据获取时间的间隔期较长的情况下，为了确保样地调查数据与激光点云数据的一致性，确保森林参数反演结果的可靠性，必须对样地的森林参数进行调整。本节以东部试验区样地为例，介绍采用生长率模型进行样地森林参数调整的方法。

4.4.1 样地调查与激光点云数据获取时间的差异性分析

东部试验区样地调查于 2018 年 11 月中旬开始，至 2019 年 5 月上旬结束，历时半年，激光雷达数据获取于 2018 年 10 月底开始，至 2019 年 10 月初结束，时间跨度 1 年。样地调查数据和激光雷达数据的不一致性存在着如下两种情况：①样地调查在前，激光雷达数据获取在后，这种情况被称为激光雷达数据延后（LiDAR延后）；②激光雷达数据获取在前，样地调查在后，这种情况被称为样地调查数据延后（样地数据延后）。在全研究区 401 个乔木林样地中，样地数据延后和 LiDAR数据延后分别占 35%和 65%，两种数据获取时间间隔期≤30 天、≤60 天和≤90天的样地分别占 10.7%、22.4%和 27.9%，间隔期＞180 天的样地占 24.7%，最长间隔期为 252 天（表 4-4）。此外，根据样地调查数据和激光点云数据判断，有 1个样地的林木在激光点云数据获取时已经被采伐（皆伐）。

表 4-4 东部试验区乔木林样地两种数据获取时间不一致情况统计表

森林类型	延时情况	延后时间（天）					最大延后时间（天）
		≤30	31~60	61~90	91~180	≥181	
合计	样地数据延后	17	35	13	75		146
	LiDAR 延后	26	12	9	115	99	252
杉木林	样地数据延后	1	7	1	16		146
	LiDAR 延后				51	25	248
松树林	样地数据延后	4	8	2	20		138
	LiDAR 延后	7	3	5	21	30	252
桉树林	样地数据延后	10	4	10	22		121
	LiDAR 延后	12	7	3	9	23	239
阔叶林	样地数据延后	2	16		17		146
	LiDAR 延后	7	2	1	34	21	251

广西地处南亚热带地区，冬季温暖，夏季高温多雨，绝大部分森林由常绿树种构成，其生长无明显休眠期，一年四季均在生长，有研究表明：在广西南宁、柳州等地，杉木主梢生长始于每年的 3 月上旬至中旬（温远光和刘世荣，1994），4 月林木生长开始迅速，6～8 月为生长旺盛期，9 月生长开始下降，冬季生长缓慢；4～9 月为杉木、马尾松、桉树等林木生长最为迅速的时期，其树高、直径生长量占全年生长量的 70%以上（黄志刚等，1993；汤玉喜等，1997；陈文友，2001）。进一步分析发现，东部试验区中 42%的样地调查时间为 2018 年 11 月至 2019 年 3 月底，属林木生长相对缓慢期，而 58%的 LiDAR 数据的获取时间为 2019 年 4～9 月，是林木生长最迅速时期。因此，需要对样地数据进行调整。

4.4.2　林分生长模型的建立

森林在无破坏性自然和人为干扰（如严重病虫害、采伐、火灾等）下正常生长，各个森林参数逐渐增大，通过建立林分生长模型，可以对未来某个时刻的森林参数进行预估。在长期的进化过程中，林木形成了在 1 个年度内萌芽、展叶、抽梢、缓慢生长、快速生长、缓慢生长的周期性生长过程，并且由于森林生长周期长，绝大多数森林生长监测都以年为尺度进行，因此，林分生长模型都是针对年度林分生长量（率）构建的，其预估值均是各个年度的林分生长量（率）。

4.4.2.1　材料与整理

杉木林、松树林和阔叶林建模材料采用 2005 年、2010 年和 2015 年广西森林资源连续清查体系的复测样地（简称连清样地）数据。在全广西范围内样地按 8 km×6 km 格网布设，共设 4948 个面积为 667 m² 的方形样地。在样地内对直径 ≥5.0 cm 的乔木进行每木检尺和记录树种名称，并进行每木定位与编号，采用一元材积式计算样木材积和样地蓄积量。样地的其他主要调查内容包括土地类型、森林类型、林种、优势树种、平均年龄、郁闭度，并根据样木检尺记录测量 3 株平均木的树高，采用算术平均法计算林分平均高。通过样地和样木调查资料，得到各个乔木林样地的优势树种名称和林分平均直径、平均高、断面积、蓄积量等森林参数。

桉树轮伐期多为 4～6 年，通过连清样地得到符合建模要求的数据很少，为此采用广西斯道拉恩索林业有限公司提供的 144 个固定方形样地监测数据。样地分布在钦州、北海和南宁，林分年龄为 1～13 年。样地面积为 200 m²，每年监测 1 次，各个样地监测的次数不等，有 36.8%的样地进行过 3 次以上监测，其中少量样地进行过 8 次监测。样地内进行每木检尺，并测量每株林木的高度，采用二元材积式计算林木材积。

将连清样地的 2005 年调查数据（优势树种和森林参数）和 2010 年调查数据、2015 年调查数据分别组成成对值，得到杉木林、松树林和阔叶林的林分平均直径、平均高、断面积、蓄积量 4 套成对数据，剔除前、后期数据中优势树种不同样地、后期参数值小于或等于前期参数值的样地及前期林分平均高≤3.5 m 的样地，得到建模样本数据，采用单利式计算各个参数的年均生长率。

对于桉树林样地，剔除因严重病虫害危害和人为破坏造成的森林参数异常的样地。

4.4.2.2 样本筛选

如图 4-17a、图 4-17b 和图 4-17c 所示，杉木林、松树林和阔叶林建模样本中存在很多异常数据，应予以剔除，其方法是：计算各个平均高级（1 m）各个森林参数生长率的均值和标准差，然后视样本数据的多少，采用 0.5～1.0 倍标准差剔除异常数据，得到最终建模样本数据。随机选取 80% 的样本数据用于建模，剩余20% 用于模型的适应性检验。

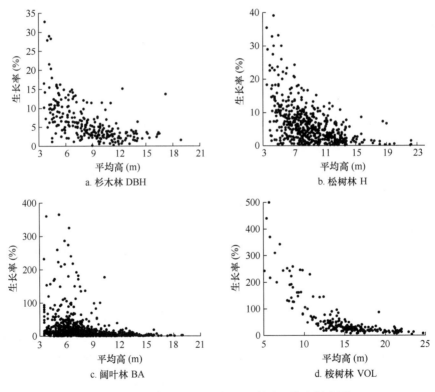

图 4-17 样地的森林参数生长率-林分平均高散点图

桉树林样地数量少，并且样地数据比较正常（图 4-17d），不做数据筛选。

4.4.2.3　模型结构式及其优选

一般的林分生长率模型均通过年龄-生长量（率）的关系构建，描述森林参数生长量（率）随着林分平均年龄变化而变化的趋势。由于在实际调查监测中林分平均年龄难以准确确定，尤其是阔叶林，所以，一些研究通过平均直径-生长量（率）构建森林参数模型（吕勇，2002）。在本节中，通过林分平均高-生长率的关系构建各个森林参数的生长率模型。

由图 4-17 可以看出，森林参数生长率与森林平均高呈反 J 形关系，即随着林分平均高的增大，各个参数的生长率呈指数减小的趋势。为此，森林参数生长率模型采用如下 4 种结构式：

$$R(\%) = a_0 h^{a_1} \tag{4.13}$$

$$R(\%) = \frac{a_0}{a_1 + h^{a_2}} \tag{4.14}$$

$$R(\%) = \frac{a_0}{a_1 + a_2 h^{a_3}} \tag{4.15}$$

$$R(\%) = \frac{1}{a_0 + a_1 h^{a_2}} \tag{4.16}$$

式中，R 为森林参数年均生长率（%）；h 为林分平均高（m）；a_0、a_1、a_2 和 a_3 为模型参数。

模型优选依据确定系数（R^2）和相对均方根误差（rRMSE）2 项统计指标进行。模型的适应性检验除包括上述 2 项指标外，还包括另外 5 项：估计值的标准差（SEE）、总相对误差（TRE）、平均系统误差（MSE）、平均预估误差（MPE）、平均百分标准误差（MPSE）（曾伟生和唐守正，2011）。计算公式如下：

$$R^2 = 1 - \sum (y - \hat{y}_i)^2 \Big/ \sum (y - \overline{y}_i)^2 \tag{4.17}$$

$$\mathrm{SEE} = \sqrt{\sum (y_i - \hat{y}_i)^2 \big/ (n - p)} \tag{4.18}$$

$$\mathrm{TRE} = \sqrt{\sum (y_i - \hat{y}_i)} \Big/ \sum \hat{y}_i \times 100 \tag{4.19}$$

$$\mathrm{MSE} = \sum (y_i - \hat{y}_i) / \hat{y}_i / n \times 100 \tag{4.20}$$

$$\mathrm{MPE} = t_a \times (\mathrm{SEE} / \overline{y}) \times \sqrt{n} \times 100 \tag{4.21}$$

$$\mathrm{MPSE} = \sum \left| (y_i - \hat{y}_i) / \hat{y}_i \right| / n \times 100 \tag{4.22}$$

$$\mathrm{rRMSE} = \sqrt{(y_i - \hat{y}_i)^2 / n} \Big/ \overline{y} \times 100 \tag{4.23}$$

式中，y_i 为森林参数生长率；$\hat{y}_i$ 为生长率模型估计值；$\overline{y}_i$ 为样本的生长率均值；n 为样本个数；p 为模型参数的个数；t_a 为置信水平 α 时的 t 值。

4.4.2.4 最优模型及适应性评价

通过建模样本，得到各个森林类型各个森林参数的最优模型如表 4-5 所示。

表 4-5 最优模型及其拟合指标

森林类型	森林参数	模型	样本数量	R^2	rRMSE（%）
杉木林	DBH	$R(\%) = 195.533\,1 / (1.688\,5 + h^{1.739\,5})$	159	0.912	33.31
	H	$R(\%) = 133.364\,4 / (1.028\,9 + 0.557\,5 h^{1.702\,1})$	128	0.757	31.79
	BA	$R(\%) = 860\,772.968\,0 / (10\,657.875\,5 + h^{5.339\,5})$	137	0.637	79.94
	VOL	$R(\%) = 45\,901.094\,1 / (344.954\,7 + h^{3.724\,4})$	119	0.760	58.74
松树林	DBH	$R(\%) = 1 / (-0.820\,6 + 0.686\,5 h^{0.174\,4})$	278	0.565	42.39
	H	$R(\%) = 1 / (0.027\,13 + 0.002\,721 h^{1.884\,9})$	252	0.645	39.34
	BA	$R(\%) = 1 / (-0.055\,67 + 0.012\,64 h^{1.133\,3})$	203	0.668	62.84
	VOL	$R(\%) = 1 / (-1.115\,5 + h^{0.079\,44})$	206	0.714	53.07
桉树林	DBH	$R(\%) = 110\,127.122\,5 / (1\,659.534\,8 + h^{3.395\,7})$	186	0.807	40.43
	H	$R(\%) = 57\,921.093\,5 / (362.679\,1 + h^{3.086\,6})$	186	0.810	47.40
	BA	$R(\%) = 301\,136.388\,8 / (1\,816.801\,9 + h^{3.526\,5})$	186	0.773	49.02
	VOL	$R(\%) = 352\,207.152\,3 / (578.655\,9 + h^{3.398\,0})$	186	0.824	54.62
阔叶林	DBH	$R(\%) = 0.856\,7 / (-1.136\,3 + h^{0.136\,8})$	352	0.432	24.66
	H	$R(\%) = 69.899\,7 / (1.496\,1 + h^{1.344\,1})$	286	0.595	31.27
	BA	$R(\%) = 48\,586.648\,8 / (698.837\,4 + h^{3.749\,9})$	324	0.623	54.88
	VOL	$R(\%) = 284\,959.717\,5 / (4\,605.285\,4 + h^{4.284\,6})$	242	0.631	51.01

通过检验样本，得到各个森林类型各个森林参数最优生长率模型的适应性检验指标如表 4-6 所示。

表 4-6 模型适应性检验结果

森林类型	参数名称	样本数量	R^2	SEE（%）	TRE（%）	MSE（%）	MPE（%）	MPSE（%）	RMSE（%）
杉木林	DBH	39	0.743	1.68	6.28	6.67	−9.05	32.03	34.55
	H	32	0.623	2.33	1.28	10.04	2.25	23.40	27.90
	BA	34	0.636	15.50	−6.34	105.32	−10.49	63.14	72.76
	VOL	29	0.674	16.57	12.50	23.09	−14.83	52.00	63.28
松树林	DBH	69	0.609	2.73	−14.13	−12.73	−35.40	49.10	52.17
	H	62	0.666	2.53	8.58	6.71	−19.60	47.45	40.47
	BA	50	0.703	16.66	−4.48	9.73	−1.26	26.33	78.10
	VOL	51	0.640	9.84	−3.36	−3.19	−14.29	28.06	54.63
桉树林	DBH	46	0.817	6.12	−0.94	3.63	−16.38	39.81	42.45
	H	46	0.763	11.68	−0.57	4.68	−33.69	58.97	54.89
	BA	46	0.814	15.69	−0.22	6.34	−15.45	42.64	50.10

续表

森林类型	参数名称	样本数量	R^2	SEE (%)	TRE (%)	MSE (%)	MPE (%)	MPSE (%)	RMSE (%)
桉树林	VOL	46	0.800	37.13	−4.14	4.13	−17.77	41.14	57.98
阔叶林	DBH	87	0.476	2.03	2.47	2.99	−11.57	33.95	38.93
	H	71	0.978	1.67	2.82	3.58	−4.84	25.66	33.13
	BA	80	0.523	12.37	21.43	32.18	0.80	39.65	59.89
	VOL	60	0.558	16.54	4.08	1.49	−18.10	41.06	61.15

　　12 个模型的 R^2 处于 0.476～0.978（表 4-6），桉树林模型的 R^2 均大于 0.75，说明林分平均高对桉树林主要森林参数的解析率达到 75%以上。杉木林和松树林模型的 R^2 均大于 0.6。阔叶林模型中，除林分平均高生长率模型为 0.978 外，其余 3 个模型的 R^2 为 0.5 左右，低于桉树林、杉木林和松树林。

　　大多数模型的检验指标的表现一般，TRE、MSE 一般小于±15%，MPE 小于±20%，MPSE 小于±50%，RMSE 小于±70%，但也有一些模型的一些指标的表现不尽如人意，如杉木林断面积模型的 MSE 高达 105.32%，阔叶林断面积的 TRE 达21.43%，松树林平均高的 MPE 也达−35.40%，等等。其主要原因是：用于杉木林、松树林和阔叶林建模的样地分布于广西全区，地域范围大，立地条件相差较大，森林经营管理水平也不尽相同，森林结构和生长情况相差很大。由图 4-17 可以看出，即使林分平均高相同，森林参数的生长率也相差很大，并且林分平均高越小，森林参数的生长率相差越大。因此，在这种情况下，难以取得很好的模型拟合效果。

　　将各个森林类型各个森林参数的模型预估值与其相应的实测值逐一进行比较，得到图 4-18 的预估值-实测值散点图。由该图可以看出，模型预估值大多分布于 1：1 直线的两侧，说明模型预测效果尚可。

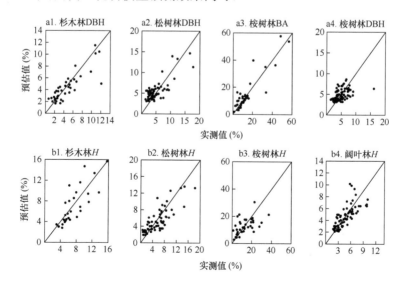

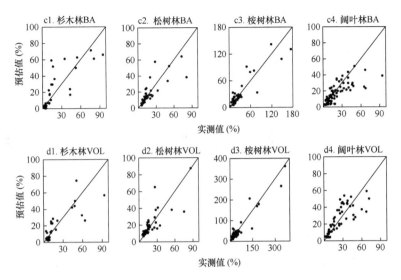

图 4-18 森林参数年生长率预估值-实测值散点图

尽管所建立的森林参数生长率模型不够理想，但就大区域而言，这些模型可满足样地森林参数调整需要。

4.4.3 样地调查数据调整

由上述生长率模型得到的生长量（率）为 1 个年度的生长量（率），在本研究中，需要以月的时间尺度进行样地调查数据调整。为此，需要编制主要树种林木参数的年生长节律表，在此基础上通过年生长率模型和森林参数年生长节律表进行样地调查数据的调整。

4.4.3.1 森林参数年生长节律

林木年生长节律是指 1 个年度内林木直径、树高等的逐月生长量或其占全年生长量的比重。有关林木年生长节律研究的公开报道很少，且多为 20 世纪 90 年代的研究报道，广西的研究更少，因此，只能通过有限的文献整理出杉木、马尾松、桉树和米老排的年生长节律，整理方法如下所述。

（1）将树高、直径逐月生长量转换为逐月生长量占全年总生长量的比重（%）；

（2）根据基准林木直径及其逐月生长量，计算断面积逐月生长量比重；

（3）根据基准林木直径和树高及其相应的生长量，通过二元材积式计算林木材积逐月生长量比重。

通过整理后，得到杉木、马尾松、桉树和米老排逐月生长量比重如表 4-7 所示，其中米老排生长节律用于阔叶林计算。

表 4-7 杉木、马尾松、桉树和米老排逐月生长量占全年生长量的比重 （%）

优势树种	参数	1月	2月	3月	4月	5月	6月	7月	8月	9月	10月	11月	12月	资料来源
杉木	DBH	1.7	2.8	4.4	6.6	11.6	13.8	17.1	13.8	14.4	7.2	4.4	2.2	根据黄旺志等（1996）资料整理计算
	H	0.1	0.3	0.6	1.1	7.7	17.2	26.8	24.4	10.4	6.2	4.1	1.1	
	BA	0.0	2.4	1.2	2.4	11.1	14.2	18.9	16.4	18.1	9.3	3.0	3.0	
	VOL	2.9	1.4	0.7	1.4	7.9	12.7	19.9	19.4	16.6	9.3	4.2	3.6	
马尾松	DBH	6.6	13.9	17.6	15.5	9.6	4.7	5.6	7.5	6.8	5.4	6.5	0	根据黄志刚等（1993）和汤玉喜等（1997）资料整理计算
	H	3.5	6.1	8.2	9.8	10.9	11.4	11.4	10.9	9.8	8.2	6.1	3.5	
	BA	3.1	4.5	6.4	8.2	9.7	11.0	11.7	11.9	11.3	9.9	7.7	4.5	
	VOL	3.2	5.0	7.4	8.9	9.4	9.6	10.7	11.7	11.4	10.1	8.9	3.7	
桉树	DBH	1.6	3.5	5.1	9.1	10.7	13.9	14.2	14.5	9.1	8.8	6.7	2.7	根据陈文友（2001）资料整理计算
	H	2.6	3.2	4.9	9.1	10.7	14.2	15.5	14.2	10.4	9.1	3.9	2.3	
	BA	0.9	2.5	2.5	5.3	7.5	11.7	14.2	16.9	11.9	12.4	10	4.2	
	VOL	1.4	1.6	1.8	4.0	6.1	10.4	13.9	17.6	13.6	14.2	10.6	4.8	
米老排	DBH	1.0	1.0	4.2	7.3	15.7	14.1	10.5	12.6	11.0	11.0	9.9	1.6	根据郭文福等（2006）资料整理计算
	H	0.9	0.9	4.4	6.6	14.0	12.2	11.4	10.9	17.9	16.6	3.5	0.9	
	BA	3.0	0.9	3.8	6.7	14.6	13.5	12.0	12.5	11.2	11.4	10.5	1.7	
	VOL	0.6	0.8	3.6	6.2	13.7	12.0	12.3	14.4	14.8		8.8	1.5	

由于资料匮乏，难以对表 4-7 的权威性做出评价。杉木资料来源于河南省信阳地区，桉树资料来源于四川省，这两个地区与广西相距甚远，气候相差较大，而林木生长节律受气候影响较大（黄旺志等，1996；汤玉喜等，1997）。不同地理种源的生长节律也有差异（汤玉喜，1997），但也由于资料匮乏，无法对它们的适用性做出评价。此外，由于树高精确测量的困难性，林木年生长节律的研究材料多为幼龄林分（骆振绍和苏斌，1990；郭文福等，2006），是否适用于成年林分，也难以客观地评价。由于需要将样地调查数据按月调整，本着"有总比没有好的"原则，在样地森林参数调整中采用表 4-7 数据。

4.4.3.2 样地森林参数调整方法

样地森林参数调整有 2 种情况：①样地调查在前，激光点云数据获取在后；②激光点云数据获取在前，样地调查在后。对于第 1 种情况，样地参数值为其调查值与期间的生长量之和，参数值将增大，而对于第 2 种情况，样地参数值为其调查值与期间的生长量之差，参数值将减小。下面介绍 2 种情况下森林参数的调整方法。

在样地调查在前、激光点云数据获取在后的情况下，设样地调查时间为 t_1 月，激光点云数据获取时间为 t_2 月，t_1 至 t_2 的时间跨度为 n 个月，调查时该样地的林分平均高为 h_{t_1}，某个森林参数（如蓄积量）为 x_{t_1}，由森林参数生长率模型计算得到该参数的年生长率为 R，$t_1 \sim t_2$ 月该森林参数的逐月生长量比重分别为 p_i（i=1，2，…，n），则该森林参数的调整值 x_{t_2} 为

$$x_{t_2} = x_{t_1} + x_{t_1} \times R/100 \times \sum_{i=1}^{n} (p_i)/100 \qquad （4.24）$$

在激光点云数据获取在前、样地调查在后的情况下，森林参数调整方法与上述情况相反，即上述森林参数的调整值为

$$x_{t_2} = x_{t_1} - x_{t_1} \times R/100 \times \sum_{i=1}^{n} (p_i)/100 \qquad （4.25）$$

4.4.3.3 调整实例

采用上述方法，可将样地森林参数的调查值调整至激光点云获取时样地森林参数应有的取值，保证了样地森林参数值与激光点云所描述的尽可能一致。样地调查日期与激光点云获取日期间隔期越长，样地森林参数值的调整幅度越大，表 4-8 为几个样地的调整结果。

表 4-8　几个样地的森林参数值调整结果

样地号	森林类型	平均年龄	样地调查日期	激光点云获取日期	调查值				调整值			
					DBH	H	BA	VOL	DBH	H	BA	VOL
396	阔叶林	30	20190127	20181217	12.2	9.63	24.6	124.3	12.19	9.63	24.58	124.2
473	松树林	26	20190323	20190923	15.88	16.16	39.35	269.6	16.21	16.35	40.38	282.4
502	阔叶林	34	20190328	20190923	7.36	6.07	36.85	195.6	7.64	6.27	43.66	243.9
555	桉树林	3	20190226	20181031	7.43	11.33	7.65	46.99	7.13	10.79	7.06	40.26
559	桉树林	5	20190127	20181031	11.64	15.91	21.37	164	11.47	15.65	20.85	157.1
571	杉木林	32	20190320	20190828	17.77	13.84	18.88	127.4	17.96	14.04	18.95	127.6

经调整后，各个样地森林参数都发生了或大或小的变化，其变化幅度与两种数据获取日期的间隔期密切相关，符合林分生长规律。

4.4.3.4 样地数据调整需要注意的问题

（1）采用林分生长模型结合林木生长节律表进行样地森林参数调整，理论基础扎实，方法可行，实现了按月的时间尺度对样地森林参数进行调整，为确保样地调查时间与激光点云获取时间不同步时样地调查数据与激光点云的一致性奠定了较为可靠的基础，有利于提高激光雷达森林参数反演精度和可靠性。

（2）连清数据的监测间隔期为 5 年。由于间隔期较长，林分林木易受各种自然因素（如病虫害、极端天气、强台风等）和人为因素（如择伐、抚育间伐、火灾等）影响，导致很多保留样地的监测数据出现异常的情况，加上样地分布广，

立地条件各异，经营管理水平相差较大。因此，出现了年龄相同或树高级相同、林分生长率相差很大的情况（图 4-17）。由本节建立的林分生长模型，反映的是大尺度林分生长的平均水平，在用于样地调查数据调整时，各个具体样地可能存在一定的误差，甚至是较大误差，但对于分布范围广（东部试验区 13 万 km²）且数量较多的样地调查数据调整，理论上不存在太大问题。林木生长节律表的情况亦与之相似。因此，我们认为本节提出的方法是比较可靠的。

（3）有关林分生长模型的研究报道很多，除林分年龄外，平均高、平均直径、立地指数也是模型构建的重要变量（孟宪宇和张弘，1996；吕勇，2002），受建模材料所限，本节研究中未考虑立地条件。实际上，影响林分林木生长的因素还有很多，如种源、林木起源（刘雪惠等，2016）。此外，模型的构造也十分重要（段爱国和张建国，2012）。如何进一步优化模型，有待于更深入的研究。

4.5　不同传感器激光点云统计特征的差异

在 2017～2019 年东部试验区机载激光雷达数据获取中，采用了 3 个厂家出品的 5 种激光传感器，这些传感器的工作方式、技术参数各不相同，并且由 3 个技术团队负责数据获取与预处理。因此，有必要通过激光雷达变量对不同传感器、不同技术团队获取的激光雷达数据进行检验分析，为激光雷达森林参数估测提供参考。

4.5.1　各种激光雷达传感器覆盖范围及其性能

采用了 3 个厂家的 5 种激光传感器，分别为 Riegl 公司出品的 VQ-1560 和 VQ-1560i、Leica 公司出品的 Terrian Mapper 和 SPL100、Optech 公司出品的 ALTM Galaxy T1000，各个传感器的技术参数见表 3-1，覆盖区域见图 4-12。

5 个传感器中，Riegl VQ-1560i 覆盖面积约占全部面积的 67%，Riegl VQ-1560 占 18%，Leica Terrian Mapper 占 11%，其余传感器的覆盖面积不到 5000 km²，见表 4-9。

表 4-9　各个传感器覆盖面积　　　　　（单位：km²）

激光传感器	南宁试验区	东部试验区				西部试验区		合计
		1 标段	2 标段	3 标段	4 标段	1 标段	2 标段	
Riegl VQ-1560	22 104				17 133	1 060		40 297
Riegl VQ-1560i			31 793	30 308	13 553	37 626	39 125	152 405
Leica Terrian Mapper	24 824							24 824
Leica SPL100	4 818							4 818
Optech ALTM Galaxy T1000	3 805							3 805

4.5.2　样本组织和数据检验方法

4.5.2.1　样本组织

　　东部试验区 1 标段采用了 3 个不同的传感器获取数据，分别为 Leica Terrian Mapper、Optech ALTM Galaxy T1000 和 Leica SPL100，其中前 2 个传感器与 2 标段（传感器为 Riegl VQ-1560i）有一带状重叠。为比较不同传感器 LiDAR 变量的差异，Leica Terrian Mapper、Optech ALTM Galaxy T1000 分别与 Riegl VQ-1560i 重叠的区域，随机布设 1500 个样地（20 m×20 m）（图 4-19a），剔除无植被覆盖的地面点后，2 个传感器 Riegl VQ-1560i 重叠区域分别有样地 1189 个和 1370 个，分别提取激光点云数据。

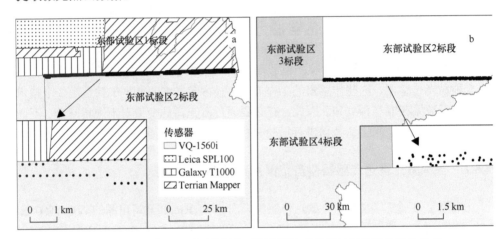

图 4-19　不同传感器和不同数据处理团队激光变量差异性检验的样地分布

　　为比较不同数据处理团队之间激光点变量的差异，分别在东部试验区 2 标段与 4 标段重叠的区域（2 个标段的传感器均为 Riegl VQ-1560i），随机布设 20 m×20 m 的样地 750 个（图 4-19b），剔除无植被覆盖的地面点后，该重叠区域有样地 325 个，提取激光点云数据。

4.5.2.2　检验方法

　　对于以上两个不同传感器或两个不同数据处理团队的激光点云数据，采用它们相应的 DEM 进行高度归一化处理，计算 10%、20%、…、95%密度分位数高度（hp10、hp20、…、hp95）和最大高（H_{max}）、平均高（H_{mean}）、高度的变动系数（H_{cv}）等高度变量，10%、20%、…、95%高度分位数密度和叶面积密度均值（LAD_{mean}）及其变动系数（LAD_{mean}）2 个冠层垂直结构变量，共 30 个 LiDAR 变量，然后组成两个不同传感器或不同数据处理团队的 LiDAR 变量成对值。通过配对样本 t 检验方法，分析不同传感器之间、相同传感器不同数据处理团队之间的激光变量的差异情况。

4.5.3　不同传感器和不同数据处理团队的 LiDAR 变量的差异

4.5.3.1　不同传感器的 LiDAR 变量的差异

检验结果表明：传感器 Leica Terrian Mapper 与 Riegl VQ-1560i 之间，全部高度变量和叶面积密度变量均无显著性差异，而全部密度变量均存在显著性差异；传感器 Optech ALTM Galaxy T1000 与 Riegl VQ-1560i 之间，绝大部分 LiDAR 变量都存在显著性差异（表 4-10）。

表 4-10　不同传感器之间和不同技术团队之间 LiDAR 变量差异显著性结果

编号	变量	Leica Terrian Mapper VS VQ-1560i		ALTM Galaxy T1000 VS VQ-1560i		2 标段 VS 4 标段	
		均值	标准差	均值	标准差	均值	标准差
1	hp10	0.02 ns	2.27	−0.11 *	1.71	−0.03 ns	0.46
2	hp20	0.06 ns	2.77	0.01 ns	1.85	−0.01 ns	0.70
3	hp25	0.06 ns	2.98	0.07 ns	1.90	−0.04 ns	0.54
4	hp30	0.05 ns	3.17	0.10 *	1.91	−0.05 ns	0.55
5	hp40	0.06 ns	3.54	0.15 **	1.92	−0.01 ns	0.48
6	hp50	0.05 ns	3.84	0.21 ***	1.96	0.00 ns	0.51
7	hp60	0.03 ns	4.19	0.25 ***	2.01	0.03 ns	0.58
8	hp70	0.02 ns	4.54	0.30 ***	2.05	0.04 ns	0.63
9	hp75	0.02 ns	4.73	0.32 ***	2.09	0.04 ns	0.66
10	hp80	0.03 ns	4.93	0.35 ***	2.17	0.04 ns	0.65
11	hp90	0.00 ns	5.38	0.44 ***	2.42	0.02 ns	0.64
12	H_{max}	0.10 ns	6.96	0.84 ***	3.02	0.07 ns	0.88
13	H_{mean}	0.03 ns	3.65	0.19 ***	1.75	0.00 ns	0.45
14	H_{med}	0.05 ns	3.84	0.20 ***	1.96	0.00 ns	0.51
15	H_{cv}	0.00 ns	0.14	0.01 ***	0.09	0.00 ns	0.03
16	dp10	−5.28 ***	29.55	1.32 ***	13.40	0.06 ns	4.54
17	dp20	−4.68 ***	26.24	1.18 ***	11.89	0.06 ns	4.03
18	dp25	−4.38 ***	24.58	1.08 ***	11.15	0.03 ns	3.76
19	dp30	−4.10 ***	22.94	1.01 ***	10.39	0.06 ns	3.51
20	dp40	−3.52 ***	19.65	0.87 ***	8.91	0.01 ns	3.02
21	dp50	−2.92 ***	16.36	0.72 ***	7.43	0.03 ns	2.50
22	dp60	−2.31 ***	13.12	0.58 ***	5.93	0.05 ns	2.03

续表

编号	变量	Leica Terrian Mapper VS VQ-1560i		ALTM Galaxy T1000 VS VQ-1560i		2 标段 VS 4 标段	
		均值	标准差	均值	标准差	均值	标准差
23	dp70	−1.74 ***	9.85	0.43 ***	4.46	0.06 ns	1.58
24	dp75	−1.48 ***	8.2	0.34 ***	3.74	0.01 ns	1.30
25	dp80	−1.19 ***	6.56	0.27 ***	2.99	0.00 ns	1.09
26	dp90	−0.60 ***	3.31	0.12 **	1.56	0.04 ns	0.60
27	CC	−3.99 ***	36.56	4.35 ***	15.13	0.06 ns	4.82
28	BCC	−6.71 ***	33.75	0.25 ns	12.84	0.73 ***	3.39
29	LAD_{mean}	−1.03 ns	38.91	−1.04 ns	20.25	−1.08 ns	19.03
30	LAD_{cv}	0.01 ns	1.66	0.12 ***	1.30	−0.05 ns	1.24

注:ns 表示差异不显著,*表示 α=0.05 时差异显著,**表示 α=0.01 时差异显著,***表示 α=0.001 时差异显著

将同一个样地两个传感器得到的点云作垂直剖面展绘,可以直观地显示不同传感器点云垂直分布的差异(图 4-20)。对比图 4-20a1 和图 4-20a2,可以看出在这个样地中,Mapper 的点云(1480 个点)均集中分布于 10~20 m 林分冠层上部,0~10 m 的点云很少,尤其是 0~5 m 的点云更少,而 VQ-1560i 的点云(1832 个点)似乎更准确地刻画了林分垂直结构,但 15 m 以上的点明显少于 Leica Terrian。

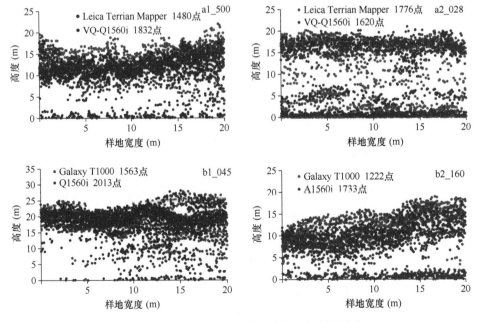

图 4-20 同一样地两个传感器的点云纵剖面分布

ALTM Galaxy T1000 的点云（1563 个点）垂直分布（图 4-20b1）与 VQ-1560i 的点云（2013 个点）垂直分布（图 4-20b2）相差很大，也主要集中分布于林分冠层的中上部，0～15m 的点尤其是 0～10m 的点占全部点的比重明显小于 VQ-1560i。

出现以上情况的原因是：不同的传感器的扫描方式、技术参数不同。

4.5.3.2　不同数据处理团队的 LiDAR 变量的差异

同一传感器不同数据处理团队之间，除植被覆盖度（*BCC*）存在显著性差异外，其余变量均无显著性差异（表 4-10）。其原因是：两个数据处理团队均较严格地执行相关技术标准，并经反复检查、修正，数据质量符合技术标准要求。

4.5.4　传感器不同时森林参数估测模型构建策略

（1）由于传感器 Optech ALTM Galaxy T1000 的绝大部分激光点云生物物理变量均与 Riegl VQ-1560i 的激光点云生物物理变量存在显著性差异，所以，两个传感器点云覆盖的区域不能共用一套样地数据，需要分区域建模。传感器 Leica Terrian Mapper 和 Riegl VQ-1560i 之间，激光点云的高度变量均无显著性差异，在仅采用高度变量和叶面积密度变量进行森林参数反演时，理论上两个传感器覆盖区域的样地可组成一套样本，但其估测精度如何，有待于进一步探讨。

（2）由于同一传感器不同数据处理团队之间的激光生物物理变量不存在显著性差异，所以，相同传感器覆盖区域，可组成一套样本建立一个（组）模型进行森林参数反演。

4.6　全林实测小班调查

为分析机载激光雷达森林参数估测结果的可靠性，在东部、西部 2 个试验区开展了 393 个全林实测小班调查，其中，东部试验区 259 个（杉木林 64 个、松树林 72 个、桉树林 80 个、阔叶林 43 个），西部试验区 134 个（杉木林 37 个、松树林 23 个、桉树林 17 个、阔叶林 57 个）。全林实测小班分布见图 4-21。

全林实测小班面积为 2.5～5.5 hm^2。为便于在实地调查过程中准确确定其边界，在航空影像上选择与周边林分具有明显分界的地段勾绘小班边界。

全林实测小班调查采用每木检尺法进行。在径级分布范围内选择 5 个径级，每个径级选择 3 株平均木测量树高，计算算术平均高后根据林分标准表计算蓄积量，其他计算指标还包括平均直径、断面积、单位面积林木密度。

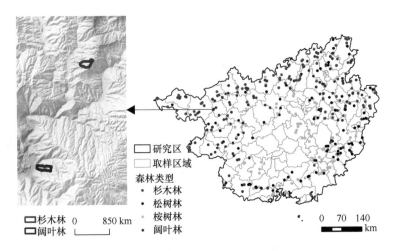

图 4-21　全林实测小班分布图

参 考 文 献

岑巨延, 李巧玉, 曾伟生, 等. 2007. 广西森林资源连续清查角规样地体系评价. 中南林业调查
　　规划, 26(3): 8-13.

陈健波, 刘健. 2011. 丘陵地桉树无性系人工林生长调查. 林业科技开发, 25(4): 67-70.

陈文友. 2001. 巨桉人工林树高直径年生长分析研究. 四川林业科技, 22(1): 73-74.

段爱国, 张建国. 2012. 理论生长模型研究概述. 华东森林经理, 27(1): 1-7.

《广西森林》编辑委员会. 2001. 广西森林. 北京: 中国林业出版社.

郭庆华, 苏艳军, 胡天宇, 等. 2018. 激光雷达森林生态应用——理论、方法及实例. 北京: 高等
　　教育出版社.

郭文福, 蔡道雄, 贾宏炎, 等. 2006. 米老排人工林生长规律的研究. 林业科学研究, 19(5):
　　585-589.

国家林业局. 2014. 中国森林资源报告(2009—2013). 北京: 中国林业出版社: 1.

黄荣林. 2006. 桉树速生丰产林营造技术及效益分析. 广西林业科学, 35(增): 28-29, 36.

黄旺志, 周保林, 赵剑平, 等. 1996. 杉木不同造林密度林分年生长节律及与气象因子关系的研
　　究. 河南林业科技, (2): 4-7, 11.

黄志刚, 黄政龙, 曾传骏, 等. 1993. 马尾松地理种源桐棉松的年生长节律. 中南林学院学报,
　　13(1): 98-102.

雷相东, 洪玲霞, 陆元昌, 等. 2008. 国家级森林资源清查地面样地设计. 世界林业研究, 21(4):
　　35-40.

刘雪惠, 王海龙, 温小荣, 等. 2016. 广西桂北马尾松不同起源单木和林分材积生长率模型研究.
　　林业资源管理, (3): 54-60.

吕勇. 2002. 杉木人工生长率模型的研究. 林业科学, 38(1): 146-149.

骆振绍, 苏斌. 1990. 尾叶桉的引种和生长情况. 广东林业科技, (3): 18-20.

孟宪宇, 张弘. 1996. 闽北杉木人工林单木模型. 北京林业大学学报, 18(2): 1-8.

汤玉喜, 李午平, 刘浩, 等. 1997. 马尾松种源幼林生长节律研究. 湖南林业科技, 24(1): 30-33.

魏清华. 2018. 山西省第九次森林资源连续清查工作总结与思考. 林业调查规划, 43(1): 112-116.

温远光, 刘世荣. 1994. 杉木物候期地理变化规律及其与生产力关系的研究. 林业科学, 30(4): 313-319.

项东云, 陈健波, 刘健, 等. 2008. 广西桉树资源和木材加工现状与产业发展前景. 广西林业科学, 37(4): 175-178.

叶荣华. 2003. 美国国家森林资源清查体系的新设计. 林业资源管理, (3): 63-68.

张会儒, 唐守正, 王彦辉. 2002. 德国森林资源和环境监测技术体系及对我国的借鉴意义. 世界林业研究, (1): 63-70.

张健军, 韦晓娟, 傅锋, 等. 2012. 广西桉树速生丰产林调查与经济效益评价. 林业经济, (9): 34-37.

赵义民. 2005. 河南森林资源连续清查体系研究. 河南农业大学学报, 39(4): 402-403.

曾伟生. 2018. 关于森林资源年度监测总体方案的思考. 中南林业调查规划, 37(2): 1-5, 19.

曾伟生, 唐守正. 2011. 立木生物量方程的优度评价和精度分析. 林业科学, 47(11): 106-113.

周昌祥. 2013. 对我国森林资源连续清查体系及年度出数的研究与探讨. 林业资源管理, (2): 1-5.

宗丽彬. 2017. 内蒙古大兴安岭林区森林资源连续清查体系建立与发展. 内蒙古林业调查设计, 40(6): 5-6, 26.

Alexander C, Tansey K, Kaduk J, et al. 2010. Backscatter coefficient as an attribute for the classification of full-waveform airborne laser scanning data in urban areas. ISPRS Journal of Photogrammetry and Remote Sensing, 65(5), 423-432.

Baltsavias E P. 1999. Airborne laser scanning: basic relations and formulas. ISPRS Journal of Photogrammetry and Remote Sensing, 54: 199-214.

Bechtold W A, Patterson P L. 2002. Forest Inventory and Analysis National Sample Design and Estimation Procedures (draft version4.0). Washington, D. C.: USDA Forest Service.

Bouvier M, Durrieu S, Fournier R A, et al. 2015. Generalizing predictive models of forest inventory attributes using an area-based approach with airborne LiDAR data. Remote Sensing of Environment, 156: 322-334.

Chen C, Li Y, Wei L, et al. 2013. A multiresolution hierarchical classification algorithm for filtering airborne lidar data. ISPRS Journal of Photogrammetry and Remote Sensing, 82(1): 1-9.

Deckert C, Bolstad P V. 1996. Forest canopy, terrain, and distance effects on global positioning system point accuracy. Photogrammetric Engineering and Remote Sensing, 62: 317-321.

Forest Service. 2004. Forest Inventory and Analysis Fiscal Year 2003 Business Report. Washington, D. C.: USDA Forest Service.

Gobakken T, Næsset E. 2008. Assessing effects of laser point density, ground sampling intensity, and field sample plot size on biophysical stand properties derived from airborne laser scanner data. Canadian Journal of Forest Research, 38: 1095-1109.

Hawbaker T J, Keuler N S, Lesak A A, et al. 2009. Improved estimates of forest vegetation structure and biomass with a LiDAR-optimized sampling design. Journal of Geophysical Research: Biogeosciences, 114(G2): 2156-2202.

Hodgson M E, Jensen J R, Tullis J A, et al. 2003. Synergistic use of lidar and color aerial photography for mapping urban parcel imperviousness. Photogrammetric Engineering and Remote Sensing, 69(9): 973-1112.

Huang M J, Shyue S W, Lee L H, et al. 2008. A knowledge-based approach to urban feature classification using aerial imagery with lidar data. Photogrammetric Engineering & Remote Sensing, 74(12): 1473-1485.

Hyyppä J, Inkinen M. 1999. Detecting and estimating attributes for single trees using laser scanner. Photogramm Journal of Finland, 16: 27-42.

Jain A K, Murty M N, Flynn P J. 1999. Data clustering: a review. ACM Computing Surveys, 31(3): 264-323.

Knapp N, Fischer R, Cazcarra-Bes V, et al. 2020. Structure metrics to generalize biomass estimation from lidar across foresttypes from different continents. Remote Sensing of Environment, 237: 111597. doi: 10.1016/j.rse.2019.111597.

Koble, A, Pfeifer N, Ogrinc P, et al. 2007. Repetitive interpolation: a robust algorithm for DTM generation from aerial laser scanner data in forested terrain. Remote Sensing of Environment, 108(1): 9-23.

Korhonen L, Korpela I, Heiskanen J, et al. 2011. Airborne discrete-return LiDAR data in the estimation of cervical canopy cover, angular canopy closure and leaf area index. Remote Sensing of Environmemt, 115(4): 1065-1080.

Lee H S, Younan N H. 2003. DTM extraction of lidar returns via adaptive processing. IEEE Transactions on Geoscience and Remote Sensing, 41(9): 2063-2069.

Maltamo M, Bollandsas O M, Gobakken T, et al. 2016. Large-scale prediction of aboveground biomass in heterogeneous mountain forests by means of airborne laser scanning. Canadian Journal of Forest Research, 46: 1138-1144.

McGaughey R J. 2021. FUSION/LDV: Software for LiDAR data analysis and visualization, January 2021-USION Version 4.20. Washington D C: United Stated of Department of Agriculture. http://forsys.cfr.washington.edu/software/fusion/FUSION_manual.pdf[2023-06-19].

McRoberts R E, Andersen H E, Næsset E. 2014. Using airborne laser scanning data to support forest sample surveys. *In*: Maltamo M, Næsset E, Vauhkonen J. Forestry Applications of Airborne Laser Scanning: Concepts and Case Studies, Managing Forest Ecosystems, 27. Dordrecht: Springer: 269-292.

Mongus D, Žalik B. 2012. Parameter-free ground filtering of lidar data for automatic DTM generation. ISPRS Journal of Photogrammetry and Remote Sensing, 67(1): 1-12.

Næsset E, Bjerke T, Øvstedal O, et al. 2000. Contributions of differential GPS and GLONASS observations to point accuracy under forest canopies: A regression model classified correctly 81.5 percent of the processed solutions. Photogrammetric Engineering and Remote Sensing, 66(4): 403-408.

Næsset E, Gjevestad J G. 2008. Performance of GPS precise point positioning under forest canopies. Photogrammetric Engineering and Remote Sensing, 74: 661-668.

Næsset E. 1997. Estimating timber volume of forest stands using airborne laser scanner data. Remote Sensing of Environment, 51: 246-253.

Næsset E. 1999. Point accuracy of combined pseudorange and carrier phase differential GPS under forest canopy Canadian Journal of Forest Research, 29: 547-553.

Næsset E. 2002. Predicting forest stand characteristics with airborne scanning laser using a practical two-stage procedure and field data. Remote Sensing of Environment, 80: 88-99.

Næsset E. 2004. Practical large-scale forest stand inventory using a small airborne scanning laser. Scandinavian Journal of Forest Research, 19: 164-179.

Næsset E, Gobakken T. 2008. Estimation of above-and below-ground biomass across regions of the boreal forest zone using airborne laser. Remote Sensing of Environment, 112: 3079-3090.

Næsset E, Jonmeister T. 2002. Assessing point accuracy of DGPS under forest canopy before data acquisition, in the field and after postprocessing. Scandinavian Journal of Forest Research, 17: 351-358.

Nelson R, Margolis H, Montesano P, et al. 2017. Lidar-based estimates of aboveground biomass in the continental US and Mexico using ground, airborne, and satellite observations. Remote Sensing of Environment, 188: 127-140.

Pingel T J, Clarke K C, Mcbride W A. 2013. An improved simple morphological filter for the terrain classification of airborne lidar data. ISPRS Journal of Photogrammetry and Remote Sensing, 77(1): 21-30.

Priestnall G, Jaafar J, Duncan A. 2000. Extracting urban features from lidar digital surface models. Computers Environment and Urban Systems, 24(2): 65-78.

Sánchez-Lopera J, Lerma J L. 2014. Classification of lidar bare-earth points, buildings, vegetation, and small objects based on region growing and angular classifier. International Journal of Remote Sensing, 35(19), 6955-6972.

Smith W B, Darr D. 2004. US Forest Resource Facts and Historical Trends. Washington, D. C.: USDA Forest Service.

Susaki J. 2012. Adaptive slope filtering of airborne lidar data in urban areas for digital terrain model (DTM) generation. Remote Sensing, 4(12): 1804-1819.

Wang M, Tseng Y H. 2010. Automatic segmentation of lidar data into coplanar point clusters using an octree-based split-and-merge algorithm. Photogrammetric Engineering and Remote Sensing, 76(4): 407-420.

Zhang J, Lin X. 2013. Filtering airborne lidar data by embedding smoothness-constrained segmentation in progressive TIN densification. ISPRS Journal of Photogrammetry and Remote Sensing, 81(1): 44-59.

Zhang K, Chen S C, Whitman D, et al. 2003. A progressive morphological filter for removing nonground measurements from airborne lidar data. IEEE Transactions on Geoscience and Remote Sensing, 41(4): 872-882.

Zhang W, Qi J, Wan P, et al. 2016. An easy-to-use airborne lidar data filtering method based on cloth simulation. Remote Sensing, 8(6): 501.

Zhang Z, Cao L, She G. 2017. Estimating forest structural parameters using canopy metrics derived from airborne LiDAR data in subtropical forests. Remote Sensing, 9: 940. doi: 10.3390/rs9090940.

第5章　森林空间信息精细化提取和基本属性准确识别

　　小班是森林资源规划设计调查的基本单元，也是森林资源统计的最小单元，因此，小班区划是森林二类调查中最基础、最重要的工作。自 20 世纪 50 年代以来，我国二类调查的小班区划由早期采用中小比例尺（1∶5 万，放大至 1∶2.5 万）地形图（易美华，1984；熊泽彬，2002）和中大比例尺地形图（1∶1 万）（李云，2014；古育平等，2008；毛朝明等，2013）实地区划，至 2000 年后开始采用 SPOT5 等高分卫星图像实地区划（李云，2014；孙亚丽等，2017；俞立民，2008），2010 年后一些地区采用 SPOT5 在室内进行区划（吴春争等，2011；李云等，2015；肖永有等，2015），小班区划的精度显著改善，工作效率也明显提高。然而，在小班的区划诸条件中，优势树种（组）的差异性是最核心的条件（GB/T 26424—2010）。理论上，SPOT5 等高分卫星图像有限的光谱分辨率和空间分辨率不足以满足森林二类调查中小班优势树种（组）分类的需要（李春干，2009）。有研究表明：在参考林业档案信息的情况下，SPOT5 图像优势树种判读的总的正判率只有73.3%，杉类、松类的正判率分别也只有 75.9% 和 84.4%（贺鹏等，2015）。因此，在树种（组）都不能准确区分的情况下，讨论 SPOT5 等高分卫星图像小班室内区划的准确率或精度是没有任何意义的。基于高分卫星室内区划的小班边界，仍需在实地进行核对和修正（李春干等，2010），工作量仍然很大。尽管如此，高分卫星图像对于提高小班区划精度和工作效率、减轻劳动强度仍具有显著作用。

　　航空图像曾经是中国森林资源调查最早应用的基础技术资料（李留瑜，1999），20 世纪 50～60 年代在森林资源调查中广泛应用（李兰田，1978；周昌祥和李春亭，1979），但 70 年代末以后，由于适用的航空图像缺乏的原因，少见应用。近10 年来，一些有条件的地区采用航空图像进行小班区划，取得了良好的效果（唐允森等，2012；陈新林，2016）。我们在广西第五次森林资源规划设计调查中，全域采用航空图像在室内进行小班区划和基本属性识别，不但显著地提高了小班区划精度和土地类型、优势树种（组）等小班基本属性判读精度，而且极大地提高了工作效率并减轻了劳动强度。本章介绍航空图像的小班精细化区划和基本属性准确识别方法。此外，鉴于航空图像获取成本高，森林资源调查监测中难以获取同期航空图像的情况，为此，本章还介绍基于高空间分辨率卫星遥感图像变化检测进行小班数据更新的方法。

5.1 基于航空图像的树种准确快速识别

准确辨识树种是小班区划和基本属性识别的基础。在航空数字正射图像上，城镇、乡村、房屋、道路、水体、森林、耕地、裸露土地等，它们的形状、颜色等图像表征十分明显，即使未经过训练的一般人员都容易准确辨识。然而，在航空遥感图像上，不同树种之间，单一的图像特征十分接近而难以分辨，因此，需要掌握航空图像目视解译的物理基础和基本要领，深入了解不同树种的图像表征，才能准确地辨识不同的树种（组），也只有在此基础上，才能精细化地区划小班和准确地识别其基本属性。

5.1.1 遥感图像树种目视解译的物理基础

遥感图像目视解译是人们运用专业背景知识与经验，通过肉眼观察，经过综合分析、逻辑推理、验证检查后，在遥感图像上识别、提取目标地物的过程。目视解译是人们获取遥感图像中目标地物信息最基础、最直接、最简单的方法，也是当前理论技术水平下航空遥感图像、超高空间分辨率卫星遥感图像（优于 1 m）信息提取最有效的方法。这种方法自航空遥感图像出现以来，在实际应用中一直沿用至今。

通过遥感成像过程，遥感图像综合地显现了各种具有不同空间结构、时间特点、化学组分、物理属性的地物，并且这些不同的地物在遥感图像上的表征存在不同程度的差异。遥感图像解译就是根据图像表征，通过图像处理与分析等，提取各种地物的信息（包括地物的属性、位置与范围等）的过程。因此，遥感图像的解译过程与其成像过程互为逆过程（图 5-1）。

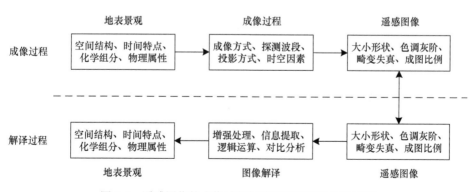

图 5-1　遥感图像的成像过程与其解译过程互为逆过程

航空摄影采用的传感器大多是单镜头框幅式摄影机，如国产的航甲 17、

HS2323 摄影机，德国蔡司公司的 LMK 系列摄影机（如 LMK2000）和 RMK 系列的 TOP 摄影机，瑞士徕卡公司的 RC 系列摄影机（如 RC-10、RC-20、RC-30 等）（周廷刚等，2015）。由于这些摄影机均为单镜头，所以得到的航空遥感图像均为中心投影图像。对于森林而言，航空图像主要反映林木中上部树冠的投影信息（图 5-2）。由于不同的森林植物具有不同的生物学和生态学特性，所以，各个树种的中上部树冠在航空图像上的表征，包括颜色、色调、形状、大小、纹理、图案、阴影、位置和相关布局等，均存在不同程度的差异，通过这些差异可以分辨不同的树种，这就是航空图像树种目视解译的物理基础和技术基础。因此，深入了解图像表征的含义及不同树种在图像上表征的特点，有助于提高图像树种目视解译的正判率。

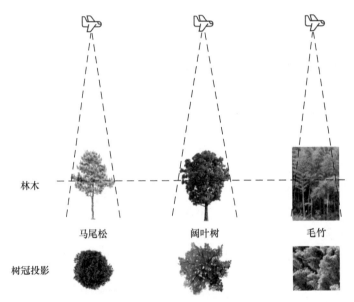

图 5-2　航空图像中的林木投影

（1）颜色（color）：颜色是彩色遥感图像中目标地物识别的基本标志。日常生活中目标地物的颜色是地物在可见光波段对入射光选择性吸收与反射在人眼中的主观感受。遥感图像中目标地物的颜色是地物对不同波段电磁辐射（太阳辐射）反射或发射能量差异的综合反映。不同的波段组合，同一地物在遥感图像上的颜色不同。按照遥感图像与地物真实颜色的吻合程度，可把遥感图像分为假彩色图像和真彩色图像，航空图像大多为真彩色。颜色是遥感图像土地类型解译的重要特征之一，如在真彩色航空图像上，森林和其他植被（含农作物）一般呈绿色，硬化道路和裸露土地（含收获后的耕地）呈白色。在南方亚热带地区，森林多为常绿针叶林和常绿阔叶林，因此，在真彩色航空遥感图像上，大多数树种均为绿色（图 5-3a 和图 5-3b），但在深秋初冬时节，也有一些落叶树木在落叶前呈现为红色、黄色或其他颜色（图 5-3c）。遭受严重病虫害的林木，树叶干枯呈黄色。需要注意的是，即使同样是真彩色图像，但不同的时相、不同的波段组合、不同的图像增强方式，同一地物的颜色和色调都有不同程度的差异。

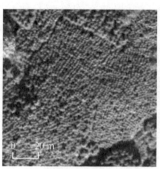

| a. 绿色的马尾松林 | b. 绿色的杉木林 | c. 彩色的阔叶林 |

图 5-3　不同树种的颜色

（2）色调（tone）：色调通常是指全色遥感图像中从白到黑的深浅程度（也称为灰度），在彩色图像上表现为色阶。在可见光灰度图像上，地物的亮度和颜色由色调来表达，在可见光彩色图像中，则表现为颜色、色调和饱和度。虽然森林植物大多为绿色，但由于不同树种叶片中的叶绿素、类胡萝卜素含量不同，所以它们的色调和饱和程度有差异，如马尾松为绿色（图 5-3a）、杉木为墨绿色（图 5-3b）、常绿阔叶树为绿色（图 5-4a）、荔枝为墨绿色（图 5-4b）、龙眼（图 5-4c）通常为亮绿色。

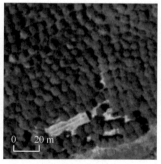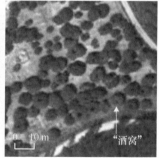

| a. 阔叶树（绿色） | b. 荔枝（墨绿色） | c. 龙眼（亮绿色） |

图 5-4　不同树种的色调

（3）形状（shape）：形状是地物轮廓在遥感图像平面上的投影。形状是高分遥感图像地物（含森林植物）目视解译最基本、最重要的特征之一。矩形的房屋、等宽带状的道路、矩形或近矩形的平原耕地、近梯形的山间耕地、带状的河流、不规则的森林，在航空图像等高分遥感图像上一目了然。

不同的树种，由于其生物学特性不同而具有不同的树冠形状和结构（如枝叶的密集程度、叶片的大小），所以可通过形状识别大多数树种，如大部分阔叶树的树冠形状不够规整（图 5-5a），八角林较为稀疏且树高较高而在图像上呈半球状圆形（图 5-5b），竹子因其梢头弯曲而在图像上呈羽毛状（图 5-5c），马尾松呈近圆形（图 5-3a），杉木（图 5-3b）和桉树因树冠小而形状不甚明显，略呈圆形或方形，荔枝、龙眼呈圆形，但荔枝比龙眼更圆、更润滑（图 5-4b 和图 5-4c），且龙眼树冠不够圆滑而在图像中有一黑色斑点而呈"酒窝"状，易于辨识（图 5-4c）。

 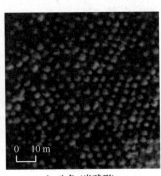 

a. 阔叶树 (不规则)   b. 八角 (半球形)   c. 丛生竹 (羽毛状)

图 5-5 不同树种树冠的形状

（4）大小（size）：大小是地物的尺寸、面积、体积的度量。一些树种的树冠与其他树种存在较大差异，如无性系桉树人工林的树冠（图 5-6a）因其枝短叶疏，明显小于松树；石山灌木的树冠形状与阔叶树相似，但其明显小于后者（图 5-6b）；柑橘的树冠（图 5-6c）也明显小于荔枝、龙眼。成林中，阔叶树的树冠大于针叶树，松树的树冠大于杉木，杉木中幼龄林的树冠与桉树接近，荔枝的树冠略大于

 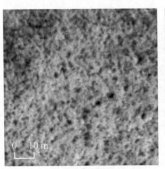 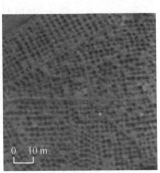

a. 桉树   b. 石山灌木   c. 柑橘

图 5-6 不同树种树冠的大小

龙眼，龙眼大于柑橘，等等。人工林、强阳性树种（如马尾松等）多为同龄林，因此树冠大小相近，异龄林树冠大小不一。

（5）纹理（texture）：纹理也称为内部结构，是指遥感图像中目标地物内部色调有规则的变化形成的图像结构。纹理是图像上颗粒的大小、粗糙度、分布的均匀度、排列特征的综合表征。甘蔗因其植株间距小、高度较矮且极相近而呈"地毯"状，纹理不明显（图 5-7a），桉树人工林相对较为稀疏、树高较高而阴影较长，纹理较为明显（图 5-7a）；马尾松为阳性树种，其天然林多为同龄林，树高相近，纹理不够明显，天然阔叶林多为异龄林，林木参差不齐，纹理十分明显（图 5-7b）；毛竹林为散生竹，株间距离较大而密度相对较低，阴影较多而纹理较丛生林明显（图 5-7c）。

a. 桉树与甘蔗　　　　　　　b. 马尾松和阔叶林　　　　　　　c. 毛竹

图 5-7　不同树种的纹理

（6）图案（pattern）：图案是指遥感图像上目标地物有规律排列而形成的图形结构。人工林的林木均为规则排列，天然林均为随机排列，因此，图案是辨识人工林和天然林最有效的特征。在南方林区，几乎全部阔叶林和大部分马尾松林均为天然林，故林木均呈随机分布（图 5-8a 和图 5-8b），马尾松人工林和杉木人工林的造林规格多为 2 m×2 m，在图像上行列不明显但隐约可见（图 5-8c 和图 5-8d），桉树人工林的造林多采用宽行窄株的规格（3 m×2 m），在图像上行十分明显而列不明显（图 5-8e），茶叶林均呈垄状分布（图 5-8f），由于杉木林、桉树林和经济林木均为人工林，阔叶林几乎全为天然林，松树林也绝大部分为天然林，所以，通过图案很容易分辨林木的起源，并可进一步分辨桉树林、杉木林和阔叶林及大部分松树林。

（7）阴影（shadow）：阴影是指遥感图像上光束被地物遮挡而产生的地物的影子。根据影子的长度可以判定地物的高度。例如，荔枝、龙眼、柑橘、油茶等经济林木较矮，在航空图像上呈贴地面状分布，在乔木林的边缘或林窗中可见较长的阴影。

a. 天然阔叶林 (随机分布)   b. 马尾松天然林 (随机分布)   c. 马尾松人工林 (行列隐约可见)

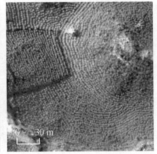
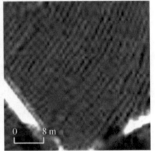

d. 杉木林 (行列隐约可见)   e. 桉树人工林 (行明显列不明显)   f. 茶叶林 (垄状分布)

图 5-8 不同森林类型的图案

（8）位置（location）：位置是指目标地物的分布地点。由于经营管理需要和树种的生态学特性不同，一些树种具有明显的位置特征。如果树大多分布于平地或平缓的山坡，竹林因喜湿而大多分布于水边、沟谷或山坡的中下坡，极少分布于山顶和山坡中上部，山脊多见马尾松天然林，杉木林多分布于中下坡，等等。

（9）相关布局（relation）：相关布局是指多个地物之间的空间配置关系。例如，由于松树、杉木等针叶林极易燃烧，所以村庄周围不是阔叶林就是竹林，极少分布针叶林。较大规模的果园中间，一般都有房屋。河岸上常见丛生竹。大片人工林均有林区道路相连。

以上描述的是不同树种的典型特征，森林结构的复杂性、航空图像有限的光谱分辨率和空间分辨率，存在一些树种在一般情况下能够准确分辨，但在某些情况下难以分辨的情况。例如，马尾松人工林和杉木人工林，在中幼龄时各自的特征较为明显，易分辨（图 5-8c、图 5-8d），但中成过熟林时两者的特征十分相近，很难分辨（图 5-9）。

阔叶树作为一类树种的总称，包含上千个树种，大多数树种在航空图像上的表征都十分接近，难以分辨。实际上，就目前传感器技术水平而言，没有任何一种遥感图像能够准确地分辨不同的阔叶树种。因此，在遥感图像解译过程中，需要考虑树种的可分性问题。

a. 马尾松人工林   b. 杉木人工林

图 5-9 马尾松人工林和杉木人工林成过熟林的图像特征

5.1.2 航空图像树种目视解译决策树

在遥感图像判读过程中，一般都需事先建立解译标志（蒋元第，1981；周洪泽，1983；王荣女，2007；陈树彪，2016；韩旭等，2013；张颖，2013；王彦娥和戴晓峰，2009），详细描述各个树种（组）在图像上的表征（孙亚丽等，2017），作为判读的依据。由于航空图像的分辨率极高，除新造林外，不同优势树种（组）构成的林分林木特征十分明显，所以解译标志的建立并非十分必要。在广西的实践中，我们在深入研究主要优势树种（组）图像表征的基础上，准确地提炼了不同树种（组）的主要识别特征，没有建立图像解译标志，而是建立了航空图像目视解译决策树（图 5-10），据此采用以下方法和步骤进行图像判读。

（1）根据图案（林木排列）和形状将林分分为 3 个类型：人工林（规则排列）、天然林（随机排列）、竹林（羽毛状）。

（2）在以上 3 个森林类型中，根据图案、树冠形状和大小、色调、阴影、纹理、位置等，进一步分辨不同的优势树种（组）。

实践证明，与归纳性不强、散乱的解译标志相比，以上航空图像树种（组）目视解译决策树的思路十分清晰，准确地描述了不同树种图像表征的主要特点，有效地提高了解译的准确率。

5.1.3 遥感图像目视解译方法

从遥感图像识别目标地物的方法，通常有如下几种。

（1）直接判读法。根据遥感图像的表征，直接确定目标地物的属性（如名称等）和分布范围。由于航空图像和超高分辨率卫星图像上大部分地物的表征十分明显，所以可以直接确定它们的属性和范围。

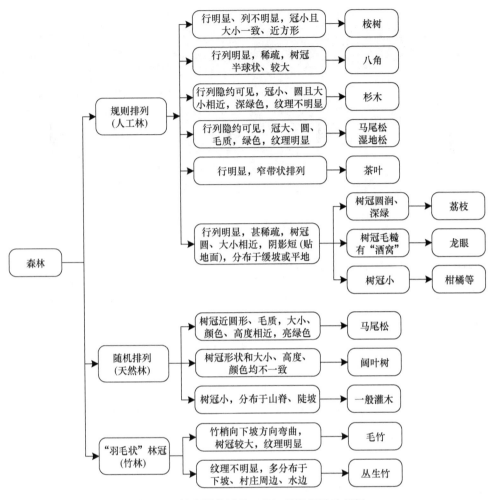

图 5-10 航空图像树种（组）目视解译决策树

（2）对比分析法。对比分析法是将两个或多个地物，逐一比较它们的图像表征，分析它们在各个图像表征上的异同，然后确定它们是否属于同一类地物。一般以已经准确识别的地物为参考，对难以确定的地物属性进行分析确定。例如，大多数桉树人工林的行十分明显而列不明显，但一些萌芽林因除萌不足也出现行列均不明显的情况，此时，可通过将其与已经准确识别的桉树人工林比较，从形状、大小、阴影、颜色、色调等特征逐一进行分析，然后予以确定。

（3）信息复合法。信息复合法是在遥感图像目视解译过程中，叠合其他数字资料，并以这些资料提供的信息为参考，分析确定目标地物属性的方法。信息复合法在遥感图像森林解译中，通过叠合历史调查资料和经营管理档案，充分利用这些辅助信息，以提高识别的准确率。例如，一些经济林木的树冠很小，通过直接判读法难以确定其种类,此时,历史调查资料和经营管理档案的作用十分重要。

(4) 地理相关法。地理相关法是根据地物分布的地理规律确定目标地物的方法。由于生态特性不同,森林植物都具有明显的分布规律。例如,桉树、荔枝、龙眼、杧果等属热带树种,在中亚热带少见分布,毛竹主要分布在中亚热带,在南亚热带几乎均无毛竹林分布,岩溶石山中不是灌木林就是阔叶林及少量丛生竹林,极少有马尾松分布。此外,传统经营习惯也导致一些树种呈现地域性分布,如在广西东南部和南部,很少有栽植油茶分布,而在北部、西北部则有大量分布。

在航空图像和超高分卫星遥感图像目视解译过程中,直接判读可以解决绝大部分问题,但对于一些难以辨识的树种,需要联合采用以上其余 3 种方法。

5.1.4　树种识别精度检验方法

5.1.4.1　研究区概况和数据

研究区横县位于广西壮族自治区东南部,地理位置为 108°48′~109°37′E,北纬 22°08′~23°30′N,总面积 3448 km²。全县四周群山环抱,中部平缓开阔,形似一个盆地。北部为镇龙山脉,最高峰大圣山海拔 1167 m,南部最高峰南山海拔540 m。山地、丘陵和平原约各占全县总面积的 14%、62% 和 24%。位于北回归线以南,属南亚热带季风气候,平均气温 21.6℃,最热月 7 月平均气温为 28.5℃,最冷月 1 月平均气温为 7.7℃,多年平均降水量 1400 mm,4~9 月为雨季,降雨量占全年降水总量的 71%。地带性土壤为赤红壤。地带性植被为南亚热带季雨林。现存植被均为次生植被,天然植被有马尾松、锥类、栲类、栎类、樟、荷木等。杉木林、松树林、桉树林、阔叶林、竹林和经济林木分别占全县森林面积的 3.0%、26.4%、59.3%、5.6%、3.0% 和 2.6%。

树种(组)目视解译所用数据为 2015~2016 年由广西壮族自治区测绘与地理信息局组织获取的真彩色航空数字正射图像,空间分辨率为 0.2 m。

其他参考数据包括林地"一张图"数据、生态公益林区划调整成果数据等。

5.1.4.2　识别精度计算方法

在研究区内随机抽取 12 个林班共 2160 个小班,其中林木小班 1465 个,由第三方机构(森林调查专业公司)对小班的优势树种(组)逐一进行实地验证,通过混淆矩阵计算判读精度。

5.1.4.3　优势树种(组)识别精度

实地检验结果表明:优势树种(组)总的正判率达到了 97.5%,Kappa 系数为 0.9598,杉木正判率最低,为 83.3%,其余优势树种(组)均高于 90%,其中面积最大的树种马尾松和桉树的正判率分别达 97.1%和 99.6%（表 5-1），说明通过航空 DOM 可准确地识别小班的优势树种（组）。

表 5-1 小班优势树种识别精度检验混淆矩阵

实际优势树种（组）	识别结果							合计	正确个数	正确率（%）
	杉木	马尾松	桉树	一般阔叶树	丛生竹	荔枝	龙眼			
杉木	20	2	1	1				24	20	83.3
马尾松		365	6	2		1	2	376	365	97.1
桉树		1	833	1	1			836	833	99.6
一般阔叶树		9	1	112		1		123	112	91.1
丛生竹		1	3		85			89	85	95.5
荔枝		2		2		43		47	43	91.5
龙眼							7	7	7	100.0
合计	20	380	844	118	86	45	9	1502	1465	97.5
正确个数	20	365	833	112	85	43	7	1465		
正确率（%）	100.0	96.1	98.7	94.9	98.8	95.6	77.8	97.5		

杉木为塔形树冠，均为人工林，中幼林林相一般较为整齐，容易识别，但对于面积较小，且与马尾松、一般阔叶树混交的近成过熟林，林相不够整齐，容易出现识别错误。一般阔叶林多为混交林，有时也与马尾松混淆。小面积的荔枝，也易与马尾松、一般阔叶树混淆。以上错误大多发生在图像不够清晰的区域，尤以村庄附近最多。

5.2 几种亚米级分辨率卫星图像目视解译的树种可分性

5.1.4 节试验结果表明，由于图像表征十分明显，通过航空图像可以准确地识别树种（组）。然而，由于极高的数据获取成本及其获取的困难性（受天气、空中管制等因素影响较大），在当前管理体制情况下，大区域航空图像的获取远超出了林业主管部门的能力范围。所以，对于现阶段森林资源调查监测而言，取得满足时相要求（在南方集体林区图像获取时间与调查时间的间隔期不宜超过 5 年，越短越好）的航空图像，实际上是可遇不可求的事情。

随着卫星遥感技术的高速发展，尤其是近 10 年来我国卫星遥感的快速发展，米级、亚米级空间分辨率的卫星遥感图像越来越多，获取成本越来越低。鉴于卫星遥感图像的准实时性和广覆盖性，因此，若能通过卫星遥感图像进行树种（组）识别，将有效解决森林资源调查监测的基础数据瓶颈问题。为此，对几种亚米级卫星遥感图像树种（组）识别的可行性进行分析。

在空间分辨率为 0.8 m 的北京二号（BJ-2）（图 5-11a）、高分二号（GF-2）（图 5-11b）和空间分辨率为 0.7 m 的 Pleiades（图 5-11c）卫星图像上，只有桉树人工林的排列特征（图案）较为明显、能够准确分辨外，马尾松和湿地松的树冠形状、大小等特征极不明显，难以准确识别。

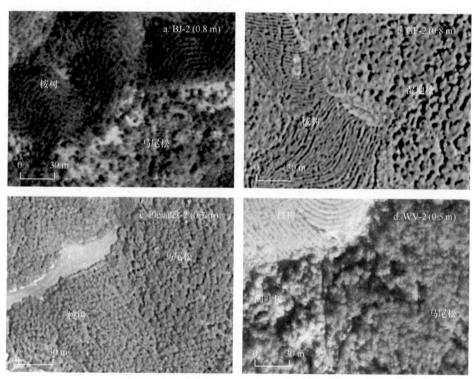

图 5-11 几种米级分辨率卫星遥感图像的表征

在空间分辨率为 0.5 m 的 WorldView-2 图像（图 5-11d）上，桉树林的图案特征，马尾松和阔叶树的树冠的形状、大小及图案、阴影特征都较为明显，尽管这些特征不如航空图像明显，但仍可以有效识别。

据此，我们得到初步的结论：在目视解译中，只有空间分辨率等于或优于 0.5 m 的卫星遥感图像才能够较为准确地识别树种（组）。尽管当前这种卫星遥感数据不多，获取困难，但随着卫星遥感技术的发展，可以预期在不久的将来，这类数据将成为森林资源调查监测的主要数据源。

5.3 基于航空图像的小班精细化区划

5.3.1 小班区划方法和标准

经航空图像解译培训，调查人员基本掌握了小班基本属性识别知识并积累了一定的经验后，在 GIS 软件平台支持下，以航空 DOM 为基础数据通过屏幕矢量化方法进行小班区划。小班区划技术标准：①图像上分界明显的林地小班边界（如以林区道路为分界线）的采集精度应控制在 5 个像元以内。人工林小班之间、人工林小班与天然林小班之间界线的采集精度原则上应控制在一行树木以内，天然林小班之间的界线采集精度控制在 10 m 之内。②林地（含农地森林）面状小班最小上图小班面积为 400 m²。防火线、防火林带、铁路、公路、乡村道路、林区道路、河流等线状小班最小上图宽度为 4 m。

小班区划在 GIS 软件平台下进行，其方法步骤如下所述。

（1）将小班区划底图与航空 DOM、最新林地"一张图"小班数据进行叠合。

（2）根据航空和卫星 DOM 的表征，参考最新林地"一张图"小班数据，观察不同林地类型、不同优势树种、不同伴生树种、不同林木起源、同一优势树种不同年龄阶段（图像表征为林木高度不同）、不同林分密度的分布范围，确定小班区划方案，在小班区划底图上将小班分割出来。在小班分割过程中，同时对小班区划底图中的林地、非林地界线进行修正。

（3）在小班区划中，叠合 CHM、历史调查小班图、林地保护利用规划图等辅助资料，充分利用这些辅助资料提供的信息区划和修正小班边界。

（4）为确保小班界线与图像表征高度吻合，在小班区划过程中，图形比例尺应不小于 1∶2 000。

（5）小班区划遵循先整体后局部、先易后难、先简后繁、该分则分、可合则合的原则。先描绘大区域长的分界线，后描绘局部短的分界线；先处理分界明显小班，后处理界线不明显的小班；先区划形状规则的小班，后处理形状复杂的小班。对于林地和农地森林，土地类型、优势树种不同的地块必须区划不同的小班，对于面积较小且形状极不规则的地块，可与邻近相近土地类型（如采伐迹地和火烧迹地、造林失败地和荒山荒地等）和优势树种相同的小班合并。

（6）小班界线力求流畅、圆滑，避免"锯齿"，林地小班尽可能做到形状规整，避免出现尖角。

（7）小班内各地段的立地条件原则上相近，不宜跨越较长的山脊线，也不宜跨越较长的合水线。

（8）在小班界线区划和修正中，须注意林木树冠的投影差，小班界线须与树冠垂直投影边缘重叠。

（9）商品林小班最大面积一般不超过 15 hm²，其他小班面积不限。

（10）小班面状图拓扑检查的拓扑容限值小于 0.5 m，确保无缝隙、重叠等。

通过以上方法，可实现小班的精细化区划。以横县为例，共区划了 19.54 万个小班，而林地"一张图"只有 10.41 万个小班，基于航空图像区划的小班界线明显比林地"一张图"的小班界线更为精细（图 5-12）。

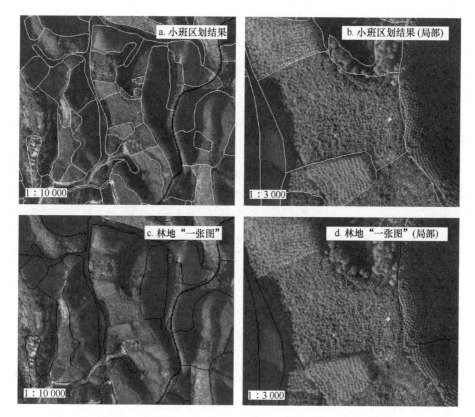

图 5-12　小班区划结果与林地"一张图"比较（横县）

5.3.2　小班区划精度检验

5.3.2.1　检验方法

　　小班区划检验在 GIS 软件支持下进行，并以 2016 年林地"一张图"（代表 SPOT5 室内区划实地核对、修正方法）为对比，以分析基于航空图像的小班区划方法与现行方法的优劣。以横县为例，具体方法如下所述。

　　（1）在小班区划结果图的林地范围内，随机布设 500 个样点，从小班区划结果和 2016 年林地"一张图"中分别提取包含这 500 个样点的小班，得到 469 个小班（其中 25 个小班包含 2～3 个样点）。

　　（2）由第三人以航空 DOM 为基础，根据图像表征，对小班区划界线逐一进行检查、修正，得到最合理、最准确的小班区划界线，作为基准小班图。

　　（3）将 496 个样点和基准小班图与本次区划小班图、林地"一张图"小班叠合，并将样点编号按空间位置分别赋予基准小班、区划小班、林地"一张图"小班，使上述 3 张图中空间位置相同的小班具有相同的编号。

（4）以基准小班图的小班面积为基准，分别计算区划小班图、林地"一张图"中每个小班的面积误差。

（5）用基准小班图对区划小班图、林地"一张图"分别进行空间叠置分析，得到区划小班图、林地"一张图"中每个小班与相同位置的基准小班的重叠面积，计算小班重叠率（李春干和张连华，2014）。

5.3.2.2 小班区划精度

横县 469 个小班的检验结果表明：基于航空图像的小班区划的小班面积平均误差为 0.5%，平均重叠率为 99.7%，林地"一张图"小班面积平均误差为 114.7%，平均重叠率为 67.4%（表 5-2），说明基于航空图像的小班区划质量明显高于林地"一张图"。

表 5-2　横县小班区划与林地"一张图"的误差比较

数据来源	面积平均相对误差/%	面积相对误差区间的小班个数比重（%）						平均重叠率/%	重叠率区间的小班个数比重（%）				
		≤2%	2%~5%	5%~10%	10%~20%	20%~50%	>50%		≥90%	90%~80%	80%~70%	70%~50%	<50%
本次小班区划	0.5	91.5	6.4	2.1	0.0	0.0	0.0	99.7	100.0	0.0	0.0	0.0	0.0
林地"一张图"	114.7	10.4	9.6	10.9	9.2	18.8	41.2	67.4	32.4	12.4	7.7	19.6	27.9

由表 5-2 可以看出，基于航空图像区划的小班中，面积误差小于 5% 的小班比重达到 97.9%，小班面积误差全部小于 10%，而林地"一张图"小班中，面积误差小于 10% 的小班比重只有 30.9%，超过 40% 的小班面积误差大于 50%。说明基于航空图像区划的小班面积精度远高于林地"一张图"。此外，基于航空图像区划的小班重叠率全部大于 90%，而林地"一张图"中，不到 1/3 的小班重叠率大于 90%，有 27.9% 的小班重叠率小于 50%，说明基于航空图像区划的小班的界线准确性远大于林地"一张图"。

得到以上结果的主要原因是：航空图像空间分辨率极高、各类地物的表征十分明显，并且本次调查的技术标准高、区划过程认真细致；SPOT5 卫星图像由于空间分辨率（2.5 m）不够高、光谱分辨率有限（4 个波段），林木树冠不显现、纹理特征不明显，难以准确分辨不同的树种，加上技术标准执行不够严格、区划过程不够认真细致、外业核对和修正不够全面等，容易导致出现一个小班内包含多种地物、区划不够合理、界线不够准确的情况。按小班区划的要求，相当一部分林地"一张图"的小班需进一步细分为 2 个甚至多个小班。

5.4　应用冠层高度模型修正小班区划

小班是具有较高同质性的林木的集合。5.3 节介绍的小班区划，主要依据树冠的图像表征确定小班的同质性，如树冠形状相近则优势树种（组）相同，通过树冠排列（规则与随机排列）可确保林木起源相同；树冠大小相近则林木高度、年龄相近，等等。对于训练有素的专业人员而言，以航空图像为基础资料并参考历史调查资料和经营管理档案资料进行小班区划，可以取得良好的结果。然而，将冠层高度模型与小班区划图叠合后发现，在一些喀斯特地区，存在大量的灌木林小班的林分高度大于 5 m 甚至大于 8 m 的情况（图 5-13a）。在广西大部分喀斯特地区的灌木林中，存在相当数量的乔木树种，自 20 世纪 90 年代中期以来，随着大量农村居民外出就业，农村经济条件显著改善，能源结构也大为改变，过往大量使用的薪炭材已经被液化石油气、电取代，砍柴、毁林开垦等破坏性人为干扰活动明显减少，再加上水热条件良好，这些灌木林中的阔叶树种在近自然状态下逐渐长大，灌木林也因此逐渐演变为天然阔叶林。由于灌木林和阔叶林是两种性质完全不同的森林类型，所以，这些小班的区划存在较大问题，需要修正。其方法如下所述。

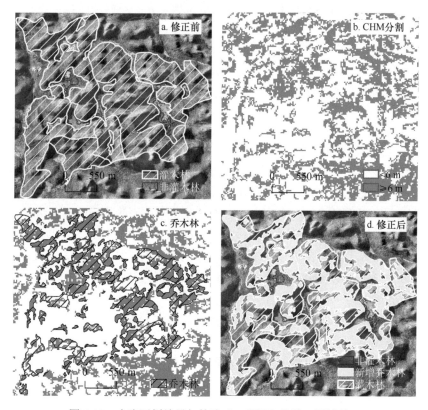

图 5-13　小班区划结果与林地"一张图"比较（罗城县）

（1）将冠层高度模型（CHM）重采样至像元分辨率 20 m（原为 2 m），以免后续分析中得到的小班过于破碎。

（2）喀斯特地区地形变化剧烈、极为复杂，并且局部地段覆被着藤蔓。经实地考察发现，在点云密度为 2.0 点/m² 左右时，由激光点云生产的 DEM 对地形的刻画不够精确，从而导致 CHM 存在较大误差。鉴于此，以 6 m 作为区分灌木林与乔木林的林分冠层高阈值对 CHM 进行阈值分割。为使小班相对较为完整，将面积小于 5×400 m² 的区域（5 个像元）滤除，得到栅格的乔木林分布区域（图 5-13b）。

（3）对栅格的乔木林分布区域图做多尺度分割，通过目视评估方法确定最合理的分割图层，输出后得到乔木林分布图（矢量），做边界平滑后，与原有灌木林小班做空间叠置分析，得到原有灌木林小班中包含的乔木林的分布范围（图 5-13c）。

（4）将原有灌木林小班中包含的乔木林分布范围图与修正前的小班图进行空间叠置分析，做适当的编辑，如修剪"柄状"、尖角等，得到最终小班区划图（图 5-13d），并更新小班基本属性。

比较图 5-13a 和图 5-13d，可以看出采用 CHM 检测乔木林分布范围、对原有小班边界进行修正后，小班区划更为合理，准确地反映了不同地段森林分布的状况。

5.5 基于航空图像的小班基本属性准确识别

5.5.1 小班基本属性识别方法步骤

土地利用类型（在实际应用中常称为土地类型）是根据土地利用方式对土地进行的分类。土地类型反映了小班的经济特点，是土地统计最基本的依据，因此，土地类型是小班最重要的管理属性，优势树种（组）、林木起源、伴生树种（组）是森林小班最重要的自然属性，这 4 个属性是小班的基本属性。由于土地类型与优势树种（组）和伴生树种（组）之间存在紧密的联系，林木起源与优势树种（组）之间也存在着较为紧密的联系，如杉木林、桉树林、毛竹林、大多数经济林木和丛生竹林均为人工林，在集体林中，阔叶林很少有人工林，因此，在遥感图像判读中，树种（组）的确定最为重要，也最容易出现判读错误。小班基本属性识别步骤如下所述。

（1）根据林木排列情况（图案），确定是人工林还是天然林或竹林，在此过程中确定林木起源。

（2）根据树种的分布状况，确定是纯林还是混交林。

（3）根据图像表征，通过航空图像树种（组）目视快速解译决策树识别优势树种（组）和伴生树种（组）。

（4）在上述基础上确定小班的土地类型。由于采伐迹地、火烧迹地、未成林造林地等的图像特征十分明显，很容易识别。

在小班基本属性识别过程中，需要通过键盘将 4 个属性的代码逐一写入小班属性表中,容易出现输入错误,也略为耗时。为此,可开发一个插件工具(图 5-14),通过 4 个属性的列表进行组合后,只要用鼠标点击小班,即自动地将 4 个属性的代码写入小班基本属性表中。

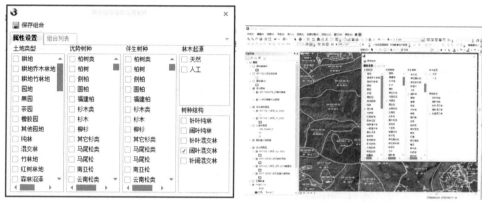

a. 属性组合　　　　　　　　　　　　b. 基本属性识别

图 5-14　小班基本属性识别工具

5.5.2　小班基本属性识别的难点

对于训练有素的专业人员而言,航空图像中绝大部分小班的基本属性都能准确识别。但是,由于航空 DOM 均做过匀色处理,不同树种间的颜色、色调差异不够明显;一些地段的图像质量不好,纹理不够清晰;局部地段树种混杂分布,优势树种不明显,因此,以下情况中小班基本属性识别容易产生错误。

(1)在一些村庄内部及其周围,由于阔叶林郁闭度大、树冠相互挤压而纹理不明显,常与丛生竹混淆。

(2)杉木成过熟林与马尾松人工林纹理相近,容易产生识别错误。

(3)马尾松幼林和阔叶树幼林均无明显纹理,难以区分。

(4)直立型丛生竹与杉木幼林的颜色、纹理相近,也容易出现错误。

(5)马尾松×杉木混交林的成过熟林、马尾松×一般阔叶树混交林、一般阔叶树混交林较难识别。

为提高小班基本属性识别的正确率,除了加强训练外,有效使用历史调查资料、经营管理档案等辅助资料必不可少。

5.6　高分卫星遥感图像森林变化检测与小班数据更新

航空遥感图像获取成本高,在低纬度地区因降水量大、云雾天气多,航空图像获取十分困难。因此,在大区域森林资源调查监测中,难以取得调查当年(准实时）的航空图像，用于进行小班区划的基本属性识别的航空图像多为多年前获取的图像。为准确反映调查当年的森林资源状况，需要通过高空间分辨率卫星遥感图像变化检测的方法，获取航空 DOM 航摄当年至调查时的森林变化信息，修正小班区划图和基本属性。

5.6.1　森林变化遥感检测算法

众多学者从不同角度针对不同的应用对遥感图像变化检测的方法和理论模型进行了大量研究，提出了很多变化检测方法，如代数法、变换法、分类比较法、高级模型法、GIS 集成法、面向对象法、时间序列法、可视化法等（Lu et al.，2004）。由于传感器不同、检测目标相异、变化特征表现差异很大，变化检测十分复杂和困难，没有一种方法能够适合于所有的应用问题，不同的方法有时会得出不同甚至相互矛盾的结论，而且自动化程度偏低（周启鸣，2011）。因此，需要根据不同的数据源、不同的森林变化特点进行针对性的试验。

在多年的研究中，我们试验了多种遥感图像变化检测方法（李春干等，2017），包括变化矢量法（李春干和梁文海，2017）、向量相邻似度法、RGB-NDVI 法（周梅等，2017）、统计检验法（李春干和代华兵，2017）等，多种方法都可取得较好的检测结果，其中统计检验法人为干预少、自动化程度高，是森林快速变化林区较为适用的高分辨率遥感图像森林变化检测方法。其主要算法如下所述（李春干和代华兵，2017）。

对于两时相图像（i 和 j）叠合后进行多尺度分割，确定最优分割尺度，提取每个图像对象 4 个波段灰度均值（m_{ij}）、标准差（s_{ij}）的差值，构成特征向量（X_i）的变化向量（ΔX_i）。

$$\begin{aligned}\Delta X_i &= (\Delta m_{i1},\cdots,\Delta m_{i4},\Delta s_{i1},\cdots,\Delta s_{i4})^{\mathrm{T}}\\&= (m_{t2i1}-m_{t1i1},\cdots,m_{t2i4}-m_{t1i4},s_{t2i1}-s_{t1i1},\cdots,s_{t2i4}-s_{t1i4})^{\mathrm{T}}\end{aligned} \tag{5.1}$$

显然，ΔX_i 反映了第 i 图斑对应的地面区域两个年度间光谱响应的变化。一般而言，当林地覆盖变化不剧烈时，如森林不采伐、采伐迹地未更新等，$\Delta m_{ij}\,(i,\,j=1,2,\cdots,4)$ 较小，反之，Δm_{ij} 较大，故 Δm_{ij} 可用于进行森林变化检测。

对 Δm_{ij} 通过 $x_i = \dfrac{x_i - x_{\min}}{x_{\max} - x_{\min}}$ 做中心化处理，假定在差值图像上不变图斑 i 的向量服从均值为 m、协方差矩阵为 $\sum$ 的正态分布，则向量 X_i 的平方和

$$C_i = (X_i - m)^{\mathrm{T}} \sum{}^{-1}(X_i - m) \tag{5.2}$$

为一个新的随机变量,服从自由度为 n ($n = 8$)的分布,即 $C_i \sim x^2(n)$,则不变图斑的小于 $x_{1-\alpha}^2(n)$ 的概率为 P,即

$$P(C_i \leqslant x_{1-\alpha}^2(n)) = 1 - \alpha \tag{5.3}$$

若 $C_i \leqslant x_{1-\alpha}^2(n)$,则以 $1 - \alpha$ 的置信度确定第 i 图斑为变化图斑(Desclée et al., 2006)。

显然,若确知不变图斑的均值和协方差矩阵的真值,则可通过式(5.2)和式(5.3)将变化图斑一次性全部检测出来,然而,即使样本足够大,也只能得到不变图斑 m 和 $\sum$ 的近似估计值 $\hat{m}$ 和 $\hat{\sum}$。为此,可通过反复迭代的方式,逐步剔除变化图斑,直至数据集中不含变化图斑为止。采用式(5.2)和式(5.3)进行变化检测的流程如下所述。

(1)采用全部数据集,计算差值图像 8 个向量的 $\hat{m}$ 和 $\hat{\sum}$,根据式(5.2)计算 C_i,根据式(5.3)第一次剔除变化图斑;

(2)采用剔除变化图斑后的剩余数据重新计算 $\hat{m}$、$\hat{\sum}$ 和 C_i,再次剔除变化图斑;

(3)重复步骤(2),直至无变化图斑剔除为止。

对一个面积为 10.7 km×11.3 km 的矩形区域的两时相资源三号(ZY-3)、高分一号(GF-1)图像[空间分辨率均为 2 m(全色波段)/5.8 m、8 m(多光谱波段)]分割后得到 12 609 个对象(图斑),采用上述方法进行变化检测,其迭代过程如图 5-15 所示(李春干和代华兵,2017)。

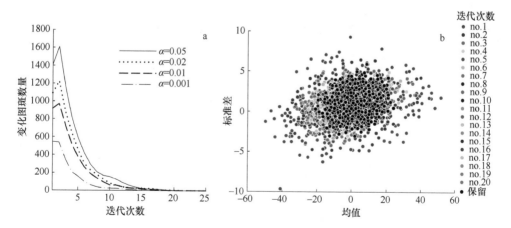

图 5-15　4 种置信度检测中各次迭代检测到的变化图斑数量变化曲线(a)和 α=0.01 时各次迭代检测到的变化图斑在差值图像近红外波段灰度均值(d_b4)和标准差(d_stdb4)二维平面空间的分布

检验结果表明：当 $\alpha = 0.02$ 时总体精度最高，达 92.6%，Kappa 系数为 0.7648。

5.6.2 森林变化遥感检测实现步骤

（1）对遥感图像进行几何精校正、辐射校正、裁剪等预处理。

（2）在面向对象的图像分析软件平台中进行两期图像的多尺度分割，对遥感图像做尺度较大的分割，在图像分割过程中，小班专题图参与分割，通过目视评价方法，根据是图斑边界与图像地物的吻合程度，确定分割结果是否理想，若理想，则结束分割，得到最优分割结果。若不理想，以小班专题图作掩膜，对林地范围做尺度略小的分割，直到分割结果最理想为止，得到最优分割结果。

（3）提取最优图层各个图斑的特征值，包括各期图像各个波段的灰度值、标准差，两期图像各个波段灰度值和标准差的差值，将结果输出。

（4）研制基于上述变化检测算法的计算机软件，进行变化检测。

（5）在图像范围内，随机布设 500～1000 个 400～900 m² 空中样地，采用混淆矩阵计算检测精度，若总体精度≥90%，漏检率≤15%，误检率≤30%，Kappa 系数≥0.75，则认为检测结果符合要求，可进入后续步骤；否则，须对图像预处理、多尺度分割、对象特征提取等各个步骤进行逐一检查，重新进行检测。检测结果见图 5-16。

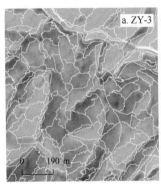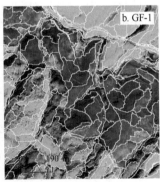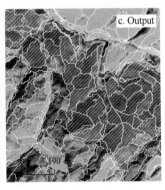

图 5-16　面向对象森林变化检测结果（李春干等，2017；李春干和代华兵，2017）

（6）在 GIS 软件平台中叠合遥感图像，对检测结果进行逐一检查，删除误检图斑，补充漏检图斑。

（7）对变化图斑做适当编辑，修剪"柄"状图斑和"锯齿"状边界，使其形状尽可能规则、边界平滑，符合小班区划习惯。

采用上述方法对横县 2017 年森林变化进行检测，得到 6750 个变化图斑，检测精度符合要求，结果见图 5-17。

图 5-17 横县 2017 年森林变化遥感检测结果

5.6.3 小班图修正

用变化检测结果切割小班区划图，并对切割后面积＜400 m² 的碎斑进行融合，得到修正后的小区图，该图即为调查当年小班区划图。图 5-18a 显示了基于航空 DOM 区划的 2016 年小班区划图（横县），图 5-18b 为 2017 年变化检测结果与 2016 年小班图叠合的情况，用变化检测结果对 2016 年小班图进行切割后，得到图 5-18c 的结果，对图 5-18c 进行融合处理，得到 2017 年小班图，见图 5-18d。

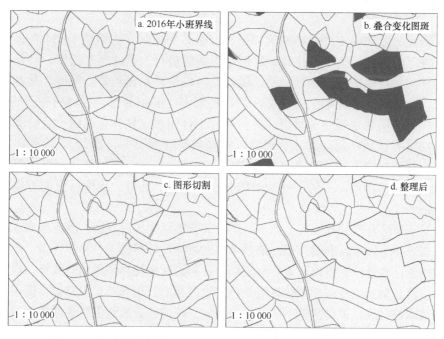

图 5-18 用变化检测结果对小班图进行更新的过程与效果（横县）

在修正小班空间数据（矢量图）的同时，对其属性数据一并修正。

5.7　森林小班区划和基本属性识别技术发展趋势

试验结果表明，采用航空图像区划小班和识别优势树种（组）等小班基本属性，不但可以得到很高的精度，而且可以复查复核，质量可控，完全可以替代地面调查。然而，以下一些问题需要厘清。

5.7.1　航空图像树种目视解译决策树和树种解译的深度

在卫星遥感图像判读中，建立解译标志通常是必不可少的步骤（濮静娟，1992），在一些地区，航空图像判读中也建立了解译标志（蒋元第，1981；周洪泽，1983；陈新林，2016）。实际上，在航空 DOM 中，树冠清晰可辨，林木排列明显，不同的树种在图像上的表征区别明显，建立图像解译决策树（图 5-10），通过林木排列和树冠形状将森林分为人工林、天然林和竹林 3 个类型，然后在 3 个类型中根据树冠形状、大小、色调、纹理、位置等进一步区分优势树种，效果很好。与散乱的图像解译标志相比，这个决策树的思路十分清晰、归纳性很强，不同树种（组）区别的要点更为明了，判读人员更易掌握判读要领。在实际应用中，即使无任何森林调查经验的在校大学生，经过约 20 天的培训和练习后，也可达到 95%左右的判读精度。

判读深度的确定严重影响优势树种（组）的正判率。航空 DOM 判读主要依据树冠的形状、大小、排列、纹理、阴影等进行，因此一些冠形、叶色相近的树种，如马尾松和湿地松，柑、橘和橙，粉单竹和吊丝竹，等等，是难以区分的。天然阔叶林几乎全为混交林，树种繁多，混杂分布，优势树种不明显，各个树种的图像表征十分接近，树种区分十分困难。只有在范围小且资源档案齐备的国有林场，阔叶林才有可能区分至树种（熊昊等，2020），因此，对大区域森林资源调查而言，必须依据图像，深入研究各个树种的可分性，明确可以达到的判读深度，不能一味地追求分辨到树种。此外，地面补充调查也是不可或缺的工作。

对于训练有素的判读人员而言，绝大部分小班的树种（组）都能准确识别，但也有一些小班难以准确判读，如杉木成过熟林与马尾松人工林的色调、形状、纹理相近，容易产生错误，天然马尾松幼林和阔叶树幼林均无明显纹理，也难以区分，直立型丛生竹与杉木幼林的颜色、纹理相近，也容易出现错误。随着人工智能技术的发展，可以预期不久的将来，航空图像和分米级卫星遥感图像的树种判读问题将得到有效解决。

5.7.2　小班区划和基本属性自动化的识别

以上小班区划和基本属性识别仍依赖于调查人员在 GIS 平台上通过人机交互方法进行，尽管与实地勾绘相比，精度大为提高，劳动强度大为减小，但工作量仍然较大，并且质量和精度受到调查员的理论技术水平、经验和责任心的严重影响，因此，如何实现自动化是今后面临的主要问题。

遥感图像，尤其是极高分辨率遥感图像分类的人工智能方法是当前的研究热点，研究者众多。如 1.5.1 节所述，人工智能技术在小区域极高分辨率遥感图像研究性试验中已有很多成功案例，可以预期在不久的将来，当前小班区划和基本属性识别存在的问题可得到根本性解决。

5.7.3　小班界线的修正

在广西的喀斯特地区，经过 20 多年人为干扰急剧减少后，相当一部分原有灌木林已经演变成为乔木林。由于这种演变是渐进的，灌木林和乔木林无明显的分界线，所以，仅仅通过树冠形状、大小、阴影等航空图像表征很难分辨灌木林和乔木林，而通过冠层高度模型很容易且快速地解决这一问题。这也证明了激光雷达数据的多用途性。由于缺乏足够的资料，无法对机载激光雷达点云在精细刻画复杂的喀斯特地形的情况下进行深入的分析，但在实地观察中发现，在点云密度为 2.0 点/m^2 左右时，大致存在 1~2 m 的高程误差，因此，在采用 CHM 修正小班区划结果时，应通过实地调查乔木林高度分割的阈值，以使修正结果更符合实际情况。

由于航空图像获取的高成本及其困难性，在森林资源调查监测中很难取得调查当年的航空图像，所以，首先采用几年前的航空图像进行小班区划，然后采用当年高分卫星遥感图像变化检测结果更新小班界线，是目前中国大区域森林资源调查监测最现实、最可行的技术路径。实际上，自 2014 年以来，在全国范围内开展的林地变更调查中都采用高分卫星图像进行变化检测，其技术的先进性和可靠性及实践的适用性和可行性都已经得到了充分的证明。当前的问题是如何在自动化的情况下进一步提高变化检测的精度，以进一步减少人工编辑时间，提高工作效率。

参 考 文 献

陈树彪. 2016. 遥感图像判读在森林资源二类调查中的应用与研究——以西林吉林业局判读调查工作为例. 内蒙古林业调查设计, 39(2): 16-17.

陈新林. 2016. 基于高清航片森林资源二类调查技术研究. 林业建设, (4): 33-39.

古育平, 李文斗, 郭在标. 2008. 我国森林资源二类调查和档案管理工作的历史发展特点、现状和对策措施. 华东森林经理, 28(2): 42-44.

韩旭, 邱家瑞, 孟承. 2013. 浅析 SPOT5 遥感图像在森林资源调查中的应用探讨. 天津农林科技, (4): 37-39.

贺鹏, 陈振雄, 胡觉, 等. 2015. 不同判读方式和判读人员对遥感正判率的影响分析. 中南林业调查规划, 34(2): 39-43.

蒋元第. 1981. 航空遥感图像的林业目视判读. 云南林业调查规划, (3): 8-13.

李春干. 2009. 面向对象的遥感图像森林分类研究与应用. 北京: 中国林业出版社: 80-115.

李春干, 代华兵. 2017. 基于统计检验的面积对象高分辨率遥感图像森林变化检测. 林业科学, 53(5): 74-81.

李春干, 代华兵, 谭必增, 等. 2010. 基于 SPOT5 图像分割的森林小班边界自动提取. 林业科学研究, 23(1): 53-58.

李春干, 梁文海. 2017. 基于面向对象变化向量分析法的遥感图像森林变化检测. 国土资源遥感, 29(3): 77-84.

李春干, 罗鹏, 蒋丽秀, 等. 2017. 森林资源信息更新研究与实现. 北京: 科学出版社.

李春干, 张连华. 2014. 林地斑块勾绘的空间定位精度评价方法. 林业资源管理, (2): 126-129.

李兰田. 1978. 航空在我国森林调查规划中的应用. 林业资源管理, (4): 18-22.

李留瑜. 1999. 林业调查技术的回顾与思考. 林业资源管理, (5): 49-57.

李云. 2014. 云南省新一轮森林资源二类调查技术特点与若干问题探讨. 林业建设, (6): 29-32.

李云, 陈晓, 周建洪, 等. 2015. 基于遥感判读和小班区划调查数据差异性分析——以昆明市五华区二类调查为例. 林业建设, (6): 6-10.

毛朝明, 蒋灵华, 钱龙福. 2013. 森林资源二类调查小班区划探讨——以浙江省松阳县为例. 华东森林经理, 27(3): 25-26.

濮静娟. 1992. 遥感图像目视解译原理与方法. 北京: 中国科学技术出版社: 90-96.

孙亚丽, 周筑, 黄海燕, 等. 2017. 基于卫星遥感图像的森林资源二类调查. 西部林业科学, 46(2): 150-152, 156.

唐允森, 牟惠生, 董连勇. 2012. 0.5m 分辨率航摄数字图像数据在森林资源规划设计调查中的应用. 吉林林业科技, 41(2): 29-30.

王荣女. 2007. QuickBird 和 Spot5 在县级森林资源调查中应用的比较研究. 内蒙古林业调查设计, 30(3): 16-18, 51.

王彦娥, 戴晓峰. 2009. 影响遥感图像目视判读区划准确性因素浅析. 陕西林业科技, (6): 58-61.

吴春争, 冯益明, 舒清态, 等. 2011. 基于 SPOT5 遥感图像的小班区划技术. 东北林业大学学报, 39(7): 120-122, 127. doi: 10.13759/j.cnki.dlxb.2011.07.011.

肖永有, 刘小强, 何伟民. 2015. 卫星遥感图像在森林资源调查小班区划的应用. 南方林业科学, 43(5) : 40-42. doi: 10.16259/j.cnki.36-1342/s.2015.05.011.

熊昊, 庞勇, 李春干, 等. 2020. 高分辨率航片小班区划与树种判读. 林业资源管理, (1): 143-150.

熊泽彬. 2002. 森林资源二类调查中小班区划方法研究. 林业资源管理, (5): 24-26. doi: 10.13466/j.cnki.lyzygl.2002.05.07.

易美华. 1984. 小班区划及其设想. 林业资源管理, (2): 22-23.

俞立民. 2008. "3S"技术在宁夏森林资源规划设计调查中的应用. 宁夏农林科技, (2): 41-42.

张颖. 2013. 航片判读在森林资源规划设计调查中的应用. 天津农林科技, (5): 24-25.

周昌祥, 李春亭. 1979. 遥感技术在我国森林调查中的应用. 林业资源管理, (3): 23-25.

周洪泽. 1983. 森林遥感图象的目视判读. 林业勘查设计, (2): 33-38+46.

周梅, 李春干, 代华兵. 2017. 基于 RGB-NDVI 图像的桉树人工林区森林覆盖变化年度监测. 南京林业大学学报(自然资源版), 41(5): 65-71.

周启鸣. 2011. 多时相遥感图像变化检测综述. 地理信息世界, (2): 28-33.

周廷刚, 何勇, 杨华, 等. 2015. 遥感原理与应用. 北京: 科学出版社: 58.

Desclée B, Bogaert P, Defourny P. 2006. Forest change detection by statistical object-based method. Remote Sensing of Environment, (102): 1-11.

Lu D, Mausel P, Brondizio E. 2004. Change detection techniques. International Journal of Remote Sensing, 25(12): 2365-2407.

第6章 机载激光雷达大区域森林参数估测模型

森林参数估测模型研制是机载激光雷达森林和生态应用的核心和主要研究内容，是天空地一体化森林资源调查监测新技术体系的关键技术和核心技术。自机载激光雷达诞生以来，森林参数估测模型一直是森林应用的研究重点，研究者众多。不同的研究者针对不同的研究区、不同的森林类型、不同的森林参数，从不同的角度出发提出了大量的森林参数估测模型，但大多数研究的区域较小，大区域的机载激光雷达森林参数估测少见报道，尤其是针对结构复杂的亚热带、热带森林，未见大区域的研究报道。在本研究中，我们从森林冠层三维结构分析出发，致力于符合森林计测学原理，可解释性强、普适性好的森林参数估测模型的开发。

6.1 机载激光雷达大区域亚热带森林参数估测的普适性经验模型

6.1.1 机载激光雷达森林参数估测模型研究进展

森林参数，如林分平均直径、平均高、林分蓄积量、断面积、生物量等，是森林资源调查监测的关键指标，也是森林生态状况评价的重要指标。详细、准确、可靠的森林参数专题图有助于优化森林抚育间伐、主伐与更新等森林经营管理活动，对于可持续森林经营决策和实践尤为重要，对森林生态系统的保护和减缓全球变暖影响政策的制定亦具有重要意义。在现行方法中，这些参数都是通过地面调查获取，存在着工作量大、劳动强度高、效率低、成本高、调查精度难以控制等问题（Maltamo and Packalen，2014）。并且，由于地面调查一般通过抽样方法进行，只测量少量的样地数据，难以获取林分内各个地段的数据（如小班调查通过少量角规样地调查得到的是小班调查因子的均值），无法反映林分内不同地段森林参数的差异情况，也无法对区域森林参数进行精确的制图，调查成果存在较大局限性。

由于具有广覆盖、低成本等特点，遥感技术广泛用于森林参数估测与制图（Chubey et al.，2006；Tonolli et al.，2011；Leboeuf et al.，2012；Watt and Watt，2013；Maltamo et al.，2016；Matasci et al.，2018）。20世纪90年代中期，随着全球定位系统和惯性导航系统的集成应用，激光扫描仪实现了精确定位定姿，点云位置精度得到了严格保证，激光雷达开始实现商业化应用（Vauhkonen et al.，2014）。由于机载激光雷达具有精确描绘森林冠层三维结构的能力（Bouvier et al.，2015；Vauhkonen et al.，2014），与其他遥感技术相比，能够提供更为丰富的林分水平和垂直分布信息，为森林资源调查和生态监测应用的各种森林参数估测与制图提供了可靠的基础（Lefsky et al.，2001；Coops et al.，2004；Maltamo et al.，2006），因此，ALS 在国家尺度（McRoberts et al.，2010）、省州尺度（Johnson et al.，2014）、企业尺度（Straub et al.，2013）森林资源调查和生态调查监测（地上生物量、碳汇、叶面积系数等）中逐渐得到广泛应用。自 2002 年开始，在北欧的挪威、芬兰、瑞典和北美的加拿大，ALS 已经逐渐成为森林资源调查监测的常规技术手段（Montaghi et al.，2013；Næsset，2015；Kauranne et al.，2017）。在其他很多国家和地区，ALS 在人工林监测、生态监测中也得到大面积应用（Watt and Watt，2013；Matasci et al.，2018；Görgens et al.，2015；Maltamo et al.，2016；Silva et al.，2017a；Dube et al.，2017）。

机载激光雷达通过两种方法估测森林参数：单木法和面积法。单木法一般以机载激光雷达点云数据生产的冠层高度模型（CHM）为基础（Persson et al.，2002；Popescu et al.，2003），或直接以点云数据为基础（Li et al.，2012），或结合 CHM 和点云（Li et al.，2016），通过分割算法估测单株林木的参数，如树高、冠幅、直径、材积等（Li et al.，2016；Koch et al.，2014）。该法需要较高的激光点采样率，点云密度一般在 10 点/m² 以上（Hyyppä et al.，2003；Latifi et al.，2015；Büyüksalih et al.，2017），数据获取成本高，大区域实际应用难以进行。并且单木分割算法由于树冠相互挤压而容易产生遗漏和包含等问题，影响估测精度（Falkowski et al.，2006，2008；Kaartinen et al.，2012；Vauhkonen et al.，2012），复层林的树冠重叠和遮挡又使上述困难进一步加剧（Latifi et al.，2015）。因此，单木法多用于结构简单的针叶林，很少应用于结构复杂的林分。面积法森林参数估计以 LiDAR 变量和样地森林参数的统计关系为基础进行，是区域性森林参数估测与制图的主要方法。近 20 年来，针对各种森林类型（如温带森林、北方森林、热带森林、亚热带森林、稀树林地）和各种森林参数，已经产出了大量的 LiDAR 估测模型（Latifi et al.，2015；Maltamo et al.，2016），包括参数模型和非参数模型。非参数模型包括 k-NN（K 最邻近算法）、人工神经网络（ANN）、随机森林（SF）、回归树（CART）、支持向量机（SVM）等。在一些研究中，非参数模型的表现优于参数模型，而在另一些研究中，参数模型的估测效果更好，因此，普遍认为，没有哪一种方法适用于所有的森林状况（Xu et al.，2018）。由于容易理解和解释，多元线性回归模型是最常用的森林参数估测模型（Xu et al.，2018；Görgens et al.，2015；Giannico et al.，2016；Montealegre et al.，2016；Silva et al.，2017a；Maltamo et al.，2016）。多元线性回归模型的建立通常运用逐步回归法建立，通过检测决定系数（R^2）的变化情况来选择进入模型的合适变量。林分状况不同、森林参数不同、传感器不同，所选取的模型变量相差很大，因此大多数多元线性回归模型的普适性差——用由某个研究区得到的模型在其他研究区不适用，或某个年度的数据建立的模型不适用于其他年度。如何建立不受研究区条件、森林状况限制的普适性模型或模型结构式，是当前需要解决的问题（Bouvier et al.，2015）。

林分空间结构和森林参数之间存在着十分紧密的关系，由激光点云产生的高度变量和密度变量准确地描述了林分的三维结构，是建立森林参数估测模型的基本变量。除了常用的分位数高度、平均高、高度标准差、分位数密度、不同高度处密度、总覆盖度等外，一些新的变量，如冠层体积、叶面积密度、威布尔分布参数等（刘浩等，2018），具有明确的生物物理意义，阐明了林分空间结构的异质性，有助于改善林分空间结构的描述，提高森林估测精度。研究表明，利用相同的具有明确生物物理意义的变量构建相同形状的模型，可以用于不同森林类型和不同森林参数的估测（Bouvier et al.，2015），实现了森林参数估测模型的普适化。

在本节研究中，我们以南宁试验区为研究对象，从森林三维结构分析描述出发，构建了 5 个森林参数估测多元乘幂模型式，并测试它们在不同森林类型的不同森林参数估测中的表现，检验它们的推广能力，以期发现一个适用于不同森林类型不同森林参数估测的模型结构式，为激光雷达森林参数的一致性估测提供实践案例。

6.1.2 普适性经验模型的建立方法

6.1.2.1 研究区与数据

研究区为南宁试验区，样地数据和 LiDAR 数据分别见 4.2 节和 4.3 节。

6.1.2.2 基于冠层三维结构的森林参数估测模型结构式

在区域性森林资源调查中，林分蓄积量一般通过下式计算：

$$VOL = a_0 BA^{a_1} \bar{H}^{a_2} + \varepsilon \tag{6.1}$$

式中，VOL 为林分单位面积蓄积量（m^3/hm^2）；BA 为林分断面积（m^2/hm^2）；$\bar{H}$ 为林分平均高（m）；a_0、a_1、a_2 为模型参数；ε 为误差项。在式（6.1）中，BA 在某种程度上可视为林分密度，当用郁闭度、林木密度等密度指标替代 BA 时，式（6.1）可表示为（周梅等，2017）

$$VOL = a_0 P^{a_1} \bar{H}^{a_2} + \varepsilon \tag{6.2}$$

式中，P 为林分密度（郁闭度或林木密度等）。式（6.2）在结构简单的人工单层同龄纯林中取得较好的应用效果（周梅等，2017）。林分高度和密度反映了林分的三维结构，因此，式（6.2）说明了可以通过刻画林分三维结构的变量进行林分蓄积量估测。林分平均高（$\bar{H}$）与林分优势高等其他林分高度（H）也具有密切关系，因此，可用 H 替代 $\bar{H}$。VOL 与 BA、DBH 也具有密切的关系，经过推导，BA 和 DBH 也可通过式（6.2）进行估测，于是有：

$$\hat{y} = a_0 P^{a_1} H^{a_2} + \varepsilon \tag{6.3}$$

式中，$\hat{y}$ 为森林参数，可以是 VOL，也可以是 BA 和 DBH；H 为林分高度变量，可以是林分平均高，亦可以是林分优势高等其他林分高度度量变量。式（6.3）表明了可通过林分林木密度、高度对森林参数进行估测。

由激光点云可以提取反映林分高度、密度的众多指标，因此，可通过 LiDAR 变量由式（6.3）进行森林参数估测。大多数天然林和混交林为复层林，林木的树高和直径变动都很大，因此，仅仅通过密度和高度两个指标不足以准确反映复杂的林分结构，需要引入一个反映林分垂直结构的变量，如冠层垂直剖面叶面积的均值、标准差及变动系数（Bouvier et al.，2015），树冠层高度分布剖面和枝叶剖面 Weibull 拟合参数（刘浩等，2018）等，于是，式（6.3）变为

$$\hat{y} = a_0 P^{a_1} H^{a_2} S^{a_3} + \varepsilon \tag{6.4}$$

式中，S 为林分垂直结构因子（变量）。式（6.4）可写成乘幂模型一般式：

$$\hat{y} = a_0 \prod_{i=1}^{n} x_i^{a_i} + \varepsilon \tag{6.5}$$

式中，x_i 为 LiDAR 变量；n 为变量的个数；$a_i(i=0,1,\cdots,n)$ 为模型的参数。

6.1.2.3　激光雷达变量选择与模型构造

与地面调查数据相比，激光点云对林分三维结构的刻画更详细、准确，因此，可以通过描述林分三维结构的 LiDAR 变量进行森林参数估测（Bouvier et al.，2015；Knapp et al.，2020）。很多研究表明，LiDAR 高度变量与林分蓄积量、断面积等森林参数具有密切的关系（Silva et al.，2017a；Pearse et al.，2018；Kauranne et al.，2017；Montealegre et al.，2016；Fekety et al.，2015；Görgens et al.，2015），首回波的点云平均高（H_{mean}）是 LiDAR 森林参数估计模型最重要的变量之一（Asner et al.，2012a；Lefsky et al.，2001）。此外，点云高度分布的方差（H_{var}）和标准差（H_{stdev}）及变动系数（H_{cv}）反映了冠层高度的异质性，也是森林参数估测的重要变量（Silva et al.，2017a）。林分密度是描述林分结构的重要指标，反映了林木在样地内的水平分布。在众多 LiDAR 密度变量中，郁闭度（CC）（首回波中高于 2 m 的点占全部点的比例）——反映了林分枝叶的覆盖程度——有效地关联了 LiDAR 点云与林木的水平分布，是最常用的 LiDAR 密度变量之一。dp50 和 dp75 反映了林分冠层中上部的枝叶分布状况，也是最常用的密度变量（Næsset，2015）。

鉴于上述变量显然不足以全面刻画垂直结构复杂的异龄复层林分的结构，为此，在构建森林参数估测模型中，加入一个反映林分垂直结构的变量 LAD_{cv}。

将上述 7 个 LiDAR 变量分为 3 组：高度变量、密度变量、垂直结构变量。在每组变量中选取 1～2 个变量，根据式（6.4）构造的森林参数估测模型，可以得到包含 3～5 个变量的模型结构式，其中 H_{mean}、CC、LAD_{cv} 为基本变量，H_{stdev} 和 H_{cv}、dp50 和 dp75 分别为高度变量和密度变量的附加可选变量，各选 1 个变量加入模型。根据前期试验，每个森林参数各构造了 5 个模型，各个模型的结构式为

$$y = a_0 H_{mean}{}^{a_1} CC^{a_2} LAD_{cv}{}^{a_3} + \varepsilon \tag{6.6}$$

$$y = a_0 H_{mean}{}^{a_1} CC^{a_2} LAD_{cv}{}^{a_3} H_{stdev}{}^{a_4} + \varepsilon \tag{6.7}$$

$$y = a_0 H_{mean}{}^{a_1} CC^{a_2} LAD_{cv}{}^{a_3} H_{cv}{}^{a_4} + \varepsilon \tag{6.8}$$

$$y = a_0 H_{mean}{}^{a_1} CC^{a_2} LAD_{cv}{}^{a_3} H_{stdev}{}^{a_4} dp75^{a_5} + \varepsilon \tag{6.9}$$

$$y = a_0 H_{mean}{}^{a_1} CC^{a_2} LAD_{cv}{}^{a_3} H_{cv}{}^{a_4} dp50^{a_5} + \varepsilon \tag{6.10}$$

式中，a_0、a_1、$\cdots$、a_5 为模型参数。模型参数估计采用高斯-牛顿迭代法进行。

6.1.2.4 模型的评价和检验

模型选优采用全部样本进行，统计指标：确定系数（R^2），相对均方根误差（rRMSE）和平均预估误差（MPE）。MPE 计算公式如下（曾伟生和唐守正，2011；Zeng et al.，2017，2018）：

$$MPE = t_\alpha \times (SEE/\overline{y})/\sqrt{n} \times 100 \tag{6.11}$$

式中，$\overline{y}$ 为实际观测值 $y_i(i=1,2,\cdots,n)$ 的均值；SEE 为估计值的标准差，$SEE = \sqrt{(y_i - \hat{y}_i)/(n-p)}$，$n$ 为样本单元数，$\hat{y}_i(i=1,2,\cdots,n)$ 为估测值，p 为参数的个数；t_α 为置信水平为 α 时的 t 值，取 $\alpha=0.05$。

模型的适应性检验采用 10 折交叉检验法（10 fold cross-validation）进行，检验指标与上述相同。

采用 F 检验对模型的显著性进行检验，采用 t 检验对模型参数的显著性进行检验。

6.1.3 普适性经验模型的表现

6.1.3.1 模型拟合结果及模型结构评价

4 个森林类型（杉木林、松树林、桉树林和阔叶林）3 个森林参数（蓄积量、

断面积和平均直径）共 12 组模型的拟合结果表明：在 3 变量（H_{mean}、CC 和 $\mathrm{LAD_{cv}}$）模型的基础上，当增加 1 个高度变量（H_{stdev} 或 H_{cv}）时，模型的解析率（R^2）呈迅速增大、误差项（rRMSE、MPE）呈迅速减小的趋势，当再加入 1 个密度变量（dp50 或 dp75）后，R^2 进一步增大、rRMSE 和 MPE 进一步减小，说明当模型变量由 3 个增加至 5 个时，拟合效果趋好。

每个森林类型每个森林参数各有 5 个模型，根据 rRMSE 最小、R^2 最大的原则确定 1 个最优模型和 1 个次优模型，这 2 个模型分别称为最优局地模型和次优模型，它们的参数估计值和拟合效果统计指标如表 6-1 所示。各个森林类型的各个森林参数的最优和次优模型不完全一致，如在杉木林蓄积量模型中，模型式（6.10）为最优模型，模型式（6.9）为次优模型，在桉树断面积模型中，模型式（6.9）和模型式（6.10）分别为最优模型和次优模型。在全部 12 组模型中，模型式（6.10）在 8 组模型中为最优模型，在 3 组模型中为次优模型；模型式（6.9）在 4 组模型中为最优模型，在 7 组模型中为次优模型，模型式（6.8）在 1 组模型中为次优模型。由此，可以认为模型式（6.10）和模型式（6.9）分别为全局最优和次优模型结构式。

表 6-1　各个森林类型的各个森林参数的最优模型和次优模型的拟合效果*

森林类型	森林参数	模型编号	参数估计值								R^2	rRMSE(%)	MPE(%)
			a_0	H_{mean}	CC	$\mathrm{LAD_{cv}}$	H_{stdev}	H_{cv}	dp50	dp75			
杉木林	VOL	(6.9)	9.8266	1.4130	0.7710	0.1583	-0.3878			-0.033 25	0.726	18.80	4.21
		(6.10)	9.2305	1.0363	0.8029	0.1179		-0.4410	-0.1740		0.733	18.57	4.16
	BA	(6.9)	3.8634	1.0796	0.3835	0.0080	-0.5768			-0.0742	0.570	16.25	3.64
		(6.10)	3.6895	0.5153	0.4654	-0.0802		-0.6635	-0.3160		0.620	15.28	3.42
	DBH	(6.9)	4.9937	0.2772	0.5597	-0.1411	0.5408			0.0109	0.714	16.54	3.70
		(6.10)	4.6697	0.8297	0.5348	-0.1311		0.5309	0.011 92		0.723	16.28	3.64
松树林	VOL	(6.10)	5.9017	1.5485	-0.3042	-0.4432		0.1031	0.041 85		0.795	21.52	4.45
		(6.9)	8.8134	1.3089	-0.2224	-0.3844	0.1058			0.082 03	0.808	20.83	4.31
	BA	(6.9)	3.9048	0.8989	-0.1920	-0.4672	0.024 53			0.004 607	0.632	19.34	4.00
		(6.10)	3.5321	0.9527	-0.1982	-0.4822		0.009 992	-0.048 44		0.643	19.04	3.94
	DBH	(6.9)	5.8162	0.3519	-0.1195	-0.092 03	0.2946			-0.026 43	0.471	20.05	4.15
		(6.10)	8.3903	0.5432	-0.089 73	-0.0601		0.3493	0.1000		0.489	19.71	4.08
桉树林	VOL	(6.10)	2.5193	1.5580	0.3678	0.2021		0.072 33	-0.2383		0.759	18.93	3.72
		(6.9)	8.3038	1.0674	0.4795	0.2022	0.1984			0.262 7	0.788	17.75	3.49
	BA	(6.10)	1.2616	1.0242	0.5256	0.1353		-0.023 09	-0.3796		0.689	17.16	3.37
		(6.9)	2.7129	0.7637	0.6188	0.1271	0.1033			0.1009	0.720	16.28	3.20
	DBH	(6.9)	1.3157	0.6753	-0.1350	0.1752	0.1127			-0.064 47	0.707	10.48	2.06
		(6.10)	1.0229	0.8262	-0.1222	0.1666		0.020 21	-0.4018		0.708	10.46	2.05

续表

森林类型	森林参数	模型编号	参数估计值								R^2	rRMSE (%)	MPE (%)
			a_0	H_{mean}	CC	LAD_{cv}	H_{stdev}	H_{cv}	dp50	dp75			
阔叶林	VOL	(6.10)	16.9376	1.0703	0.2165	0.2004		0.2102	0.6896		0.674	36.87	7.72
		(6.9)	13.9280	1.1158	0.2845	0.2419	−0.1145			0.2050	0.679	36.58	7.66
	BA	(6.9)	6.2045	0.7736	0.5397	0.5031	−0.2808			0.2210	0.595	30.83	6.46
		(6.10)	6.9817	0.5689	0.3408	0.4769		0.04965	0.6820		0.600	30.64	6.42
	DBH	(6.8)	4.9410	0.8180	0.02480	−0.2220		0.5289			0.396	31.11	6.47
		(6.10)	6.6297	0.7187	0.04231	−0.1268		0.5872	0.1053		0.412	30.71	6.43

*注：H_{mean}、CC、…、dp75 分别为模型中变量 H_{mean}、CC、…、dp75 的参数估计值

6.1.3.2 模型和模型参数的显著性

F 检验结果表明，表 6-1 所列的最优模型和次优模型的回归效果均为显著。4 个森林类型各 3 个参数的模型式（6.10）参数的显著性 t 检验（α=0.10、0.05、0.01）结果如表 6-2 所示。

表 6-2　模型（6.10）参数的显著性 t 检验结果

变量	杉木林			松树林			桉树林			阔叶林		
	VOL	BA	DBH	VOL	BA	DBH	VOL	BA	DBH	VOL	BA	DBH
H_{mean}	10.67***	6.92***	7.78***	10.68***	5.93***	4.10***	12.62***	9.82***	13.33***	5.91***	4.16***	2.99***
CC	5.57***	5.13***	−0.21ns	−0.34ns	−0.15ns	−0.95ns	2.53**	2.59**	1.01ns	0.19ns	1.90*	−0.87ns
LAD_{cv}	2.12**	0.47ns	0.48ns	−0.13ns	0.07ns	0.62ns	0.66ns	0.97ns	−1.21ns	−0.15ns	−0.31ns	1.52ns
H_{cv}	−4.22***	−7.29***	5.84***	1.50ns	0.45ns	3.96***	3.23***	2.88***	4.03***	−0.08ns	−0.61ns	2.96***
dp50	−1.62ns	−4.74***	1.90*	2.50**	2.45**	1.68*	1.69*	2.07**	−1.14ns	1.73*	1.67*	1.35ns

注：*表示 $\alpha = 0.10$ 时显著，**表示 $\alpha = 0.05$ 时显著，***表示 $\alpha = 0.01$ 时显著，ns 表示不显著

由表 6-2 可以看出，不同的森林类型、不同的森林参数，5 个 LiDAR 变量对目标变量的解释率相差很大，只有 H_{mean} 对每个森林类型的每个参数都具有显著性影响，H_{cv} 对松树林和阔叶林蓄积量、断面积外的其他参数具有显著性影响，CC 和 dp50 对一些森林类型的一些参数具有显著性影响，LAD_{cv} 仅对杉木林蓄积量具有显著性影响。

对模型式（6.9）、式（6.10）检验结果表明，尽管并不是每个 LiDAR 变量对目标变量都具有显著性影响，但这些变量的加入，有助于提高模型对目标变量变化的解释率，并在一定程度上降低模型误差。

6.1.3.3　全局最优模型和次优模型结构式在森林参数估测中的表现

由表 6-1 可知，全局最优模型式[式（6.10）]和次优模型式[式（6.9）]与各个森林类型的各个森林参数局地最优、次优模型式不完全相同。各个森林类型的各森林参数中模型式（6.10）和式（6.9）统计指标与其相应最优局地模型的统计指标的相对误差如表 6-3 所示。例如，在松树林蓄积量估测中，模型式（6.9）为最优局地模型，当用模型式（6.10）进行估测时，其 R^2 较模型式（6.9）的 R^2 小 1.61%，rRMSE 和 MPE 均较模型式（6.9）大 3.33%。总体上，模型式（6.10）的 R^2 与各个最优局地模型的 R^2 的相差不超过 5%，rRMSE 和 MPE 的相差均不超过 7%。但阔叶林的平均直径估测中，模型式（6.9）的 R^2 与相应的最优局地模型的 R^2 的相差达到 17.19%，说明模型式（6.10）具有良好的普适性，模型式（6.9）的普适性略差。

表 6-3　模型式（6.10）和模型式（6.9）与最优局地模型统计指标的相对相差（%）

森林类型	估测参数	模型式（6.10）			模型式（6.9）		
		R^2	rRMSE	MPE	R^2	rRMSE	MPE
杉木林	VOL	—	—	—	−0.93	1.24	1.24
	BA	—	—	—	−8.75	5.98	5.98
	DBH	—	—	—	−1.23	1.55	1.55
松树林	VOL	−1.61	3.33	3.33	—	—	—
	BA	—	—	—	−1.83	1.58	1.58
	DBH	—	—	—	−3.88	1.74	1.74
桉树林	VOL	−3.70	6.65	6.65	—	—	—
	BA	−4.32	5.41	5.41	—	—	—
	DBH	—	—	—	−0.18	0.22	0.22
阔叶林	VOL	−0.77	0.81	0.81	—	—	—
	BA	—	—	—	−0.84	0.62	0.62
	DBH	—	—	—	−17.19	4.78	4.78

注：当模型式（6.10）或模型式（6.9）为某个参数的最优局地模型时，统计指标不存在相差，用"—"表示

6.1.3.4　模型适应性评价

模型式（6.10）和模型式（6.9）的 10 折交叉检验结果（表 6-4）表明：各个森林类型的各个森林参数的模型检验指标与它们的拟合结果指标十分接近，说明 2 个模型式都十分稳定，具有良好的外推性；在全部 12 组模型中，模型式（6.10）

的表现总体上优于模型式（6.9）；但是，无论是 R^2、rRMSE，还是 MPE，模型式（6.9）与模型式（6.10）都十分接近，说明 2 个模型可互为替代；杉木林、松树林和桉树林各个参数的 2 个模型的 R^2 均大于 0.45，rRMSE 均小于 22%，MPE 不超过 4.5%，说明 2 个模型式可有效地对这 3 个森林类型的各个森林参数进行估测，阔叶林 3 个参数的 2 个模型的检验结果与拟合结果基本相同，但模型表现略差，尤其是平均直径模型。

表6-4　模型式（6.10）和模型式（6.9）的适应性评价结果

森林类型	参数	模型式（6.10）			模型式（6.9）		
		R^2	rRMSE（%）	MPE（%）	R^2	rRMSE（%）	MPE（%）
杉木林	VOL	0.667	20.89	4.22	0.677	20.58	4.16
	BA	0.572	16.15	3.27	0.591	15.8	3.19
	DBH	0.574	18.56	3.75	0.554	19	3.84
松树林	VOL	0.769	21.69	4.15	0.788	20.76	3.97
	BA	0.582	20.36	3.9	0.577	20.48	3.92
	DBH	0.501	19.4	3.71	0.494	19.53	3.74
桉树林	VOL	0.764	18.53	3.37	0.799	17.1	3.11
	BA	0.706	16.11	2.93	0.737	15.23	2.77
	DBH	0.709	10.07	1.83	0.706	10.14	1.85
阔叶林	VOL	0.602	36.32	6.95	0.564	38.02	7.27
	BA	0.568	30.82	5.89	0.484	33.69	6.44
	DBH	0.24	29.01	5.55	0.222	36.78	7.04

　　将 4 个森林类型的 3 个森林参数的检验样本的模型估测值与其相应实测值进行比较，得到图 6-1 的估测值–实测值散点图。由该图可以看出，模型估测值大多分布于 1∶1 直线的两侧，说明总体上模型预测效果良好。

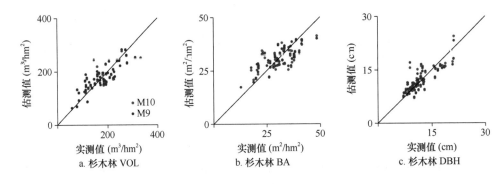

a. 杉木林 VOL　　　　b. 杉木林 BA　　　　c. 杉木林 DBH

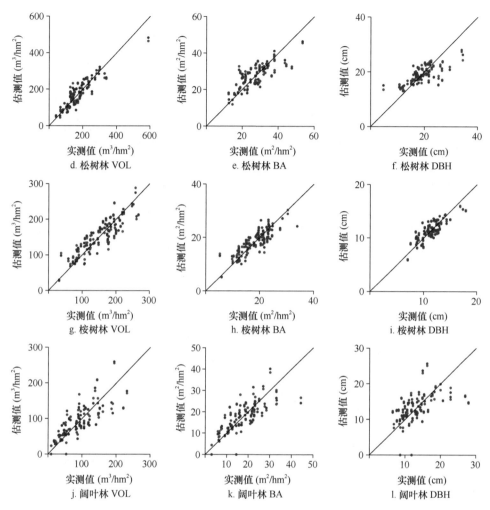

图 6-1　检验样本中各个森林类型的蓄积量、断面积和平均直径的 2 个模型的 LiDAR 估测值与实测值比较图

M10 和 M9 分别表示为模型式（6.10）和模型式（6.9）

从图 6-1 还可以看出，林分结构相对简单的杉木林、松树林和桉树林，各个森林参数的预估效果较好，而林分结构相对较为复杂的阔叶林，各个森林参数的预估效果略差。

6.1.4　普适性经验模型的可靠性

6.1.4.1　模型结构的稳定性

逐步回归是当前森林参数估测中最常用的方法（Montealegre et al.，2016；

Silva et al.，2017b；Maltamo et al.，2016）。在前期试验中，我们将文中的杉木林样地数据按重复随机抽样方法每次抽取 90%的样本，得到 10 组数据，采用逐步回归法建立 10 个蓄积量估测模型，它们的调整决定系数为 0.668~0.837，平均值为 0.764，略高于本节中杉木蓄积量最优估测模型[模型式（6.10）]的 0.733（表 6-1）。但是，10 个模型中有 6 个结构式，其中有 3 组数据得到一相同结构式，另外 3 组数据得到另一个结构式，其余 4 组数据得到 4 个不同的结构式，说明尽管样地数据和激光点云数据只发生很小的变化，由逐步回归得到的估测模型都有可能不同，模型结构式极不稳定，普适性差，并且一些模型中还出现了一些缺乏森林计测学解析意义的变量，如 hp10 等。正如 Popescu 和 Hauglin（2014）指出，回归模型受到树种或研究地点的影响，也因森林三维结构变化而受时间影响。

普适性模型不但有利于确保全球生物量制图的一致性，也有助于理解森林结构参数的变化及它们与生物量的关系（Knapp et al.，2020）。在本研究中，我们从森林三维结构描述出发，筛选出了 2 个经验性乘幂模型结构式，包含 2 个高度变量、2 个密度变量和 1 个垂直结构变量，这 2 个模型式可适用于不同森林类型的不同森林参数估测，并且具有较高的估测精度。我们的模型式与 Bouvier 等（2015）的模型式相似但不相同，他们的模型式由 2 个高度变量、1 个密度变量和 1 个垂直结构变量构成，分别是 H_{mean}、H_{stdev}、CC 和 LAD_{cv}。我们的模型式多了 1 个密度变量，并且用 H_{cv} 替换 H_{stdev}。Knapp 等（2020）以冠层高度模型（CHM）为基础构建生物量估测的普适性乘幂模型时，将激光点云变量分为 3 组（高度变量、密度变量和垂直结构变量），每组中选取 1 个变量进行组合，共得到 251 个模型，根据 rRMSE 确定的最优模型包含了 5 个变量（平均冠层表面高、林分密度指数、研究区的最大冠层高、冠层高标准差和研究区平均木材密度），他们的模型与我们的不同，原因是我们直接使用点云变量，而他们的变量均由 CHM 提取，且包含非激光雷达变量。

在 4 个森林类型的 3 个森林参数的最优和次优模型式中，蓄积量模型的 R^2 均大于断面积模型和平均直径模型，说明蓄积量与林分三维结构的关系，比断面积和平均直径更密切。4 个断面积最优模型的 R^2 为 0.600~0.689，表明林分断面积与林分三维结构的关系也较密切，4 个平均直径的 R^2 为 0.412~0.723，变化范围较大，但杉木林和桉树林平均直径模型的 R^2 大于断面积模型的 R^2，也说明林分平均直径与林分三维结构具有较为紧密的关系。

6.1.4.2　模型精度的可靠性

模型估测精度显然与林分结构的复杂性有关。在本研究中，冠层结构最简单的杉木人工林和桉树人工林蓄积量模型的 rRMSE 分别为 18.57%和 18.93%，小于冠层结构较为复杂的马尾松林蓄积量估测模型的 rRMSE（21.52%）。阔叶林冠层结构比马尾松林更复杂,其模型估测精度最低(rRMSE=36.87%)。这些结果与一些研究者[如 Bouvier 等(2015)、Nelson 等(2004)和 Popescu 等(2003)]的研究结果相似,其原因可能是阔叶林中不同树种的干形差异较大(Clark and Kellner,2012)。

　　Zolkos 等(2013)在总结已经发表的 70 多篇航空和航天遥感(光学、雷达和激光雷达)生物量估测论文中指出,34 个离散回波激光雷达地上生物量估测模型的平均剩余标准差(RSE)为 27.0%,热带雨林的模型表现最好,平均 RSE 为 20%。在本节研究中,杉木林、松树林和桉树人工林蓄积量估测模型的 rRMSE 为 20%左右,阔叶林蓄积量估测模型的 rRMSE 则较大。考虑到生物量与林分蓄积量的关系十分紧密,本研究的杉木林、松树林和桉树人工林林分蓄积量估测精度与前人研究的精度基本一致,但阔叶林蓄积量估测精度较低。模型误差与研究区域的大小也密切相关。本研究区域达 2.21 万 km^2,地域广,地貌多样,立地条件不同,人为干扰程度亦不尽相同,相同森林类型的林分结构也存在较大差异,样地森林参数的变化较大,相同森林类型的林分冠层结构的异质性或许是导致阔叶林蓄积量估测模型精度较低的主要原因,这也解释了我们的模型精度低于 Bouvier 等(2015)的模型精度的原因(他们的研究区只有 1320 km^2)。此外,复杂的地形和复杂的林分结构导致样地的林木高度测量误差也是模型误差不可忽略的原因。将样地优势高与激光点云最大高度进行比较,可以发现在全部样地中,只有 52.7%的样地的优势高测量误差≤±1.0 m。林分优势高平均绝对误差为 1.65 m,最大偏差达到了 4.43 m,47.4%的样地优势高测量误差≥±1 m,24.5%的样地优势高测量误差≥±2 m。其可能的原因是:在一些郁闭度较大的林分中或复层结构的林分中,受树冠层遮挡影响,通过目测难以准确确定哪一株林木最高;陡峭的地形也使调查人员站立困难,导致树高测量误差较大。与优势木相比,林分平均木的选取相对容易,但其树高测量误差仍然存在,并导致林分蓄积量的计算误差。林分蓄积量计算的异速方程也可能导致样地林分蓄积量计算误差(Chave et al.,2004)。研究区的阔叶林包含众多树种,但只有一个通用异速方程,对于每个具体的样地,由于其树种组成与用于异速方程建立的总体的树种组成相差较大,样地蓄积量可能存在较大误差,也在一定程度上影响模型拟合效果。

6.1.4.3　模型变量的森林计测学意义

　　无论是在理论上还是在实际林分中,在一般情况下,林分平均高越高、林木密度越大,林分蓄积量越大,在本研究 4 个森林类型的蓄积量估测的最优模型和次优模型中,点云平均高(H_{mean})的系数均为正值,说明其与林分蓄积量呈正相关。杉木林、桉树林和阔叶林蓄积量模型中,覆盖度(CC)与林分蓄积量也均呈正相关,但松树林蓄积量模型中,CC 与林分蓄积量均呈负相关关系,而另一个密度变量(dp50 和 dp75)均呈正相关关系。在 4 个森林类型蓄积量的最优模型和次优模型的 2 个密度变量中，至少有 1 个密度变量呈正相关关系。在松树林断面积模型和平均直径模型中，CC 也均呈负相关关系，甚至出现 2 个密度变量均呈负相关的情况（表 6-1），意味着在同样的高度下，林分覆盖度越大，断面积和平均直径越小，可能的原因是覆盖度越大，林木株数越多，但平均直径越小——在一定程度上符合林学和生态学解析。点云高度分布的异质性变量（H_{stdev} 和 H_{cv}）也存在相似情况。此外，如 4.2 节所述，构造模型的 5 个变量虽然对提高模型的解析率和估测精度都有一定程度的帮助，但并不是每个变量都具有显著作用。这些情况都说明了在采用机载激光雷达林分冠层三维结构变量估测森林参数时，解析变量与目标变量之间存在较为复杂的关系，探寻和提出与森林参数具有紧密联系的 LiDAR 变量，以构建更稳定、更具可解析性的模型，是今后需要研究的问题。

本研究从森林三维结构出发，根据经验确定了 7 个 LiDAR 变量，通过 5 个组合选出了适用于不同森林类型、不同森林参数估测的普适性模型结构式，为森林参数的一致性估测提供了依据。然而，刻画林分三维结构的 LiDAR 变量很多，今后尚需采用类似于 Knapp 等（2020）的方法，做更多的变量组合优选试验。

本节优选确定的森林参数 LiDAR 估测 5 变量非线性乘幂模型结构式，对于不同森林类型（杉木人工林、天然松树林、桉树人工林和天然阔叶林）的不同森林参数（蓄积量、断面积、平均直径）估测均取得良好的效果，证明该模型结构式具有良好的普适性，为提高不同森林类型之间各个森林参数估测结果的比较分析奠定了坚实的基础。

激光点云平均高（H_{mean}）、高度变动系数（H_{cv}）较好地描述了林分中林木高度的分布状况，郁闭度（CC）、50%高度分位数密度（dp50）较好地描述了林分中林木的水平分布，冠层叶面积密度的变动系数（LAD_{cv}）较好地描述了林分垂直结构，这 5 个激光点云变量较全面地刻画了林分三维冠层结构，与其他很多激光点云变量相比，这些变量具有明确的森林计测学解析意义，对森林参数的变化具有良好的解析能力。

6.2 利用变量组合穷举法建立机载激光雷达森林参数估测普适性模型

6.2.1 普适性模型的研究进展

Asner 等（2012b）从样地的地上生物量与林木直径的关系出发，提出了样地尺度森林地上碳密度（ACD）的估测模型。该模型利用秘鲁、巴拿马、马达加斯加和夏威夷 4 个热带林研究区的数据建立，并已成功应用于其他热带地区，如哥伦比亚（Asner et al.，2012a）、马来西亚（Coomes et al.，2017）、坦桑尼亚（Getzin et al.，2017），在 1 hm² 尺度下的不确定性为 12%～15%。但该模型 3 个变量中只有 1 个 LiDAR 变量，因此，该模型并非真正的 LiDAR 模型。Knapp 等（2020）将描述森林结构的 LiDAR 变量分为 4 组：高度变量、密度变量、最大高度变量和冠层异质性变量，通过不同的变量组合试验得到包含 4～5 个变量的地上生物量和断面积最优估测模型。与 Asmer 等（2012a）方法相似的是，Knapp 等（2020）的模型中也包含非 LiDAR 变量，如研究区最大林分密度由样地调查或通过专家知识获取，但其模型构建思路科学而清晰，即模型包含高度变量、密度变量和垂直结构变量等刻画林分冠层结构各个方面的变量。Bouvier 等（2015）从冠层三维结构角度出发，提出了由点云高度均值及其标准差、郁闭度、叶面积密度变动系数 4 个变量构成的固定变量、固定形状的森林参数估测模型，该模型在法国不同的森林类型（针叶林、落叶林、山地森林）不同的森林参数（商品材积、蓄积量、地上生物量和断面积）估测中取得了较好的效果。这是一个从森林三维结构的角度，完全通过激光点云进行森林参数估测的普适性模型。

在 6.1 节研究中，我们探讨了适用于不同森林类型、不同森林参数的普适性经验模型式，在本节中，我们以全广西为研究区（分为 3 个区域），从森林冠层三维结构分析出发，通过具有明确生物物理意义和森林计测学及生态学解析意义的 LiDAR 变量的组合，探究具备普适性的森林参数（蓄积量和断面积）估测模型，实现以下目标：①探求各个森林类型中适用于各个研究区森林参数估测的最优模型结构式并试图建立最优泛化估测模型；②探求跨森林类型跨区域的森林参数估测的最优模型结构式并试图建立最优估测模型。

6.2.2　变量组合穷举法普适性模型的确定方法

6.2.2.1　研究区与数据

研究区为广西全区，分为 3 个研究区，分别为南宁试验区、东部试验区和西部试验区。样地数据和 LiDAR 数据分别见 4.2 节和 4.3 节。

3 个地区各有 4 个森林类型，共得到 12 个数据集，这些数据集中包含了样地森林参数的测量数据和 LiDAR 变量数据。

6.2.2.2　模型构造与 LiDAR 变量组合策略

方程式（6.4）中，P、H 和 S 可视为 3 组变量，每组变量可包含 1～2 个变量（Bouvier et al.，2015；Knapp et al.，2020）。大量的研究表明，LiDAR 高度变量与林分蓄积量、断面积等森林参数具有密切的关系（Silva et al.，2017b；Pearse et al.，2019；Kauranne et al.，2017；Montealegre et al.，2016；Fekety et al.，2015；Görgens et al.，2015），是森林参数估测模型的主要变量（Bouvier et al.，2015），首回波的

点云平均高（H_{mean}）是 LiDAR 森林参数估计模型最重要的变量之一（Asner et al.，2012a；Lefsky et al.，2001）。由点云或由冠层高度模型（CHM）得到的最大高（H_{max}）也是反映林分冠层高度分布的主要参数之一。Knapp 等（2020）将由 CHM 得到的 H_{max} 成功用于地上生物量估测。但 Gobakken 和 Næsset（2008）认为由激光点云提取的 H_{max} 变化极不稳定，不宜用作森林参数估测的变量。为此，在本节研究中，采用 95%分位数高度（hp95）代替 H_{max}。此外，点云高度分布的方差（H_{var}）和标准差（H_{stdev}）及变动系数（H_{cv}）反映了冠层高度分布的异质性，也是森林参数估测的重要变量（Bouvier et al.，2015；Silva et al.，2017c）。

林分密度反映了林木在样地内的水平分布，是描述林分结构的重要指标。在众多 LiDAR 密度变量中，郁闭度（CC）（回波中高于 2 m 的点占全部点的比例）反映了林分枝叶的覆盖程度，有效地关联了 LiDAR 点云与林木的水平分布，是最常用的 LiDAR 密度变量之一。dp50 和 dp75 反映了林分冠层中上部的枝叶分布状况，也是最常用的密度变量（Næsset，2015）。

由于亚优势树和下层林木的存在，仅通过 LiDAR 高度变量和密度变量不足以准确刻画复杂的冠层结构。得益于激光点云的穿透能力，可以通过 LiDAR 植被剖面（LiDAR-derived profiles）提取亚优势树和下层林木信息。这些信息一般通过冠层垂直结构描述因子予以表达，包括叶面积密度（leaf area density）的均值（LAD_{mean}）、标准差（LAD_{stdev}）和变动系数（LAD_{cv}）（Bouvier et al.，2015），以及枝叶垂直剖面（vertical foliage profile，VFP）均值（VFP_{mean}）、标准差（VFP_{stdev}）和变动系数（VFP_{cv}）（Knapp et al.，2020）等，已经成功用于森林参数估测。本节研究也采用这些 LiDAR 变量。

上述 13 个 LiDAR 变量可分为 3 组：高度变量组（Ph）、密度变量组（Pd）、垂直结构变量组（Pv）（表 6-5），这 3 组变量从不同的方面刻画了林分冠层的三维结构。在高度变量组中，H_{mean} 和 hp95 为主要高度变量，H_{stdev} 和 H_{cv} 为次要高度变量；在密度变量组中，CC 为主要密度变量，其余为次要密度变量；6 个垂直结构变量不分主要和次要变量。

表 6-5　用于构建模型的 LiDAR 变量

变量	含义	描述内容	变量分组（Px）
VOL	林分蓄积量（m^3/hm^2）	目标变量	—
BA	断面积（m^2/hm^2）	目标变量	—
H_{mean}	点云平均高（m）	冠层高度	Ph_m
hp95	95%分位数高度（m）	冠层高度	Ph_m
H_{stdev}	点云高度分布的标准差（m）	冠层高度	Ph_m
H_{cv}	点云高度分布的变动系数	冠层高度	Ph_m
CC	郁闭度	冠层密度	Pd_m

变量	含义	描述内容	变量分组（P_x）
dp50	50%分位数密度	冠层密度	Pd
dp75	75%分位数密度	冠层密度	Pd
LAD_{mean}	叶面积密度的均值	垂直结构	Pv
LAD_{stdev}	叶面积密度的标准差	垂直结构	Pv
LAD_{cv}	叶面积密度的变动系数	垂直结构	Pv
VFP_{mean}	垂直枝叶剖面的均值	垂直结构	Pv
VFP_{stdev}	垂直枝叶剖面的标准差	垂直结构	Pv
VFP_{cv}	垂直枝叶剖面的变动系数	垂直结构	Pv

为了测试不同变量组合得到的模型式在森林参数估测中的表现，探求基于方程式（6.4）的林分蓄积量和断面积估测的最优变量组合，在上述 3 组 LiDAR 变量中，每个组中选取 1~2 个变量加入方程式（6.4）中，可得到由 2~5 个变量构成的森林参数估测模型结构式。变量的选取与组合根据以下规则进行。

1）变量组合方式：1~2 个高度变量+1~2 个密度变量+0~1 个垂直结构变量。

2）模型必须至少包含 1 个主要高度变量（H_{mean} 和 hp95），但 2 个主要高度变量不能同时出现在模型中，当选取 2 个高度变量时，只能包含 1 个主要高度变量和 1 个次要高度变量。

3）模型必须至少包含 1 个主要密度变量（CC），当选取 2 个密度变量时，密度变量除包含 CC 外，还包含 1 个次要密度变量。

4）垂直结构变量组中，每个变量均可单独出现在模型中。

根据以上原则，当模型变量为 2 个时，模型式（6.4）由 1 个主要高度变量和 1 个主要密度变量构成；模型式（6.4）由 1 个主要高度变量、1 个主要密度变量和 1 个垂直结构变量构成；当模型变量为 4 个时，模型式（6.4）由 2 个高度变量、1 个主要密度变量和 1 个垂直结构变量构成；当模型变量为 5 个时，模型式（6.4）由 1 个主要高度变量、1 个次要高度变量、1 个主要密度变量、1 个次要密度变量和 1 个垂直结构变量构成。

通过以上组合，共得到 86 个森林蓄积量和断面积估测模型结构式（附件 A）。

6.2.2.3　模型拟合和检验

逐一森林类型、逐一研究区、逐一森林参数进行 86 个模型式的拟合和检验。采用特定森林类型、特定研究区的样地调查数据集，对每个模型式进行 50 次重复的模型拟合和检验。在每次重复中，从数据集中随机选取 80%的样本用于模型拟合，其余数据用于模型检验。遍历 86 个模型式后，计算每个模型式的 rRMSE 和

R^2 的均值。

模型参数估计采用 Python 软件包（Python 3.8）的高斯-牛顿迭代算法进行。

6.2.2.4 局地最优模型式和模型的确定

1）对于特定的森林类型、特定的森林参数和特定的研究区，上述所有 86 个模型式的检验数据集中 rRMSE 最小、R^2 最大的模型式，为最优局地模型式。

2）采用同一森林类型、同一研究区的所有样地数据拟合最优局地模型式，通过 10 折交叉验证法进行模型检验，得到最优局地模型。

本研究有 4 个森林类型、3 个研究区域、2 个森林参数，故得到 24 个最优局地模型式和模型。

6.2.2.5 区域普适性最优模型式和模型的确定

以某个模型式或模型对不同研究区的同一森林类型、同一森林参数进行估测，若该模型式或模型的估测误差（或精度）在可接受的范围内，说明该模型式或模型适用于不同研究区的森林，具有区域普适性，可以确定该模型式或模型为最优区域普适性模型式和模型。最优区域普适性模型式和模型采用两种方法（均值法和混合数据法）进行确定。两种方法的区别在于最优区域普适性模型式的候选式的选取方法，其余的方法和步骤均相同。

1）最优区域普适性模型式的候选式的选取。①均值法。在上述 6.2.2.3 节模型拟合和检验过程中，对于同一森林类型的同一森林参数，86 个模型式中的每一个模型式都分别在 3 个研究区得到 1 个模型，即每个模型式均得到了 3 个模型。计算这 3 个模型的 rRMSE 和 R^2 的均值，rRMSE 均值最小、R^2 均值最大的模型式为最优区域普适性模型式的候选式。②混合数据法。将每个森林类型的 3 个区域的样地数据进行混合，采用与 6.2.2.3 节相同的方法，对 86 个模型式进行拟合和检验，rRMSE 最小、R^2 最大的模型式为最优区域普适性模型式的候选式。

2）最优区域普适性模型式的确定。分别计算最优区域普适性模型式的候选式在 3 个区域的 rRMSE 和 R^2 与相应区域的最优局地模型的 rRMSE 和 R^2 的差值。若满足以下条件（表 6-6），则该候选式为最优区域普适性模型式：①所有 3 个区域的 rRMSE 的差值均小于 10%，R^2 的差值均大于–10%；②3 个区域的 rRMSE 的平均差值小于 5%，R^2 的平均差值大于–5%。否则，该候选式不能被确定为最优区域普适性模型式，因此，也就不存在区域普适性模型。如果有一个以上的模型式满足上述标准，则 rRMSE、R^2 平均差值最小的模型式为最优区域普适性模型式。

表 6-6　根据普适性模型候选式与最优局地模型之间的 rRMSE 和 R^2 的差值确定
普适性模型式和模型的标准

普适性模型式和模型	全部研究区的最大差值（%）		全部研究区的平均差值（%）	
	ΔrRMSE	ΔR^2	ΔrRMSE	ΔR^2
区域普适性模型式	≤10	≥−10	≤5	≥−5
区域普适性模型	≤15	≥−15	≤7.5	≥−7.5
森林类型普适性模型式	≤15	≥−15	≤7.5	≥−7.5
森林类型普适性模型	≤20	≥−10	≤10	≥−10

3）最优区域普适性模型的确定。将同一森林类型的 3 个研究区的样地数据进行混合，对最优区域普适性模型式进行 50 次重复拟合和检验，以确定最优区域普适性模型。在每次重复中，从混合数据集中随机选择的 70%的样本用于模型拟合，其余数据用于模型检验。根据验证数据的来源，分别计算每个区域的验证数据集的 rRMSE 均值和 R^2 均值。若 3 个研究区模型的 rRMSE 与相应最优局地模型的 rRMSE 的差值均小于 15%、R^2 的差值均大于−15%，且 3 个研究区的 rRMSE 的平均差值小于 7.5%、R^2 的平均差值大于−7.5%，我们确定该模型为最优区域普适性模型。

6.2.2.6　最优森林类型普适性模型式和模型的确定

最优森林类型普适性模型式和模型是指能够以可接受的估测误差（或精度）用于不同森林类型、不同区域的同一森林参数估测的模型式和模型。最优森林类型普适性模型式和模型的确定方法与 6.2.2.5 节的方法和步骤基本相同，不同之处是最优森林类型普适性模型式的候选式的确定方法。

1）均值法。对于 3 个研究区的 4 个森林类型的同一森林参数，在 6.2.2.3 节中，86 个模型式中的每一个模型式都得到了 12 个模型。计算这 12 个模型的 rRMSE 和 R^2 的均值，rRMSE 均值最小、R^2 均值最大的模型式为最优森林类型普适性模型式的候选式。

2）混合数据法。将 4 个森林类型的 3 个研究区的样地数据进行混合，对所有 86 个模型式进行逐一拟合和检验。rRMSE 最小、R^2 最大的模型式为最优森林类型普适性模型式的候选式。

若最优森林类型普适性模型式的候选式的 rRMSE 与 3 个研究区 4 个森林类型的最优局地模型的 rRMSE 的差值均小于 15%、R^2 的差值均大于−15%，且 rRMSE 的平均差值小于 7.5%、R^2 的平均差值大于−7.5%（表 6-6），该模型式为最优森林类型普适性模型式。使用与 6.2.2.5 节类似的方法和步骤，进一步确定最优森林类型普适性模型。

6.2.3 变量组合穷举法普适性模型的表现

6.2.3.1 各个模型结构式在不同森林类型、不同区域森林参数估测中的表现

由 13 个 LiDAR 变量组合得到 86 个模型式在不同森林类型、不同区域蓄积量估测中的表现各不相同。以杉木林为例，在东部区域，模型式 8、3、21 表现最好，在西部和南宁区域，表现最好的 3 个模型式分别为 3、5、21 和 27、28、33，3 个区域表现最好的 9 个模型中出现了 7 个模型式，但没有一个模型式同时出现在 3 个区域中。松树林中，3 个区域的前 3 个最优模型式各不相同，桉树林和阔叶林中 3 个区域表现最好的模型中分别出现了 6 个、7 个模型式，也没有一个模型式同时出现在 3 个区域中（表 6-7），说明即使森林类型相同，各个模型式在不同的区域的表现相差较大。在杉木林 3 个区域最优的 9 个蓄积量模型中，以 4 变量模型式居多，松树林和桉树林则全为 5 变量模型式，阔叶林多为 3 变量模型式。

表 6-7　4 个森林类型在 3 个区域的 3 个最优林分蓄积量和断面积估测模型的 R^2 和 rRMSE

森林类型	参数	编号	东部试验区			西部试验区			南宁试验区		
			模型编号	R^2	rRMSE（%）	模型编号	R^2	rRMSE（%）	模型编号	R^2	rRMSE（%）
杉木林	VOL	1	8	0.837	18.52	3	0.727	21.56	27	0.684	19.05
		2	3	0.832	18.82	5	0.717	21.97	28	0.681	19.14
		3	21	0.831	18.90	21	0.715	22.05	33	0.680	19.16
	BA	1	21	0.582	18.12	21	0.505	19.22	79	0.550	16.24
		2	153	0.579	18.19	15	0.504	19.24	78	0.549	16.25
		3	22	0.578	18.20	3	0.501	19.28	43	0.547	16.29
松树林	VOL	1	81	0.874	16.57	67	0.755	16.59	61	0.709	23.30
		2	86	0.874	16.59	79	0.751	16.71	49	0.709	23.31
		3	85	0.873	16.60	63	0.746	16.85	55	0.710	23.35
	BA	1	85	0.750	16.81	67	0.500	16.41	7	0.560	19.68
		2	86	0.751	16.83	79	0.494	16.52	55	0.548	19.93
		3	81	0.749	16.86	68	0.487	16.63	43	0.547	19.95
桉树林	VOL	1	81	0.746	24.67	69	0.770	17.70	85	0.767	17.84
		2	86	0.746	24.67	81	0.769	17.73	73	0.765	17.91
		3	69	0.746	24.68	73	0.769	17.75	49	0.761	18.11
	BA	1	81	0.660	22.85	74	0.618	16.81	73	0.689	16.44
		2	82	0.660	22.87	86	0.616	16.84	85	0.689	16.45
		3	69	0.659	22.88	72	0.612	16.97	72	0.684	16.60

续表

森林类型	参数	编号	东部试验区			西部试验区			南宁试验区		
			模型编号	R^2	rRMSE（%）	模型编号	R^2	rRMSE（%）	模型编号	R^2	rRMSE（%）
阔叶林	VOL	1	7	0.575	34.94	7	0.588	31.16	6	0.574	39.79
		2	8	0.571	34.99	8	0.584	31.30	26	0.552	40.66
		3	5	0.562	35.32	3	0.581	31.40	20	0.550	40.72
	BA	1	8	0.393	27.02	8	0.419	26.12	6	0.531	31.80
		2	7	0.382	27.25	3	0.415	26.20	62	0.515	32.28
		3	6	0.378	27.36	5	0.414	26.21	50	0.514	32.35

与蓄积量估测相似，在 4 个森林类型各自 3 个区域中，86 个模型式在断面积估测中的表现也相差较大，也没有一个模型式同时出现在各个森林类型 3 个区域最好的 3 个模型中（表 6-7）。在 3 个区域共 9 个表现最好的模型中，杉木林、松树林、桉树林和阔叶林分别出现了 8 个、9 个、8 个和 7 个模型式。在表现最好的 9 个断面积估测模型中，杉木林模型的变量个数为 3～5 个，以 4 个变量的模型式居多，松树林模型的变量个数为 3～5 个，其中 8 个模型式的变量为 5 个，桉树林模型全为 5 变量模型式，阔叶林模型以 3 变量模型居多。

各个森林类型各个区域的蓄积量和断面积估测最优模型（最优局地模型）分别见表 6-8 和表 6-9。

进一步分析发现，在 4 个森林类型各自 3 个区域表现最好的 20 个蓄积量和断面积估测模型之间，R^2、rRMSE 的相差均不超过 ±10%（阔叶林在东部试验区的蓄积量模型的 R^2 除外）（表 6-10），说明在各个森林类型的各个区域表现最好的 20 个蓄积量和断面积模型中，尽管它们的模型结构式不同，但模型变量的解释率和模型估测误差十分接近。

由于各个森林类型中各个区域表现最好的 20 个蓄积量和断面积估测模型之间的 R^2 和 rRMSE 相差均很小，所以，对于各个森林类型，我们有可能探寻到适用于各个区域的普适性模型结构式，即最优区域普适性模型式，也有可能得到最优区域普适性模型。

6.2.3.2　最优区域普适性的林分蓄积量和断面积估测的模型式

尽管各个森林类型各个区域中表现较好的蓄积量和断面积估测模型之间的 R^2、rRMSE 相差都很小，但由于 86 个模型式在各个森林类型各个区域中的表现存在较大的差异，在同一森林类型的 3 个区域各自 3 个表现最好的模型中，没有一个共同的结构式（表 6-7），甚至在表现最好的 20 个模型中，也没有一个共同的模型式（如松树林蓄积量模型），因此，计算 3 个区域各个模型式检验样本的 rRMSE、R^2 的均值并排序后，可以看出 86 个模型式的表现与它们在各个区域中的

表 6-8 蓄积量估测最优局地模型和最优区域普适性模型的拟合和检验结果

森林类型	研究区	模型编号	a_0	H_{mean}	hp95	H_{stdev}	H_{cv}	CC	dp50	dp75	LAD_{mean}	LAD_{stdev}	LAD_{cv}	VFP_{mean}	VFP_{stdev}	VFP_{cv}	拟合 R^2	拟合 rRMSE(%)	检验 R^2	检验 rRMSE(%)
杉木林	东部	8	10.6383	1.6153				0.9414								-0.3709	0.901	15.98	0.837	18.52
	西部	3	9.1707	1.3638				0.4880			0.1034						0.810	18.71	0.727	21.56
	南宁	27	1.9457		2.0135	-0.7331		1.2081			0.08881						0.772	17.10	0.684	19.05
	跨区域	21	9.2016	1.1881			-0.2487	1.3008			0.08597						0.783	21.19	0.735	22.65
松树林	东部	81	5.9902		1.3105		-0.1889	0.4012	0.2219		-0.02103						0.915	14.32	0.874	16.57
	西部	67	4.0108		1.7129	-0.3182		0.0229	0.5847						-0.1701		0.825	14.58	0.755	16.59
	南宁	61	10.9203	1.1902			0.0878	0.1686		0.1604					0.1490		0.780	19.75	0.709	23.30
	跨区域	49	6.4800	1.3281		0.01814		0.1886		0.09635					0.1425		0.841	18.70	0.812	19.88
桉树林	东部	81	1.9994		1.5900		-0.0667	0.1036	0.4001		0.0139						0.827	20.95	0.746	24.67
	西部	69	2.6458		1.4860	-0.03930		0.2495	0.2788		0.0446						0.874	14.46	0.770	17.70
	南宁	85	13.0395		1.1879		-0.0850	0.3714	0.3623						-0.3905		0.810	16.73	0.767	17.84
	跨区域	85	5.0809		1.3428		-0.07944	0.3134	0.3250						-0.1492		0.829	18.13	0.801	19.16
阔叶林	东部	7	1.5380	1.5468				-0.2860							0.3532		0.725	29.41	0.575	34.94
	西部	7	3.7393	1.2614				0.6556							0.2668		0.661	29.09	0.588	31.16
	南宁	6	0.7975	2.1910				0.3678						1.1365			0.695	33.92	0.574	39.79
	跨区域	6	4.5387	1.3929				0.2621						0.1601			0.647	34.55	0.596	36.22

注：H_{mean}、hp95、…、VFP_{cv} 分别为变量 H_{mean}、hp95、…、VFP_{cv} 参数的估计值

表 6-9　断面积估测最优局地模型和最优区域普适性模型的拟合和检验结果

森林类型	研究区	模型编号	参数估计值														拟合指标		检验指标	
			a_0	H_{mean}	hp95	H_{stdev}	H_{cv}	CC	dp50	dp75	LAD_{mean}	LAD_{stdev}	LAD_{cv}	VFP_{mean}	VFP_{stdev}	VFP_{cv}	R^2	rRMSE (%)	R^2	rRMSE (%)
杉木林	东部	21	7.024 6	0.604 9			-0.142 0	0.866 8			0.066 19						0.709	15.63	0.582	18.12
	西部	21	7.174 6	0.554 8			-0.187 6	0.586 1			0.081 23						0.656	16.66	0.505	19.22
	南宁	79	1.409 7		0.646 8		-0.760 7	1.085 2	-0.283 6						0.159 1		0.662	14.37	0.550	16.24
	跨区域	39	5.610 3	0.895 0		-0.314 1		1.009 4	-0.099 15		0.052 61						0.622	17.39	0.564	18.44
松树林	东部	85	3.079 4		0.748 2		-0.199 6	0.731 1		0.146 3					0.131 8		0.819	14.71	0.750	16.81
	西部	67	4.621 7		0.933 5	-0.266 4		0.143 4	0.467 8						-0.160 0		0.620	14.63	0.500	16.41
	南宁	7	1.433 3	0.963 6				0.148 8							0.359 0		0.668	18.29	0.560	19.68
	跨区域	55	5.522 2	0.671 6			0.029 78	0.092 58	0.350 9						0.109 3		0.701	17.27	0.657	18.21
桉树林	东部	81	0.854 7		1.137 2		-0.072 31	0.291 1		0.287 9	0.012 08						0.759	19.75	0.660	22.85
	西部	74	1.844 2		1.025 7	-0.073 22		0.347 3		0.174 7						-0.199 9	0.758	14.42	0.618	16.81
	南宁	73	4.317 8		0.858 5	-0.062 2		0.336 5		0.296 3					-0.331 5		0.752	15.20	0.689	16.44
	跨区域	73	2.382 1		0.939 2	-0.079 53		0.365 7		0.253 0					-0.149 3		0.747	17.19	0.704	18.22
阔叶林	东部	8	2.825 6	0.658 6				-0.204 4								0.228 6	0.564	22.99	0.393	27.02
	西部	8	3.909 0	0.608 8				0.744 9								0.154 2	0.515	24.31	0.419	26.12
	南宁	6	0.666 3	1.564 9				0.618 7						0.873 9			0.629	29.00	0.531	31.80
	跨区域	6	3.333 3	0.810 5				0.505 9						0.140 4			0.517	28.07	0.458	29.52

注: H_{mean}、hp95、…、VFP_{cv} 分别为变量 H_{mean}、hp95、…、VFP_{cv} 参数的估计值

表 6-10 各个区域中表现最好的 20 个模型之间的 R^2 和 rRMSE 的最大差值 （%）

森林类型	森林参数	东部试验区		西部试验区		南宁试验区	
		ΔR^2	ΔrRMSE	ΔR^2	ΔrRMSE	ΔR^2	ΔrRMSE
杉木林	VOL	−1.50	4.10	−3.85	5.69	−5.82	6.13
	BA	−3.92	2.70	−6.76	3.42	−4.01	2.36
松树林	VOL	−4.10	6.16	−2.23	2.71	−2.54	4.26
	BA	−1.54	2.35	−9.66	4.62	−7.90	4.79
桉树林	VOL	−0.92	1.23	−3.93	6.32	−3.16	5.46
	BA	−0.92	0.75	−4.55	3.66	−4.99	5.67
阔叶林	VOL	−13.88	8.33	−2.80	1.77	−8.49	5.52
	BA	−9.60	3.36	−5.04	1.84	−7.01	3.86

表 6-11 由 2 种方法得到的 16 个最优区域普适性模型式的编号及其 R^2 和 rRMSE

优选方法	森林参数	杉木林			松树林			桉树林			阔叶林		
		模型编号	R^2	rRMSE（%）	模型序号	R^2	rRMSE（%）	模型序号	R^2	rRMSE（%）	模型序号	R^2	rRMSE（%）
均值法	VOL	3	0.728	20.38	49	0.759	19.55	85	0.758	20.17	6	0.563	35.82
	BA	39	0.526	16.24	55	0.580	18.19	73	0.651	18.83	6	0.438	28.52
混合数据法	VOL	21	0.745	22.23	51	0.816	19.69	86	0.801	19.14	7	0.600	36.08
	BA	81	0.567	18.38	60	0.848	10.33	73	0.704	18.22	7	0.462	29.40

表现相差很大。以杉木林蓄积量估测为例，取 rRMSE、R^2 均值后，表现最好的 3 个模型式分别为 3、21、15，其中模型式 15 在 3 个区域表现最好的 3 个模型中均未出现。同样，由混合数据建模和检验后得到的 86 个模型的表现与它们在各个区域的表现也相差很大，如杉木林蓄积量估测中表现最好的 3 个模型式分别为 21、22、57，模型式 22 和 57 也未出现在 3 个区域表现最好的 3 个模型之中。由两种方法得到的 16 个最优区域普适性模型式候选式如表 6-11 所示。两种方法选取的结果中，桉树林断面积最优区域普适性候选模型式均为模型式 73，其余最优区域普适性模型式候选式中，两种方法得到的结果均不相同。

模型式 3 是由均值法得到的杉木林蓄积量最优区域普适性模型候选式，该模型式在东部试验区的 rRMSE 和 R^2 分别为 18.82% 和 0.832，其所在区域最优模型（模型式 8）的 rRMSE 和 R^2 分别为 18.52% 和 0.837（表 6-8），两个模型的 rRMSE 和 R^2 的差值分别为 1.62% 和 −0.59%。由均值法得到的松树林蓄积量最优普适性模型候选式 49 对应的模型在南宁试验区的 rRMSE 和 R^2 与其所在区域最优模型的 rRMSE 和 R^2（表 6-8）的差值分别为 0.06% 和 −0.02%。通过以上方法，得到 16 个最优区域普适性模型候选式在各个区域的对应模型的 rRMSE 和 R^2 与所在区域最优模型 rRMSE 和 R^2 的差值（表 6-12）。由该表可以看出：①由均值法得到 4 个林分蓄积量和 4 个断面积最优普适性模型候选式对应模型的 rRMSE 与其所在区域最优模型 rRMSE 的差值，除松树林在西部区域的蓄积量模型为 10.26%外，其余均小于 10%；②由均值法得到 4 个林分蓄积量和 4 个断面积最优区域普适性模型候选式对应模型的 R^2 与其所在区域最优模型 R^2 的差值均大于−10%；③3 个区域的 rRMSE 差值的均值均小于 5%，R^2 差值的均值均大于−5%。以上说明由均值法得到的最优区域普适性模型式的候选式具有良好的普适性能。由混合数据法得到的部分最优区域普适性模型候选式中，它们对应的模型在一些区域的 rRMSE 的差值大于 10%，平均相差大于 5%，R^2 的差值小于−10%，平均相差小于−5%，只有 3 个候选式（杉木林蓄积量式、桉树林蓄积量式和断面积式）完全符合表 6-6 中规定的普适性模型式的标准。

表 6-12　由两种方法得到的 16 个区域普适性模型候选式的 R^2 和 rRMSE 与各个区域
最优局地模型的 R^2 和 rRMSE 的差值　　　　　　　　（%）

优选方法	森林类型	参数	模型编号	东部试验区		西部试验区		南宁试验区		平均	
				ΔR^2	ΔrRMSE	ΔR^2	ΔrRMSE	ΔR^2	ΔrRMSE	ΔR^2	ΔrRMSE
均值法	杉木林	VOL	3	−0.59	1.62	0.00	0.00	−8.62	8.94	−3.07	3.52
		BA	39	−3.68	2.59	−3.94	2.07	−2.78	1.75	−.347	2.14
	松树林	VOL	49	−0.83	2.83	−6.83	10.26	−0.02	0.06	−2.56	4.39
		BA	55	−3.52	5.38	−6.22	3.09	−2.13	1.29	−3.96	3.25
	桉树林	VOL	85	−0.19	0.27	−0.95	1.35	0.00	0.00	−0.38	0.54
		BA	73	−0.55	0.55	−1.99	1.52	0.00	0.00	−0.84	0.69
	阔叶林	VOL	6	−7.05	3.60	−1.37	1.01	0.00	0.00	−2.81	1.54
		BA	6	−3.85	1.27	−3.22	1.05	0.00	0.00	−2.36	0.77
混合数据法	杉木林	VOL	21	−0.64	2.06	−1.64	2.26	−5.79	6.10	−2.69	3.47
		BA	81	−5.77	3.87	−6.42	3.37	−9.66	6.48	−7.28	4.57
	松树林	VOL	51	−5.43	17.20	−3.96	6.00	−1.36	2.15	−3.58	8.45
		BA	60	−3.01	4.52	−15.34	7.41	−12.90	7.66	−10.42	6.53
	桉树林	VOL	86	−0.03	0.01	−0.22	0.45	−2.72	4.42	−0.99	1.63
		BA	73	−0.55	0.55	−1.99	1.52	0.00	0.00	−0.84	0.69
	阔叶林	VOL	7	0.00	0.00	0.00	0.00	−10.75	7.11	−3.58	2.37
		BA	7	−2.75	0.84	−1.46	0.52	−14.93	8.18	−6.38	3.18

由均值法得到的 8 个蓄积量和断面积区域普适性模型候选式中，除杉木林蓄积量模型式的平均差值略大于由混合数据法得到的区域普适性模型候选式外，其余 7 个模型式的平均相差都小于由后者得到的模型式，由此，综合 2 种方法的确定结果，得到 8 个最优区域普适性模型式，见表 6-7 和表 6-8。

阔叶林蓄积量和断面积的最优区域普适性模型式相同，因此，在 4 个森林类型 2 个参数估测中，实际存在 7 个最优区域普适性模型式，其中，杉木林蓄积量最优普适性模型式为 4 变量模型，阔叶林蓄积量及断面积的最优普适性模型式均为 3 变量模型，其余 5 个模型式均为 5 变量模型。

杉木林、松树林和阔叶林蓄积量和断面积估测最优普适性模型式的主要高度变量均为 H_{mean}，而桉树林 2 个最优普适性模型式的主要高度变量均为 hp95，其可能的原因是桉树林的林木高度较为接近，树冠层表面较为平整，hp95 与森林参数的关系更为密切，而其他 3 个森林类型由于异龄复层林的存在，冠层表面参差不齐，H_{mean} 更能代表林分的高度分布；同一森林类型的 2 个参数的最优普适性模型中，采用的垂直结构变量相同，杉木林为 LAD_{mean}，松树林和桉树林为 VFP_{stdev}，阔叶林为 VFP_{mean}；松树林和桉树林蓄积量估测最优普适性模型式的次要高度变量均为 H_{stdev}，断面积最优普适性模型均为 H_{cv}；桉树林 2 个最优普适性模型式的次要密度变量均为 dp75，而松树林则各异。以上说明了最优普适性模型式的变量构成，与不同森林类型的冠层结构密切相关。

6.2.3.3　最优区域普适性模型的表现评价

将各个森林类型 3 个区域的数据混合，对最优区域普适性模型式进行建模拟合和检验，得到各个森林类型 2 个森林参数估测的 8 个最优区域普适性模型的拟合结果及其检验结果，见表 6-8 和表 6-9。由于这些模型的泛化性能尚待评估，所以我们称它们为待定最优区域普适性模型。

在最优区域普适性模型拟合和检验过程中，根据来源将检验样本数据分为 3 个区域，分别计算各个区域检验样本的 R^2、rRMSE，结果见表 6-13。由该表可以看出，杉木林、松树林和桉树林蓄积量和断面积的 rRMSE 的变化范围为 16.52%～23.15%，阔叶林 rRMSE 小于 35%（南宁试验区的蓄积量模型除外）。

表 6-13　8 个待定的最优区域普适性模型检验样本在各个区域的 R^2 和 rRMSE

森林类型	参数	模型编号	东部试验区 R^2	rRMSE（%）	西部试验区 R^2	rRMSE（%）	南宁试验区 R^2	rRMSE（%）
杉木林	VOL	21	0.838	18.18	0.682	22.87	0.587	21.84
	BA	39	0.641	17.66	0.542	19.40	0.483	17.94
松树林	VOL	49	0.870	17.45	0.715	18.60	0.775	22.58
	BA	55	0.757	16.91	0.521	16.52	0.596	20.39
桉树林	VOL	85	0.786	23.15	0.807	17.69	0.778	18.14
	BA	73	0.705	21.72	0.636	17.65	0.706	16.64
阔叶林	VOL	6	0.610	34.67	0.545	33.41	0.559	41.27
	BA	6	0.427	26.99	0.412	27.01	0.461	34.63

由表 6-13 和表 6-7，可以得到 8 个待定的最优区域普适性模型在各个区域检验样本的 R^2 和 rRMSE 与相应森林类型各个区域最优局地模型的 R^2 和 rRMSE 的差值，见表 6-14。

表 6-14　8 个待定的最优区域普适性模型的检验样本在各个区域的 R^2 和 rRMSE 与所在区域最优局地模型的 R^2 和 rRMSE 的差值　　　　　　　（%）

森林类型	参数	模型编号	东部试验区		西部试验区		南宁试验区		均值	
			ΔR^2	ΔrRMSE	ΔR^2	ΔrRMSE	ΔR^2	ΔrRMSE	ΔR^2	ΔrRMSE
杉木林	VOL	21	0.12	−1.84	−6.19	6.08	−14.18	14.65	−6.75	6.30
	BA	39	10.14	−2.54	7.33	0.94	−12.18	10.47	1.76	2.96
松树林	VOL	49	−0.46	5.31	−5.30	12.12	9.31	−3.09	1.18	4.78
	BA	55	0.93	0.59	4.20	0.67	6.43	3.61	3.85	1.62
桉树林	VOL	85	5.36	−6.16	4.81	−0.06	1.43	1.68	3.87	−1.51
	BA	73	6.82	−4.95	2.91	5.00	2.47	1.22	4.07	0.42
阔叶林	VOL	6	6.09	−0.77	−7.31	7.22	−2.61	3.72	−1.28	3.39
	BA	6	8.65	−0.11	−1.67	3.41	−13.18	8.90	−2.07	4.07

由表 6-14 可以看出，8 个待定的最优区域普适性模型的 rRMSE 和 R^2 的差值均符合表 6-6 中规定的最优区域普适性模型标准，说明这些模型具有良好的普适性，即可确定表 6-8 和表 6-9 的模型为最优区域普适性模型。将检验样本的最优区域普适性模型估测值与实测值进行比较，可以看出模型估测值大多分布于 1∶1 直线的两侧（图 6-2），说明模型预测效果良好。从图 6-2 也可以看出，林分结构较为简单的桉树林，2 个森林参数的预估效果较好，而其他森林类型的林分结构相对较为复杂，2 个森林参数的预估效果略差。

6.2.3.4　森林类型普适性-区域普适性的森林参数估测模型候选式的表现

在 6.2.3.1 节中，我们得到了 86 个模型式在 12 个数据集（3 个区域、4 个森林类型）中对应模型的检验样本的 rRMSE、R^2，计算这 12 个数据集的 rRMSE、R^2 的平均值并进行排序后，我们可以确定均值法得到的蓄积量和断面积的森林类型普适性模型候选式分别为模型式 57 和模型式 61。将 4 个森林类型 3 个区域的全部数据混合后进行建模和检验，得到混合数据法的森林类型普适性蓄积量和断面积估测的模型候选式分别为模型式 52 和模型式 67。这 4 个森林类型普适性模型候选式在各个森林类型各个区域中对应的模型的 rRMSE 和 R^2 与其所属森林类型所在区域的最优局地模型的 rRMSE 和 R^2 的差值如表 6-15 所示。

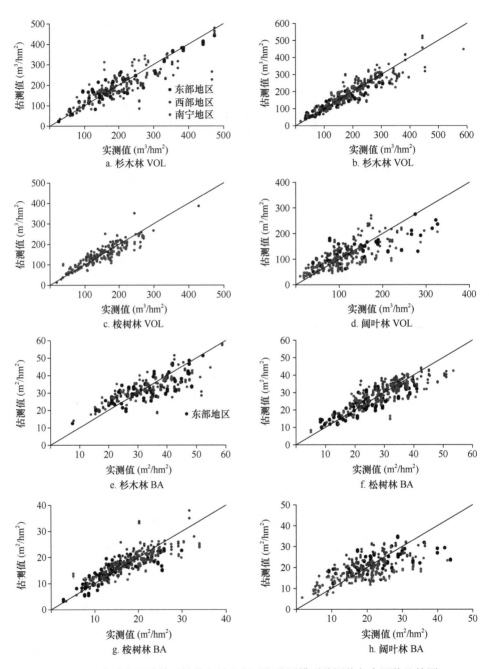

图 6-2　8 个最优区域普适性蓄积量和断面积估测模型估测值与实测值比较图

表 6-15　由 2 种方法得到的森林类型普适性模型候选式在各个森林类型各个区域对应模型的 R^2
和 rRMSE 与最优局地模型的 R^2 和 rRMSE 的差值　　　　　　　　　　（%）

优选方法	参数	森林类型	模型编号	东部试验区		西部试验区		南宁试验区	
				R^2	rRMSE	R^2	rRMSE	R^2	rRMSE
均值法	VOL	杉木林	57	−1.66	4.45	−3.10	4.03	−7.24	7.77
		松树林	57	−1.12	4.02	−6.60	9.82	−2.23	2.71
		桉树林	57	−0.82	1.00	3.77	6.16	−0.16	1.32
		阔叶林	57	−25.22	15.12	−3.16	2.23	−7.83	4.28
	BA	杉木林	61	−5.24	3.53	−10.33	5.28	−11.04	7.28
		松树林	61	−0.79	1.24	−14.14	6.89	−7.36	4.27
		桉树林	61	−0.52	0.34	−4.98	3.90	−1.72	2.12
		阔叶林	61	−18.71	5.57	−6.01	2.16	−3.57	1.96
混合数据法	VOL	杉木林	52	−0.64	2.06	−1.64	2.26	−5.79	6.10
		松树林	52	−5.43	17.20	−3.96	6.00	−1.36	2.15
		桉树林	52	−0.03	0.01	−0.22	0.45	−2.72	4.42
		阔叶林	52	0.00	0.00	0.00	0.00	−10.75	7.11
	BA	杉木林	67	−5.77	3.87	−6.42	3.37	−9.66	6.48
		松树林	67	−3.01	4.52	−15.34	7.41	−12.90	7.66
		桉树林	67	−0.55	0.55	−1.99	1.52	0.00	0.00
		阔叶林	67	−2.75	0.84	−1.46	0.52	−14.93	8.18

比较表 6-15 与表 6-12、表 6-14，可以发现森林类型普适性模型候选式的 R^2
和 rRMSE 与最优局地模型的 R^2 和 rRMSE 的差值明显大于最优区域普适性模型
候选式，也大于最优区域普适性模型，无论是蓄积量还是断面积，总有某个森
林类型的某个区域中出现模型变量解释率较大程度下降或误差较大幅度增大的
情况，两个蓄积量最优普适性模型式对应模型的 rRMSE 与最优局地模型的
rRMSE 的最大差值分别为 15.12% 和 17.20%，两个断面积最优普适性模型式的
R^2 与最优局地模型的 R^2 的最大差值分别为−18.71% 和−15.34%（表 6-14）。由于
2 个森林类型普适性模型候选式的误差增加较大、解释率下降程度较大，不满
足表 6-6 中规定的森林类型普适性模型标准，故不存在森林类型普适性蓄积量
和断面积估测模型式，因此，也就不存在森林类型普适性蓄积量和断面积估测
模型。

6.2.4　变量组合穷举法普适性模型的可靠性

本节从森林冠层三维结构分析出发，将 13 个具有明确生物物理意义及林学和
生态学解析意义的 LiDAR 变量分为 3 组（高度变量组、密度变量组和垂直结构变

量组），每组选取 1～2 个变量进行组合，得到 86 个森林蓄积量和断面积估测的模型结构式，采用穷举法通过 3 个区域 4 个森林类型的建模和检验，得到了 4 个森林类型 2 个森林参数的最优区域普适性模型式和模型，并且发现由于模型变量的解释率降低或误差增大超过了±15%，故无法搜寻到森林类型普适性蓄积量和断面积模型式，也就不存在森林类型普适性蓄积量和断面积模型。

6.2.4.1 模型变量的森林计测学意义

森林参数与森林冠层的三维结构密切相关（Bouvier et al.，2015；Vauhkonen et al.，2014），激光雷达高度变量和密度变量精确地刻画了森林冠层的三维结构，垂直结构变量（叶面积密度均值和标准差，枝叶垂直剖面的均值和标准差等）反映了亚优势木和下层林木的分布，因此，在高度变量和密度变量的基础上，加入垂直结构变量，可更准确地刻画林分冠层的三维结构。

由激光雷达点云[包括由点云生成的冠层高度模型（CHM）]可以提取大量的激光雷达变量，这些变量都具有明确的物理意义，反映了森林冠层三维结构的某个方面，然而，大部分激光雷达变量的森林计测学和生态学解析意义不明确，如 5%分位数高度、10%分位数高度、0.15～1.37 m 的回波比、20%的分位数密度、3 m 以上回波占全部回波比等，尽管这些变量在某些特定区域与特定森林类型的特定森林参数具有良好的相关关系，也可用于森林参数估测（Fekety et al.，2015；Means et al.，2000；Xu et al.，2018），但这些模型的可解析性不强。本研究所选取的 13 个 LiDAR 变量均具明确的森林计测学解析意义，其中，H_{mean} 和 hp95 分别表明冠层中部和顶部的高度；H_{stdev} 和 H_{cv} 表示冠层枝叶垂直分布的变化情况；CC、dp50 和 dp75 分别表示冠层总的覆盖度和中部、中上部的覆盖度；LAD_{mean}、LAD_{stdev}、LAD_{cv} 和 VFP_{mean}、VFP_{stdev}、VFP_{cv} 描述了亚林层及冠层中枝叶的垂直分布。这些变量从高度、密度和垂直结构 3 个方面精确地刻画了森林冠层的三维结构，并且从森林计测的角度易于理解，使所建立的森林参数估测模型具有良好的可解析性。

机载激光雷达森林参数估测模型的变量选取有很多方法，如逐步回归法（Means et al.，2000；Treitz et al.，2012；Ene et al.，2012；Montealegre et al.，2016）、随机森林法（Silva et al.，2017a；Luo et al.，2018；van Ewijk et al.，2019）、经验模型（Asner et al.，2012b；Watt and Watt，2013；Bouvier et al.，2015；Knapp et al.，2020）、穷举法（Görgens et al.，2015）、Akaike 信息准则法（Silva et al.，2017a；Sheridan et al.，2015）、Pearson 相关性分析（Zhang et al.，2017；Cao et al.，2019），等等，各有优缺点。在本研究中，我们将高度变量组和密度变量组的变量分为主要变量和次要变量，高度变量组中的 2 个主要变量不同时用于构建模型，而是采用主要变量+次要变量的方式，进行有规则的组合。然后通过穷举法，对 86 个模型进行拟合和检验，从而得到检验样本中 rRMSE 最小、R^2 最大的模型式和模型。

这种方法的优点是得到适合于不同森林类型（不同冠层结构）不同森林参数的最优的 LiDAR 变量组合。

6.2.4.2　普适性模型的确定标准

森林类型不同，各个模型的表现不同，即使同一森林类型，区域不同，各个模型式的表现都不同（表 6-7），其原因可能是不同的森林类型、同一森林类型不同区域的森林的冠层结构存在差异。因此，每个森林类型在各个区域的最优模型都不尽相同。

与最优局地模型相比，模型的普适性意味着需要在一定程度上降低估测精度。虽然很多学者都致力于机载激光雷达森林参数估测普适性模型的研究，以实现森林参数的一致性估测，然而，有关普适性模型式和模型的标准，鲜见研究。在本研究中，我们尝试提出了区域普适性模型式和模型、森林类型普适性模型式和模型的标准，这些标准以最优局地模型的 R^2 和 rRMSE 为基础（6.2.2.5 节），"顾及"了不同类型、不同区域森林的特点。我们希望在保持较高估测精度的基础上实现森林参数估测模型的普适性，否则，为了普适而普适是毫无意义的。但这一标准的可行性和适用性需要更多的试验研究。

本节研究发现了 8 个区域普适性林分蓄积量和断面积估测的模型式（表 6-13）和模型（表 6-8 和表 6-9），这些普适性模型式和模型不但使得同一森林类型不同区域的森林蓄积量和断面积都可用同一模型式进行较高精度的估测，也可使用同一模型进行估测，且估测精度没有受到明显影响。这些发现为森林参数的一致估测奠定了可靠的基础，也提高了森林资源的动态监测结果的可比性。我们的研究表明，由于估测精度相差较大，无法得到森林类型普适性蓄积量和断面积估测模型式和模型，这一点与 Bouvier 等（2015）和 Knapp 等（2020）的结论不同，其原因是他们都未明确模型普适性的标准，只是通过 R^2 和 rRMSE 判定模型是否适用。在我们的研究中，待定森林类型普适性的林分蓄积量估测模型式（式 55）除在东部试验区的松树林（rRMSE 与最优局地模型的 rRMSE 的差值为 17.20%）和南宁试验区的阔叶林（R^2 与最优局地模型的 R^2 的差值为–10.75%）表现略差外，在其余森林类型的其余区域表现尚可，R^2 和 rRMSE 的差值小于 ±10%，待定森林类型普适性模型的 R^2 和 rRMSE 分别为 0.562 和 25.56%，亦是不错的指标，但与局地最优模型的 R^2 和 rRMSE 相差较大，我们认为 2 个待定普适性模型式和模型的普适性较差，应用价值不大。

6.2.4.3　森林结构对模型变量选择的影响

森林参数与森林冠层的三维结构密切相关。在本研究中，对于相同的森林参数，不同森林类型的最优模型相差较大，即使同一森林类型，不同的区域的最优模型也不同，其原因是不同的森林类型、不同的区域，森林冠层的三维结构不尽相同。进一步研究发现，即使同一区域、同一森林类型的三维结构亦存在很大的差异，如杉木林、松树林和阔叶林中，既有单层林，亦有复层林，因此，我们将在第 7 章专注于森林冠层结构的分类研究，在此基础上针对不同的冠层结构探寻最优的普适性模型式和模型（6.4 节），以进一步提高森林参数一致性估测的精度。

通过刻画森林三维结构的 13 个 LiDAR 变量有规则的组合，得到了 86 个林分蓄积量和断面积估测模型结构式，采用穷举法得到了亚热带地区大区域的 4 个森林类型的区域普适性林分蓄积量和断面积估测模型。这些模型的结构式与不同类型森林的冠层结构密切相关，由于不同森林类型的冠层的三维结构相差很大，因此无法搜寻到适合于不同森林类型不同区域的蓄积量和断面积估测的普适性模型式。这项研究对利用 LiDAR 开展森林参数一致性估测进行了有益探索。

附件 A　86 个模型的 LiDAR 变量组合

模型序号	H_{mean}	hp95	H_{stdev}	H_{cv}	CC	dp50	dp75	LAD_{mean}	LAD_{stdev}	LAD_{cv}	VFP_{mean}	VFP_{stdev}	VFP_{cv}
1	√				√								
2		√			√								
3	√				√			√					
4	√				√				√				
5	√				√					√			
6	√				√						√		
7	√				√							√	
8	√				√								√
9		√			√			√					
10		√			√				√				
11		√			√					√			
12		√			√						√		
13		√			√							√	
14		√			√								√
15			√		√			√					
16	√		√		√				√				

续表

模型序号	H_{mean}	hp95	H_{stdev}	H_{cv}	CC	dp50	dp75	LAD_{mean}	LAD_{stdev}	LAD_{cv}	VFP_{mean}	VFP_{stdev}	VFP_{cv}
17	√		√		√					√			
18	√		√		√						√		
19	√		√		√							√	
20	√		√		√								√
21	√			√	√			√					
22	√			√	√				√				
23	√			√	√					√			
24	√			√	√						√		
25	√			√	√							√	
26	√			√	√								√
27		√	√		√			√					
28		√	√		√				√				
29		√	√		√					√			
30		√	√		√						√		
31		√	√		√							√	
32		√	√		√								√
33		√		√	√			√					
34		√		√	√				√				
35		√		√	√					√			
36		√		√	√						√		
37		√		√	√							√	
38		√		√	√								√
39	√		√		√	√		√					
40	√		√		√	√			√				
41	√		√		√	√				√			
42	√		√		√	√					√		
43	√		√		√	√						√	
44	√		√		√	√							√
45	√		√		√		√	√					
46	√		√		√		√		√				
47	√		√		√		√			√			
48	√		√		√		√				√		
49	√		√		√		√					√	
50	√		√		√		√						√
51	√			√	√	√		√					

续表

模型序号	H_{mean}	hp95	H_{stdev}	H_{cv}	CC	dp50	dp75	LAD_{mean}	LAD_{stdev}	LAD_{cv}	VFP_{mean}	VFP_{stdev}	VFP_{cv}
52	√			√	√	√			√				
53	√			√	√	√				√			
54	√			√	√	√					√		
55	√			√	√	√						√	
56	√			√	√	√							√
57	√			√	√		√	√					
58	√			√	√		√		√				
59	√			√	√		√			√			
60	√			√	√		√				√		
61	√			√	√		√					√	
62	√			√	√		√						√
63		√	√		√	√		√					
64		√	√		√	√			√				
65		√	√		√	√				√			
66		√	√		√	√					√		
67		√	√		√	√						√	
68		√	√		√	√							√
69		√	√		√		√	√					
70		√	√		√		√		√				
71		√	√		√		√			√			
72		√	√		√		√				√		
73		√	√		√		√					√	
74		√	√		√		√						√
75		√		√	√	√		√					
76		√		√	√	√			√				
77		√		√	√	√				√			
78		√		√	√	√					√		
79		√		√	√	√						√	
80		√		√	√	√							√
81		√		√	√		√	√					
82		√		√	√		√		√				
83		√		√	√		√			√			
84		√		√	√		√				√		
85		√		√	√		√					√	
86		√		√	√		√						√

6.3　机载激光雷达森林参数估测的相容性模型

6.3.1　相容性模型及研究进展

现有机载激光雷达森林参数估测中，对每个层（如森林类型、优势树种、林分年龄+立地条件等）的每个参数都是单独建立估测模型进行估测（Montealegre et al.，2016；Zhang et al.，2017；Xu et al.，2018；van Ewijk et al.，2019；Bouvier et al.，2015）。由于林木材积与其直径（或断面积）和树高、断面积与林木平方平均直径（QMD）存在明确的数学关系，当研究对象由单株林木扩大至整个林分时，这些关系扩展至森林参数的计算。例如，每个树种或树种组的林分蓄积量是断面积、平均高和形数（林分蓄积量与断面积和平均高乘积之比）的乘积（Dube et al.，2017），或由林分断面积和平均高异速方程计算（Giannico et al.，2016），通过林木密度和平方平均直径可以得到林分断面积（Yang et al.，2020a），此外，林分碳密度与林分平均高、断面积和木材密度具有固定的数学关系（Asner et al.，2012a，2012b；Jenkins et al.，2003）。在混交林和异龄复层纯林中，森林参数之间的数学关系受到了不同程度的掩盖，但在同龄纯林中，这些关系直接显现。当每个森林参数都是独立估计时，参数模型或非参数模型通常导致森林参数的估测结果之间在数学上或生物学上出现不一致的问题（Hill et al.，2013），忽略了森林参数之间内在的数学关系。尽管这个问题在材积表编制（曾伟生，2012；Sharma and Oderwald，2001）、生长和收获模拟（李永慈和唐守正，2006；Fang et al.，2001）、立地指数（Wang et al.，2004）、生物量（曾伟生等，2011）等领域早已为人所知，但直到近年来，在机载激光雷达森林调查监测应用中才开始受到关注（曾伟生等，2020；陈松等，2020；Fu et al.，2018；Yang et al.，2020a）。

在本研究中，我们针对 4 个森林类型的同龄纯林（阔叶林为异龄林混交林），通过误差变量联立方程组建立林分平均高、平均直径、断面积和蓄积量估测的相容性模型系统，以维持森林参数估测结果之间明确的数学关系。具体目的包括：①误差变量联立方程组估测值与独立值的差异及其可行性；②不同误差变量联立方程组估测结果的差异及其最优联立方程组选择。

6.3.2　基于误差变量联立方程组的相容性模型建立方法

6.3.2.1　研究区和数据

广西研究区，详见 4.2 节和 4.3 节。

本研究内容为相容性森林参数估测模型，因此，研究对象为纯林。普遍认为，当某个林分中优势树种的林木占全部林木数量的 80%时，该林分为纯林（Finlayson and Newman，1992）。由于不同的树种（组）的林分蓄积量计算的异速方程不同，所以，在本研究中，我们规定只有优势树种的林分蓄积量占样地总蓄积量≥95%时，该样地为纯林。其样地的森林参数计算方法如下：将 4 个亚样地的断面积合计得到样地的断面积（G），通过亚样地断面积加权平均得到样地的平均直径（D）、平均高（H），由研究区林业主管部门发布的如下各个树种（组）的异速模型计算样地的林分蓄积量（V）：

$$V_{\text{Fir}} = G \times H \times (0.4523 + \frac{1.3133}{H+2}) \qquad (6.12)$$

$$V_{\text{Pine}} = G \times H \times (0.3645 + \frac{1.9427}{H+2}) \qquad (6.13)$$

$$V_{\text{Eucalyptus}} = G \times H \times 0.9767 \times DBH^{-0.06843} \times H^{-0.1860} \qquad (6.14)$$

$$V_{\text{Broadleaf}} = G \times H \times (0.4049 + \frac{3.3787}{H+20}) \qquad (6.15)$$

式中，V_{Fir}、V_{Pine}、$V_{\text{Eucalyptus}}$和$V_{\text{Broadleaf}}$分别为杉木林、松树林、桉树林和阔叶林蓄积量。

由于阔叶树林分蓄积量均采用 1 个异速方程计算，并且在调查过程中不分林层，故阔叶树混交林均视为纯林。研究区有 782 个纯林样地，基本情况见表 6-16。

表 6-16　样地数据统计特征

森林类型	样地数量	平均直径		平均高		断面积		蓄积量	
		均值(cm)	变动系数(%)	均值(m)	变动系数(%)	均值(m²/hm²)	变动系数(%)	均值(m²/hm²)	变动系数(%)
杉木林	139	11.80	26.23	10.65	27.76	33.32	30.20	205.67	46.73
松树林	170	19.54	28.04	14.32	27.26	28.57	32.30	206.91	47.95
桉树林	267	11.24	21.35	16.10	20.63	17.14	33.87	141.14	44.58
阔叶林	206	13.62	34.45	10.49	27.25	19.27	40.62	110.13	58.88

6.3.2.2　独立估测模型

乘幂模型广泛用于机载激光雷达森林参数估测（Bouvier et al.，2015；Knapp et al.，2020；Means et al.，2000；Ioki et al.，2010；Asner et al.，2012a），并取得较好的效果。本研究采用 LiDAR 变量对 4 个森林参数（V、H、D、G）进行独立估测时，采用模型式（6.5）。4 个森林类型各个森林参数估测模型的 LiDAR 变量的筛选、模型拟合和检验与 6.2 节相同，具体方法如下所述。

（1）将上述 13 个 LiDAR 变量分为 3 个组：高度变量组、密度变量组和垂直结构变量组，其中，高度变量组中 H_{mean} 和 hp95 为主要变量，密度变量组中 CC 为主要变量，根据以下变量组合方法构造乘幂模型：在高度变量组、密度变量组中选取 1～2 个变量（H_{mean} 和 hp95 不能同时选中），在垂直结构变量组中选取 1 个变量，通过穷举法组合成 2～5 个 LiDAR 变量构成的乘幂模型式，共得到用于 4 个森林参数估测的 86 个模型式。

（2）将 70%的样地数据用于模型拟合，30%用于模型检验，为减小随机误差，采用重复随机抽样方法，进行 50 次抽样，得到 50 个数据集。对于每个森林类型每个参数的估测模型，用 50 个数据集进行拟合和检验，计算决定系数（R^2）和相对均方根误差（rRMSE）的均值。遍历 86 个模型式后，根据检验样本 rRMSE 最小的原则确定最优模型。

模型拟合和检验采用 Python 程序进行。

6.3.2.3　联立方程组

由异速方程式（6.12）～式（6.15），林分蓄积量 V 是由断面积 G、平均高 H 和平均直径 D 计算的，即这几个森林参数之间具有明确的数学关系，当它们由模型（6.5）分别独立进行估测时，由于估测误差的存在，它们的估计值之间可能不满足方程式（6.12）～式（6.15）的数学关系。此时，可利用 LiDAR 变量作为外生变量对上述 3 个森林参数（桉树林为 4 个）中的 2 个（桉树林为 3 个）进行估测，然后用这 2 个（或 3 个）参数估计值作为内生变量对剩下的 1 个森林参数根据异速方程式（6.12）～式（6.15）进行估测。由于通过 LiDAR 变量估测的森林参数存在估测误差，故采用误差变量方法（EIV）（曾伟生和唐守正，2011；Tang et al.，2001；Tang and Wang，2002；Wang et al.，2004）进行上述森林参数的估测。多元非线性误差变量联立方程组的向量形式为

$$\begin{cases} f(\boldsymbol{y}_i, \boldsymbol{x}_i, \boldsymbol{c}) = 0 \\ \boldsymbol{Y}_i = \boldsymbol{y}_i + \boldsymbol{e}_i \qquad\qquad (i = 1, 2, \cdots, n) \\ E(\boldsymbol{e}_i) = 0, \operatorname{cov}(\boldsymbol{e}_i) = \sigma^2 \boldsymbol{\psi} \end{cases} \qquad (6.16)$$

式中，$\boldsymbol{x}_i$ 为 q 维无误差变量（error-free-variable）的观测值；$\boldsymbol{y}_i$ 为 p 维误差变量（error-in-variable）的观测值；$\boldsymbol{e}_i$ 为观测误差；f 为 m 维向量函数；$\boldsymbol{c}$ 为向量参数；$\boldsymbol{Y}_i$ 为 $\boldsymbol{y}_i$ 的未知真值；误差的协方差矩阵记为 $\boldsymbol{\Phi} = \sigma^2 \boldsymbol{\Psi}$，$\boldsymbol{\psi}$ 为 $\boldsymbol{e}_i$ 的误差结构矩阵，σ^2 为估计误差。

对于杉木林、松树林和阔叶林，可以建立 3 个联立方程组，对于桉树林，可以建立 4 个联立方程组。以杉木林为例，3 个联立方程组分别如下：

$$\begin{cases} \hat{H} = a_0 \prod_{i=1}^n x_i^{a_i} + \varepsilon_H \\ \hat{G} = b_0 \prod_{j=1}^m y_j^{b_j} + \varepsilon_{BA} \\ \hat{V} = b_0 \prod_{j=1}^m y_j^{b_j} \times a_0 \prod_{i=1}^n x_i^{a_i} \times \left(0.4523 + 1.3133 \Big/ \left(a_0 \prod_{i=1}^n x_i^{a_i} + 2 \right) \right) + \varepsilon_{VOL} \end{cases} \qquad (6.17)$$

$$\begin{cases} \hat{V} = c_0 \prod_{k=1}^{l} z_k^{c_k} + \varepsilon_{\text{VOL}} \\ \hat{H} = a_0 \prod_{i=1}^{n} x_i^{a_i} + \varepsilon_H \\ \hat{G} = c_0 \prod_{k=1}^{l} z_k^{c_k} \Big/ a_0 \prod_{i=1}^{n} x_i^{a_i} \times \left(0.4523 + 1.3133 \Big/ \left(a_0 \prod_{i=1}^{n} x_i^{a_i} + 2 \right) \right) + \varepsilon_{\text{BA}} \end{cases} \quad (6.18)$$

$$\begin{cases} \hat{V} = c_0 \prod_{k=1}^{l} z_k^{c_k} + \varepsilon_{VOL} \\ \hat{G} = b_0 \prod_{j=1}^{m} y_j^{b_j} + \varepsilon_{BA} \\ \hat{H}' = c_0 \prod_{k=1}^{l} z_k^{c_k} \Big/ b_0 \prod_{j=1}^{m} y_j^{b_j} + \varepsilon_{H'} \end{cases} \quad (6.19)$$

式中，$x_i (i = 1, 2, \cdots, n)$、$y_j (j = 1, 2, \cdots, m)$、$z_k (k = 1, 2, \cdots, l)$ 分别为 H、G、V 估测模型的 LiDAR 变量，与模型（6-12）中各个森林类型各个参数独立估计最优模型的变量相同；n、m、l 分别为 LiDAR 变量的个数；$a_0, a_1, \cdots, a_n$、$b_0, b_1, \cdots, b_m$、$c_0, c_1, \cdots, c_l$ 分别为模型的系数；$\hat{H}' = 0.4523 \hat{H} \times (\hat{H} + 3.9036) / (\hat{H} + 2)$，当 H' 由方程组（6.18）确定后，可以求得 $\hat{H}$；ε_{VOL}、ε_{BA}、ε_H、$\varepsilon_{H'}$ 分别为 V、G、H 和 H' 的误差项，假定其都服从均值为 0 的正态分布。其余森林类型的联立方程组参照上述建立。方程组（6.17）～（6.19）确保了杉木林 V、G、H 的估测值之间满足异速方程（6.12）确定的数学关系。

模型参数估计采用 R 语言 Systemfit 模块中的"非线性误差变量联立方程组"进行求解。模型检验方法与 6.1.2.4 节基本相同。

6.3.3 独立模型与相容性模型比较

6.3.3.1 独立模型的表现

4 个森林类型的各个森林参数最优的独立估测模型、联立方程组的变量及其系数见表 6-17，拟合和检验指标见表 6-18。由表 6-18 可以看出，各个独立模型的表现均较好，杉木林、松树林和桉树林蓄积量估测模型的 rRMSE 为 20% 左右，林分平均高的 rRMSE 为 10% 左右，断面积模型的 rRMSE 为 15.77%～19.71%，阔叶林因其结构较为复杂，模型精度较低。总体上，对于大区域的研究区，上述森林参数估测模型的表现较好。F 检验结果表明：13 个独立估测模型的回归效果均为显著。

表 6-17　4 个森林类型的各个森林参数的最优估测模型的系数

森林类型	模型形式	森林参数	a_0	H_{mean}	hp95	H_{stdev}	H_{cv}	CC	dp50	dp75	LAD_{mean}	LAD_{stdev}	LAD_{cv}	VFP_{mean}	VFP_{stdev}	VFP_{cv}
	独立模型	V	5.0365		1.2623		-0.3574	1.2661							0.038 70	
		H	1.4389		0.7897	0.021 64	-0.193 9	0.290 2	0.081 33				0.058 20			
		G	8.1460	0.7273				0.987 8			0.035 51					
	联立_G	V	4.1305		1.294 5		-0.392 3	0.974 6				0.046 36				
		H	1.3651		0.804 0	0.005 625		0.185 20	0.061 60				0.064 17			
		G														
杉木林	联立_V	V														
		H	1.4038		0.801 6	0.012 72		0.199 10	0.067 75				0.048 97			
		G	6.9021	0.7962		-0.240 1		0.801 4			0.043 87					
	联立_H	V	4.1094		1.294 2		-0.397 9	0.966 4				0.044 23				
		H														
		G	7.0148	0.7866		-0.225 4		0.874 0			0.044 92					
松树林	独立模型	V	6.1982	1.4577				0.402 8					-0.060 50			
		H	0.7293		1.075 1			-0.010 10						0.120 9		
		G	6.6866	0.7472		-0.043 36		0.201 1	0.314 9							-0.109 5
	联立_G	V	5.9387	1.4838				0.655 1					-0.047 36			
		H	0.7407		1.069 7			0.007 975						0.111 2		
		G														
	联立_V	V														
		H	0.7596		1.058 8			-0.010 68						0.072 42		
		G	7.0295	0.7428		-0.032 40		0.349 0	0.350 2							-0.111 7

续表

森林类型	模型形式	森林参数	a_0	H_{mean}	hp95	H_{stdev}	H_{cv}	CC	dp50	dp75	LAD_{mean}	LAD_{stdev}	LAD_{cv}	VFP_{mean}	VFP_{stdev}	VFP_{cv}
松树林	联立_H	V	6.1386	1.4617				0.6392					-0.03340			
		H														
		G	4.8815	0.8090		-0.08092		0.5478	0.1012							-0.01289
	独立模型	V	5.6930		1.3300	-0.01835		0.2280		0.3609					-0.1124	
		H	2.0316		0.7329	0.006645		-0.1352		0.08831	-0.01158					
		G	2.9668		0.8470	-0.05055		0.2734		0.2742					-0.1500	
		D	1.5173		0.7018	0.04169		-0.1269		0.07403		-0.01798				
	联立_G	V	4.6363		1.3431	0.007167		-0.003278		0.3653					-0.07611	
		H	2.3845		0.6689	0.02462		-0.20860		0.1018	-0.01090					
		G														
		D	1.8010		0.6344	0.05877		-0.1909		0.08666		-0.01665				
桉树林	联立_V	V														
		H	2.3393		0.6708	0.02836		-0.2194		0.1019	-0.001516					
		G	2.4802		0.8435	-0.01378		0.1630		0.2884					-0.08184	
		D	1.7722		0.6337	0.06019		-0.1975		0.08687		-0.009687				
	联立_H	V	4.1199		1.3622	0.01500		0.008849		0.3622					-0.04535	
		H														
		G	2.3542		0.8584	-0.01386		0.1857		0.2851					-0.07427	
		D	1.7558		0.6368	0.05998		-0.2179		0.08665		-0.01231				

续表

森林类型	模型形式	森林参数	a_0	H_{mean}	hp95	H_{stdev}	H_{cv}	CC	dp50	dp75	LAD_{mean}	LAD_{stdev}	LAD_{cv}	VFP_{mean}	VFP_{stdev}	VFP_{cv}
桉树林	联立_D	V	4.961 0	1.248 8	1.325 2	0.008 399		-0.006 183		0.371 2					-0.082 10	
		H	2.357 5	0.653 1	0.667 8	0.027 98		-0.230 6		0.103 3	-0.002 148					
		G	2.671 8	0.714 3	0.823 6	-0.012 87		0.158 0		0.293 6					-0.088 83	
		D														
	独立模型	V	5.034 0	1.248 0				0.228 7				0.070 30				
		H	2.269 8	0.653 1				-0.079 21						0.093 80		
		G	3.747 3	0.714 3				0.448 9			0.064 07					
	联立_G	V	4.507 8	1.278 2				0.216 7				0.081 87				
		H	2.511 7	0.607 2				-0.083 18						0.012 47		
		G														
阔叶林	联立_V	V														
		H	2.136 3	0.678 5				-0.071 03						0.113 90		
		G	3.129 3	0.758 3				0.329 6			0.113 50					
	联立_H	V	4.510 3	1.277 9				0.222 0				0.082 84				
		H														
		G	3.291 2	0.750 1				0.281 7			0.075 04					

注：对于杉木林、松树林和阔叶林，联立_V 为以 H 和 G 为内生变量估测 V 的联立方程组，联立_G 为以 H 和 V 为内生变量估测 G 的联立方程组，联立_H 为以 G 和 V 为内生变量估测 H 的联立方程组；桉树林各个联立方程组的命名与上述类似

表 6-18　4个森林类型各个森林参数的最优估测模型的拟合及检验效果

森林类型	模型形式	森林参数	拟合指标		检验指标	
			R^2	rRMSE（%）	R^2	rRMSE（%）
杉木林	独立模型	V	0.867	15.96	0.858	15.99
		H	0.858	10.07	0.85	10.08
		G	0.692	15.86	0.673	15.77
	联立_G	V	0.863	16.21	0.853	16.22
		H	0.856	10.14	0.847	10.14
		G	0.689	15.93	0.671	15.8
	联立_V	V	0.864	16.14	0.854	16.16
		H	0.857	10.12	0.848	10.13
		G	0.685	16.03	0.666	15.9
	联立_H	V	0.863	16.22	0.853	16.23
		H	0.84	10.7	0.829	10.74
		G	0.686	16	0.667	15.87
松树林	独立模型	V	0.825	19.3	0.824	19.01
		H	0.895	8.69	0.889	8.73
		G	0.702	17.25	0.7	17.01
	联立_G	V	0.821	19.5	0.821	19.14
		H	0.894	8.7	0.889	8.74
		G	0.675	18.02	0.673	17.73
	联立_V	V	0.833	18.85	0.832	18.53
		H	0.893	8.77	0.887	8.8
		G	0.697	17.39	0.696	17.1
	联立_H	V	0.822	19.47	0.822	19.11
		H	0.893	8.77	0.888	8.78
		G	0.689	17.63	0.688	17.33
桉树林	独立模型	V	0.777	20.99	0.769	20.92
		H	0.764	9.95	0.757	9.76
		G	0.657	19.83	0.65	19.71
		D	0.694	11.77	0.683	11.62
	联立_G	V	0.773	21.2	0.765	21.12
		H	0.761	10.02	0.755	9.85
		G	0.655	19.9	0.649	19.77
		D	0.691	11.83	0.682	11.69
	联立_V	V	0.773	21.2	0.765	21.12
		H	0.759	10.05	0.753	9.89
		G	0.654	19.91	0.648	19.78

续表

森林类型	模型形式	森林参数	拟合指标		检验指标	
			R^2	rRMSE（%）	R^2	rRMSE（%）
桉树林	联立_V	D	0.69	11.85	0.68	11.73
	联立_H	V	0.773	21.19	0.765	21.11
		H	0.759	10.06	0.753	9.9
		G	0.655	19.9	0.649	19.77
		D	0.689	11.86	0.68	11.73
	联立_D	V	0.773	21.2	0.765	21.12
		H	0.759	10.06	0.753	9.91
		G	0.654	19.91	0.648	19.78
		D	0.671	12.2	0.661	12.11
阔叶林	独立模型	V	0.678	31.38	0.669	31.41
		H	0.62	15.76	0.61	15.74
		G	0.507	27.21	0.501	27.22
	联立_G	V	0.677	31.42	0.667	31.45
		H	0.617	15.82	0.606	15.8
		G	0.488	27.71	0.483	27.69
	联立_V	V	0.688	30.91	0.678	30.92
		H	0.619	15.78	0.609	15.75
		G	0.496	27.51	0.492	27.46
	联立_H	V	0.677	31.42	0.667	31.45
		H	0.608	16	0.598	15.99
		G	0.503	27.32	0.498	27.3

由 3 个独立模型，每个样地得到 1 组森林参数估测值（$\hat{H}_p$、$\hat{D}_p$、$\hat{G}_p$ 和 $\hat{V}_p$），由 $\hat{H}_p$、$\hat{D}_p$ 和 $\hat{G}_p$ 根据异速方程式（6.12）～式（6.15）计算得到该样地的蓄积量计算值（V_c）。根据检验数据，杉木林、松树林、桉树林和阔叶林的 V_c 的 rRMSE 分别为 15.93%、18.75%、21.06% 和 31.14%。

配对样本 t 检验的结果表明：杉木林、松树林和阔叶林的 $\hat{V}_p$ 和 V_c 的均值不存在显著性差异，但桉树林存在显著性差异。杉木林、松树林、桉树林和阔叶林中，$\hat{V}_p$ 和 V_c 的相对相差变化范围和均值分别为 -4.95%～12.16%（0.03%）、-10.90%～14.25%（0.58%）、-8.86%～4.43%（0.20%）和 -8.68%～17.41%（0.27%）。尽管 $\hat{V}_p$ 和 V_c 的差值的均值很小，但变化范围较大，且没有 1 个差值等于 0，说明独立估测结果中，$\hat{H}_p$、$\hat{D}_p$、$\hat{G}_p$ 和 $\hat{V}_p$ 不相容，即它们之间的关系不满足异速方程式

（6.12）～式（6.15）确定的数学关系。

6.3.3.2 联立方程组的表现

4 个森林类型各个联立方程组的变量及其系数、拟合效果和检验效果统计指标见表 6-16 和表 6-17。各个方程的检验指标与拟合指标十分接近，表明联立方程组十分稳健。F 检验结果表明：13 个联立方程组的 43 个方程的回归效果均为显著。

各个森林类型的各个参数估测中，联立方程组的表现略差于独立估测模型，表现为 R^2 略为减小、rRMSE 稍有增大，rRMSE 最大增大为 6.55%，但在 13 个联立方程组的 43 个方程中，超过 90%的方程的 rRMSE 增大不超过 2%，说明联立方程组的表现与独立模型十分接近。R^2 减小、rRMSE 增大的原因可能是在联立方程组中，2 个（桉树林为 3 个）内生变量的表现受到剩余 1 个变量的约束。

43 个联立方程的估测结果与相应独立模型的估测结果的相对相差的均值，绝大部分小于±1.0%，最大不超过±2.0%（表 6-16），说明总体上联立方程组的估测结果与独立模型的估测结果十分接近。但各个样地的差异的变动范围较大，以松树林为例：以 H、G 为内生变量的联立方程组（以下称为联立方程组 V，其余方程组采用类似方法命名）与独立模型之间，上述森林参数的相差范围分别为 −4.40%～1.56%、−19.72%～3.44%、−23.61%～11.94%；联立方程组 G 与独立模型之间，H、G 和 V 的相差范围分别为−0.18%～2.62%、−11.98%～26.26%、−4.09%～29.32%（图 6-3）。

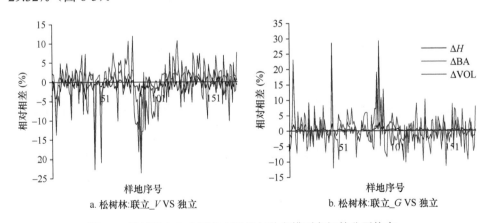

a. 松树林:联立_V VS 独立 b. 松树林:联立_G VS 独立

图 6-3 松树林中 2 个联立方程组与独立模型之间林分平均高、断面积和蓄积量估测结果的相对相差

将联立方程组估测结果与独立模型估测结果作配对样本 t 检验的结果表

明（表 6-19）：除松树林蓄积量外，其余参数均存在显著性差异，说明各个森林类型的各个参数中，联立方程组的估测结果与独立模型的估测结果存在一定的差异。

4 个森林类型中，各个联立方程组之间相应的森林参数估测模型的均方根误差和决定系数十分接近（表 6-18），绝大部分方程的均方根误差的相差小于±2.0%，最大为 5.85%。根据均方根误差最小的原则，杉木林、松树林和阔叶林 3 个森林类型中，以林分平均高和断面积为内生变量估测蓄积量的联立方程组（联立方程组 V）表现略好于其他 2 个联立方程组，桉树林则以林分平均直径、平均高和蓄积量为内生变量估测断面积的联立方程组（联立方程组 G）最好。4 个最优联立方程组中，松树林、阔叶林的 V 估测方程的 rRMSE 略小于由独立模型推算的 V_c 的 rRMSE，杉木林和桉树林的 V 估测方程的 rRMSE 则略大于由独立模型推算的 V_c 的 rRMSE。

各个森林类型中，虽然不同联立方程组之间相应参数估测值的相对相差的均值很小，均小于±1.0%（表 6-19），但样本间的差异仍较大，以杉木林为例，联立方程组 V 与联立方程组 G 之间，不同样地间 H、G、V 的相对相差变动范围分别为–2.25%～1.09%、–9.76%～4.17%、–10.88%～5.01%，联立方程组 V 与联立方程组 H 之间，H、G、V 的相对相差分别为–12.69%～6.48%、–0.75%～6.68%、–10.45%～5.15%（图 6-4）。

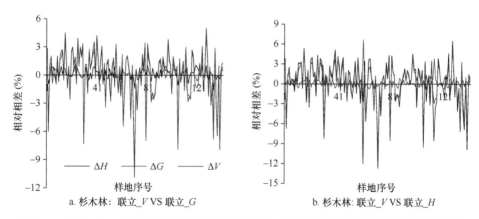

图 6-4　杉木林中 2 个联立方程组之间林分平均高、断面积和蓄积量估测结果的相对相差

对各个联立方程组相应方程的估测结果作配对样地 t 检验，结果表明（表 6-20）：杉木林、松树林和阔叶林中，尽管不同联立方程组之间的一些森林参数的估测结果存在显著性差异，但大多数联立方程组之间，各个森林参数不存在显著性差异；桉树林中，不同联立方程组之间，林分平均直径和断面积大多都存在显著性差异，而林分平均高都不存在显著性差异。

表 6-19 联立方程组与独立模型估测结果配对 *t* 检验结果

森林类型	比较的模型	样本数	平均高			断面积			蓄积量			平均直径		
			均值 (m)	平均相差 (%)	标准差	均值 (m²/hm²)	平均相差 (%)	标准差	均值 (m³/hm³)	平均相差 (%)	标准差	均值 (cm)	平均相差 (%)	标准差
杉木林	联立_G VS 独立	139	0.01 ns	-0.27	0.12	-0.43 ***	1.34	0.95	-1.88 ***	1.16	5.42			
	联立_V VS 独立		0.03 ***	0.43	0.10	-0.40 ***	-1.39	0.68	-1.34 **	-1.07	7.13			
	联立_H VS 独立		0.02 ns	-0.39	0.39	-0.46 ***	1.63	0.53	-2.23 ***	1.35	5.46			
松树林	联立_G VS 独立	166	-0.04 ***	0.33	0.04	-0.11 ns	0.04	1.26	-0.82 ns	0.87	6.23			
	联立_V VS 独立		-0.07 ***	-0.69	0.13	0.15 **	0.15	0.64	0.81 ns	-0.94	9.35			
	联立_H VS 独立		-0.01 ns	0.31	0.47	-0.14 ns	-0.15	1.05	-0.54 ns	0.65	5.90			
桉树林	联立_G VS 独立	267	0.04 **	0.44	0.21	-0.11 ***	-0.54	0.30	-1.12 ***	-0.42	4.12	0.04 ***	0.54	0.14
	联立_V VS 独立		0.05 **	0.52	0.25	-0.12 ***	-0.62	0.28	-1.10 ***	-0.45	4.09	0.04 ***	0.60	0.17
	联立_H VS 独立		0.05 **	0.56	0.28	-0.09 ***	-0.53	0.26	-0.85 ***	-0.33	4.09	0.05 ***	0.65	0.18
	联立_D VS 独立		0.05 **	0.27	0.27	-0.11 ***	-0.26	0.29	-1.07 ***	-0.18	4.11	0.07 **	0.46	0.40
阔叶林	联立_G VS 独立	206	-0.03 ***	0.41	0.14	-0.14 *	0.70	0.81	-0.96 ***	1.36	1.51			
	联立_V VS 独立		-0.03 ***	-0.42	0.05	-0.17 **	-0.97	0.77	-1.13 ***	-1.64	4.00			
	联立_H VS 独立		-0.05 **	0.60	0.37	-0.10 **	0.41	0.48	-0.83 ***	1.25	1.61			

注: ns 表示差异不显著, *表示 α=0.05 时差异显著, **表示 α=0.01 时差异显著, ***表示 α=0.001 时差异显著, 下同

表 6-20　联立方程组估测结果配对 t 检验结果

森林类型	比较的模型	平均高 均值（m）	平均相差（%）	标准差	断面积 均值（m²/hm²）	平均相差（%）	标准差	蓄积量 均值（m³/hm³）	平均相差（%）	标准差	平均直径 均值（cm）	平均相差（%）	标准差
杉木林	联立_V VS 联立_G	0.02***	0.16	0.05	0.02 ns	-0.05	0.73	0.54 ns	0.09	4.58			
	联立_V VS 联立_H	0.02 ns	0.03	0.33	0.06***	0.24	0.19	0.89*	0.28	4.57			
	联立_G VS 联立_H	0.00 ns	-0.12	0.31	0.04 ns	0.29	0.75	0.35***	0.19	0.53			
松树林	联立_V VS 联立_G	-0.02*	-0.36	0.15	0.08 ns	0.19	1.38	0.47 ns	-0.07	10.17			
	联立_V VS 联立_H	-0.04 ns	-0.38	0.53	0.14 ns	0.00	1.04	0.54 ns	-0.29	10.04			
	联立_G VS 联立_H	-0.02 ns	-0.02	0.53	0.06 ns	-0.19	0.85	0.08 ns	-0.22	1.28			
桉树林	联立_V VS 联立_G	0.01 ns	0.08	0.09	0.00 ns	-0.09	0.08	0.00 ns	0.06	0.06	0.03*	-0.02	0.18
	联立_V VS 联立_H	0.00 ns	-0.04	0.09	-0.03***	-0.09	0.07	0.00*	-0.05	0.04	-0.25***	-0.12	0.87
	联立_V VS 联立_D	0.00 ns	-0.02	0.03	-0.01**	-0.10	0.05	-0.03 ns	-0.31	0.29	-0.03 ns	-0.09	0.49
	联立_G VS 联立_H	-0.01 ns	-0.12	0.12	-0.03***	0.00	0.12	-0.01**	-0.11	0.06	-0.28***	-0.09	0.86
	联立_G VS 联立_D	-0.01 ns	-0.10	0.10	-0.01 ns	-0.02	0.08	-0.03 ns	-0.38	0.30	-0.06*	-0.07	0.41
	联立_H VS 联立_D	0.00 ns	0.02	0.08	0.02**	-0.01	0.11	-0.02 ns	-0.27	0.26	0.22**	0.02	1.18
阔叶林	联立_V VS 联立_G	0.00 ns	-0.01	0.17	-0.03 ns	-0.26	0.37	-0.16 ns	-0.27	3.59			
	联立_V VS 联立_H	0.02 ns	0.18	0.39	-0.07*	-0.55	0.53	-0.30 ns	-0.39	3.56			
	联立_G VS 联立_H	0.02 ns	0.19	0.30	-0.04 ns	-0.29	0.51	-0.13***	-0.11	0.15			

　　总体上，尽管存在一定的差异，但无论是独立估测模型，还是联立方程组，4
个森林类型的各个森林参数的估测，都具有良好的效果（图 6-5）。

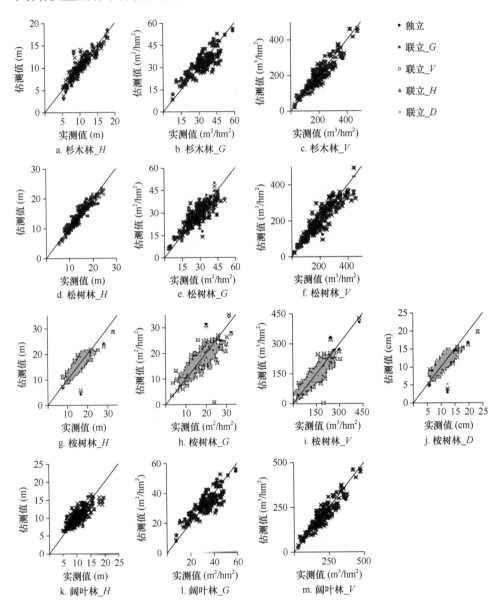

图 6-5　4 个森林类型各个森林参数的联立方程组和独立模型的估测值与测量值比较的 1∶1 图

6.3.4　有关相容性模型的若干问题

　　在长期的森林测量研究中，森林计测学家们利用生物学原理和数学知识推导了大量树种的异速方程（Kershaw et al.，2017），旨在通过易测的调查因子（如林木直径和树高、林分断面积和平均高）等，估测难以直接测量的调查因子（如林木材积、林分蓄积量等）（Estornell et al.，2011），在样地调查中，森林蓄积量、地上生物量等是采用异速方程计算的（Nie et al.，2017；Thomas et al.，2006；Gleason and Im，2012），因此，在同龄纯林或某些特殊情形中（如本研究中的阔叶林），林分蓄积量与林分平均高、断面积等之间存在着明确的数学关系。这些确定的数学关系在机载激光雷达森林参数估测模型研制中必须予以考虑，否则，由模型得到的各个参数估测值之间将存在不相容的情况。

在本研究中，我们研究区的 4 个森林类型的同龄纯林（阔叶林因调查时不分林层，森林参数的计算与同龄纯林相同），采用误差变量联立方程组的方法，建立了林分平均高、平均直径、断面积和蓄积量的联立方程组，实现了机载激光雷达不同森林参数的相容性估测，维持了同龄纯林森林参数之间数学上的一致性，符合森林计测学原理，有利于估测结果的应用，也有利于森林资源数据库的更新。

联立方程组各个方程的误差略大于相应的独立模型的误差（表 6-17），联立方程组的森林参数估测结果与独立模型估测结果也存在显著性差异（表 6-18），其原因是在联立方程组迭代求解过程中，以 LiDAR 变量为内生变量的森林参数[如方程组（6.17）中的 $\hat{H}$ 和 $\hat{G}$]，不但受到自身误差的影响，也受到以这些变量为内生变量估测参数[如方程组（6.17）的 $\hat{V}$]误差的影响，即在联立方程组中，对各个森林参数的误差都进行了综合考虑，方程求解受到的约束更多，一定程度上牺牲了各个参数的估测精度。

各个联立方程组之间，相应的森林参数估测方程的 rRMSE 十分接近（表 6-17），杉木林、松树林和阔叶林各个联立方程组之间，相应参数估测值之间也很少存在显著性差异（表 6-19），说明各个联立方程组的表现十分接近。桉树林各个联立方程组之间，林分断面积和平均直径的估测存在显著性差异，其可能的原因是桉树林的联立方程组包括了 4 个方程，比其他森林类型多了 1 个方程，模型求解过程中受到的约束更多。

尽管相容性问题在林分生长与收获模型中早已得到重视（Buckman，1962；Clutter，1963；Kershaw et al.，2017），但直到近年来，该问题在机载激光雷达森林参数估测中才开始受到重视，但主要关注的是单木直径和生物量（Fu et al.，2018）和枝下高（HCB）（Fu et al.，2018）。Yang 等（2020a）提出了一个估测森林参数的异速方程系统，该系统通过 LiDAR 变量对关键森林参数——林分蓄积量（VOL）和 Lorey's 平均高进行估测，然后通过异速方程，由这 2 个参数直接计算林分断面积（BA）、平方平均直径（QMD）和林分密度（N，株/hm^2），取得了良好的估测效果，也维持了森林参数之间的相容性。在本研究中，由独立模型 $\hat{G}$、

$\hat{H}$ 和 $\hat{D}$ 按异速方程直接计算的 $\hat{V}$ 值与其独立估测值的相差很小,不存在显著性差异(桉树林除外),该直接计算的 $\hat{V}$ 值与联立方程组的估测值的平均差值也很小,但大部分存在显著性差异,说明该方法也存在一定的局限性。此外,该方法其他参数的估测精度严重依赖于 2 个关键参数的估测精度,而且林分蓄积量并非直接测量因子。本研究发现,由 LiDAR 变量估测 H、G,并由这 2 个参数估测 V 的联立方程组,表现最好,更有利于控制地面测量精度。

在本研究中,我们通过乘幂模型建立森林参数估测模型、通过误差变量建立联立方程组进行森林参数的相容性估测,取得了良好的效果。然而,机载激光雷达森林参数估测模型的方法很多,既有参数模型,又有非参数模型,误差变量联立方程组的建立方法也很多(Yang et al.,2020b),因此,今后仍需做更多的试验,以充分探明误差变量联立方程组在机载激光雷达森林参数估测中的表现。

综上所述,有如下结论。

(1)无论是独立估测模型,还是联立方程组,4 个森林类型的各参数都可以取得良好的效果。后者的表现略差于前者,但相差很小。

(2)联立方程组确保了各个森林参数之间确定的数学关系,符合森林计测理论基础,利于森林资源管理应用。

(3)杉木林、松树林和阔叶林中,以林分平均高和断面积为内生变量估测蓄积量的联立方程组(联立方程组 V)表现略好于其他 2 个联立方程组,桉树林则以林分平均直径、平均高和蓄积量为内生变量估测断面积的联立方程组(联立方程组 G)最好。

6.4 基于垂直结构分层的机载激光雷达森林参数估测

6.4.1 机载激光雷达森林参数分层估测及其存在的问题

森林类型不同,林木树冠的形状、冠层结构不同(Zolks et al.,2013),冠层物质不同(Nelson et al.,2007),蓄积量和生物量等计算的异速方程不同(Zhao et al.,2012),木材碳密度也不同(van Leeuwen et al.,2011),因此,在机载激光雷达(ALS)森林参数估测中,除少数研究中因样地数量太少而不分层(stratification)外(例如,Knapp et al.,2020;Fekety et al.,2015;Fassnacht et al.,2014;Asner et al.,2012b;Palace et al.,2015;Kellner et al.,2019;Luo et al.,2018;Chirici et al.,2015;Laurin et al.,2016),绝大多数研究都实行分层估测。由于不同植被类型的激光雷达测量数据与生物量之间的关系可能不同(Chen et al.,2012),最常见的分层依据是森林类型,如落叶林、针叶林和混交林等(Viana et al.,2012;Nord-Larsen and Schumacher,2012;Latifi et al.,2015;Nelson et al.,2007;Zhang et al.,2017;Bouvier et al.,

2015），此外，优势树种也是最常见的分层依据（Chen et al.，2012；Keränen et al.，2016；Maltamo et al.，2016；Bohlin et al.，2017；Yang et al.，2020a；Novo-Fernández et al.，2019；Hill et al.，2018）。在北欧国家，通常采用龄组和立地质量进行分层（Næsset，2004；Gobakken and Næsset，2008；Gobakken et al.，2012，2013；McRoberts et al.，2015；Niemi et al.，2015；de Lera Garrido et al.，2020）。也有一些研究通过激光雷达数据和林分结构进行分层，如 90%分位数高度和地面点与冠层点的比率（VEG）（Maltamo et al.，2011），冠层高–生物量的关系（Jiang et al.，2020）。有研究表明：适当的分层能够提高森林地上生物量（AGB）估计的精度，减少低估和高估问题；森林类型越细，AGB 估计的精度越高；最优 AGB 估计模型和分层方案因林分类型不同而异（Jiang et al.，2020）。

机载激光雷达能够准确刻画森林的三维结构（Lefsky et al.，2002），并且森林的三维结构与森林参数密切相关（Nelson et al.，2007）。不同的林分，其三维结构存在不同程度的差异。因此，在当前机载激光雷达森林参数估测中，尽管考虑了不同森林类型、不同优势树种（组）林分三维结构中存在的差异，但并未考虑同一森林类型或同一优势树种（组）中不同林分在垂直结构上存在的差异，如一些林分为单层林，另一些林分为复层林。林分垂直结构上的差异肯定导致其三维结构的差异，这些差异是否影响森林参数估测精度？对林分垂直结构进行分层后再进行森林参数估测，是否能改善森林参数估测精度？这些问题有待于进一步的研究。本节以马尾松林为例，分析垂直结构分层对森林参数估测精度的影响。

6.4.2　林分垂直分层与垂直结构类型

当林分垂直结构包含乔木层、灌木层和草本层时，共有 16 个类型，当只考虑乔木层时，林分垂直结构只包含 6 个类型，它们的垂直冠层剖面——伪波形（见第 7 章）如图 6-6 所示，其中，UT_1 和 OT_1 均表示只有 1 个乔木层，但前者的林

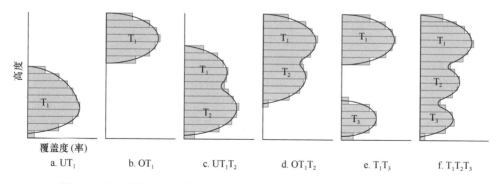

图 6-6　各个森林垂直结构类型的样地尺度垂直冠层剖面（伪波形）示意图

分尚未开始或刚开始自然整枝，后者表征已经整枝后的林分；UT_1T_2 和 OT_1T_2 均表示有 2 个乔木层，前者的第 2 层尚未开始或刚开始自然整枝，后者的第 2 层已经整枝；T_1T_3 表示缺失 T_2 层，$T_1T_2T_3$ 表示 3 个乔木层同时存在。

根据垂直冠层剖面，通过目视解译方法和自动分类方法，对样地的冠层垂直结构进行分类（方法详见第 7 章）。在松树林全部 260 个样地中，OT_1T_2、T_1T_3 类分别只有 4 个、8 个样地，不满足后续分析需要，故将 OT_1T_2 类和 OT_1 类、T_1T_3 类与 $T_1T_2T_3$ 类进行合并，得到 4 个林分垂直结构类型（层）。

6.4.3 不同垂直结构类型的差异性分析与聚类

不同垂直结构类型的郁闭度十分接近，为 0.81～0.86（表 6-21），说明它们的水平结构差异不大，dp50 的变化范围为 0.48～0.72，明显大于郁闭度，说明不同结构类型冠层内部的枝叶水平分布存在较大的差异。

表 6-21 4 个森林垂直结构类型的 LiDAR 相关变量的统计特征

类型	样地数量	hp99	H_{mean}	H_{cv}	CC	dp50	LAD_{mean}	LAD_{cv}	H_{CH}	H_{CH}/hp99
不分层	260	16.70	11.61	0.27	0.84	0.64	3.70	4.40	10.35	0.62
UT_1	33	13.10	8.34	0.31	0.81	0.48	5.16	4.18	10.35	0.75
OT_1	147	16.87	12.53	0.21	0.84	0.72	3.80	4.31	8.03	0.48
UT_1T_2	44	16.25	10.19	0.33	0.86	0.54	3.07	4.55	12.43	0.76
$T_1T_2T_3$	36	19.82	12.67	0.38	0.81	0.57	2.75	4.78	16.91	0.84
M1	147	16.87	12.53	0.21	0.84	0.72	3.80	4.31	8.03	0.48
M2	113	16.49	10.46	0.34	0.83	0.53	3.58	4.52	13.28	0.78

不同垂直结构类型在垂直方向上激光点云统计特征的差异显然大于水平方向上的差异，并且具有一定的规律性：①不同类型的点云平均高相差较大，OT_1 和 $T_1T_2T_3$ 的平均高接近，明显高于 UT_1T_2 和 UT_1，UT_1T_2 的平均高高于 UT_1；②UT_1、UT_1T_2 和 $T_1T_2T_3$ 的 H_{cv} 接近，而与 OT_1 相差较大；③林分冠层高（长）（H_{CH}）与 hp99 之比的情况与 H_{cv} 的情况类似，OT_1 明显小于其他 3 个类型。

以上不同垂直结构类型林分的激光点云统计特征在垂直方向上的差异，是各个类型的冠层物质（枝、叶、茎）在垂直方向上分布差异的反映。在蓄积量（VOL）和激光点云结构变量 $H_{mean}\times CC$ 构成的二维平面上，4 个类型的样地虽然互有重叠，但仍看出各个类型的样地具有不同的分布特点：UT_1、UT_1T_2 呈近幂函数型窄带状分布，而 OT_1 呈近线性的宽带状分布，$T_1T_2T_3$ 的分布带更宽，规律性更差（图 6-7a）。各个类型样地在断面积（BA）-$H_{mean}\times CC$ 二维平面上的分布，除 UT_1 呈较为明显的线性分布外，其余 3 个类型样地分布的规律性很差（图 6-7b）。

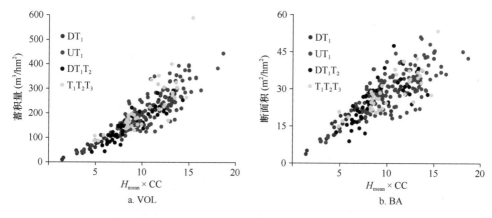

图 6-7　不同垂直结构类型的 VOL-H_{mean}×CC 和 BA-H_{mean}×CC 的关系

　　对林分进行垂直结构分类后,同一类型林分的异质性降低(表 6-20 和图 6-7),然而,分类太细、类型过多将会导致相关分析的工作量增大,更极大地增加采用 LiDAR 数据先分类后布设样地的数量,故有必要对上述 6 个林分垂直结构进行聚类,以减少类型数量,提高相关工作效率。H_{cv} 反映了激光点云垂直分布的变动情况,H_{CH}/hp99 反映了冠层的形状,因此,H_{cv} 和 H_{CH}/hp99 在一定程度上反映了冠层垂直结构的差异。对上述 4 个垂直结构类型,采用 H_{cv} 和 H_{CH}/hp99 两个变量,通过系统聚类方法进行聚类,得到 2 个类型:M1. OT$_1$;M2. UT$_1$+UT$_1$T$_2$+T$_1$T$_2$T$_3$。聚类过程如图 6-8 所示。

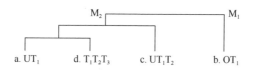

图 6-8　森林垂直结构类型谱系聚类图

　　显然,由冠层表面至地面的 3 个连续枝叶分布的类型聚合为一个类型,非连续的类型为一个类型,类型内林分冠层垂直结构相近,类型间存在较大的差异(图 6-6),符合林分冠层结构形态的一般认知。

6.4.4　基于垂直结构分层的森林参数估测模型

　　松树林有 4 个原始的垂直结构类型,经聚类后得到 2 个垂直结构类型,即共有 6 个垂直结构类型(由于聚类后 M1 类与 OT$_1$ 完全相同,故实际只有 5 个类型)。为客观评估林分垂直结构分层对森林参数估测精度的影响,以每个垂直结构类型为一个层,通过 2 种方法建立 2 个综合性森林参数——断面积(BA)和蓄积量

（VOL）的估测模型：一是采用 6.1 节中的经验模型式（6.10）；二是采用 6.2 节中的变量组合穷举法。2 种方法的评价指标均为 R^2 和 rRMSE。在模型拟合和检验过程中，若样地数量超过 100，则将 70%的样本用于模型拟合，30%用于检验，重复抽样 50 次；若样地数量为 50～100，采用 10 折交叉检验法进行拟合和检验；若样地数量少于 50，采用留一法交叉检验法进行模型拟合和检验。

6.4.4.1 普适性经验模型的表现

采用模型式（6.10）对各个垂直结构类型的 2 个森林参数估测进行建模试验，并以不分层数据估测模型作为参照，得到如下估测模型及其检验结果（表 6-22）。

表 6-22 基于模型式（6.10）的各个垂直结构类型的蓄积量和断面积估测模型及其检验结果

森林参数	层	样地数量	模型变量及参数						拟合效果		检验效果	
			a_0	H_{mean}	CC	LAD_{cv}	H_{cv}	dp50	R^2	rRMSE（%）	R^2	rRMSE（%）
VOL	不分层	260	8.4078	1.3551	0.2191	−0.02986	0.0182	0.2966	0.840	19.20	0.815	21.01
	UT_1	33	8.7418	1.3225	1.2474	−0.07737	−0.1377	0.09070	0.980	8.96	0.970	11.63
	$OT_1/M1$	147	8.2365	1.3268	0.2113	−0.00484	−0.0238	0.3910	0.791	18.63	0.757	20.25
	UT_1T_2	44	23.2744	1.1354	1.2833	0.07373	0.3480	0.4567	0.838	17.11	0.830	17.60
	$T_1T_2T_3$	36	3.1370	1.5990	−0.05321	−0.09711	−0.3537	0.1887	0.920	12.96	0.850	17.95
	M2	113	3.7572	1.5395	0.2809	−0.06554	−0.2569	0.04562	0.887	18.60	0.856	19.11
BA	不分层	260	7.0498	0.6504	0.3202	−0.01769	−0.0102	0.3362	0.710	20.69	0.668	19.80
	UT_1	33	3.1543	0.7992	1.2912	0.001696	−0.2981	−0.1064	0.930	10.64	0.871	14.49
	$OT_1/M1$	147	6.5398	0.6439	0.2540	0.009509	−0.0494	0.4849	0.648	17.14	0.633	17.42
	UT_1T_2	44	7.5970	0.6706	0.3113	0.007674	0.0066	0.5003	0.687	18.66	0.670	18.91
	$T_1T_2T_3$	36	3.9576	0.7274	−0.05035	−0.09648	−0.3985	0.2148	0.801	12.38	0.704	15.10
	M2	113	3.2506	0.8165	0.3421	−0.06970	−0.3318	0.1053	0.784	16.70	0.723	18.85

残差分析结果表明：各个类型的蓄积量和断面积估测模型的残差总体上均接近随机分布，但大多表现为蓄积量和断面积较小时，估测值大于实测值；蓄积量和断面积较大时，估测值小于实测值的趋势（图 6-9）。总体上，分层和聚类后，2 个参数均属无偏估计。

无论是模型变量的解释率还是模型误差，各个类型的蓄积量和断面积模型的表现相差很大（表 6-22），如蓄积量估测中，UT_1 和 OT_1 两个模型的解释率相差 24.6%，rRMSE 相差 54.1%；断面积估测中，UT_1 和 UT_1T_2 两个模型的解释率相差 26.1%，rRMSE 相差 26.5%，可能的原因是：①如图 6-7 所示，不同类型的样本的离散程度不同，一些类型的目标变量的变化呈现较好的规律性，另一些类型的规律性较差；②针对森林类型全部样本数据建立的经验性普适模型，不完全适用于根据垂直结构进行分层后的样本数据。

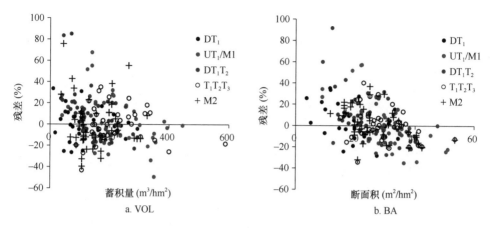

图 6-9　经验模型的残差分布图

6.4.4.2　变量组合穷举法最优模型的表现

采用 6.2.2 节的方法，对各个垂直结构类型的蓄积量和断面积进行 86 个模型拟合和检验，得到的最优估测模型及其检验结果如表 6-23 所示。

表 6-23　变量组合穷举法的最优蓄积量和断面积模型及其检验结果

森林参数	层	模型	拟合效果		检验效果	
			R^2	rRMSE（%）	R^2	rRMSE（%）
VOL	不分层	$8.408H_{mean}^{1.355}CC^{0.2191}H_{cv}^{0.01818}dp50^{0.2966}LAD_{cv}^{-0.02986}$	0.840	19.20	0.815	21.01
	UT_1	$3.537H_{mean}^{1.709}CC^{1.334}VFP_{mean}^{0.4470}$	0.981	8.76	0.976	9.78
	$OT_1/M1$	$8.972H_{mean}^{1.398}CC^{0.2508}H_{cv}^{-0.007147}dp50^{0.4154}VFP_{cv}^{-1.404}$	0.794	18.51	0.821	18.50
	UT_1T_2	$16.41H_{mean}^{1.237}CC^{1.167}H_{cv}^{0.4045}dp50^{0.4093}VFP_{stdev}^{0.1360}$	0.838	17.11	0.839	17.02
	$T_1T_2T_3$	$6.591H_{mean}^{1.753}CC^{-0.2038}H_{stdev}^{-0.5103}dp75^{0.1716}LAD_{mean}^{-0.03617}$	0.932	11.97	0.894	14.89
	M2	$3.757H_{mean}^{1.540}CC^{0.2809}H_{cv}^{-0.2569}dp50^{0.04562}LAD_{cv}^{-0.06554}$	0.887	18.60	0.856	19.11
BA	不分层	$4.089hp95^{0.8338}CC^{0.2560}H_{stdev}^{-0.1335}dp50^{0.4357}LAD_{mean}^{0.01063}$	0.717	17.47	0.709	19.04
	UT_1	$1.025hp95^{0.9305}CC^{1.190}H_{cv}^{-0.4916}VFP_{stdev}^{0.1773}$	0.944	9.54	0.923	11.19
	$OT_1/M1$	$5.440H_{mean}^{0.7541}CC^{0.2503}H_{cv}^{0.004748}dp50^{0.4820}VFP_{cv}^{0.1034}$	0.650	17.09	0.714	17.36
	UT_1T_2	$3.471hp95^{0.9714}CC^{0.2059}H_{stdev}^{-0.2307}dp50^{0.5877}LAD_{mean}^{0.02773}$	0.712	17.89	0.714	17.84
	$T_1T_2T_3$	$1.684hp95^{1.670}CC^{0.01596}H_{stdev}^{-1.070}dp75^{0.2504}LAD_{mean}^{-0.03351}$	0.848	10.82	0.788	12.77
	M2	$0.1722hp95^{2.199}CC^{0.2986}H_{stdev}^{-0.6148}dp50^{0.2873}VFP_{mean}^{0.7234}$	0.808	15.74	0.741	18.68

由表 6-23 可以看出，采用变量组合穷举法建模时，4 个垂直结构类型的蓄积量估测模型的 LiDAR 变量解释率和估测精度，均高于不分层时的变量解释率和估测精度，4 个层的 rRMSE 分别减小了 53.5%、12.0%、15.1% 和 39.3%，加权平均减小了 21.5%。聚类后 2 个层的估测精度，虽低于 4 个原始类型的估测精度，但也较不分层时的估测精度分别提高了 12.0% 和 9.0%，按样地数量加权平均计算，

聚类后估测精度提高了 10.7%。断面积估测模型的表现与蓄积量估测模型类似，6
个层的 LiDAR 的变量解释率均大于不分层时全部样本的变量解释率，UT_1、OT_1、
UT_1T_2、$T_1T_2T_3$ 层的 rRMSE 分别减小了 41.2%、8.8%、6.3% 和 33.0%，加权平均
减小了 15.8%。聚类后，M1、M2 层的 rRMSE 分别减小了 8.8%、1.9%，按样本
数加权平均计算，聚类后的 rRMSE 降低了 5.8%，说明聚类后模型的估测精度得
到一定程度的提高。

变量组合穷举法最优模型的残差分布与经验性模型类似，略为偏大估测，总
体上近似随机分布，属无偏估计，也表现为当蓄积量和断面积较小时，残差偏大，
反之，残差偏小（图 6-10）。

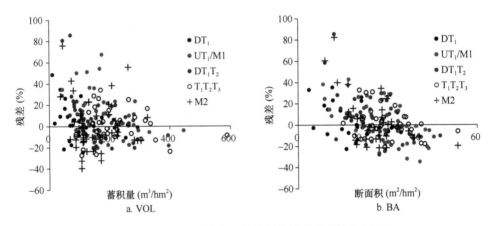

图 6-10　变量组合穷举寻优法最优模型的残差分布图

6.4.4.3　经验模型和变量组合穷举法模型表现的比较

比较表 6-23 和表 6-22 的模型检验结果，可以发现（表 6-24）：无论是蓄积量
模型还是断面积模型，无论分层与否，变量组合穷举法最优模型的表现均优于
经验模型，表现为模型变量的解析率得到不同程度的提高，最高提高了 12.8%，
模型误差也出现不同程度减小的情况，最大减小了 22.8%；不分层和聚类后的
M2 层，因经验模型和变量组合穷举法的最优模型相同，变量解析率和模型误差
不变。

无论是蓄积量模型还是断面积估测模型，各个层的变量组合穷举法的最优
模型的结构都不相同，如垂直结构相近的 UT_1、UT_1T_2、$T_1T_2T_3$ 层的蓄积量估
测的 LiDAR 变量组合分别为 H_{mean}、CC、VFP_{mean}，H_{mean}、CC、H_{cv}、dp50、
VFP_{stdev}，H_{mean}、CC、H_{stdev}、dp75、LAD_{mean}。说明了不同的垂直结构和不同
的森林参数，需要用不同的 LiDAR 变量进行分析和估测，进一步证明了 6.2 节
的结论。

表 6-24　经验模型和变量组合穷举法模型表现的比较

森林参数	层	经验模型		穷举法模型		模型改善（%）	
		R^2	rRMSE（%）	R^2	rRMSE（%）	R^2	rRMSE
VOL	不分层	0.815	21.01	0.815	21.01	0.0	0.0
	UT$_1$	0.97	11.63	0.976	9.78	0.6	−15.9
	OT$_1$/M1	0.757	20.25	0.821	18.5	8.5	−8.6
	UT$_1$T$_2$	0.83	17.6	0.839	17.02	1.1	−3.3
	T$_1$T$_2$T$_3$	0.85	17.95	0.894	14.89	5.2	−17.0
	M2	0.856	19.11	0.856	19.11	0.0	0.0
BA	不分层	0.668	19.8	0.709	19.04	6.1	−3.8
	UT$_1$	0.871	14.49	0.923	11.19	6.0	−22.8
	OT$_1$/M1	0.633	17.42	0.714	17.36	12.8	−0.3
	UT$_1$T$_2$	0.67	18.91	0.714	17.84	6.6	−5.7
	T$_1$T$_2$T$_3$	0.704	15.1	0.788	12.77	11.9	−15.4
	M2	0.723	18.85	0.741	18.68	2.5	−0.9

6.4.5　森林垂直结构分层对森林参数估测精度影响的机理

分层后，除 UT$_1$、M2 层外，各层（含聚类后的 2 个层）的目标变量（蓄积量和断面积）和 LiDAR 变量的变动系数，大部分小于不分层时相应的目标变量和 LiDAR 变量的变动系数（表 6-25），说明分层后，各层的同质性得到提高。UT$_1$ 层的 LAD$_{cv}$ 也小于不分层时的 LAD$_{cv}$。分层后，模型的因变量和自变量的变动都在一定程度减小，可能是模型精度得以提高的原因。

表 6-25　垂直结构分类后森林参数和 LiDAR 变量的变动系数 （%）

层	BA	VOL	hp95	H_{mean}	H_{cv}	CC	dp50	dp75	LAD$_{mean}$	LAD$_{cv}$	VFP$_{mean}$	VFP$_{cv}$	H_{mean}×CC
不分层	0.33	0.48	0.27	0.31	0.27	0.12	0.29	0.60	1.26	4.40	0.36	5.98	0.32
UT$_1$	0.41	0.68	0.41	0.47	0.31	0.16	0.43	1.01	1.41	4.18	0.40	5.00	0.49
OT$_1$/M1	0.29	0.41	0.24	0.26	0.21	0.11	0.21	0.48	1.19	4.30	0.34	6.10	0.27
UT$_1$T$_2$	0.33	0.42	0.24	0.25	0.33	0.07	0.28	0.55	0.83	4.55	0.21	5.84	0.28
T$_1$T$_2$T$_3$	0.28	0.46	0.21	0.26	0.38	0.13	0.25	0.53	1.48	4.78	0.21	6.58	0.27
M2	0.36	0.55	0.32	0.35	0.34	0.12	0.32	0.69	1.37	4.52	0.39	5.84	036

注：H_{cv}、LAD$_{cv}$ 和 VFP$_{cv}$ 为均值

UT$_1$ 层的目标变量和绝大部分 LiDAR 变量的变动系数均大于不分层时相应变量的变动系数，故蓄积量和断面积模型的精度低于不分层时的模型精度。其可能的直接原因是：UT$_1$ 层的林分高一般不超过 10.0 m（见 7.5.1 节），多为幼中龄林。

这些林分的天然林中，松树林虽多为同龄林，但非同龄林，林木年龄仍存在一定差异，林木直径分布不均匀，并且一些林分中出现"霸王木"——母树，在林分平均高和郁闭度相同的情况下，蓄积量和断面积存在较大差异。阔叶林均为异龄林，不同林分间蓄积量和断面积的差异更大。总之，幼中龄天然林中较大的异质性是造成蓄积量、断面积和 LiDAR 变量变动较大的原因。UT_1 层较大的异质性在很大程度上影响了包含该层的 M2 层。M2 层的目标变量和 LiDAR 变量的变动情况与 UT_1 层类似，均大于全部样本。

UT_1 层的目标变量和 LiDAR 变量的变动较大，但其目标变量的变化与 $H_{mean} \times CC$ 的变化表现为良好的一致性（图 6-7），估测精度较高，故目标变量和 LiDAR 变量的变动的大小不是影响模型精度的唯一条件或必要条件。采用 Pearson 相差性分析的结果表明：除 H_{cv} 外，其余经验普适性模型的 LiDAR 变量的相关系数均大于全部样本（表 6-26）。

表 6-26 森林参数与 LiDAR 变量的相关性分析表

参数	层	hp95	H_{mean}	H_{cv}	CC	dp50	dp75	LAD_{mean}	LAD_{CV}	VFP_{mean}	VFP_{cv}
	不分层	0.819**	0.899**	−0.285**	0.197**	0.601**	0.740**	−0.186**	0.267**	−0.224*	0.176
	UT_1	0.879**	0.925**	−0.124	0.415**	0.727**	0.847**	−0.201	0.486**	−0.504**	0.479**
VOL	$OT_1/M1$	0.801**	0.863**	−0.261**	0.178*	0.461**	0.653**	−0.172*	0.264**	−0.522**	0.565**
	UT_1T_2	0.734**	0.878**	−0.510**	0.289*	0.713**	0.742**	−0.2445	−0.041	−0.431**	0.614**
	$T_1T_2T_3$	0.820**	0.913**	−0.083	0.248	0.686**	0.798**	−0.1097	0.323*	−0.336*	0.743**
	M2	0.865**	0.924**	−0.032	0.175	0.677**	0.818**	−0.229*	0.349**	−0.713**	0.764**
	不分层	0.672**	0.773**	−0.392**	0.348**	0.699**	0.697**	−0.157*	0.174**	−0.194*	0.154
	UT_1	0.728**	0.807**	−0.362**	0.606**	0.813**	0.808**	−0.204	0.344*	−0.518**	0.462**
BA	$OT_1/M1$	0.602**	0.690**	−0.397**	0.339**	0.610**	0.634**	−0.121	0.144	−0.338**	0.452**
	UT_1T_2	0.613**	0.770**	−0.573**	0.257	0.764**	0.672**	−0.149	−0.076	−0.340*	0.562**
	$T_1T_2T_3$	0.794**	0.875**	−0.020	0.455**	0.812**	0.752**	−0.059	0.349*	−0.123	0.816**
	M2	0.759**	0.826**	−0.187*	0.327**	0.762**	0.726**	−0.223*	0.284**	−0.704**	0.756**

注：**在 0.01 水平（双侧）上显著相关；*在 0.05 水平（双侧）上显著相关

然而，由表 6-24 和表 6-26 可以看出，hp95 与 BA 的相关系数大多小于 H_{mean} 与 VOL 的相关系数，但模型的构造变量仍为 hp95，因此，相关系数也难以解释估测模型的精度问题。有关垂直结构分层如何影响模型精度的问题，需要进一步的研究探讨。

6.4.6 基于垂直结构分类的森林参数估测应用策略

本节研究表明：根据冠层垂直结构分层后，森林参数估测精度得到一定程度的改善；分层的数量越多，估测精度提高的程度越大。综合考虑成本效率，在实际森林资源调查监测中，基于垂直结构分层的机载激光雷达森林参数估测可通过如下策略实现：①在应用区域不是太大或机载激光雷达获取工期不是太长时，可先通过机载激光雷达数据进行分层（方法见第 7 章）和聚类（以聚合为 2 层为宜），然后以层为单位布设样地；②当上述方法不可行且样地数量超过 100 个时，可在获取机载激光雷达数据和样地调查完成后通过后分层的方法进行森林参数估测。

6.5　机载激光雷达大区域亚热带森林中灌木层和草本层生物量估测

6.5.1　灌木层和草本层生物量激光雷达估测研究进展

林下植被主要由灌木、乔木幼树及草本组成，是森林生态系统的重要组成成分。林下植被对营养元素与微环境的变化较为敏感（Nilsson and Wardle，2005），土壤性质发生改变将影响林下植被种群组成与生物量的变化，因此，林下植被是评估森林林内微环境的一个重要因素（Nilsson and Wardle，2005；Venier et al.，2019）。林下植被密集的地段土壤表层的细根生物量多（Dang et al.，2018），有利于表层土壤免受降雨溅蚀，是水土保持、地力维持的一个重要因素（Nilsson and Wardle，2005）。林下植被为许多野生动物提供食物与栖息地，影响着野生动物生存繁殖与种群承载能力，是保持生态平衡的重要组成部分（Martire et al.，2015；Blakey et al.，2017）。此外，林下植被还与森林火灾（Bessie and Johnson，1995；Hély et al.，2000；Riano et al.，2007；Sankey et al.，2021）、森林冠层结构（Latifi et al.，2016；Singh et al.，2011）、森林更新演替（Ali et al.，2019；Korpela et al.，2012）、碳循环（Hudak et al.，2012；Pasalodos-Tato et al.，2015）等具有密切联系，尽管林下植被生物量在森林地上生物量中比重不高，但在维持森林生态系统稳定方面起着至关重要的作用，是一个重要的生态指标。因此，探明林下植被生物量有助于加强生态系统管理、促进生态平衡与环境协调发展。

长期以来，灌木层和草本层生物量估测大多采用收获法、标准木法、目测法进行，存在破坏性大、成本高、效率低、精度不可控等问题（Greaves et al.，2015；Huff et al.，2018；Takoudjou et al.，2018），这些问题也限制了它们的应用规模。随着遥感技术的发展，利用航空照片与卫星影像能够实现大区域林分生长状况和生态环境信息的获取，然而光学遥感难以穿透森林冠层，获取森林三维结构信息的能力有限。激光雷达作为一种主动遥感技术可以有效穿透森林冠层，在获取森林垂直结构参数方面有着光学遥感无法比拟的优势。一些学者采用地基激光雷达估测森林下木层生物量（Alonso-Rego et al.，2020；Li et al.，2021；Loudermilk et al.，2009），但受实际地物的遮挡，地基激光雷达工作范围一般较小，且会受到下层树干的影响。

机载激光雷达广泛用于森林地上生物量的估测，但多集中于乔木层的生物量估测。一些学者采用 ALS（Estornell et al.，2011，2012；Alonzoa et al.，2020；Greaves et al.，2016，2020；Li et al.，2017）和地基激光雷达（Anderson et al.，2018；Zhao et al.，2021）估测无乔木层遮挡的灌木林生物量，但森林中灌木层的生物量 ALS 估测鲜见报道。Brubaker 等（2018）在美国宾夕法尼亚州中部的落叶混交林中，采用有叶（leaf-on，7 月）和落叶（leaf-off，12 月）2 套 LiDAR 数据（点云密度约为 10 点/m²），通过随机森林方法估测灌木层生物量，8 个变量（包括海拔、坡度 2 个地形变量）的解释率（pseudo R^2）为 24%，相对均方根误差（rRMSE）为 120%。也有一些学者关注森林下层植被覆盖度，Latifi 等（2017）在德国巴伐利亚国家森林公园以温带林为研究对象，采用随机森林、逻辑回归与 beta 回归三种方法对林下灌木、草本和苔藓覆盖度进行估测，结果表明在相同的点云密度下，灌木的覆盖度估测精度优于草本覆盖（如逻辑回归中，灌木为 R^2=0.52，RMSE= 8.09%，草本为 R^2=0.44，RMSE=21.09%）。Venier 等（2019）在加拿大佩塔瓦瓦研究林，采用线性混合效应模型与随机森林模型估测林下植被覆盖度，结果表明激光雷达点云数据具有预测林下植被覆盖的能力。在已经发表的少数几个研究中，均为温带森林，且研究范围均较小，未见大区域亚热带森林中灌木层、草本层生物量估测的研究报道。

本研究通过 770 个样地，开展机载激光雷达大区域森林下层生物量估测研究。本研究主要目的是：①探讨机载激光雷达估测大区域亚热带森林中灌木层和草本层生物量的可行性；②试图阐明乔木层覆盖度对灌木层和草本层生物量估测造成的影响。

6.5.2 灌木层和草本层生物量估测模型构建方法

6.5.2.1 研究区和数据

研究区为全广西，样地数据和 LiDAR 数据见 4.2 节和 4.3 节。

3 个试验区的地形地貌和灌木、草本组成有一定的差异。东部试验区的中北部和西部试验区林下灌木林主要种类为紫金牛（*Ardisia japonica*）、杜茎山（*Maesa japonica*）、柏拉木（*Blastus cochinchinensis*）、金粟兰（*Chloranthus spicatus*）、九节木（*Psychotria asiatica*）、罗伞树（*Ardisia quinquegona*）等，草本植物以蕨类为主，以狗脊（*Woodwardia japonica*）为标志；西部试验区中部和南宁试验区的北部、东部试验区中部林下灌木常见九节木、罗伞树等，草本层以乌毛蕨（*Blechnum orientale*）、金毛狗（*Cibotium barometz*）为标志，也常见沿阶草（*Ophiopogon bodinieri*）、麦冬（*Ophiopogon japonicus*）、薑草、姜（*Zingiber officinale*）等；东部、西部和南宁试验区的南部林下灌木植物常见九节木、紫金牛（*Ardisia japonica*）、罗伞树，还有不少棕榈科、露兜勒科植物，草本层植物以喜阴湿环境的高大蕨类植物为主。

根据每个样地内 3 个灌木层、草本层生物量调查样方的测量结果，计算各个样地的灌木层、草本层生物量（鲜重，kg/hm²），根据样地内的林木直径采用异速方程（蔡会德等，2018）计算样地的林木地上生物量（干重）。

根据样地调查和 ALS 数据分析，当 95%高度分位数低于 9 m 时，森林尚未出现明显的分层现象，幼树和灌木很少，同时当灌木层点云覆盖度低于 10%时，灌木层、草本层的生物量极小。因此，在本研究中，对于 95%高度分位数低于 9 m 且灌木层覆盖度小于 10%的样地，不参与灌木层生物量的估算。样地基本情况见表 6-27（乔木层生物量为干重，灌木层、草本层为鲜重）。

表 6-27　样地的生物量基本情况

森林类型	林层	样地数量	林分高		生物量	
			均值（m）	CV（%）	均值（10³kg/hm²）	CV（%）
杉木林	乔木层	149	11.01	21.91	93.03	27.27
	灌木层	149	0.93	105.36	1.33	126.42
	草本层	149	0.33	118.08	2.18	139.39
松树林	乔木层	204	14.18	25.59	120.71	31.33
	灌木层	204	1.44	118.48	3.49	127.24
	草本层	204	0.43	92.22	3.83	117.09
桉树林	乔木层	188	16.34	20.43	82.23	43.27
	灌木层	188	1.08	101.63	1.48	139.18
	草本层	188	0.54	85.15	4.82	102.21
阔叶林	乔木层	236	10.45	26.52	89.34	49.35
	灌木层	236	1.53	69.35	5.28	125.07
	草本层	236	0.47	98.04	3.18	151.96

由表 6-27 可以看出：①除阔叶林外，其余森林类型的草本层生物量均大于灌木层；②灌木层生物量中，阔叶林最大，其余依次是松树林、桉树林和杉木林；③草本层生物量中，桉树林最大，杉木林最小，松树林略大于阔叶林。以上情况与森林结构、经营管理强度有关。

6.5.2.2 灌木层和草本层的定义

将林下层划分为灌木层和草本层,其中,灌木层含乔木幼树。根据样地调查数据,草本层平均高度为 0.55 m,87.0%的草本层高度不超过 1.0 m,96.6%的草本层高度不超过 1.5 m;灌木层(含幼树)平均高为 2.0 m,88.3%的灌木层平均高小于 3.0 m。因此,将冠层高度低于 1.0 m 的划分为草本层,将冠层高度为 1.0~3.0 m 的划分为灌木层(图 6-11),据此分别提取 LiDAR 变量。

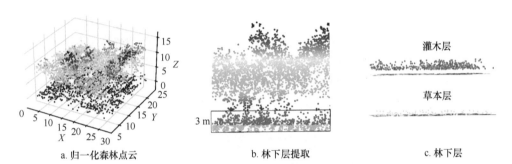

图 6-11 根据激光点云对灌木层和草本层进行分类

6.5.2.3 LiDAR 变量选择

生物量与林分三维结构密切相关。本研究的目的是灌木层和草本层生物量估测,但有研究表明,乔木上层对灌木林生物量存在较大影响,因此,针对 3 个林层——乔木层、灌木层和草本层,采用不同的 LiDAR 变量予以刻画。

郁闭度(CC)反映了水平上林分(主要为乔木层)枝叶的覆盖程度,分位数密度(dp50、dp75)分别反映了林分冠层中部与上部的枝叶分布状况(Næsset,2015),采用这 3 个密度变量刻画乔木层的覆盖情况。高度和密度变量刻画了林分的三维结构,垂直结构变量反映林层内亚优势树和下层林木的垂直分布,已经被成功用于生物量和森林参数估测(Bouvier et al.,2015;Fischer et al.,2019),因此,对于灌木层,采用覆盖度(SCC)、点云平均高(Sh$_{mean}$)、垂直枝叶剖面密度均值(VFP$_{mean}$)(Knapp et al.,2020)、叶面积密度均值(LAD$_{mean}$)(Bouvier et al.,2015),以及反映灌木层 1.5 m、2.0 m 和 2.5 m 处枝叶分布情况的 50%、70%和 85%分位数密度(dper50、dper70 和 dper85),共 7 个变量予以描述。草本层高度变化范围很小,采用覆盖度(HCC)和平均高(Hh$_{mean}$)予以描述。

对于灌木林,根据各个变量对各层的刻画情况,将以上 LiDAR 变量分为 3 个组,草本层和乔木层各只有 2~3 个变量,不予分组。各个 LiDAR 变量的含义如表 6-28 所示。

表 6-28　用于灌木层和草本层生物量估测的 LiDAR 变量

各层的变量	变量含义	变量组别
灌木层（1～3 m）		
SCC	灌木层覆盖度	1
Sh$_{mean}$	灌木层点云平均高度	1
VFP$_{mean}$	灌木层垂直枝叶剖面均值	2
LAD$_{mean}$	灌木层叶面积密度均值	2
dper50	灌木层 50%密度分位数	3
dper75	灌木层 75%密度分位数	3
dper85	灌木层 85%密度分位数	3
草本层（0～1 m）		
HCC	草本层覆盖度	1
Hh$_{mean}$	草本层点云平均高度	1
乔木层		
dp50	50%密度分位数	1
dp75	75%密度分位数	1
CC	覆盖度（郁闭度）	1

6.5.2.4　模型建立与检验

采用 4 种方法建立灌木层和草本层生物量估测模型：逐步回归（stepwise multiple regression model，SMR）、随机森林（random forests，RF）、乘幂模型（multiplicative nonlinear regression model，MNR）、多项式回归（polynomial regression，PR）。这 4 种建模方法属于常用统计建模方法，已被成功应用于估算林下植被生物量或覆盖度（Brubaker et al.，2018；Xu et al.，2020）。

在逐步回归和随机森林模型建立过程中，对于灌木林，初始变量包括描述灌木层结构的 7 个变量和描述乔木层结构的 3 个变量，共 10 个变量；对于草本层，初始变量包括描述草本层结构的 2 个变量和描述乔木层结构的 3 个变量，共 5 个变量。对于逐步回归，当 F 值的概率≤0.05 时自变量进入方程，F 值的概率≥0.1 时自变量予以剔除，直到方程中所有的自变量均符合进入模型的要求为止。在随机森林中，n_estimators 与 min_samples_leaf 是两个重要参数，利用 sklearn 包中 GridSearchCV 调整参数，确定 n_estimators 为 40，min_samples_leaf 为 4，同时为了降低特征的复杂性，计算 LiDAR 变量的重要性，选取前 4 个变量进行建模。

为得到解析性良好的乘幂模型，从表 6-28 的 3 组变量中各选取 1～2 个变量进行有规则的组合,得到包含 2~5 个 LiDAR 变量组合的乘幂模型。灌木林乘幂模型的变量组合规则为(表 6-29):①鉴于灌木层生物量与其覆盖度和平均高度密切相关(通过相关分析也验证了这一判断),故将覆盖度(SCC)与平均高度(Sh_{mean})设为固定变量;②由于乔木层密度对灌木层生物量存在影响,故当模型变量≥3个时,模型中至少包含一个上层的密度变量;③当模型变量≥4个时,依次在第2组和第3组中选取1个变量加入模型。据此规则组合,通过穷举法得到灌木林生物量估测的 36 个模型结构式。类似地,建立草本层乘幂模型的 LiDAR 变量组合规则(表 6-29),得到 4 个草本层生物量估测模型结构式。为避免过拟合情况,一元二次多项式回归(PR1)使用 SCC 或 HCC 构建,二元二次多项式回归模型(PR2)使用 2 变量的组合方式(表 6-29)。

表 6-29　模型变量的组合方式

林层	变量个数	变量的组合方式
灌木层	2	SCC+Sh_{mean}
	3	SCC+Sh_{mean}+1 个乔木层变量
	4	SCC+Sh_{mean}+1 个乔木层变量+第 2 组/第 3 组 1 个变量
	5	SCC+Sh_{mean}+1 个乔木层变量+第 2 组+第 3 组 1 个变量
草本层	2	HCC+Hh_{mean}
	3	HCC+Hh_{mean}+1 个乔木层变量

乘幂模型采用高斯–牛顿迭代法求模型参数。将样地数据按 70%和 30%的比例分为训练集与测试集,为减少随机误差造成的不稳定性,采用重复抽样方法进行 $n-1$ 次模型拟合和检验(n 为样地数),采用决定系数(R^2)和相对均方根误差(rRMSE)评估模型的拟合检验效果。通过 rRMSE 确定乘幂模型的最优模型。

6.5.3　灌木层和草本层生物量估测模型的表现

6.5.3.1　灌木层生物量估测模型的表现

模型拟合和检验结果表明(表 6-30):①所有森林类型、所有模型的估测效果都不好,表现为检验数据中 R^2 都小于 0.45,rRMSE 都大于 100%;②就模型变量的解释率而言,桉树林模型整体略好于其他森林类型,阔叶林模型最差,表明森林结构越复杂,模型变量的解释率越低;③就模型误差而言,桉树林和松树林略好,阔叶林最差,但 4 个森林类型相差不大;④在各个森林类型中,乘幂模型的表现略好于其他模型,但 5 个模型的估测误差均相差不大。

表 6-30　灌木层生物量估测的各类模型中最优模型的拟合及检验结果

森林类型	模型形式	模型/变量	拟合指标		检验指标	
			R^2	rRMSE（%）	R^2	rRMSE（%）
杉木林	SMR	$-379.65 + 23\,646.84 \times SCC + 761.86 \times Sh_{mean}$	0.276	107.2	0.248	108.8
	RF	$SCC,\ LAD_{mean},\ Sh_{mean},\ dp50\_x$	0.319	103.9	0.165	115.6
	PR1	$486.16 + 25\,878.19 \times SCC + 6\,029.02 \times SCC^2$	0.240	109.8	0.210	111.4
	PR2	$-95.84 + 17\,324.09 \times SCC + 29\,926.80 \times SCC^2 + 403.73 \times Sh_{mean} + 120.27 \times Sh_{mean}^2 + 2\,214.43 \times SCC \times Sh_{mean}$	0.278	107.0	0.210	111.3
	MNR	$9\,111.43 \times SCC^{0.585} \times Sh_{mean}^{0.665}$	0.257	108.6	0.230	110.0
松树林	SMR	$-3\,337.85 + 32\,410.43 \times SCC + 3\,784.07 \times Sh_{mean}$	0.315	105.1	0.289	105.1
	RF	$SCC,\ Sh_{mean},\ dper85,\ LAD_{mean}$	0.373	100.7	0.250	108.0
	PR1	$479.35 + 54\,035.14 \times SCC - 69\,734.49 \times SCC^2$	0.215	112.4	0.186	112.6
	PR2	$868.66 - 48\,948.73 \times SCC - 37\,338.62 \times SCC^2 - 548.64 \times Sh_{mean} + 565.72 \times Sh_{mean}^2 + 66\,114.98 \times SCC \times Sh_{mean}$	0.362	101.4	0.311	103.2
	MNR	$8\,635.76 \times SCC^{0.666} \times Sh_{mean}^{2.363} \times VFP_{mean}^{-0.310}$	0.385	99.6	0.337	101.1
桉树林	SMR	$-2\,781.98 + 17\,123.70 \times SCC + 1\,217.44 \times Sh_{mean} + 2\,525.99 \times CC$	0.426	105.2	0.407	105.3
	RF	$SCC,\ dper70,\ Sh_{mean},\ dper85$	0.526	95.6	0.393	106.3
	PR1	$-12.85 + 15\,168.16 \times SCC + 11\,077.70 \times SCC^2$	0.354	111.6	0.334	111.6
	PR2	$-60.61 - 4\,984.22 \times SCC - 243\,933.13 \times SCC^2 + 282.33 \times Sh_{mean} - 167.54 \times Sh_{mean}^2 + 23\,370.91 \times SCC \times Sh_{mean}$	0.473	100.8	0.422	103.6
	MNR	$32\,179.83 \times SCC^{1.279\,2} \times Sh_{mean}^{1.297\,1} \times CC^{1.224\,7} \times VFP_{mean}^{-0.569\,7}$	0.504	97.8	0.443	101.6
阔叶林	SMR	$-4\,421.78 + 26\,228.11 \times SCC + 5\,212.91 \times Sh_{mean}$	0.159	114.4	0.131	120.0
	RF	$dp50,\ VFP_{mean},\ CC,\ dper50$	0.271	105.7	0.125	119.2
	PR1	$3\,330.93 + 19\,504.698 \times SCC + 35\,432.34 \times SCC^2$	0.102	118.3	0.083	121.7
	PR2	$1\,971.88 - 71\,223.30 \times SCC + 25\,690.05 \times SCC^2 + 1\,125.84 \times Sh_{mean} - 9.36 \times Sh_{mean}^2 + 59\,212.27 \times SCC \times Sh_{mean}$	0.197	111.9	0.134	119.8
	MNR	$5\,165.51 \times SCC^{-0.342\,8} \times Sh_{mean}^{1.690\,9} \times dp75^{-0.123\,6}$	0.174	113.4	0.136	118.9

　　在逐步回归建模过程中，为取得理想的效果，曾尝试了取对数、开根号等方法，模型的 R^2 值有所提高，但 rRMSE 仍然很大。各个森林类型中，逐步回归模型和乘幂模型的变量都包含 SCC、Sh_{mean}（表 6-30），随机森林模型中，SCC 的重要性明显高于其他变量，Sh_{mean} 次之，其他 LiDAR 变量重要性较低且相差不大，说明 SCC 和 Sh_{mean} 在灌木层生物量估测中的解释性好于其他变量，这 2 个变量也较好地刻画了灌木层的三维结构。

　　将检验数据的模型估测值与实测值进行比较，可以看出生物量的预估值严重偏离 1：1 线，表明各个森林类型中所有模型的灌木层生物量预估效果都不好（图 6-12）。

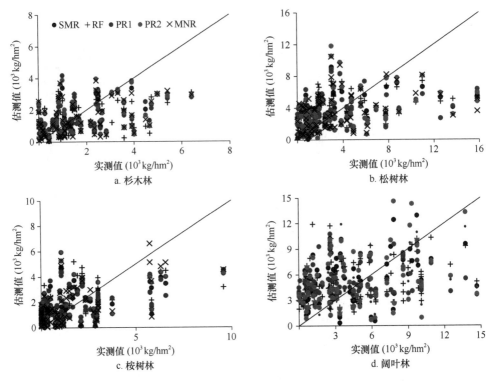

图 6-12　4个森林类型中各个灌木层生物量估测模型的估测值与实测值比较图

6.5.3.2　草本层生物量估测模型的表现

各个森林类型中各个草本层生物量估测模型的表现也都不好，比灌木层生物量的估测效果还差，表现为检验结果中 R^2 都小于 0.30，rRMSE 都大于 90%（表 6-31）。桉树林草本层的估测效果略好于其他森林类型，阔叶林最差。就模型变量的解释率而言，随机森林最差；就模型误差而言，各个模型十分接近，见表 6-31。

表 6-31　草本层生物量估测的各类模型中最优模型的拟合及检验结果

森林 类型	模型 形式	模型/变量	拟合指标		检验指标	
			R^2	rRMSE （%）	R^2	rRMSE （%）
杉木林	SMR	$-1\,947.25 + 56\,397.03 \times \mathrm{HCC} + 6\,336.19 \times \mathrm{Hh_{mean}}$	0.221	122.6	0.188	125.8
	RF	$\mathrm{Hh_{mean}}$，HCC，CC_x，dp50_x	0.231	121.0	0.074	135.0
	PR1	$2\,035.66 - 46\,541.02 \times \mathrm{SCC} + 1\,223\,188.85 \times \mathrm{SCC}^2$	0.231	121.8	0.226	122.7
	PR2	$1\,088.07 - 124\,017.11 \times \mathrm{HCC} + 1\,140\,447.27 \times \mathrm{HCC}^2 - 230.19 \times \mathrm{Hh_{mean}} +$ $4\,006.99 \times \mathrm{Hh_{mean}}^2 + 200\,297.34 \times \mathrm{HCC} \times \mathrm{Hh_{mean}}$	0.317	114.8	0.283	118.0
	MNR	$351\,114.66 \times \mathrm{HCC}^{-0.951\,7} \times \mathrm{Hh_{mean}}^{2.074\,8}$	0.195	124.7	0.175	127.2

续表

森林类型	模型形式	模型/变量	拟合指标		检验指标	
			R^2	rRMSE (%)	R^2	rRMSE (%)
松树林	SMR	$11\,300.02-18\,741.03\times CC+9\,295.15\times Hh_{mean}+4\,458.86\times dp50$	0.182	105.5	0.100	110.0
	RF	Hh_{mean}，HCC，CC_x，dp50_x	0.321	96.2	0.060	110.4
	PR1	$2\,393.35+14\,022.03\times SCC+218\,080.14\times SCC^2$	0.115	109.9	0.073	111.1
	PR2	$1\,229.27-1\,572.09\times HCC+139\,399.55\times HCC^2-1\,919.95\times Hh_{mean}+8\,250.83\times Hh_{mean}^2+68\,804.54\times HCC\times Hh_{mean}$	0.158	107.2	0.095	110.2
	MNR	$79\,991.39\times HCC^{0.604\,2}\times Hh_{mean}^{1.178\,3}\times dp50^{0.643\,3}$	0.160	107.1	0.102	107.9
桉树林	SMR	$-1\,241.35+25\,076.69\times HCC+9\,296.08\times Hh_{mean}$	0.175	92.6	0.149	93.0
	RF	Hh_{mean}，HCC，dp75_x，dp50_x	0.270	87.7	0.098	93.7
	PR1	$935.74+52\,234.19\times SCC-105\,879.78\times SCC^2$	0.130	95.1	0.104	94.6
	PR2	$1\,484.96+36\,581.52\times HCC-69\,247.35\times HCC^2-9\,686.06\times Hh_{mean}+21\,827.21\times Hh_{mean}^2+20\,924.49\times HCC\times Hh_{mean}$	0.186	92.0	0.130	93.1
	MNR	$34\,857.17\times HCC^{0.513\,8}\times Hh_{mean}^{0.769\,1}$	0.174	92.7	0.138	92.7
阔叶林	SMR	$-2\,797.85+34\,559.03\times HCC+9\,657.28\times Hh_{mean}$	0.127	141.6	0.101	144.3
	RF	Hh_{mean}，HCC，CC_x，dp50_x	0.232	131.9	0.101	147.0
	PR1	$954.39+60\,002.17\times SCC-138\,836.31\times SCC^2$	0.111	143.0	0.097	145.3
	PR2	$-719.39-34\,370.47\times HCC-79\,111.87\times HCC^2+5\,825.18\times Hh_{mean}-4\,380.36\times Hh_{mean}^2+201\,610.44\times HCC\times Hh_{mean}$	0.177	137.6	0.121	143.9
	MNR	$85\,693.58\times HCC^{0.608\,0}\times Hh_{mean}^{1.689\,7}$	0.171	138.1	0.151	141.5

各个森林类型的随机森林模型中，HCC 的重要性最高，Hh_{mean}、CC 次之，dp50、dp75 相差不大。除松树林类型外，逐步回归模型都包含有 HCC、Hh_{mean}，这一结果与灌木层相似，表明草本层覆盖度与平均高度比其他 LiDAR 变量具有较好的解释性。将各个森林类型各个模型估测值与实测值进行比较，可以看出模型估测值严重偏离 1∶1 直线（图 6-13），表明各个方法构建的模型的预测效果都不佳。

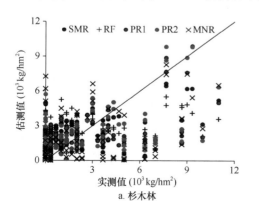

a. 杉木林

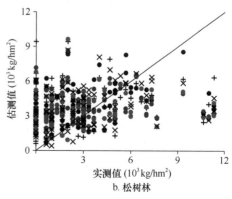

b. 松树林

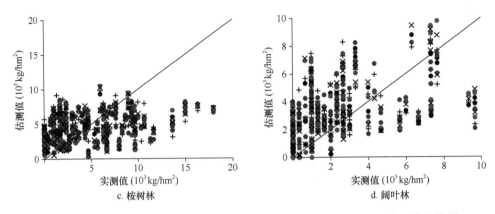

图 6-13 4 个森林类型各 5 个草本层生物量估测最优模型的估测值与实测值比较图

由表 6-30 和表 6-31，可以作如下总结：①各个森林类型中，灌木层和草本层生物量的估测效果都不好，表现为各个模型的 rRMSE 均大于 100%（桉树林草本层各个模型的 rRMSE 均大于 90%）；②灌木层生物量估测模型的表现略好于草本层估测模型，表现为除桉树林外，各个森林类型各个模型的误差均小于草本层；③无论是灌木层还是草本层，桉树林的估测效果最好，松树林次之，阔叶林最差，但估测误差均很大。

6.5.3.3 乔木层覆盖度对灌木层和草本层生物量估测精度的影响

乔木层 LiDAR 变量 dp50 代表林分冠层中部枝叶的分布状况，故依据 dp50 对乔木层的覆盖度进行分层（分为 2 层），以探讨不同乔木层覆盖度对下层 LiDAR 变量的影响。由于灌木层和草本层的样地数量分层后不同，为确保分层后各层的样地数量相近，故对灌木层和草本层采用不同的乔木层覆盖度分组标准。分析结果表明：上层的覆盖与生物量的相关性呈现负相关规律；不分层情况下，不同森林类型 SCC、Sh_{mean}、HCC、Hh_{mean} 相关性较高；当乔木层覆盖度较低时，整体上各个 LiDAR 变量与灌木层生物量间的相关性高于覆盖度较高时的情况，见图 6-14。

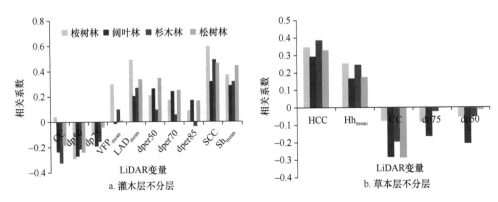

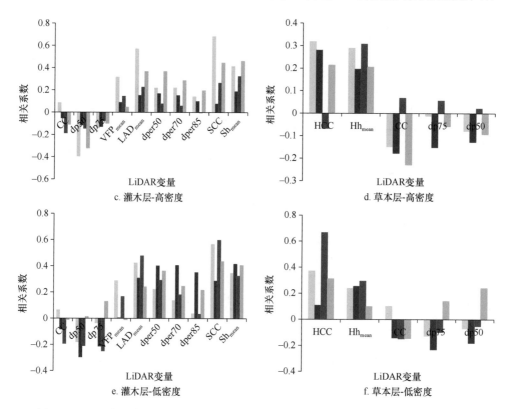

图 6-14　不同森林类型分层与不分层下灌木层和草本层生物量与 LiDAR 变量的相关性

为进一步分析乔木层覆盖度对灌木层和草本层生物量估测精度的影响，将乔木层根据覆盖度（dp50）分组后采用逐步回归方法建立灌木层和草本层生物量估测模型。鉴于研究区范围大，样地数量有限，每个森林类型分为 2 个组。为确保各个森林类型分组后各组的样地数量相近，灌木层与草本层的分组标准不同。在灌木层与草本层中，杉木林、松树林、桉树林和阔叶林分组的 dp50 阈值分别为0.85、0.75、0.60 和 0.75。结果表明（表 6-32）：①分层后，除桉树林森林类型外，各个森林类型中，低覆盖度灌木林和草本层生物量的估测效果好于不分层的估测效果；②各个森林类型中，乔木层覆盖度低的灌木层和草本层生物量的估测效果略好于乔木层覆盖度较高的估测效果（桉树林灌木层除外），表现为前者的 R^2 略高于后者，rRMSE 则相反，但差异不大，说明乔木层覆盖度对灌木层和草本层生物量估测精度存在一定的影响。

比较表 6-32 和表 6-30、表 6-31，有如下发现：①分层后，各个森林类型中，低覆盖度层的灌木林和草本层生物量的估测效果均好于不分层的估测效果（桉树林的灌木层除外）；②乔木层覆盖度较低时，各个森林类型中，无论是灌木层生物

表 6-32 根据乔木层覆盖度（dp50）分层后灌木层和草本层生物量逐步回归估测效果

森林类型	林层	层	样地数量	模型	拟合指标		检验指标	
					R^2	rRMSE（%）	R^2	rRMSE（%）
杉木林	灌木层	低覆盖度		$1.80 + 32\,411.69 \times SCC$	0.357	78.0	0.250	80.9
		高覆盖度		$-242.92 + 1\,060.23 \times Sh_{mean}$	0.106	126.1	0.094	126.4
	草本层	低覆盖度		$-6\,730.63 + 105\,368.39 \times HCC + 11\,917.26 \times H_{mean}$	0.511	87.9	0.377	98.5
		高覆盖度		$-703.01 + 5\,476.12 \times H_{mean}$	0.094	127.9	0.104	129.7
松树林	灌木层	低覆盖度		$-6\,103.13 + 31\,185.52 \times SCC + 4\,605.27 \times Sh_{mean} + 5\,420.13 \times dp75$	0.326	78.4	0.252	77.2
		高覆盖度		$-3\,337.23 + 3\,558.30 \times Sh_{mean} + 38\,923.24 \times SCC$	0.301	118.0	0.260	120.3
	草本层	低覆盖度		$-4\,625.04 + 49\,952.85 \times HCC + 8\,107.31 \times dp50$	0.172	87.9	0.158	88.9
		高覆盖度		$13\,997.52 - 16\,663.25 \times CC + 8\,084.82 \times H_{mean}$	0.111	112.6	0.055	114.3
桉树林	灌木层	低覆盖度		$-1\,204.12 + 14\,018.66 \times SCC + 1\,352.12 \times Sh_{mean}$	0.364	109.3	0.309	113.0
		高覆盖度		$-4\,455.96 + 25\,457.69 \times SCC + 3\,105.81 \times dper70 + 5\,137.59 \times CC$	0.540	95.4	0.442	102.8
	草本层	低覆盖度		$-1\,344.89 + 26\,780.60 \times HCC + 8\,222.91 \times H_{mean}$	0.180	90.0	0.132	90.6
		高覆盖度		$-1\,603.96 + 29\,725.98 \times HCC + 10\,114.89 \times H_{mean}$	0.165	95.0	0.030	98.4
阔叶林	灌木层	低覆盖度		$-7\,353.353 + 10\,232.271 \times Sh_{mean}$	0.174	103.8	0.068	102.8
		高覆盖度		$-558.802 + 3\,233.860 \times Sh_{mean}$	0.035	118.4	0.032	120.2
	草本层	低覆盖度		$-1\,938.74 + 14\,512.03 \times H_{mean}$	0.065	125.3	0.082	127.5
		高覆盖度		$-2\,264.60 + 51\,790.78 \times HCC + 7\,233.00 \times H_{mean}$	0.128	130.9	0.081	134.6

量还是草本层生物量，它们的估测效果均略优于乔木层覆盖度较高时的估测效果，桉树林的灌木层除外；③当乔木层覆盖度较高时，各个森林类型中，灌木层和草本层的估测效果均差于不分层时的估测效果，桉树林灌木层和阔叶林草本层除外。

尽管分层后各个森林类型在较低乔木层覆盖度时灌木层和草本层生物量估测的精度有所改善，但灌木层和草本层的 rRMSE 仍然分别大于 77%和 88%，说明分层后灌木层和草本层生物量估测结果也均不可靠。但上述说明了乔木层覆盖度对灌木层和草本层生物量的估测存在较大影响。

6.5.4 灌木层和草本层生物量估测的影响机制

灌木层和草本层是森林生态系统的重要组成部分，具有重要生态学意义和林学意义，对森林中灌木层和草本层生物量估测进行研究，不但有助于摸清区域森林地上生物量构成、探明森林的垂直结构、制定森林生态系统的管理决策，而且也有助于探明机载激光雷达在森林资源调查和生态监测应用中的潜力。

在本研究中，我们以广西为研究区，通过 770 个地面样地和 LiDAR 数据，采用逐步回归、随机森林、多元线性回归模型、多元乘幂模型对亚热带森林中的灌木层和草本层生物量进行估测。就研究范围、样地量和研究方法而言，本研究结论对中国南方甚至其他亚热带地区森林中灌木层和草本层生物量的估测，都具有代表性。

　　虽然机载激光雷达具有良好的穿透性，广泛用于森林三维结构刻画和乔木层参数估测，但本研究结果表明，中低密度机载激光雷达数据在大区域亚热带森林灌木层和草本层生物量估测中的可靠性都很差。本研究结果略优于 Brubak 等（2018）的研究结果，但十分相近，进一步证明了中低密度机载激光雷达在森林灌木层和草本层生物量估测中的局限性。

　　我们发现，森林类型和乔木层覆盖度都对模型表现产生较大影响：森林结构越复杂，模型精度越低（表 6-30 和表 6-31）；乔木层覆盖度越大，模型精度越低（表 6-32）；草本层的估测精度低于灌木层（表 6-29～表 6-32）。Latifi 等（2016）在德国巴伐利亚国家森林公园利用机载激光雷达数据估算温带森林上层与森林下层覆盖度时，认为 LiDAR 预测因子与植被密度之间的关系受森林类型影响，在某些情况下森林类型会影响模型的预测精度。Venier 等（2019）使用机载激光雷达数据在加拿大佩塔瓦瓦进行林下覆盖度估测取得较好的结果，他们将林分划分为松树林、红栎林、无松树混交林和有松树混交林 4 类，认为森林类型对林下层覆盖度预测影响不大。不同的森林结构得到不同的研究结果，某种程度上说明灌木层的不确定因素较多。Liu 等（2020）在甘肃莲花山国家级自然保护区以云杉与刺柏为主要树种的林分中，分析了郁闭度对激光脉冲损耗率的影响，他们发现森林中的损失率远高于开阔地的损失率，脉冲的损耗会影响覆盖度且森林的冠层阻碍了激光脉冲的返回。这与我们的研究中当上层覆盖度较大时，森林下层生物量估测结果较差的结果一致。Korpela 等（2008）对芬兰南部森林的研究中也表明对于被遮挡的森林下层树，估测精度不会太高。Hamraz 等（2017）研究认为受冠层的遮挡及林下层返回的机载激光雷达回波数较少，森林下层无法与上层一样精确分割。根据激光雷达方程，接收器接收到的反射回来的脉冲受发射能量、目标物体有效面积和激光束发射角度、测距距离等影响（Liu et al.，2011；Wagner et al.，2006）。在激光脉冲主动探测应用中，激光的后向散射信号太弱导致脉冲丢失（Liu et al.，2020），激光雷达脉冲穿过冠层间的缝隙到达下层，当森林上层密度较大时，并不能获得完整脉冲反射信号，后向散射信号随测距距离的增大也会导致检测到的后向散射信号较少，故激光后向散射可能导致与实际地物不符。森林下层的冠层通常会比森林上层小，冠层中小的反射面或倾斜的反射面也会影响脉冲后向散射，从而造成传输损耗。由于枝叶的竞争生长，林冠在垂直剖面上的变化趋势是不同的，高 LAD 值的森林冠层通常比低 LAD 值的森林冠层有更大的背散射截面和更强的背散射能量，森林下层的 LAD 值较低，受脉冲传输损耗影响，脉冲的传输损耗使林下层的解释变得复杂（Kamoske et al., 2019; Korpela et al., 2012）。激光脉冲的损耗率随距离、扫描角度、地表特征和林冠结构的不同而变化。草本植被较矮小，在激光雷达点云数据中区分地面与草本存在一定困难（Li et al., 2017）。同时草本层受上层的影响比灌木层更大，不确定因素较多。本研究中草本层的估测精度低于灌木层，这一结果与 Li 等（2017）的研究一致。总之，森林上层的冠幅遮挡导致的脉冲损耗，使得机载激光雷达点云在刻画结构复杂森林中灌木层和草本层三维结构的不确定性很大，从而导致大区域亚热带森林中灌木层和草本层生物量估测效果很差。

机载激光雷达估测森林中灌木层和草本层生物量的不确定因素可能还有很多，如飞行过程的误差及点云数据处理与分类误差都有可能影响下层生物量估测精度，提高点云密度是否有助于改善估测精度，如此等等，需要进行更多的研究，以确定机载激光雷达用于大面积森林中灌木层和草本层生物量制图的可行性。

本节研究基于中低密度点云对大区域亚热带森林中的灌木层和草本层生物量，采用逐步回归、随机森林、多项式回归、多元乘幂模型进行估测，所有模型的表现都很差；森林结构越复杂，模型精度越低；乔木层覆盖度越大，模型精度越低；灌木层生物量的估测精度略好于草本层生物量的估测精度。本节研究表明，应对大区域亚热带森林中灌木层和草本层生物量的 LiDAR 估测持谨慎态度，至少应采取更为科学合理的技术路径。

6.6 森林参数估测结果与小班全林实测结果的比较分析[*]

为分析森林参数估测结果与小班全林实测结果的差异，在实际应用中，对东部试验区和西部试验区都进行了估测结果和实测结果的比较。现以西部试验区为例，介绍估测结果与实测结果的差异。

6.6.1 西部试验区森林参数估测模型

西部试验区森林蓄积量和平均高估测实际应用的模型式为模型式（6.10），模型参数如表 6-33 所示。

表 6-33 西部试验区林分蓄积量和平均高估测实际应用模型的参数

森林类型	森林参数	a_0	a_1	a_2	a_3	a_4	a_5
杉木林	VOL	15.466 2	1.22	0.779 7	0.104 6	−0.148 4	0.547 6
	H	1.588 8	0.834 4	0.046 9	0.048 44	0.098 76	−0.204 3

---

[*] 生产性实际应用早于本章的其他研究，森林参数估测均采用 6.1 节的经验模型。

续表

森林类型	森林参数	a_0	a_1	a_2	a_3	a_4	a_5
松树林	VOL	10.745 1	1.359	−0.063 83	−0.074 68	−0.052 62	0.483 4
	H	1.971 3	0.896	0.036 32	−0.062 54	0.132	−0.041 39
桉树林	VOL	6.624 2	1.349 6	0.264 2	0.034 25	0.061 77	0.369 1
	H	2.636	0.739 6	−0.047 69	−0.008 5	0.091 4	0.019 93
阔叶林	VOL	2.596 7	1.288	0.715 5	0.078 36	−0.150 1	−0.674 9
	H	1.286 9	0.696 8	0.108 4	0.013 68	−0.058 28	−0.481 1

模型的检验结果如表 6-34 所示。

表 6-34　西部试验区实际应用模型的检验结果

森林类型	森林参数	R^2	SEE	TRE	MSE	MPE	MPSE	rRMSE
杉木林	VOL	0.789	45.02	−0.4	−0.09	6.34	15.59	21.03
	H	0.853	1.19	−0.2	0.11	3.08	8.13	10.23
松树林	VOL	0.848	34.79	−0.48	−0.43	4.4	12.7	15.93
	H	0.844	1.55	0.2	0.47	2.86	8.5	10.38
桉树林	VOL	0.772	31.1	1.41	0.3	5.35	16.69	20.06
	H	0.738	1.71	0	0.26	2.72	7.79	9.88
阔叶林	VOL	0.575	45.76	−3.99	−2.76	10.82	34.22	35.78
	H	0.561	1.94	0.18	0.31	4.6	13.18	16.69

6.6.2　全林实测小班数据和比较方法

2019 年 3 月至 2020 年 3 月，在 29 个县进行了 134 个小班（图 4-21）的全林实测调查（调查方法是对直径≥5.0 cm 的林木进行每木检尺，每个径级测量 3 株平均木，通过形高表计算林分蓄积量），其中有 9 个位于国境线 25 km 范围内，有 5 个小班经激光雷达点云检验发现树高测量存在较大问题，剔除以上小班后，剩余 120 个小班，其中，杉木林 35 个，松树林 21 个，桉树林 17 个，阔叶林 47 个。

根据表 6-33 的模型采用 3.5 节的方法进行林分蓄积量和平均高制图后，采用 9.3 节介绍的方法将估测结果提取到小班属性库中，得到小班中两个森林参数的成对值——估测值和实测值，据此进行比较分析。

6.6.3　森林参数 LiDAR 估测结果与全林实测结果的比较

120 个小班的林分平均高、蓄积量均位于 1∶1 直线的两侧，但蓄积量的分布略为分散，全林实测小班的蓄积量的误差略为偏大，见图 6-15。

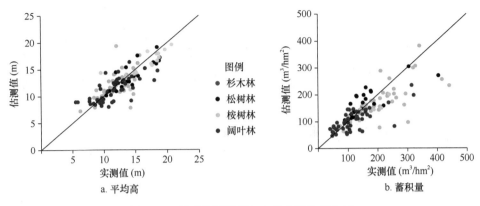

图 6-15   模型估测结果与全林实测结果比较

统计结果表明：与全林实测结果相比，模型估测结果林分平均高相对误差为 −0.82%，73.3% 的小班的林分平均高误差≤±15%；林分蓄积量平均误差为−2.23%，误差≤±25% 的小班个数占全部小班数的 65.8%。详见表 6-35。

表 6-35   120 个小班的模型估测结果与全林实测结果的相对误差

森林参数	均值（%）	误差≤±15%的比重（%）	误差≤±25%的比重（%）	误差≤±35%的比重（%）
平均高	−0.82	73.3	90.0	
蓄积量	−2.23		65.8	78.3

总体上，估测值的误差基本上呈随机分布，见图 6-16。

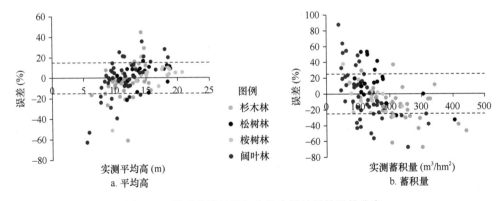

图 6-16   模型估测结果与全林实测结果的误差分布

配对样本 t 检验的结果表明：120 个小班的林分平均高和蓄积量的估测值与实测值的均值之间均无显著性误差（α=0.05）。

需要说明的是，全林实测小班调查时间和激光雷达数据获取时间的时间间隔最长达 6 个月，在这个间隔期内，实测小班是否发生了抚育间伐、择伐（"拔大毛"）

等强烈的人为影响不得而知，而且，在这个间隔期内，林分也存在自然生长的过程。此外，全林实测小班的调查技术要求不如样地调查严格。因此，全林实测小班反映的误差，并非真正的模型误差，但也具有一定的参考价值。

东部试验区模型估测结果与全林实测结果的差异情况与西部试验区相似。

与样地检验样本相比，模型估测值与全林实测小班的误差略大，但也无显著性差异，说明模型估测结果可靠。

由于全林实测小班调查的技术要求的程度低于样地调查，所以，模型估测误差以样地检验结果为准，全林实测小班的检验结果仅供参考。

参 考 文 献

蔡会德, 莫祝平, 农胜奇, 等. 2018. 广西林业碳汇计量研究. 南宁: 广西科学技术出版社.

陈松, 孙华, 吴童, 等. 2020. 基于 Sentinel-2 与机载激光雷达数据的误差变量联立方程组森林蓄积量估测. 中南林业大学学报, 40(2): 44-53.

惠刚盈, 赵中华, 陈明辉. 2020. 描述森林结构的重要变量. 温带林业研究, 3(1): 14-20.

李永慈, 唐守正. 2006. 带度量误差的全林整体模型参数估计的研究. 北京林业大学学报, 28(1): 23-27.

刘浩, 张峥男, 曹林. 2018. 机载激光雷达森林垂直结构剖面参数的沿海平原人工林林分特征估测. 遥感学报, 22(5): 872-888.

骆期邦, 曾伟生, 贺东北. 2001. 林业数表模型——理论、方法与实践. 长沙: 湖南科学技术出版社: 7.

曾伟生. 2012. 利用误差变量联立方程组建立南方杉木一元立木模型和胸径地径回归模型. 中南林业调查规划, 31(4): 1-4.

曾伟生, 唐守正. 2011. 立木生物量方程的优度评价和精度分析. 林业科学, 47(11): 106-113.

曾伟生, 孙乡楠, 王六如, 等. 2020. 基于机载激光雷达数据估计林分蓄积量及平均高和断面积. 林业资源管理, (2): 79-86.

曾伟生, 夏忠胜, 朱松, 等. 2011. 贵州人工杉木相容性立木材积和地上生物量方程的建立. 北京林业大学学报, 33(4): 1-6.

周梅, 李春干, 代华兵. 2017. 采用林分平均高和密度估计人工林蓄积量. 广西林业科学, 46(3): 319-324.

Ahmed R, Siqueira P, Hensley S. 2013. A study of forest biomass estimates from lidar in the northern temperate forests of New England. Remote Sensing of Environ, 130: 121-135.

Ali A, Dai D, Akhtar K, et al. 2019. Response of understory vegetation, tree regeneration, and soil quality to manipulated stand density in a Pinus massoniana plantation. Global Ecology and Conservation, 2019, 20, e00775, doi: 10.1016/j.gecco.2019.e00775.

Alonso-Rego C, Arellano-Perez S, Cabo C, et al. 2020. Estimating fuel loads and structural characteristics of shrub communities by using terrestrial laser scanning. Remote Sensing, 12(22): doi: 10.3390/rs12223704.

Alonzoa M, Dialb R J, Schulze B K, et al. 2020. Mapping tall shrub biomass in Alaska at landscape scale using structurefrom-motion photogrammetry and lidar. Remote Sensing of Environment, 245: 111841. https://doi.org/10.1016/j.rse.2020.111841.

Andersen H E, McGaughey R J, Reutebuch S E. 2005. Estimating forest canopy fuel parameters using LiDAR data. Remote Sensing and Environment, 94: 441-449.

Anderson K E, Glenn N F, Spaete L P, et al. 2018. Estimating vegetation biomass and cover across large plots in shrub and grass dominated drylands using terrestrial lidar and machine learning. Ecological Indicators, 84: 793-802.

Asner G P, Clark J K, Mascaro J, et al. 2012b. High-resolution mapping of forest carbon stocks in the Colombian Amazon. Biogeosciences Discussions, 9: 2445-2479.

Asner G P, Mascaro J, Muller-Landau H C, et al. 2012a. A universal airborne LiDAR approach for tropical forest carbon mapping. Oecologia, 168: 1147-1160.

Berger A, Gschwanter T, Schadauer K. 2020. The effects of truncating the angle count sampling method on the Austrian National Forest Inventory. Annals of Forest Science, 77: 16. https: //doi.org/10.1007/s13595-019-0907-y.

Bessie W C, Johnson E A. 1995. The relative importance of fuels and weather on fire behavior in subalpine forests. Ecology (Durham), 76: 747-762.

Blakey R V, Law B S, Kingsford R T, et al. 2017. Terrestrial laser scanning reveals below-canopy bat trait relationships with forest structure. Remote Sensing of Environment, 198: 40-51.

Bohlin J, Bohlin I, Jonzén J, nilsson m. 2017. Mapping forest attributes using data from stereophoto-grammetry of aerial images and field data from the national forest inventory. Silva Fennica, 51(2). https: //doi.org/10.14214/sf.2021.

Bouvier M, Durrieu S, Fournier R A, et al. 2015. Generalizing predictive models of forest inventory attributes using an area-based approach with airborne LiDAR data. Remote Sensing of Environment, 156: 322-334.

Brubaker K M, Johnson Q K, Kaye M W. 2018. Spatial patterns of tree and shrub biomass in a deciduous forest using leaf-off and leaf-on lidar. Canadian Journal of Forest Research, 48: 1020-1033.

Buckman R E. 1962. Growth and yield of red pine in Minnesota. Technical Bulletin 1272, USDA Forest Service: 50.

Büyüksalih I, Bayburt S, Schardt M, et al. 2017. Forest stem volume calculation using airborne LiDAR data. The International Archives of the Photogrammetry, Remote Sensing and Spatial Information Sciences, Volume XLII-1/W1, 2017 ISPRS Hannover Workshop: HRIGI 17-CMRT 17-ISA 17 -EuroCOW 17, 6-9 June 2017, Hannover, Germany.

Cao L, Liu H, Fu X, et al. 2019. Comparison of UAV LiDAR and digital aerial photogrammetry point clouds for estimating forest structural attributes in subtropical planted forests. Forests, 10: 145. doi: 10.3390/f10020145.

Chave J, Condit R, Aguilar S, et al. 2004. Error propagation and scaling for tropical forest biomass estimates. Philosophical Transactions of the Royal Society of London. Series B: Biological Sciences, 359(1443): 409-420.

Chen Q, Laurin G V, Battles J J, et al. 2012. Integration of airborne LiDAR and vegetation types derived from aerial photography for mapping aboveground live biomass. Remote Sensing of Environment, 121: 108-117.

Chinembiri T, Bronsveld M, Rossiter D, et al. 2013. The precision of C stock estimation in the Ludpikola watershed using model-based and design-based approaches. Natural Resources Research, 22(4): 297-309.

Chirici G, McRoberts R E, Fattorini L, et al. 2016. Comparing echo-based and canopy height model-based metrics for enhancing estimation of forest aboveground biomass in a model-assisted framework. Remote Sensing of Environment, 174: 1-9.

Chubey M S, Franklin S E, Wulder M A. 2006. Object-based analysis of Ikonos-2 imagery for extraction of forest Inventory parameters. Photogrammetric Engineering and Remote Sensing, 72(4): 383-394.

Clark D B, Kellner J R. 2012. Tropical forest biomass estimation and the fallacyof misplaced concreteness. Journal of Vegetation Science, 23(6): 1191-1196.

Clutter J L. 1963. Compatible growth and yield models for loblolly pine. Forestry Science, 9: 354-371.

Coomes D A, Dalponte M, Jucker T, et al. 2017. Area-based vs tree-centric approaches to mapping forest carbon in Southeast Asian forests from airborne laser scanning data. Remote Sensing of Environment, 194, 77-88.

Coops N C, Wulder M A, Culvenor D S, et al. 2004. Comparison of forest attributes extracted from fine spatial resolution multispectral and LiDAR data. Canadian Journal of Remote Sensing, 30: 855-866.

Dang P, Gao Y, Liu J L, et al. 2018. Effects of thinning intensity on understory vegetation and soil microbial communities of a mature Chinese pine plantation in the Loess Plateau. Science of the Total Environment, 630: 171-180.

de Lera Garrido A, Gobakken T, Ørka H O, et al. 2020. Reuse of field data in ALS-assisted forest inventory. Silva Fennica, 54(5): 10272. https://doi.org/10.14214/sf.10272.

Domingo D, Montealegre A L, Lamelas M T, et al. 2019. Quantifying forest residual biomass in Pinus halepensis Miller stands using airborne laser scanning data. GIScience and Remote Sensing, 56: 1210-1232.

Dube T, Sibanda M, Shoko C, et al. 2017. Stand-volume estimation from multi-source data for coppiced and high forest *Eucalyptus* spp. silvicultural systems in KwaZulu-Natal, South Africa. ISPRS Journal of Photogrammetry and Remote Sensing, 132: 162-169.

Ene L T, Næsset E, Gobakken T, et al. 2012. Assessing the accuracy of regional LiDAR-based biomass estimation using a simulation approach. Remote Sensing of Environment, 123: 579-592.

Estornell J, Ruiz L A, Velazquez-Marti B, et al. 2011. Estimation of shrub biomass by airborne LiDAR data in small forest stands. Forest Ecology and Management, 262: 1697-1703.

Estornell J, Ruiz L A, Velazquez-Marti B, et al. 2012. Estimation of biomass and volume of shrub vegetation using LiDAR and spectral data in a Mediterranean environment. Biomass & Bioenergy, 46: 710-721.

Falkowski M, Smith A, Gessler P, et al. 2008. The influence of conifer forest canopy cover on the accuracy of two individual tree measurement algorithms using LiDAR data. Canadian Journal of Remote Sensing, 34(Suppl. 2): S1-S13.

Falkowski M, Smith A, Hudak A, et al. 2006. Automated estimation of individual conifer tree height and crown diameter via dimensional spatial wavelet analysis of LiDAR data. Canadian Journal of Remote Sensing, 32: 153-161.

Fang Z, Giley R L, Shiver B D. 2001. A multivariate simultaneous prediction system for stand growth and yield with fixed and random effects. Forest Science, 47(4): 550-562.

Fassnacht F E, Hartig F, Latifi H, et al. 2014. Importance of sample size, data type and prediction method for remote sensing-based estimations of aboveground forest biomass. Remote Sensing of Environment, 154: 102-114.

Fekety P A, Falkowski M J, Hudak A. 2015. Temporal transferability of LiDAR-based imputation of forest inventory attributes. Canadian Journal of Forest Research, 45: 422-435.

Finlayson W, Newman R L. 1992. The forest decimal classification. The Commonwealth Forestry Review, 71(3/4): 145-146.

Fischer R, Knapp N, Bohn F, et al. 2019. The relevance of forest structure for biomass and productivity in temperate forests: new perspectives for remote sensing. Surveys in Geophysics, 40: 709-734.

Frank B, Mauro F, Temesgen H. 2020. Model-based estimation of forest inventory attributes using Lidar: a comparison of the area-based and semi-individual tree crown approaches. Remote Sensing, 12: 2525. doi: 10.3390/rs12162525.

Fu L, Liu Q, Sun H, et al. 2018. Development of a system of compatible individual tree diameter and aboveground biomass prediction models using error-in-variable regression and airborne LiDAR data. Remote Sensing, 10: 325. doi: 10.3390/rs10020325.

Gara T W, Murwira A, Chivhenge E, et al. 2014. Estimating wood volume from canopy area in deciduous woodlands of Zimbabwe. Southern Forests: Journal of Forest Sciences, 76(4): 237-244.

Giannico V, Lafortezza R, John R, et al. 2016. Estimating stand volume and above-ground biomass of urban forests using LiDAR. Remote Sensing, 8: 339. doi: 10.3390/rs8040339.

Gleason C J, Im J. 2012. Forest biomass estimation from airborne LiDAR data using machine learning approaches. Remote Sensing of Environment, 125: 80-91.

Gobakken T, Korhonen L, Næsset E. 2013. Laser-assisted selection of field plots for an area-based forest inventory. Silva Fennica, 47(5): 943. https: //doi.org/10.14214/sf.943.

Gobakken T, Næsset E. 2008. Assessing effects of laser point density, ground sampling intensity, and field sample plot size on biophysical stand properties derived from airborne laser scanner data. Canadian Journal of Forest Research, 38: 1095-1109.

Gobakken T, Næsset E, Nelson R, et al. 2012. Estimating biomass in Hedmark County, Norway using national forest inventory field plots and airborne laser scanning. Remote Sensing of Environment, 123: 443-456.

Görgens E B, Packalen P, da Silva A G P, et al. 2015. Stand volume models based on stable metrics as from multiple ALS acquisitions in Eucalyptus plantations. Annals of Forest Science, 72: 489-498.

Greaves H E, Vierling L A, Eitel J U H, et al. 2015. Estimating aboveground biomass and leaf area of low-stature Arctic shrubs with terrestrial LiDAR. Remote Sensing of Environment, 164: 26-35.

Greaves H E, Vierling L A, Eitel J U H, et al. 2016. High-resolution mapping of aboveground shrub biomass in Arctic tundra using airborne lidar and imagery. Remote Sensing of Environment, 184: 361-373.

Greaves H E, Vierling L A, Eitel J U H, et al. 2020. High-resolutionmapping of aboveground shrub biomass in Arctic tundra using airborne lidar and imagery. Remote Sensing of Environment 184 (2016): 361-373.

Hamraz H, Contreras M A, Zhang J. 2017. Forest understory trees can be segmented accurately within sufficiently dense airborne laser scanning point clouds. Scientific Reports, 7: 6770-6779.

He Q, Chen E, An R, et al. 2013. Above-ground biomass and biomass components estimation using LiDAR data in a coniferous forest. Forests, 4: 984-1002.

Hély C, Bergeron Y, Flannigan M D. 2000. Effects of stand composition on fire hazard in mixed-wood Canadian boreal forest. Journal of Vegetation Science, 11: 813-824.

Hill A, Buddenbaum H, Mandallaz D. 2018. Combining canopy height and tree species map information for large-scale timber volume estimations under strong heterogeneity of auxiliary data and variable sample plot sizes. European Journal of Forest Research, 137: 489-505.

Hill T C, Williams M, Bloom A A, et al. 2013. Are inventory based and remotely sensed above-ground biomass estimates consistent? PLoS ONE, 8(9): e74170. doi: 10.1371/journal.pone.0074170.

Hopkinson C, Lovell J, Chasmer L, et al. 2013. Integrating terrestrial and airborne LiDAR to calibrate a 3D canopy model of effective leaf area index. Remote Sensing of Environment, 136: 301-314.

Hudak A T, Crookston N L, Evans J S, et al. 2008. Nearest neighbour imputation of species-level, plot-scale forest structure attributes from LiDAR data. Remote Sensing of Environment, 112(5): 2232-2245.

Hudak A T, Strand E K, Vierling L A, et al. 2012. Quantifying aboveground forest carbon pools and fluxes from repeat LiDAR surveys. Remote Sensing of Environment, 123: 25-40.

Huff S, Poudel K P, Ritchie M, et al. 2018. Quantifying aboveground biomass for common shrubs in northeastern California using nonlinear mixed effect models. Forest Ecology and Management, 424: 154-163.

Hummel S, Hudak A T, Uebler E H, et al. 2011. A comparison of accuracy and cost of LiDAR versus stand exam data for landscape management on the Malheur National Forest. Journal of Forestry, 109(5): 267-273.

Hyyppä J, Yu X, Rönnholm P, et al. 2003. Factors affecting laser-derived object-oriented forest height growth estimation. The Photogrammetric Journal of Finland, 18(2): 16-31.

Ioki K, Imanishi J, Sasaki T, et al. 2010. Estimating stand volume in broad-leaved forest using discrete-return LiDAR: plot-based approach. Landscape and Ecological Engineering, 6: 29-36.

Jakubowksi M K, Guo Q, Collins B, et al. 2013. Predicting surface fuel models and fuel metrics using LiDAR and imagery in dense, mountainous forest. Photogrammetric Engineering and Remote Sensing, 79: 37-49.

Jarrona L R, Coops N C, MacKenzie W H, et al. 2020. Detection of sub-canopy forest structure using airborne LiDAR Remote Sensing of Environment, 244: 111770. https: //doi.org/10.1016/j.rse. 2020.111770.

Jenkins J C, Chojnacky D C, Heath L S, et al. 2003. National-scale biomass estimators for United States tree species. Forest Science, 49: 12-35.

Jiang X, Li G, Lu D, et al. 2020. Stratification-based forest aboveground biomass estimation in a subtropical region using airborne lidar data. Remote Sensing, 12: 1101. doi: 10.3390/ rs12071101.

Johnson K D, Birdsey R, Finley A O, et al. 2014. Integrating forest inventory and analysis data into a LiDAR-based carbon monitoring system. Carbon Balance and Management, 9: 3.

Kaartinen H, Hyyppä J, Yu X, et al. 2012. An international comparison of individual tree detection and extraction using airborne laser scanning. Remote Sensing, 4: 950-974.

Kamoske A G, Dahlin K M, Stark S C, et al. 2019. Leaf area density from airborne LiDAR: Comparing sensors and resolutions in a temperate broadleaf forest ecosystem. Forest Ecology and Management, 433: 364-375.

Kauranne T, Pyankov S, Junttila V, et al. 2017. Airborne laser scanning based forest inventory: Comparison of experimental results for the Perm Region, Russia and Prior Results from Finland. Forest, 8, 72. doi: 10.3390/f8030072.

Kellner J R, Armston J, Birrer M, et al. 2019. New opportunities for forest remote sensing through ultra-high-density drone LiDAR. Surveys in Geophysics, 40(4): 959-977.

Keränen J, Maltamo M, Packalen P. 2016. Effect of flying altitude, scanning angle and scanning mode on theaccuracy of ALS based forest inventory. International Journal of Applied Earth Observation and Geoinformation, 52: 349-360.

Kershaw J A Jr, Ducey M J, Beers T W, et al. 2017. Forest Mensuration. Fifth Edition. Chichester, UK; Hoboken, NJ: John Wiley & Sons.

Kim E, Lee W-K, Yoon M, et al. 2016. Estimation of voxel-based above-ground biomass using airborne LiDAR data in an intact tropical rain forest, Brunei. Forests, 7: 259. doi: 10.3390/

f7110259.

Knapp N, Fischer R, Cazcarra-Bes V, et al. 2020. Structure metrics to generalize biomass estimation from LiDAR across forest types from different continents. Remote Sensing of Environment, 237: 111597. https: //doi.org/10.1016/j.rse.2019.111597.

Koch B, Kattenborn T, Straub C, et al. 2014. Segmentation of forest to tree objects. *In*: Maltamo M, Næsset E, Vauhkonen J. Forestry Applications of Airborne Laser Scanning: Concepts and Case Studies, Managing Forest Ecosystems 27. Dordrecht: Springer Science + Business Media Dordrecht: 89-112.

Korpela I, Hovi A, Morsdorf F. 2012. Understory trees in airborne LiDAR data - Selective mapping due to transmission losses and echo-triggering mechanisms. Remote Sensing of Environment, 119: 92-104.

Korpela I, Tuomola T, Tokola T, et al. 2008. Appraisal of seedling stand vegetation with airborne imagery and discrete-return LiDAR - an exploratory analysis. Silva Fennica, 42: 753-772.

Latifi H, Fabian E, Fassnacht F E, et al. 2015. Forest inventories by LiDAR data: a comparison of single tree segmentation and metric-based methods for inventories of a heterogeneous temperate forest. International Journal of Applied Earth Observation and Geoinformation, 42: 162-174.

Latifi H, Heurich M, Hartig F, et al. 2016. Estimating over- and understorey canopy density of temperate mixed stands by airborne LiDAR data. Forestry, 89: 69-81.

Latifi H, Hill S, Schumann B, et al. 2017. Multi-model estimation of understorey shrub, herb and moss cover in temperate forest stands by laser scanner data. Forestry, 90: 496-514.

Laurin G V, Puletti N, Chen Q, et al. 2016. Above ground biomass and tree species richness estimation withairborne lidar in tropical Ghana forests. International Journal of Applied Earth Observation and Geoinformation, http: //dx.doi.org/10.1016/j.jag.2016.07.008.

Leboeuf A, Fournier R A, Luther J E, et al. 2012. Forest attribute estimation of northeastern Canadian forests using QuickBird imagery and a shadow fraction method. Forest Ecology and Management, 266: 66-74.

Lefsky M A, Cohen W B, Parker G G, et al. 2002. Lidar Remote Sensing for Ecosystem Studies Lidar, an emerging remote sensing technology that directly measures the three-dimensional distribution of plant canopies, can accurately estimate vegetation structural attributes and should be of particular interest to forest, landscape, and global ecologists. Bioscience, 52 (1): 19-30.

Lefsky M A, Cohen W B, Spies T A. 2001. An evaluation of alternate remote sensing products for forest inventory, monitoring, and mapping of Douglas-fir forests in western Oregon. Canadian Journal of Forest Research, 31: 78-87.

Li A H, Dhakal S, Glenn N F, et al. 2017. Lidar aboveground vegetation biomass estimates in shrublands: prediction, uncertainties and application to coarser scales. Remote Sensing, 9: 903.

Li D, Guo H, Wang C, et al. 2016. Individual tree delineation in windbreaks using airborne-laser-scanning data and unmanned aerial vehicle stereo images. IEEE Geoscience and Remote Sensing Letters, 13(9): 1330-1334.

Li S, Wang T M, Hou Z Y, et al. 2021. Harnessing terrestrial laser scanning to predict understory biomass in temperate mixed forests. Ecological Indicators, 121, 107011. https://doi.org/10.1016/j.ecolind. 2020. 107011.

Li W, Guo Q, Jakubowski M, et al. 2012. A new method for segmenting individual trees from the LiDAR point cloud. Photogrammetric Engineering and Remote Sensing, 78: 75-84.

Li W, Niu Z, Liang X, et al. 2015. Geostatistical modeling using LiDAR-derived prior knowledge with SPOT-6 data to estimate temperate forest canopy cover and above-ground biomass via stratified random sampling. International Journal of Applied Earth Observation and

Geoinformation, 41: 88-98.

Lim K S, Treitz P M. 2004. Estimation of above ground forest biomass from airborne discrete return laser scanner data using canopy-based quantile estimators. Scandinavian Journal of Forest Research, 19: 558-570.

Liu Q W, Fu L Y, Wang G X, et al. 2020. Improving estimation of forest canopy cover by introducing loss ratio of laser pulses using airborne LiDAR. IEEE Transactions on Geoscience and Remote Sensing, 58: 567-585.

Liu Q W, Li Z Y, Chen E X, et al. 2011. Feature analysis of LIDAR waveforms from forest canopies. Science China-Earth Sciences, 54: 1206-1214.

Loudermilk E L, Hiers J K, O'Brien J J, et al. 2009. Ground-based LIDAR: a novel approach to quantify fine-scale fuelbed characteristics. International Journal of Wildland Fire, 18: 676-685.

Lovell J L, Jupp D L, Culvenor D S, et al. 2003. Using airborne and ground based ranging LiDAR to measure canopy structure in Australian forests. Canadian Journal of Remote Sensing, 29(5): 607-622.

Luo S, Chen J M, Wang C, et al. 2018. Comparative performances of airborne LiDAR height and intensity data for leaf area index estimation. IEEE Journal of Selected Topics in Applied Earth Observations and Remote Sensing, 11(1): 300-310.

Maltamo M, Bollandsas O M, Gobakken T, et al. 2016. Large-scale prediction of aboveground biomass in heterogeneous mountain forests by means of airborne laser scanning. Canadian Journal of Forest Research, 46: 1138-1144.

Maltamo M, Bollandsås O M, Næsset E, et al. 2011. Different plot selection strategies for field training data in ALS-assisted forest inventory. Forestry, 84 (1): 23-31.

Maltamo M, Malinen J, Packalén P, et al. 2006. Nonparametric estimation of stem volume using airborne laser scanning, aerial photography, and stand-register data. Canadian Journal of Forest Research, 36: 426-436.

Maltamo M, Packalen P. 2014. Species-specific management inventory in Finland. In: Maltamo M, Næsset E, Vauhkonen J. Forestry Applications of Airborne Laser Scanning: Concepts and Case Studies. Managing Forest Ecosystems, 27. Dordrecht: Springer: 241-252.

Martire S, Castellani V, Sala S. 2015. Carrying capacity assessment of forest resources: Enhancing environmental sustainability in energy production at local scale. Resources Conservation and Recycling, 94: 11-20.

Maselli F, Chiesi M, Mura M, et al. 2014. Combination of optical and LiDAR satellite imagery with forest inventory data to improve wall-to-wall assessment of growing stock in Italy. International Journal of Applied Earth Observation and Geoinformation, 26: 377-386.

Matasci G, Hermosilla T, Wulder M A, et al. 2018. Large-area mapping of Canadian boreal forest cover, height, biomass and other structural attributes using Landsat composites and LiDAR plots. Remote Sensing of Environment, 209: 90-106.

McRoberts R E, Næsset E, Gobakken T, et al. 2015. Indirect and direct estimation of forest biomass change using forest inventory and airborne laser scanning data. Remote Sensing of Environment, 164: 36-42.

Means J E, Acker S A, Fitt B J, et al. 2000. Predicting forest stand characteristics with airborne scanning lidar. Photogrammetric Engineering and Remote Sensing, 66(11): 1367-1371.

Montaghi A, Corona P, Dalponte M, et al. 2013. Airborne laser scanning of forest resources: an overview of research in Italy as a commentary case study. International Journal of Applied Earth Observation and Geoinformation, 23: 288-300.

Montealegre A L, Lamelas M T, de la Riva J A, et al. 2016. Use of low point density ALS data to estimate stand-level structural variables in Mediterranean Aleppo pine forest. Forestry, 89: 373-382.

Mora B, Wulder M A, White J C, et al. 2013. Modeling stand height, volume, and biomass from very high spatial resolution satellite imagery and samples of airborne LiDAR. Remote Sensing, 5(5): 2308-2236.

Næset E, Bollandsas O M, Gobakken T, et al. 2005. Comparing regression methods in estimation of biophysical properties of forest stands from two different inventories using laser scanner data. Remote Sensing of Environment, 94(4): 541-553.

Næsset E, Bjerknes K-O. 2001. Estimating tree heights and number of stems in young forest stands using airborne laser scanner data. Remote Sensing of Environment, 78: 328-340.

Naesset E, Bollandsas O M, GoGkken T, et al. 2013. Model-assisted estimation of change in forest biomass over an 11 years period in a sample survey supported by airborne LiDAR: A case study with post-stratification to provide "activity data". Remote Sensing of Environment, 128: 299-314.

Næsset E. 2002. Predicting forest stand characteristics with airborne scanning laser using a practical two-stage procedure and field data. Remote Sensing of Environment, 80: 88-99.

Naesset E. 2004a. Accuracy of forest inventory using airborne laser scanning: Evaluating the first Nordic full-scale operational project. Scandinavian Journal of Forest Research, 19: 554-557.

Næsset E. 2004b. Practical large-scale forest stand inventory using a small footprint airborne scanning laser. Scandinavian Journal of Forest Research, 19: 164-179.

Næsset E. 2015. Area-based inventory in norway-from innovation to an operational reality. In: Maltamo M, Næsset E, Vauhkonen J. Forestry Applications of Airborne Laser Scanning: Concepts and Case Studies. Managing Forest Ecosystems, 27. Dordrecht: Springer: 215-240.

Næsset E, Gobakken T. 2008. Estimation of above- and below-ground biomass across regions of the boreal forest zone using airborne laser. Remote Sensing of Environment, 112: 3079-3090.

Næsset E, Gobakken T, Solberg S, et al. 2011. Model-assisted regional forest biomass estimation using LiDAR and InSAR as auxiliary data: A case study from a boreal forest area. Remote Sensing of Environment, 115: 3599-3614.

Nelson R F, Hyde P, Johnson P, et al. 2007. Investigating RaDAR–LiDAR synergy in a North Carolina pine forest. Remote Sensing of Environment, 110(1): 98-108.

Nelson R, Margolis H, Montesano P, et al. 2017. Lidar-based estimates of aboveground biomass in the continental US and Mexico using ground, airborne, and satellite observations. Remote Sensing of Environment, 188: 127-140.

Nelson R, Short A, Valenti M. 2004. Measuring biomass and carbon in Delaware using an airborne profiling LIDAR. Scandinavian Journal of Forest Research, 19(6): 500-511.

Neto S E N, Paula A D, Tagliaferre C, et al. 2018. Performance assessment of methodologies for vertical stratification in native forest. Ciência Florestal, 28(4): 1583-1591.

Nie S, Wang C, Zengc H, et al. 2017. Above-ground biomass estimation using airborne discrete-return andfull-waveform LiDAR data in a coniferous forest. Ecological Indicators, 78: 221-228.

Niemi M, Vastaranta M, Peuhkurinen J, et al. 2015. Forest inventory attribute prediction using airborne laser scanning in low-productive forestry-drained boreal peatlands. Silva Fennica, 49 (2). DOI: 10.14214/sf.1218.

Nilsson M C, Wardle D A. 2005. Understory vegetation as a forest ecosystem driver: evidence from the northern Swedish boreal forest. Frontiers in Ecology and the Environment, 3: 421-428.

Nord-Larsen T, Schumacher J. 2012. Estimation of forest resources from a country wide laser scanning survey and national forest inventory data. Remote Sensing of Environment, 119:

148-157.

Novo-Fernández A, Barrio-Anta M, Recondo C, et al. 2019. Integration of national forest inventory and nationwide airborne laser scanning data to improve forest yield predictions in North-Western Spain. Remote Sensing, 11: 1693. doi: 10.3390/rs11141693.

Packalén P, Maltamo M. 2007. The k-MSN method for the prediction of species-specific stand attributes using airborne laser scanning and aerial photographs. Remote Sensing of Environment, 109(3): 328-341.

Palace M W, Sullivan F B, Ducey M J, et al. 2015. Estimating forest structure in a tropical forest using field measurements, a synthetic model and discrete return lidar data. Remote Sensing of Environment, 161: 1-11.

Pang Y, Li Z Y. 2013. Inversion of biomass components of the temperate forest using airborne Lidar technology in Xiaoxing'an Mountains, Northeastern of China. Chinese Journal of Plant Ecology, 36: 1095-1105.

Parker G G. 2020. Tamm review: Leaf Area Index (LAI) is both a determinant and a consequence of important processes in vegetation canopies. Forest Ecology and Management, 477: 118496.

Pasalodos-Tato M, Ruiz-Peinado R, del Rio M, et al. 2015. Shrub biomass accumulation and growth rate models to quantify carbon stocks and fluxes for the Mediterranean region. European Journal of Forest Research, 134: 537-553.

Pearse G D, Dash J P, Persson H J, et al. 2002. Detecting and measuring individual trees using an airborne laser scanner. Photogrammetric Engineering Remote Sensing, 68: 925-932.

Pearse G D, Dash J P, Persson H J, et al. 2018. Comparison of high-density LiDAR and satellite photogrammetry for forest inventory. ISPRS Journal of Photogrammetry and Remote Sensing, 142: 257-267.

Pearse G D, Morgenroth J, Watt M S, et al. 2017. Optimising prediction of forest leaf area index from discrete airborne lidar. Remote Sensing of Environment, 200: 220-239.

Pearse G D, Wattb M S, Dasha J P, et al. 2019. Comparison of models describing forest inventory attributes using standard and voxel-based lidar predictors across a range of pulse densities. International Journal of Applied Earth Observation and Geoinformation, 78: 341-351.

Penner M, Pitt D G, Woods M E. 2013. Parametric versus nonparametric LiDAR models for operational forest inventory in boreal Ontario. Canadian Journal of Remote Sensing, 39(5): 426-443.

Penner M, Woods M, Pitt D. 2015. A comparison of airborne laser scanning and image point cloud derived tree size class distribution models in boreal Ontario. Forests, 6(11): 4034-4054.

Persson A, Holmgren J, Söderman U. 2002. Detecting and measuring individual trees using an airborne laser scanner. Photogrammetric Engineering and Remote Sensing, 68: 925-932.

Popescu S C. Hauglin M. 2014. Estimation of biomass components by airborne laser scanning. In: Maltamo M, Næsset E, Vauhkonen J. Forestry applications of airborne laser scanning: concepts and case studies. Managing Forest Ecosystems 27. Springer: Dordrecht, The Netherlands: 157-175.

Popescu S C, Wynne R H, Nelson R F. 2003. Measuring individual tree crown diameter with LiDAR and assessing its influence on estimating forest volume and biomass. Canadian Journal of Remote Sensing, 29: 564-577.

Reich P B. 2012. Key canopy traits drive forest productivity. Proceedings of the Royal Society B-Biological Sciences, 279: 2128-2134.

Riano D, Chuvieco E, Ustin S L, et al. 2007. Estimation of shrub height for fuel-type mapping combining airborne LiDAR and simultaneous color infrared ortho imaging. International Journal of Wildland Fire, 16: 341-348.

Ruiz L A, Hermosilla T, Mauro F, et al. 2014. Analysis of the influence of plot size and LiDAR density on forest structure attribute estimates. Forests, 5: 936-951.

Sankey J B, Sankey T T, Li J R, et al. 2021. Quantifying plant-soil-nutrient dynamics in rangelands: fusion of UAV hyperspectral-LiDAR, UAV multispectral-photogrammetry, and ground-based LiDAR-digital photography in a shrub-encroached desert grassland. Remote Sensing of Environment, 253: 112223.

Shao G, Shao G F, Gallion J, et al. 2018. Improving Lidar-based aboveground biomass estimation of temperate hardwood forests with varying site productivity. Remote Sensing of Environment, 204: 872-882.

Sharma M, Oderwald R G. 2001. Dimensionally compatible volume and taper equations. Canadian Journal of Forest Research, 31: 797-803.

Sheridan R D, Popescu S C, Gatziolis D, et al. 2015. Modeling forest aboveground biomass and volume using airborne LiDAR metrics and forest inventory and analysis data in the Pacific Northwest. Remote Sensing, 7: 229-255.

Silva C A, Hudak A T, Klauberg C, et al. 2017a. Combined effect of pulse density and grid cell size on predicting and mapping aboveground carbon in fast-growing *Eucalyptus* forest plantation using airborne LiDAR data. Carbon Balance and Management, 12: 13. doi: 10.1186/s13021-017-0081-1.

Silva C A, Klauberg C, Hubdak A T, et al. 2017b. Modeling and mapping basal area of *Pinus taeda* L. plantation using airborne LiDAR data. Annals of the Brazilian Academy of Sciences, 89 (3): 1895-1905.

Silva C A, Klauberg C, Hudak A T, et al. 2017c. Predicting stem total and assortment Volumes in an industrial *Pinus taeda* L. forest plantation using airborne laser scanning data and random forest. Forests, 8: 254. doi: 10.3390/f8070254.

Singh K, Chen G, Vogler J B, et al. 2016. When big data are too much: effects of LiDAR returns and point density on estimation of forest biomass. IEEE Journal of Selected Topics in Applied Earth Observations and Remote Sensing, 9(7): 3210-3218.

Singh V, Tewari A, Kushwaha S P S, et al. 2011. Formulating allometric equations for estimating biomass and carbon stock in small diameter trees. Forest Ecology and Management, 261: 1945-1949.

Straub C, Tian J, Seitz R, et al. 2013. Assessment of Cartosat-1 and WorldView-2 stereo imagery in combination with a LiDAR-UTM for timber volume estimation in a highly structured forest in Germany. Forestry, 86: 463-473.

Takoudjou S M, Ploton P, Sonke B, et al. 2018. Using terrestrial laser scanning data to estimate large tropical trees biomass and calibrate allometric models: A comparison with traditional destructive approach. Methods in Ecology and Evolution, 9: 905-916,

Tang S, Li Y, Wang Y. 2001. Simultaneous equations, error-in-variable models, and model integration in systems ecology. Ecological Modelling, 142: 285-294.

Tang S, Wang Y. 2002. A parameter estimation program for the errors-in-variable model. Ecological Modeling, 156: 225-236.

Thomas V, Treitz P, McCaughey J H, et al. 2006. Mapping stand-level forest biophysical variables for a mixedwood boreal forest using lidar: an examination of scanning density. Canadian Journal of Forest Research, 36: 34-47.

Tojal L-T, Gstarrika A, Grrett B, et al. 2019. Prediction of aboveground biomass from low-density LiDAR data: Validation over P. radiata data from a region north of Spain. Forests, 10: 819. doi:

10.3390/f10090819.

Tonolli S, Dalponte M, Neteler M, et al. 2011. Fusion of airborne LiDAR and satellite multispectral data for the estimation of timber volume in the Southern Alps. Remote Sensing of Environment, 115: 2486-2498.

Treitz P, Lim K, Woods M, et al. 2012. LiDAR sampling density for forest resource inventories in Ontario, Canada. Remote Sensing, 4: 830-848.

Tsui O W, Coops N C, Wulder M A, et al. 2012. Using multi-frequency radar and discrete-return LiDAR measurements to estimate above-ground biomass and biomass components in a coastal temperate forest. ISPRS Journal of Photogrammety and Remote Sensing, 69: 121-133.

van Ewijk K, Treitz P, Woods M, et al. 2019. Forest site and type variability in ALS-based forest resource inventory attribute predictions over three Ontario forest sites. Forests, 10: 226. doi: 10.3390/f10030226.

van Leeuwen M, Hilker T, Coops N C, et al. 2011. Assessment of standing wood and fiber quality using ground and airborne laser scanning: a review. Forest Ecology and Management, 261: 1467-1478.

Vauhkonen J, Ene L, Gupta S, et al. 2012. Comparative testing of single-tree detection algorithms under different types of forest. Forestry, 85(1): 27-40.

Vauhkonen J, Maltamo M, McRoberts R E, et al. 2014. Introduction to forestry applications of airborne laser scanning. *In*: Maltamo M, Næsset E, Vauhkonen J. Forestry Applications of Airborne Laser Scanning: Concepts and Case Studies. Managing Forest Ecosystems, 27. Dordrecht: Springer: 1-16.

Venier L A, Swystun T, Mazerolle M J, et al. 2019. Modelling vegetation understory cover using LiDAR metrics. Plos One, 14. doi: 10.1101/698399.

Viana H, Aranha J, Lopes D, et al. 2012. Estimation of crown biomass of Pinus pinaster stands and shrubland above-ground biomass using forest inventory data, remotely sensed imagery and spatial prediction models. Ecological Modelling, 226: 22-35.

Wagner W, Ullrich A, Ducic V, et al. 2006. Gaussian decomposition and calibration of a novel small-footprint full-waveform digitising airborne laser scanner. ISPRS Journal of Photo-grammetry and Remote Sensing, 60: 100-112.

Wang V, Gao J. 2019. Importance of structural and spectral parameters in modelling the aboveground carbon stock of urban vegetation. International Journal of Applied Earth Observation and Geoinformation, 78: 93-101.

Wang Y, Huang S, Yang R C, et al. 2004. Error-in-variable method to estimate parameters for reciprocal base-age invariant site index models. Canadian Journal of Forest Research, 34: 1929-1937.

Watt P, Watt M S. 2013. Development of a national model of *Pinus radiata* stand volume from LiDAR metrics for New Zealand. International Journal of Remote Sensing, 34(15/16): 5892-5904.

White J C, Tompalski P, Vastaranta M, et al. 2017. A model development and application guide for generating an enhanced forest inventory using airborne laser scanning data and an area-based approach. Natural Resources Canada, Canadian Forest Service, Canadian Wood Fibre Centre, Information Report FI-X-018.

Wing B M, Ritchie M W, Boston K, et al. 2012. Prediction of understory vegetation cover with airborne lidar in an interior ponderosa pine forest. Remote Sensing of Environment, 124: 730-741.

Woods M, Pitt D, Penner M, et al. 2011. Operational implementation of a LiDAR inventory in Boreal

Ontario. The Forestry Chronicle, 87(4): 512-528.

Xu C, Manley B, Morgenroth J. 2018. Evaluation of modeling approaches in predicting forest volume and stand age for small-scale plantation forests in New Zealand with RapidEye and LiDAR. International Journal of Applied Earth Observation and Geoinformation, 73: 386-396.

Yang T-R, Kershaw Jr J A, Ducey M J. 2020a. The development of allometric systems of equations for compatible area-based LiDAR-assisted estimation. Forestor, 94: 36-53.

Yang Z, Liu Q, Luo P, et al. 2020b. Prediction of individual tree diameter and height to crown base using nonlinear simultaneous regression and airborne LiDAR data. Remote Sensing, 12: 2238. doi: 10.3390/rs12142238.

Zeng W, Duo H, Lei X, et al. 2017. Individual tree biomass equations and growth models sensitiveto climate variables for Larix spp. in China. European Journal of Forest Research, 136: 233-249.

Zeng W, Fu L, Xu M, et al. 2018. Developing individual tree-based models for estimating aboveground biomass of five key coniferous species in China. Journal of Forest Research, 29(5): 1251-1261.

Zhang Z, Cao L, She G. 2017. Estimating Forest Structural Parameters Using Canopy Metrics Derived from Airborne LiDAR Data in Subtropical Forests. Remote Sensing, 9: 940. doi: 10.3390/rs9090940.

Zhao F, Guo Q, Kelly M. 2012. Allometric equation choice impacts lidar-based forest biomass estimates: a case study from the Sierra National Forest, CA. Agricultural and Forest Meteorology, 165: 64-72.

Zhao Y, Liu X, Wang Y, et al. 2021. UAV-based individual shrub aboveground biomass estimation calibrated against terrestrial LiDAR in a shrub-encroached grassland. International Journal of Applied Earth Observations and Geoinformation, 101: 102358. https: //doi.org/10.1016/j.jag. 2021.102358.

Zimble D A, Evans D L, Carlson G C, et al. 2003. Characterizing vertical forest structure using small footprint airborne LiDAR. Remote Sensing of Environment, 87: 171-182.

Zolkos S G, Goetz S J, Dubayah R. 2013. A meta-analysis of terrestrial aboveground biomass estimation using lidar remote sensing. Remote Sensing of Environment, 128: 289-298.

第 7 章　机载激光雷达森林垂直结构分类

7.1　森林垂直结构的定义及其生态学和林学意义

森林结构泛指不同植物种类和大小的空间配置与分布，包括水平结构（空间格局、林隙和乔木群）、垂直结构（乔木层数）、年龄结构、树种结构（物种丰富度）等（Pascual et al.，2008；Zimble et al.，2003；惠刚盈等，2018）。森林结构是森林生长及其生态过程的驱动因子，也是森林动态和生物物理过程的结果（Shugart et al.，2010）。森林结构和生态系统特征之间存在着各种密切的联系，包括生物多样性、栖息地、干扰、演替轨迹、降水截留、气体交换、碳储存和生产力等（Parker et al.，2004；Pregitzer and Euskirchen，2004；Bergen et al.，2009；Culbert et al.，2013；Johnstone et al.，2016），决定着森林生态系统的功能和多样性。因此，摸清森林结构及其变化，有助于森林生态系统保护与恢复、森林经营与管理决策。

森林群落的垂直结构泛指林分内树高的分布（Zimble et al.，2003），具体地是指森林群落在空间中的垂直分化或成层现象（Pommerening and Meador，2018），即分为乔木层、灌木层和草本层的现象（惠刚盈等，2020），是植物群落的基本特点之一，也是代表森林生命力的几个要素之一，对群落中植物间竞争、能量传递、动物活动等众多生态活动和生态过程有着重要意义。生态学家们很早以前就注意到垂直结构与动物多样性格局和丰富度具有密切联系（DeVries et al.，1997）。例如，多层天然林具有很强的抗虫、抗病、抗环境胁迫能力，能够为野生动物提供栖息地等高质量的生态系统服务（Jeon and Kim，2013；Fraf and Mathys，2009；Nijland et al.，2014），并已被证明影响各种鸟类的行为和分布（Carrasco et al.，2019）。森林垂直结构的变化直接影响小气候的模式和过程（Brokaw and Lent，1999）。林分的垂直分层对截留降水具有重要作用，有助于减轻林地土壤冲刷和水土流失。并且，林分的垂直分层也决定了生物可燃物的载量与梯级可燃物的存在和分布，对森林防火与火灾控制决策具有重要影响（Jarron et al.，2020）。亚冠层信息有助于幼龄林分管理（Wang et al.，2008）。乔木下层代表了天然复层林的演替方向。对于异龄林经营而言，乔木下层代表了乔木上层的未来和将来的木材供应（Korpela et al.，2012）。因此，探明森林垂直分层状况，不但有助于加深对森林生态系统的认识和了解，而且有助于森林防火、经营管理决策制定。此外，对冠层垂直结构的了解可以改善机载激光雷达森林蓄积量、叶面积指数（Xu et al.，2020）、地上生物量（Jiang et al.，2020）的估计精度。

7.2 森林垂直结构分类研究进展

长期以来，森林垂直分层均以地面数据为基础，通过手工绘制的树冠剖面图描述林分垂直分层（Hall et al.，2005），或者通过量化技术确定树冠内的分层（Baker and Wilson，2000），这些方法都存在着工作量大、劳动强度高、效率低和成本高等问题，并且这种方法一般以稀疏抽样为基础进行，局限于较小的采样区域，无法做到全覆盖的区域制图，限制了大面积的应用。由于研究目的和角度不同，森林学家和研究人员提出了大量的森林垂直结构分类标准和方法（Parker and Brown，2000）。遥感技术具有广覆盖的独特优势，广泛应用于森林垂直结构制图。在光学遥感图像中多层成熟林的纹理较为粗糙，单层幼林的纹理较为平滑，因此，航空图像可用于森林垂直结构分层（Lee et al.，2020；Hay et al.，1996）。低频雷达，包括合成孔径雷达（SAR）图像，可以在不同的高度与不同的森林结构成分产生相互作用，也可用于垂直分层（Lee et al.，2020）。机载激光雷达能够准确刻画森林三维结构（Lefsky et al.，2002），已经被大量用于森林垂直结构研究（Jarron et al.，2020；Moran et al.，2018；Ferraz et al.，2012；Adnan et al.，2019；Davison et al.，2020）。一些研究者将 LiDAR 和航空图像结合后进行林分垂直结构分层。

由于森林结构缺乏一个明确和固定的定义，故存在各种森林结构类型的分类和分析方法（Adnan et al.，2019）。基于同样的原因，林分垂直结构也存在不同的分类体系和确定方法。由于单层林的林冠较为平整，树高的变动系数较小，而复层林的林冠参差不齐，树高的变动系数较大，故 Zimble 等（2003）对 ALS 提取的树高进行方差分析，将林分分为单层林和复层林。Lee 等（2020）通过人工神经网络方法（ANN），将林分垂直结构分为 3 个类型：单层林、双层林和三层林，但他们采用的数据不同，前者采用真彩色航空图像和 ALS 数据，后者采用 Kompsat-3 光学卫星图像和 L 波段 ALOS-PALSAR-1 雷达卫星图像。Morsdorf 等（2010）在法国地中海地区地中海松树-常绿栎树、阿勒颇松（*Pinus halepensis*）混交林地的研究和 Leiterer 等（2015）在瑞士阿尔高州温带森林[以欧洲山毛榉（*Fagus sylvatica* L.）、欧洲白蜡树（*Fraxinus excelsior* L.）和梧桐枫（*Acer pseudoplatanus* L.）为主]的研究，都采用 ALS 数据将林分垂直结构分为单层林、双层林和多层林 3 个类型。Whitehurst 等（2013）采用全波形 LiDAR 数据，根据鸟类物种栖息地在研究区林分中的偏好，将冠层按高度分为 3 层（0～5 m、5～15 m 和>15 m），然后根据各层覆盖度（率）的大小将冠层结构分为 9 个类型，并通过枝叶剖面曲线的峰值确定林分冠层的层数。Latifi 等（2016）在采用 ALS 数据进行垂直冠层覆盖度估测中，通过目测将林分垂直结构分为乔木层、灌木层和草本层，其中乔木层根据国际林业研究组织联盟（IUFRO）的标准，进一步分为第 1 乔木层、第 2 乔木层和第 3 乔木层。Adnan 等（2019）采用最大高度（Max）、L-变异系数（Lcv）、L-偏度（Lskew）和穿透率，利用最邻近算法将针叶林和落叶林分为单层结构、多层结构和指数递减大小分布（倒 "J" 形）。也有一些研究者采用 ALS 点云分割方法进行垂直结构分层（Ferraz et al.，2012；Jarron et al.，2020）。通过将连续概率分布（如 Weibull 分布或混合模型）拟合 ALS 密度剖面，也是描绘植被层常用的方法（Coops et al.，2007；Dean et al.，2009；Jaskierniak et al.，2011；Maltamo et al.，2004）。尽管研究目的、方法和结果各有不同，这些研究都加深了我们对森林结构尤其是垂直结构及其功能的认识和理解，也证明了机载激光雷达点云可以有效表征林分的垂直结构。

森林的 5 个垂直结构层（第 1、第 2、第 3 乔木层和灌木层、草本层）很少同时存在于一个林分中，故一个区域的森林可能存在多个垂直结构层组合，如在某个地段存在第 1 乔木层+灌木层，在另一地段存在第 1 乔木层+第 2 乔木层+草本层，即不同地段的垂直结构类型可能不同，因此，对区域森林垂直结构进行分类和制图，有助于深入摸清不同地段森林的垂直结构状况，有助于进一步探明森林的生态功能。然而，迄今为止，未见有关这一命题的研究报道。在本章中，我们以广西全区为研究区，研究通过离散机载激光雷达点云对森林垂直冠层结构进行表征，开发一种适用于大区域亚热带森林垂直结构类型的自动制图方法，具体目标是：①提出机载激光雷达连续垂直冠层剖面的构建和冠层描述信息提取方法；②提出基于规则的连续冠层剖面全冠层（含乔木层、灌木层和草本层）垂直结构和乔木层垂直结构分类方法。我们希望本章的研究方法和结果有助于进一步发展机载激光雷达大区域亚热带森林结构制图的方法和技术。

7.3 森林垂直结构分层定义

生态学家们很早以前就研究了森林的分层现象，提出了很多树冠分层的定义（Parker and Brown，2000）。在本章研究中，我们综合考虑冠层中不同高度的不同生命形式或年龄组和植物物质的一般变异（Parker and Brown，2000），以此对林分垂直结构进行分层，将完整的森林垂直结构分为乔木层、灌木层和草本层，其中，乔木层采用 IUFRO 的标准（Neto et al.，2018），根据林分优势高进一步分为上层（superior stratum）、中层（middle stratum）和下层（inferior stratum），并确定每个乔木层的覆盖度必须≥10%。由于洛雷平均高（Lorey's mean height，HL）排除了异常的林分结构和突出的最大高，对林分冠层的描述更具代表性，故一些研究采用 HL 代替优势高用于林分分层（Jarron et al.，2020；Maltamo et al.，2005）。鉴于由激光点云无法直接得到 HL，在本章研究中，我们用 99%分位数高度代替林分优势高。根据样地调查数据，草本层平均高度为 0.55 m，87.0%的草本层高度不超过 1.0 m，96.6%的草本层高度不超过 1.5 m；灌木层（含幼树）平均高为 2.0 m，88.3%的灌木层平均高小于 3.0 m。因此，将冠层高度低于 1.0 m 的划分为草本层，将冠层高度为 1.0～3.0 m 的划分为灌木层。林分垂直分层标准如表 7-1 所示。

表 7-1　多层垂直林分结构描述

分层	高度	层代号
主林层	>2/3 hp99	T_1
次林层	1/3 hp99～2/3 hp99	T_2
亚冠层	3 m～1/3 hp99	T_3
灌木层	1～3 m	S
草本层	<1 m	H

每个层的覆盖度必须大于或等于 10%，并且作如下假定：当乔木层的层下高低于 3.0 m 时，林木自然整枝尚未开始或刚开始，无灌木层存在。理论上，存在 16 个森林全冠层垂直结构类型。当考虑次林层和亚冠层存在与否，以及各层的空间位置时，乔木层存在 6 个垂直结构类型（图 6-6）。

7.4　基于伪波形的森林垂直冠层信息提取

垂直冠层剖面提供了从树冠顶部到地面的植物物质（叶、树干和枝条）数量的连续分布信息，广泛用于林分蓄积量等森林参数估测（Næsset et al.，2004）、森林类型表征（Görgens et al.，2016）和垂直结构分层（Whitehurst et al.，2013；Morsdorf et al.，2010）等。在本节研究中，我们通过垂直连续冠层剖面进行林分垂直结构分类。

林分冠层中各个高度层的覆盖度（率）反映了冠层中全部物质（叶、树干和枝条等）的垂直分布，可以观察到冠层的垂直分层现象（Parker and Brown，2000）。为准确描述林分中冠层物质的垂直分布，在本节研究中，通过以下方法和步骤创建连续冠层剖面。

1）对于每一个 30 m×20 m 样地和制图格网，将冠层从顶端（激光点云最大高 H_{max} 处）到地面分割为 100 个高度层，以确保各个高度层的覆盖率具有可比性；

2）采用全部回波（图 7-1a）计算各个高度层的覆盖率（Morsdorf et al.，2006），得到离散的高度-频率（覆盖度）直方图（图 7-1b）；

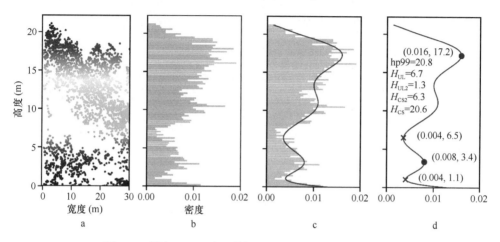

图 7-1　采用 LiDAR 点云数据生成一个样地伪波形的步骤

a. 激光点云（30 m×20 m）；b. 相对频率直方图（100 层）；c. 10 次多项式拟合；d. 垂直冠层连续剖面（伪波形）

3）对高度-频率直方图采用一元 10 次多项式进行拟合（图 7-1c），得到连续的高度-频率分布曲线，称为伪波形（pseudo-waveform）（Muss et al.，2011；Leiterer et al.，2015）（图 7-1d）。记为

$$d(h) = a_0 + \sum_{i=1}^{10} a_i h^i \, (i = 1, 2, \cdots, 10) \qquad (7.1)$$

式中，h 为高度（m），$h \in [0, H_{max}]$；$d(h)$ 为密度（覆盖度），$d(h) \in [0,1]$；$a_i \, (i = 0,1,\cdots,10)$ 为模型参数。

拟合过程由 Python 软件包（Python 3.8.3）中的 NumPy 库实现。

基于离散 LiDAR 点云高度数据的伪波形模拟了冠层物质的连续分布，直观地反映了冠层的垂直结构状态。本节的研究目的是通过图 7-1d 的伪波形进行冠层垂直结构的自动分层，为此，针对伪波形作如下定义和规定。

1）峰（peak）、谷（trough）、有效峰（effective peak）、有效谷（effective trough）及它们相应的密度及高度。$d(h)$ 在 [0, H_{max}] 内是连续的，取 $d(h)$ 的二阶导数，对于伪波形上任意区间 $[a, b]$ 中的某个点 i，若 $d''(i) = 0$，且 $d''(i) = \max\{d(j)\}, (i, j \in [a, b])$，则 i 为区间 $[a, b]$ 的"凸"点，为伪波形的波峰，若 $d''(i) = 0$，且

$d''(i) = \min\{d(j)\},(i, j \in [a,b])$，则 i 为区间 $[a, b]$ 的 "凹" 点，为伪波形的波谷。两个 "峰" 之间，肯定存在一个 "谷"，同样，两个 "谷" 之间，肯定存在一个 "峰"。由于第一个峰的上方通常不存在谷，则以 hp99 处为谷。如图 7-1d 所示，该剖面有 3 个峰（P_1、P_2、P_3）、4 个谷（TR_1、TR_2、TR_3 和 TR_4），其中第一个谷为 hp99，它们的覆盖率分别为 $d(P_i)(i=1,2,3)$ 和 $d(TR_i)(i=1,2,3,4)$，对应的冠层高度分别为峰高（H_P）和谷高（H_{TR}），它们的值分别为 $H_{P_i}(i=1,2,3)$ 和 $H_{TR_i}(i=1,2,3,4)$。如图 7-1d 所示，一些峰比较 "突出"，而一些峰则比较 "平缓"，"突出" 的峰表明了冠层物质的分布随着高度的变化而呈现较大的变化，说明存在明显的分层现象，对垂直结构的分层是有用的，而 "平缓" 的峰说明冠层物质垂直分布随着高度的变化相差较小，分层现象不明显，为此，将 "突出" 的峰定义为 "有效峰"。

一般地，设某个垂直冠层剖面有 n 个峰、$n+1$ 个谷，对于第 i 个峰，若同时满足下列条件，则认为该峰为 "有效峰"，否则该峰为 "无效峰"。

（1）峰高大于或等于 1.0 m，即 $H_{P_i} \geqslant 1.0$；

（2）覆盖率大于或等于 0.05，即 $d(P_i) \geqslant 0.05$；

（3）峰的覆盖度较其相邻的 2 个谷的最大覆盖度大 25%，即

$$\Delta d(Pi) = \frac{\left[d(P_i) - \text{Max}\{d(T_i), d(TR_i + 1)\} \right]}{\left[d(P_i) + \text{Max}\{d(T_i), d(TR_i + 1)\} \right] / 2} \geqslant 0.25 \text{。}$$

2 个有效峰之间，覆盖度最小处为 "有效谷"，表示林层的分界处。2 个 "有效谷" 之间为一个垂直剖面层（实际可能包含 1~3 个林层）。

2）剖面层表面高（H_{LS}）、剖面层层下高（H_{UL}）、剖面层高（长）度（H_{LA}）、冠层表面高（H_{CS}）、冠层高（长）度（H_{CL}）。在伪波形中，一个有效峰对应于一个垂直剖面层，即 2 个有效谷之间为一个垂直剖面层。在一个剖面层中，冠层物质以有效峰所在的高度为中心分布，在该高度向上和向下，冠层物质分布的集中度逐渐减少，当上升或下降至一定高度时，冠层物质呈零星分布状态。为减少这些零星分布的冠层物质对冠层测量的影响，作如下规定。

在区间 $[0, H_{\max}]$ 内，以 $\Delta h_i = \dfrac{H_{\max}}{100}$ 为高度间隔，计算 $d(h)$ 的斜率 $K(i) = \dfrac{d(i+1) - d(i)}{\Delta h_i}, (i = 1, 2, \cdots, 100)$。在有效峰与其上的有效谷之间，如图 7-1d 中区间 $[H_{P1}, H_{TR1}]$，找到最大斜率 $K_{\max}$。从 $K_{\max}$ 处往上，将相邻层的斜率的绝对值进行比较，斜率依次递减 $K_{(i)} - K_{(i+1)} > 0$ 停留的位置则为剖面层表面高（H_{LS}）。

类似地，在有效峰与其下有效谷之间，计算林层的层下高（H_{UL}）。对于每个有效峰，可以得到一个剖面层表面高（H_{LS_i}）与一个剖面层层下高（H_{UL_i}）。H_{LS_i} 与 H_{UL_i} 之差即剖面层高（长）度，即 $H_{LA_i} = H_{LS_i} - H_{UL_i}$。第一个剖面层的表面高为冠层表面高（$H_{CS}$），即 $H_{CS} = H_{LS_1}$。各个垂直剖面层的剖面层高（长）度之和为冠层高（长）度（H_{CL}），即 $H_{CL} = \sum_{i=1}^{n} H_{LA_i}$，$n$ 为垂直剖面层的层数。对于单峰剖面而言，$H_{CL} = H_{LA_1}$。

3）主林层、次林层、亚冠层、灌木层和草本层的覆盖率：与郁闭度（CC）的计算方法类似，根据各个林层的高度范围，通过激光点云计算各个林层的覆盖率，分别用 C_{T_1}、C_{T_2}、C_{T_3}、C_{SHR} 和 C_{HER} 表示。

根据上述定义和计算方法，提取全部样地和格网的垂直冠层剖面信息，这些信息称为冠层垂直结构参数，用于冠层垂直结构分类与制图。

7.5　森林全冠层垂直结构分类

森林全冠层包括乔木层、灌木层和草本层，如 7.3 节所述，共有 5 个层。

7.5.1　全冠层垂直结构分类规则

不同的树种具有不同的生物学特性，由此导致 4 个森林类型的林分垂直结构相差很大。对全部样地的连续剖面观察和统计分析的结果表明：乔木层开始分层后出现 T_1+T_2 层时 hp99 最小值为 9.2 m，95%的 T_1+T_2 层林分的 hp99 均高于 10.6 m，出现 $T_1+T_2+T_3$ 时 hp99 最小值为 13.8 m，95%的 $T_1+T_2+T_3$ 层林分的 hp99 均高于 15.1 m。据此，确定 hp99＜10.0 m 时，林分只存在 T_1 层；hp99≥10.0 m 时，林分开始分层，可能存在 T_1+T_2 层；hp99≥15.0 m 时，乔木层可能存在 3 层，即 $T_1+T_2+T_3$ 层。对冠层表面高≥10.0 m 的林分的 H_{CH}/H_{CS} 的统计分析结果表明：单层林、双层林和三层林的 H_{LA}/H_{CS} 的变化范围分别为 0.20～0.80、0.50～1.00 和 0.65～1.00，根据误差最小原则，确定单层林和双层林的 H_{LA}/H_{CS} 的分界阈值为 0.65，双层林和三层林的 H_{LA}/H_{CS} 的分界阈值为 0.80。

全部 1147 个样地中，林分冠层存在 4 种剖面类型：无峰剖面（图 7-2a）、单峰剖面（图 7-2b）、双峰剖面（图 7-2c）和三峰剖面（图 7-2d）。

图 7-2 显示了不同林分的垂直分层情况，如图 7-2a 为未开始自然整枝的幼林，乔木层只有 T_1 层，图 7-2b 也只有 T_1 层，图 7-2c 存在 T_1 层和 T_2 层，图 7-2d 存在 T_1 层、T_2 层和 T_3 层。对全部样地的连续剖面进行观察，我们发现有效峰的个数、

各个峰的高度、各个剖面层的表面高和层下高、冠层高（长）度等特征，决定了冠层中林层的组成及它们所处的空间位置。根据伪波形的形状，将全部样地归纳为 37 个类型，每个类型选取 1 个典型的剖面作为模式剖面（附件 B），根据剖面的特征参数，以有效峰的个数为基础，构建全冠层垂直结构类型分类的 116 条规则（图 7-3）。

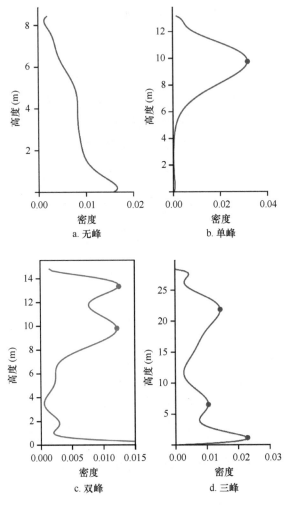

图 7-2 典型的垂直冠层剖面（伪波形）
a. 无峰；b. 单峰；c. 双峰；d. 三峰

(b)

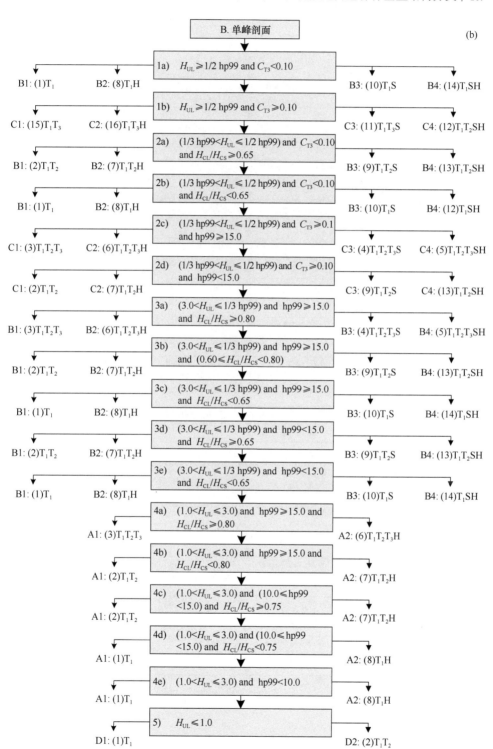

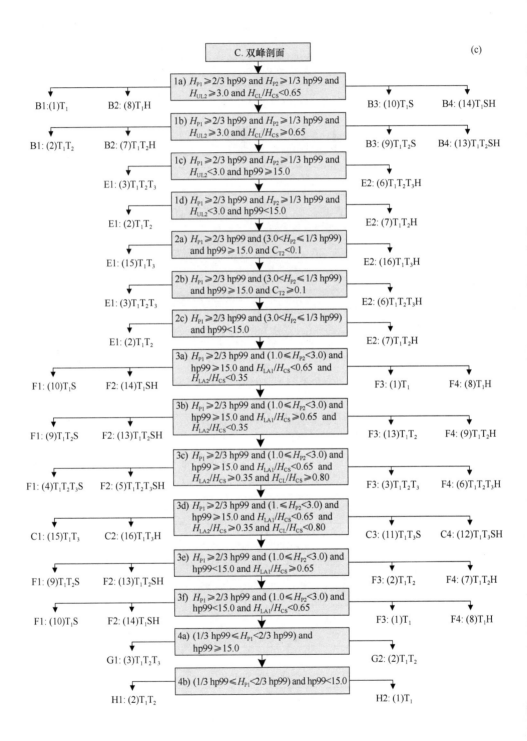

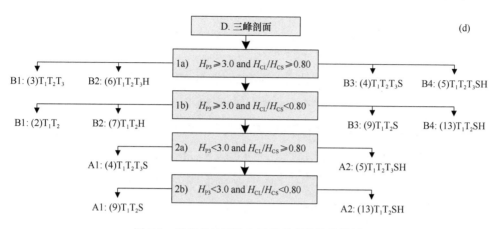

图 7-3　基于伪波形的全冠层垂直结构分类树

（a）无峰剖面；（b）单峰剖面；（c）双峰剖面；（d）三峰剖面

A1：$\dfrac{(C_{HER}-C_{SHR}/2)\times 2}{C_{HER}+C_{SHR}/2}<0.3$或$C_{HER}<0.1$[草本层与灌木层的平均覆盖度（1.0 m 高）之相对相差不超过 30%，或草本层覆盖度小于 10%]；

A2：$\dfrac{(C_{HER}-C_{SHR}/2)\times 2}{C_{HER}+C_{SHR}/2}\geqslant 0.3$或$C_{HER}\geqslant 0.1$[草本层与灌木层的平均覆盖度（1.0 m 高）之相对相差大于或等于 30%，或草本层覆盖度大于或等于 10%]；

B1：$C_{SHR}<10\%$和$C_{HER}<10\%$（灌木层和草本层的覆盖度均小于 10%）；

B2：$C_{SHR}<10\%$和$C_{HER}\geqslant 10\%$（灌木层覆盖度小于 10%，且草本层的覆盖度大于或等于 10%）；

B3：$C_{SHR}\geqslant 10\%$和$C_{HER}<10\%$（灌木层大于或等于 10%，且草本层的覆盖度小于 10%）；

B4：$C_{SHR}\geqslant 10\%$和$C_{HER}\geqslant 10\%$（灌木层和草本层的覆盖度均大于或等于 10%）；

C1：$\dfrac{\left|\dfrac{C_{SHR}}{2}-\dfrac{C_{T3}}{(1/3\,hp99-3)}\right|\times 2}{\dfrac{C_{SHR}}{2}+\dfrac{C_{T3}}{(1/3\,hp99-3)}}<0.3$和$\dfrac{(C_{HER}-C_{SHR}/2)\times 2}{C_{HER}+C_{SHR}/2}<0.3$（灌木层覆盖度和 T_3 层平均覆盖度之相对

相差小于 30%，且草本层覆盖度和灌木层平均覆盖度之相对相差小于 30%）；

C2：$\dfrac{\left|\dfrac{C_{SHR}}{2}-\dfrac{C_{T3}}{(1/3\,hp99-3)}\right|\times 2}{\dfrac{C_{SHR}}{2}+\dfrac{C_{T3}}{(1/3\,hp99-3)}}<0.3$和$\dfrac{(C_{HER}-C_{SHR}/2)\times 2}{C_{HER}+C_{SHR}/2}\geqslant 0.3$（灌木层覆盖度和 T_3 层平均覆盖度之相对

相差小于 30%，且草本层覆盖度和灌木层平均覆盖度之相对相差大于或等于 30%）；

C3：$\dfrac{\left|\dfrac{C_{SHR}}{2}-\dfrac{C_{T3}}{(1/3\,hp99-3)}\right|\times 2}{\dfrac{C_{SHR}}{2}+\dfrac{C_{T3}}{(1/3\,hp99-3)}}\geqslant 0.3$和$\dfrac{(C_{HER}-C_{SHR}/2)\times 2}{C_{HER}+C_{SHR}/2}<0.3$（灌木层覆盖度和 T_3 层平均覆盖度之相对

相差大于或等于 30%，且草本层覆盖度和灌木层平均覆盖度之相对相差小于 30%）；

C4：$\dfrac{\left|\dfrac{C_{SHR}}{2}-\dfrac{C_{T3}}{(1/3\,hp99-3)}\right|\times 2}{\dfrac{C_{SHR}}{2}+\dfrac{C_{T3}}{(1/3\,hp99-3)}}\geqslant 0.3$和$\dfrac{(C_{HER}-C_{SHR}/2)\times 2}{C_{HER}+C_{SHR}/2}\geqslant 0.3$（灌木层覆盖度和 T_3 层平均覆盖度之相对

相差大于或等于 30%，且草本层覆盖度和灌木层平均覆盖度之相对相差大于或等于 30%）；

D1：$H_{LS}<10.0$（冠层表面高小于 10.0 m）；

D2: $H_{LS} \geqslant 10.0$（冠层表面高大于或等于 10.0 m）；

E1: $C_{HER} < 10\%$（草本层覆盖度小于 10%）；

E2: $C_{HER} \geqslant 10\%$（草本层覆盖度大于或等于 10%）；

F1: $C_{PEA2} \geqslant 0.0075$ 和 $\left(\dfrac{(C_{HER} - C_{SHR}/2) \times 2}{C_{HER} + C_{SHR}/2} < 0.30 \text{ 或 } C_{HER} < 0.10 \right)$（第 2 有效峰的覆盖大于或等于 0.75%，且草本层和灌木层平均覆盖度之相对相差小于 30% 或草本层覆盖度小于 10%）；

F2: $C_{PEA2} \geqslant 0.0075$ 和 $\left(\dfrac{(C_{HER} - C_{SHR}/2) \times 2}{C_{HER} + C_{SHR}/2} \geqslant 0.3 \text{ 和 } C_{HER} \geqslant 0.1 \right)$（第 2 有效峰的覆盖度大于或等于 0.75%，且草本层和灌木层平均覆盖度之相对相差大于或等于 30% 和草本层覆盖度大于或等于 10%）；

F3: $C_{PEA2} < 0.0075$ 和 $\left(\dfrac{(C_{HER} - C_{SHR}/2) \times 2}{C_{HER} + C_{SHR}/2} < 0.3 \text{ 或 } C_{HER} < 0.1 \right)$（第 2 有效峰的覆盖度小于 0.75%，且草本层和灌木层平均覆盖度之相对相差小于 30% 或草本层覆盖度小于 10%）；

F4: $C_{PEA2} < 0.0075$ 和 $\left(\dfrac{(C_{HER} - C_{SHR}/2) \times 2}{C_{HER} + C_{SHR}/2} \geqslant 0.3 \text{ 和 } C_{HER} \geqslant 0.1 \right)$（第 2 有效峰的覆盖度小于 0.75%，且草本层和灌木层平均覆盖度之相对相差大于或等于 30% 和草本层覆盖度大于或等于 10%）；

G1: $(H_{LA1} + H_{LA2})/H_{CS} \geqslant 0.80$ [第 1 剖面层和第 2 剖面层高（长）之和与冠层表面高之比大于或等于 0.80]；

G2: $(H_{LA1} + H_{LA2})/H_{CS} < 0.80$ [第 1 剖面层和第 2 剖面层高（长）之和与冠层表面高之比小于 0.80]；

H1: $(H_{LA1} + H_{LA2})/H_{CS} \geqslant 0.65$ [第 1 剖面层和第 2 剖面层高（长）之和与冠层表面高之比大于或等于 0.65]；

H2: $(H_{LA1} + H_{LA2})/H_{CS} < 0.65$ [第 1 剖面层和第 2 剖面层高（长）之和与冠层表面高之比小于 0.65]。

尽管有研究表明 1 个有效峰代表 1 个林层（Whitehurst et al.，2013），但通过冠层垂直剖面观察，我们发现：1 个有效峰除包含 1 个林层外，也包含 2~3 个林层；2 个有效峰除包含 2 个林层外，也包含 1 个和 3 个林层；一些 3 个有效峰只包含 2 个林层。

7.5.2 样地的垂直分层目视解译和分类精度检验

根据冠层垂直剖面（图 7-1 和图 7-2），采用目视解译方法对全部样地包含的植物层进行逐一确定，用作全冠层垂直结构分类的验证数据。在进行灌木层和草本层判断时，参考样地调查材料中相应层的高度、覆盖度和生物量等数据。采用广泛使用的混淆矩阵评估分类精度，评价指标包括总体精度、用户精度（UA）、生产者精度（PA）和 Kappa 系数。采用漏检率（OE）、误检率（CE）和检测精度（Dong et al.，2020；Hamraz et al.，2017a）验证各个林层检测的准确性。

选取广西大明山山脉（面积为 81 000 hm²）进行森林垂直结构制图，格网大小设置为 30 m×20 m，制图基本条件是：①hp99≥4.0 m；②CC≥0.2；③植被点在 200 点/600 m² 以上。计算未被分类的格网的数量与格网总数之比，以检验通过样地建立的分类规则在区域全覆盖森林垂直结构分类中的可推广性/普适性。

7.5.3　全冠层垂直结构分类的可靠性

7.5.3.1　垂直结构类型分类精度

全部 1147 个样地的分类结果表明：15 个全冠层垂直结构类型[无（11）T_1T_3S 类型]的总体分类精度为 94.6%，Kappa 系数为 0.927，说明总体分类精度优良（表 7-2）。

表 7-2　冠层垂直结构分类的混淆矩阵

分类结果	观测结果																合计	UA (%)
	(1)	(2)	(3)	(4)	(5)	(6)	(7)	(8)	(9)	(10)	(11)	(12)	(13)	(14)	(15)	(16)		
(1) T_1	488	1			1		1							2			493	99.0
(2) T_1T_2	19	196						10		1							226	86.7
(3) $T_1T_2T_3$	1	4	80				2						2				89	89.9
(4) $T_1T_2T_3S$				8													8	100.0
(5) $T_1T_2T_3SH$					1												1	100.0
(6) $T_1T_2T_3H$						12	1										13	92.3
(7) T_1T_2H							33	1							1		35	94.3
(8) T_1H								195						2			197	99.0
(9) T_1T_2S					1			1	7							1	10	70.0
(10) T_1S					1					16				1	1		19	84.2
(11) T_1T_3S																		
(12) T_1T_3SH												3					3	100.0
(13) T_1T_2SH							2						4				6	66.7
(14) T_1SH												1		24			25	96.0
(15) T_1T_3															12		12	100.0
(16) T_1T_3H					1			3								6	10	60.0
合计	508	201	80	8	5	12	39	210	7	17		4	6	29	14	7	1147	
PA (%)	96.1	97.5	100.0	100.0	20.0	100.0	84.6	92.9	100.0	94.1		75.0	66.7	82.8	85.7	85.7		

由表 7-2 可以看出，T_1、T_1T_2、T_1H 和 $T_1T_2T_3$ 4 个类型的数量分别占全部样地总数量的 43.0%、19.7%、17.2%和 7.8%，是数量最多的 4 个类型，它们共占样地总数量的 87.7%，生产者精度为 92.9%～100.0%，用户精度为 86.7%～99.0%。其余类型数量很少，均不足样地数量的 4%。分类错误主要出现在 T_1T_2 类型，存在较多与 T_1H 和 T_1T_2 类型混淆的情况。

产生分类错误的主要原因：①区分 T_1 和 T_1T_2、T_1T_2 和 $T_1T_2T_3$ 的剖面层高（长）与冠层表面高比值的阈值（分别为 0.65 和 0.80）造成的错误占全部错误的 40.3%。这是由于 1 个剖面层不止包含 1 个林层，如 7.4 节所述，不同数量林层的剖面层高（长）/冠层表面高的值域存在重叠的情况，因此，这类错误不可避免。②为简化分类规则，乔木层未作覆盖度限制，由此造成的错误占全部错误的 27.4%。③区分 T_1 和 T_1T_2 的、T_1T_2 和 $T_1T_2T_3$ 的 hp99 阈值的问题，及点云分布异常造成的连续垂直剖面与实际林层构成存在差异等问题，占 25.8%，其中 hp99 阈值引起的错误与①类似，不可避免。④高度-频率拟合连续剖面的拟合不够准确，占 6.5%。从有效峰角度来看，单峰、双峰和三峰剖面出现的错误分别占 77.4%、16.1% 和 6.5%，双峰和三峰剖面出现错误的概率高于它们的样地比重，说明它们的林层结构比单峰剖面更为复杂。杉木林、松树林、桉树林和阔叶林出现的错误分别占全部错误的 29.0%、22.6%、16.7% 和 32.3%，说明森林结构越复杂，分类效果相对较差。

7.5.3.2 林层检测精度

各个林层的检测精度均高于 90.0%，最大的漏检率和误检率均小于 10%（表 7-3），说明各个林层都能够得到准确的检测结果。

表 7-3 各个垂直结构层的检测精度

林层	漏检率（%）	误检率（%）	精度（%）
T_2	1.7	9.3	98.3
T_3	3.8	8.1	96.2
S	9.2	4.2	90.8
H	7.1	0.0	92.9

灌木层、草本层的漏检率远大于 T_2、T_3 层，检测精度也明显低于 T_2、T_3 层，可能的原因是：受上层林木枝叶遮挡干扰影响，激光脉冲到达灌木层和草本层并返回的回波数量减少（Hamraz et al.，2017b；Liu et al.，2020），导致灌木层和草本层的点云密度存在较多的不确定性，影响以覆盖度为主要依据的灌木层、草本层存在性的确定。

7.5.3.3 分类规则可推广性的制图检验评价

大明山是广西中部最高的山脉，最高峰 1760 m，北回归线穿过中部，属季雨林化常绿阔叶林区（《广西森林》编辑委员会，2001），顶极群落是以银荷木（*Schima argentea*）、甜槠（*Castanopsis eyrei*）、米槠（*C. carlesii*）、罗浮栲（*C. fabri*）、栲树（*C. larges*）和华南石栎（*Lithocarpus fenestratus*）为主的常绿阔叶林（温远光等，1998）。据 2017 年森林资源调查结果，区域森林覆盖率为 83.99%，阔叶林、松树林分别占森林面积的 66.2%、20.7%，其中，天然阔叶林占 50.8%，森林类型结构与样地完全不同（表 7-4）。

表 7-4 大明山与样地的森林类型结构

区域	杉木林	松树林	桉树林	阔叶林		
				小计	天然林	人工林
大明山（%）	1.1	20.7	12.0	66.2	50.8	15.4
样地（%）	20.3	23.1	25.2	31.4		

大明山的森林垂直结构分类结果如图 7-4 所示，格网大小为 30 m×20 m，属于森林的像元 $1.1954×10^6$ 个。在全部森林像元中，完成垂直结构分类的像元为 $1.1933×10^6$ 个，未作分类的像元 2056 个，分类规则的覆盖率达到 99.8%，说明 7.5.1 节构建的分类规则具有良好的区域扩展性，适应于广阔的研究区域。未分类的像元中，样地中不存在的 4 峰剖面为 1032 个，占未分类像元的 50.2%。

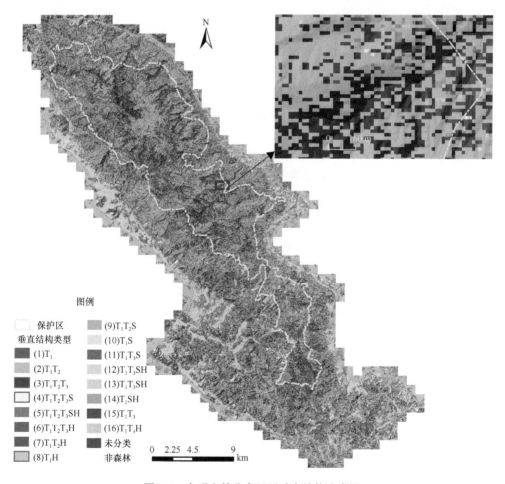

图 7-4 大明山林分全冠层垂直结构分类图

大明山有 16 个森林垂直结构类型，其中，（2）T_1T_2、（3）$T_1T_2T_3$、（1）T_1 和（8）T_1H 分别占总面积的 38.1%、20.7%、20.6% 和 9.9%，这 4 个类型占总面积的89.3%，其余类型的面积很小，所占比重均不超过 3.0%（表 7-5）。

表 7-5 大明山和样地全冠层的各个森林垂直结构类型的比重

区域	比重（%）	(1)	(2)	(3)	(4)	(5)	(6)	(7)	(8)	(9)	(10)	(11)	(12)	(13)	(14)	(15)	(16)
大明山	面积（1000hm²）	21.58	39.95	21.67	0.95	0.32	1.20	0.43	10.39	1.50	1.50	1.60	0.15	0.30	1.03	2.98	0.36
	%	20.6	38.1	20.7	0.9	0.3	1.1	0.4	9.9	1.4	1.5	0.1	0.3	1.0	2.8	0.4	0.3
样地	%	44.3	18.3	1.5	2.5	17.5	3.4	0.6	0.5	7.0	1.0	0.7	0.0	0.4	1.2	0.6	0.3

注：（1）～（6）为垂直结构类型，含义见表 7-2 和图 7-4

由表 7-5 还可以看出，大明山和样地的森林垂直结构相差很大，样地中，T_1 类型比重最大，单层林（T_1、T_1H、T_1S、T_1SH）占 47.0%，而在大明山山脉中，单层林仅占 34.9%，更多的是复层林。以上说明以样地为基础建立的分类规则，可以适应于森林垂直结构类型完全不同的区域，可推广性/普适性优良。

7.6 森林乔木层垂直结构分类

在上节中，我们介绍了森林全冠层垂直结构分类，但并未涉及 3 个乔木层在空间中的位置，本节讨论具有明确空间位置的乔木层垂直结构分类。

7.6.1 乔木层垂直结构类型的定义

由于林分所处的发育阶段不同，林木自然整枝与否、整枝高度不同，即使都只有 1 个林层，但不同林分的垂直结构仍然不同。如图 6-6a 和图 6-6b 均表示只有一个林层，但这 2 个林层在空间上所处位置截然不同，显然，它们具有不同的垂直结构。根据 T_1 层所处的空间位置及 T_2、T_3 层存在与否和其所处的空间位置，乔木层垂直结构分为 6 个类型，见图 6-6。

图 6-6a 表示林木自然整枝尚未开始或刚开始，林分处于幼龄林阶段，属单层林；图 6-6b 表示为单层林（通常为纯林），但林木的整枝高度已经较高，林木的冠长/树高较小，林分处于成林阶段；图 6-6c、图 6-6d 和图 6-6e 均表示为双层林（多为混交林），但林分所处的发育阶段不同，树种构成也可能不同；图 6-6f 表示为三层林，即 3 个乔木层同时存在。上述 6 个类型的垂直结构存在明显区别，它们的生态功能和林学意义也肯定不同，因此，对区域森林中乔木层垂直结构进行分类和制图，有助于进一步深入理解森林的结构状态，可为更广泛的相关分析提供基础数据。

7.6.2　乔木层垂直结构分类规则

　　延续 7.5 节森林全冠层垂直结构分类的思路和方法，采用连续垂直冠层剖面（伪波形）有效峰的个数、各个峰的高度和各个剖面层的表面高、层下高、冠层高（长）度等特征，根据乔木层垂直结构分类需要确定各个林层空间位置的特点，在附件 B 的 37 个模式剖面的基础上进一步细化至 46 个乔木层垂直结构模式剖面（略），建立了乔木层垂直结构分类规则，见表 7-6。

表 7-6　乔木层垂直结构分类规则

编号	规则	类型
A（1）		UT1
B（1a）	$H_{\mathrm{UL}} \geqslant 1/2\,\mathrm{hp99}$ and $C_{\mathrm{INF}} < 0.1$	OT_1
B（1b）	$H_{\mathrm{UL}} \geqslant 1/2\,\mathrm{hp99}$ and $C_{\mathrm{INF}} \geqslant 0.1$	$T_1 T_3$
B（2a）	$(1/3\,\mathrm{hp99} < H_{\mathrm{UL}} \leqslant 1/2\,\mathrm{hp99})$ and $C_{\mathrm{INF}} < 0.1$ and $H_{\mathrm{LA}}/H_{\mathrm{CS}} \geqslant 0.65$	$OT_1 T_2$
B（2b）	$(1/3\,\mathrm{hp99} < H_{\mathrm{UL}} \leqslant 1/2\,\mathrm{hp99})$ and $C_{\mathrm{INF}} < 0.1$ and $H_{\mathrm{LA}}/H_{\mathrm{CS}} < 0.65$	OT_1
B（2c）	$(1/3\,\mathrm{hp99} < H_{\mathrm{UL}} \leqslant 1/2\,\mathrm{hp99})$ and $C_{\mathrm{INF}} \geqslant 0.1$ and $\mathrm{hp99} \geqslant 15.0$	$T_1 T_2 T_3$
B（2d）	$(1/3\,\mathrm{hp99} < H_{\mathrm{UL}} \leqslant 1/2\,\mathrm{hp99})$ and $C_{\mathrm{INF}} \geqslant 0.1$ and $\mathrm{hp99} < 15.0$	$UT_1 T_2$
B（3a）	$(3.0 < H_{\mathrm{UL}} \leqslant 1/3\,\mathrm{hp99})$ and $\mathrm{hp99} \geqslant 15.0$ and $H_{\mathrm{LA}}/H_{\mathrm{CS}} \geqslant 0.80$	$T_1 T_2 T_3$
B（3b）	$(3.0 < H_{\mathrm{UL}} \leqslant 1/3\,\mathrm{hp99})$ and $\mathrm{hp99} \geqslant 15.0$ and $(0.65 \leqslant H_{\mathrm{LA}}/H_{\mathrm{CS}} < 0.80)$ and $C_{\mathrm{INF}} < 0.1$	$OT_1 T_2$
B（3c）	$(3.0 < H_{\mathrm{UL}} \leqslant 1/3\,\mathrm{hp99})$ and $\mathrm{hp99} \geqslant 15.0$ and $(0.65 \leqslant H_{\mathrm{LA}}/H_{\mathrm{CS}} < 0.80)$ and $C_{\mathrm{INF}} \geqslant 0.1$	UT1T2
B（3d）	$(3.0 < H_{\mathrm{UL}} \leqslant 1/3\,\mathrm{hp99})$ and $\mathrm{hp99} \geqslant 15.0$ and $H_{\mathrm{LA}}/H_{\mathrm{CS}} < 0.65$	OT_1
B（3e）	$(3.0 < H_{\mathrm{UL}} \leqslant 1/3\,\mathrm{hp99})$ and $\mathrm{hp99} < 15.0$ and $H_{\mathrm{LA}}/H_{\mathrm{CS}} \geqslant 0.65$	$OT_1 T_2$
B（3f）	$(3.0 < H_{\mathrm{UL}} \leqslant 1/3\,\mathrm{hp99})$ and $\mathrm{hp99} < 15.0$ and $H_{\mathrm{LA}}/H_{\mathrm{CS}} < 0.65$ and $C_{\mathrm{INF}} < 0.1$	OT_1
B（3g）	$(3.0 < H_{\mathrm{UL}} \leqslant 1/3\,\mathrm{hp99})$ and $\mathrm{hp99} < 15.0$ and $H_{\mathrm{LA}}/H_{\mathrm{CS}} < 0.65$ and $C_{\mathrm{INF}} \geqslant 0.1$	UT_1
B（4a）	$(1.0 < H_{\mathrm{UL}} \leqslant 3.0)$ and $\mathrm{hp99} \geqslant 15.0$ and $H_{\mathrm{LA}}/H_{\mathrm{CS}} \geqslant 0.80$	$T_1 T_2 T_3$
B（4b）	$(1.0 < H_{\mathrm{UL}} \leqslant 3.0)$ and $\mathrm{hp99} \geqslant 15.0$ and $H_{\mathrm{LA}}/H_{\mathrm{CS}} < 0.80$	$UT_1 T_2$
B（4c）	$(1.0 < H_{\mathrm{UL}} \leqslant 3.0)$ and $(10.0 \leqslant \mathrm{hp99} < 15.0)$ and $H_{\mathrm{LA}}/H_{\mathrm{CS}} \geqslant 0.8$	$UT_1 T_2$
B（4d）	$(1.0 < H_{\mathrm{UL}} \leqslant 3.0)$ and $(10.0 \leqslant \mathrm{hp99} < 15.0)$ and $H_{\mathrm{LA}}/H_{\mathrm{CS}} < 0.8$	UT_1
B（4e）	$(1.0 \leqslant H_{\mathrm{UL}} < 3.0)$ and $\mathrm{hp99} < 10.0$	UT_1
B（5a）	$H_{\mathrm{UL}} < 1.0$ and $H_{\mathrm{LS}} < 10.0$	UT_1
B（5b）	$H_{\mathrm{UL}} < 1.0$ and $H_{\mathrm{LS}} \geqslant 10.0$	$UT_1 T_2$
C（1a）	$H_{\mathrm{P_1}} \geqslant 2/3\,\mathrm{hp99}$ and $H_{\mathrm{P_2}} \geqslant 1/3\,\mathrm{hp99}$ and $H_{\mathrm{UL_2}} \geqslant 3.0$ and $(H_{\mathrm{LA_1}} + H_{\mathrm{LA_2}})/H_{\mathrm{CS}} < 0.65$	OT_1

编号	规则	类型
C（1b）	$H_{P_1} \geq 2/3\,hp99$ and $H_{P_2} \geq 1/3\,hp99$ and $H_{UL_2} \geq 3.0$ and $(H_{LA_1}+H_{LA_2})/H_{CS} \geq 0.65$	OT_1T_2
C（1c）	$H_{P_1} \geq 2/3\,hp99$ and $H_{P_2} \geq 1/3\,hp99$ and $H_{UL_2} <3.0$ and $hp99 \geq 15.0$	$T_1T_2T_3$
C（1d）	$H_{P_1} \geq 2/3\,hp99$ and $H_{P_2} \geq 1/3\,hp99$ and $H_{UL_2} <3.0$ and $hp99<15.0$	UT_1T_2
C（2a）	$H_{P_1} \geq 2/3\,hp99$ and $(3.0< H_{P_2} \leq 1/3\,hp99)$ and $hp99 \geq 15.0$ and $C_{MID}<0.1$	T_1T_3
C（2b）	$H_{P_1} \geq 2/3\,hp99$ and $(3.0< H_{P_2} \leq 1/3\,hp99)$ and $hp99 \geq 15.0$ and $C_{MID} \geq 0.1$	$T_1T_2T_3$
C（2c）	$H_{P_1} \geq 2/3\,hp99$ and $(3.0< H_{P_2} \leq 1/3\,hp99)$ and $hp99<15.0$	UT_1T_2
C（3a）	$H_{P_1} \geq 2/3\,hp99$ and $(1.0 \leq H_{P_2} <3.0)$ and $hp99 \geq 15.0$ and $H_{LA_1}/H_{CS}<0.65$ and $H_{LA_2}/H_{CS}<0.35$	OT_1
C（3b）	$H_{P_1} \geq 2/3\,hp99$ and $(1.0 \leq H_{P_2} <3.0)$ and $hp99 \geq 15.0$ and $H_{LA_1}/H_{CS} \geq 0.65$ and $H_{LA_2}/H_{CS}<0.35$	OT_1T_2
C（3c）	$H_{P_1} \geq 2/3\,hp99$ and $(1.0 \leq H_{P_2} <3.0)$ and $hp99 \geq 15.0$ and $H_{LA_1}/H_{CS}<0.65$ and $H_{LA_2}/H_{CS} \geq 0.35$ and $(H_{LA_1}+H_{LA_2})/H_{CS} \geq 0.80$	$T_1T_2T_3$
C（3d）	$H_{P_1} \geq 2/3\,hp99$ and $(1.0 \leq H_{P_2} <3.0)$ and $hp99 \geq 15.0$ and $H_{LA_1}/H_{CS}<0.65$ and $H_{LA_2}/H_{CS} \geq 0.35$ and $(H_{LA_1}+H_{LA_2})/H_{CS}<0.80$	T_1T_3
C（3e）	$H_{P_1} \geq 2/3\,hp99$ and $(1.0 \leq H_{P_2} <3.0)$ and $hp99<15.0$ and $H_{LA_1}/H_{CS} \geq 0.65$	UT_1T_2
C（3f）	$H_{P_1} \geq 2/3\,hp99$ and $(1.0 \leq H_{P_2} <3.0)$ and $hp99<15.0$ and $H_{LA_1}/H_{CS}<0.65$ and $H_{UL_2}<1/3\,hp99$	UT_1
C（3g）	$H_{P_1} \geq 2/3\,hp99$ and $(1.0 \leq H_{P_2} <3.0)$ and $hp99<15.0$ and $H_{LA_1}/H_{CS}<0.65$ and $H_{UL_2} \geq 1/3\,hp99$	OT_1
C（4a）	$(1/3\,hp99 \leq H_{P_1} <2/3\,hp99)$ and $hp99 \geq 15.0$ and $(H_{LA_1}+H_{LA_2})/H_{CS} \geq 0.8$	$T_1T_2T_3$
C（4b）	$(1/3\,hp99 \leq H_{P_1} <2/3\,hp99)$ and $hp99 \geq 15.0$ and $(H_{LA_1}+H_{LA_2})/H_{CS}<0.8$ and $H_{UL_2}<1/3\,hp99$	UT_1T_2
C（4c）	$(1/3\,hp99 \leq H_{P_1} <2/3\,hp99)$ and $hp99 \geq 15.0$ and $(H_{LA_1}+H_{LA_2})/H_{CS}<0.8$ and $H_{UL_2} \geq 1/3\,hp99$	OT_1T_2
C（4d）	$(1/3\,hp99 \leq H_{P_1} <2/3\,hp99)$ and $hp99<15.0$ and $(H_{LA_1}+H_{LA_2})/H_{CS}<0.65$ and $H_{UL_2}<1/3\,hp99$	UT_1
C（4e）	$(1/3\,hp99 \leq H_{P_1} <2/3\,hp99)$ and $hp99<15.0$ and $(H_{LA_1}+H_{LA_2})/H_{CS}<0.65$ and $H_{UL_2} \geq 1/3\,hp99$	OT_1
C（4f）	$(1/3\,hp99 \leq H_{P_1} <2/3\,hp99)$ and $hp99<15.0$ and $(H_{LA_1}+H_{LA_2})/H_{CS} \geq 0.65$ and $H_{UL_2}<1/3\,hp99$	UT_1T_2
C（4g）	$(1/3\,hp99 \leq H_{P_1} <2/3\,hp99)$ and $hp99<15.0$ and $(H_{LA_1}+H_{LA_2})/H_{CS} \geq 0.65$ and $H_{UL_2} \geq 1/3\,hp99$	$OT1T2$
D（1a）	$H_{P_3} \geq 3.0$ and $(H_{LA_1}+H_{LA_2}+H_{LA_3})/H_{CS} \geq 0.80$	$T_1T_2T_3$
D（1b）	$H_{P_3} \geq 3.0$ and $(H_{LA_1}+H_{LA_2}+H_{LA_3})/H_{CS}<0.80$	OT_1T_2
D（2a）	$H_{P_3} <3.0$ and $(H_{LA_1}+H_{LA_2}+H_{LA_3})/H_{CS} \geq 0.80$	$T_1T_2T_3$
D（2b）	$H_{P_3} <3.0$ and $(H_{LA_1}+H_{LA_2}+H_{LA_3})/H_{CS}<0.80$	OT_1T_2

注：A、B、C、D 分别表示无峰、单峰、双峰和三峰剖面

分类精度评价方法与 7.5.2 节相同。

7.6.3 乔木层垂直结构类型分类精度与不同林层的检验精度

全部 1147 个样地的分类结果检验表明：6 个垂直结构类型的总体分类精度为 93.9%，Kappa 系数为 0.91，说明总体分类精度优良（表 7-7）。

表 7-7　冠层垂直结构分类的混淆矩阵

分类结果	观测结果						总数	用户精度 (%)
	(1) UT$_1$	(2) OT$_1$	(3) UT$_1$T$_2$	(4) OT$_1$T$_2$	(5) T$_1$T$_3$	(6) T$_1$T$_2$T$_3$		
(1) UT$_1$	190	0	1	0	0	0	191	99.5
(2) OT$_1$	5	534	0	2	0	2	543	98.3
(3) UT$_1$T$_2$	9	0	67	6	1	1	84	79.8
(4) OT$_1$T$_2$	17	5	6	164	1	0	193	85.0
(5) T$_1$T$_3$	0	3	0	0	21	1	25	84.0
(6) T$_1$T$_2$T$_3$	1	1	5	1	2	101	111	91.0
总数	222	543	79	173	25	105	1147	
生产者精度 (%)	85.6	98.3	84.8	94.8	84.0	96.2		

在 1147 个样地中（表 7-7），OT$_1$ 是数量最多的类型，占样地总数的 47.3%，UT$_1$、OT$_1$T$_2$ 次之，分别占 19.4%、15.1%。UT$_1$ 与 OT$_1$ 的用户精度最高，分别为 99.5% 与 98.3%，UT$_1$T$_2$ 的用户精度最低，为 79.8%。6 个类型的生产者精度都高于 84%，其中以 OT$_1$ 类最高，为 98.3%。不同垂直结构分类错误受林层高与冠层表面高比值的阈值、hp99 的阈值、高度–频率拟合连续剖面不准确等问题影响。

在所有类型中，单峰、双峰、三峰分类错误的样地数量占对应峰样地数量的比重分别为 6.2%、7.4% 和 9.1%，说明垂直剖面的有效峰越多，垂直结构越复杂，分类错误的概率越高。杉木林、松树林、桉树林和阔叶林的分类错误样地数量占对应森林类型样地总数量的比重分别为 9.0%、6.4%、2.4% 和 6.9%，垂直结构最为简单的桉树林分类错误最小，其他 3 个森林类型分类错误的规律性不强。在不同的林层中，T$_2$ 层的精度为 98.3%，优于 T$_3$ 层的精度 96.2%；T$_2$ 层漏检率 1.7%，低于 T$_3$ 层漏检率 3.9%，T$_2$、T$_3$ 层误检率差别不大，分别为 9.5%、8.1%，说明相对而言，T$_2$ 层较 T$_3$ 层易于检测。

7.6.4　乔木层分类规则可推广性的制图检验

大明山森林的乔木层垂直结构分类结果如图 7-5 所示（格网大小为 30 m×20 m），在全部森林像元中，未作分类的像元 4390 个，分类规则的覆盖率达到 99.8%，表明本研究建立的分类规则具有良好的可推广性/普适性。

对大明山森林乔木层的 6 个垂直结构类型进行统计，结果表明：UT$_1$T$_2$ 类型覆盖面积最大（2.89×10^8 m^2），UT$_1$（2.69×10^8 m^2）、T$_1$T$_2$T$_3$（2.41×10^8 m^2）次之，与样地的垂直结构类型的结构完全不同，进一步印证了 7.6.2 节建立的分类规则具有良好的可推广性/普适性。

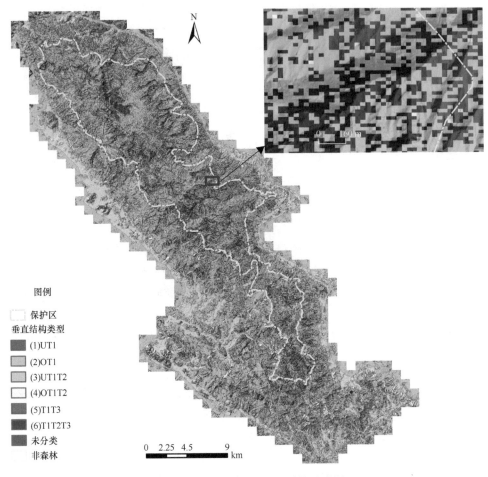

图 7-5　大明山乔木林垂直结构分类图

图例

保护区
垂直结构类型
(1)UT1
(2)OT1
(3)UT1T2
(4)OT1T2
(5)T1T3
(6)T1T2T3
未分类
非森林

0　2.25　4.5　　　9
km

7.7　机载激光雷达森林垂直结构分类的若干问题

森林垂直结构分类具有重要的生态学和林学意义,对机载激光雷达森林参数估测也具有显著的效果(见 6.4 节)。在本节中,我们利用机载激光雷达点云能够准确刻画森林三维结构的特性,通过拟合点云高度–频率(覆盖度)得到连续垂直冠层剖面(伪波形),提取林层信息构建全冠层、乔木层的垂直结构分类规则,取得了良好的效果,实现了区域森林垂直结构制图,为相关应用奠定了坚实的基础。然而,有一些问题需要作进一步的厘清。

7.7.1　伪波形的生成

林分冠层连续剖面反映了冠层植物物质的垂直分布,连续剖面的波峰代表了冠层物质的主要集中度（Whitehurst et al.，2013）。冠层连续剖面均通过伪波形予以表征，而伪波形的生成主要依据 3 种数据：①回波高度-频率数据；②回波高度-强度数据（Muss et al.，2011）；③回波高度-叶面积密度数据（Whitehurst et al.，2013）。虽然有研究表明回波强度可用于森林结构参数估测、土地和树种分类等，但鉴于回波强度受飞行高度、大气透射率、地物的反射特性等影响，需要进行强度校准（Morsdorf et al.，2010；Ørka et al.，2009），此外，尽管叶面积密度也用于林分垂直结构的刻画（Bouvier et al.，2015）和分类（Whitehurst et al.，2013），但就平均而言，可以假定冠层元素反射率的变化不是太大（Whitehurst et al.，2013），因此，我们认为回波高度-覆盖度频率数据能够直观地反映冠层物质的垂直分布，故在本研究中，我们利用该数据生成伪波形。伪波形生成的另一个关键问题是高度层间隔的确定，一般取固定的高度，如 0.5 m（Hall et al.，2005）、1 m（Zhao et al.，2011；Lefsky et al.，1999；Leiterer et al.，2015）、2 m（Muss et al.，2011）和 3 m（Whitehurst et al.，2013）。由于不同样地和格网的林分高度相差很大，如本研究中，1147 个样地中 hp99 的变化范围为 3.5～38.5 m，当以固定的层高进行冠层垂直分割时，一些样地的层数很少，以至于难以进行连续剖面曲线的拟合或平滑，并且由于各个样地的层数不同，各层覆盖度的计算标准不同，故无法进行垂直剖面的直接比较。因此，在林分冠层分析中，对各个样地和格网采用固定的层数，如 10 层（Næsset et al.，2011），而不是以固定的高度进行分层，可克服上述问题。在本研究中，我们试验了 100 层、50 层和 30 层，结果基本相同。

7.7.2　冠层信息提取

有很多方法可以直接对离散数据进行平滑处理，包括高斯平滑算法（Hamraz et al.，2017a；Whitehurst et al.，2013）、均值滤波（Zhao et al.，2011）、三次样条函数（Muss et al.，2011）、薄板样条函数（Leiterer et al.，2015）等，在本研究中，我们对离散的高度-覆盖度数据采用 10 次多项式进行拟合，得到的连续剖面曲线很好契合了垂直方向上郁闭度的分布（图 7-1 和附件 B），确保了冠层信息提取的准确性。

在伪波形中，波峰和波谷分别表示冠层物质最多、最小的区域（高度层）。Whitehurst 等（2013）在美国新罕布什尔州中部的白山国家森林以红云杉（*Picea rubens*）、香脂冷杉（*Abies balsamiea*）、桦树（*Betula* sp.）、糖枫（*Acer saccharum*）和山毛榉（*Fagus grandifolia*）为优势种的森林的研究中，认为一个波峰（该波峰的叶面积密度至少比剖面模式大 30%）对应于一个林层。在本研究中，无峰、单峰、双峰和三峰剖面分别占 2.3%、88.5%、10.4% 和 1.0%。在单峰剖面中，93.2% 的桉树林只有 1 层，与上述结论基本一致，但在其他森林类型中，存在 1 个波峰包含 1～3

个林层，2 个波峰也包含 1～3 个林层的情况。因此，伪波形中林层的测量尤为重要。

在冠层剖面伪波形中，通常存在多个峰、谷（图 7-1、图 7-2 和附件 B），但并非所有的峰都具有明确的生物学解释意义——反映冠层物质分布的集中程度。为此，我们首先提出并定义了有效峰的概念，它是林分垂直结构分类的基础，与 Whitehurst 等（2013）的峰的定义不同，经过试验，我们认为当峰的覆盖度较其相邻 2 个谷的最大覆盖度大 25%时，该峰已经足够"突出"，代表植物物质集中分布的区域——说明存在林层。在此基础上，我们定义了林层表面高、层下高、林层高（长）、林层高（长）/表面高等系列林分冠层结构描述指标（参数）并提出了它们的计算方法，与峰对应的覆盖度、灌木层和草本层覆盖度一起，这些林分冠层参数准确地刻画了林层的物理形态，包括了林层所处的空间位置，成为冠层垂直结构分类的依据。

7.7.3 分类规则的构建

尽管有很多关于林分垂直分层的研究报道，但林分垂直结构分层仍缺乏共识，因此，不同的研究者的分层体系不尽相同（Adnan et al.，2019）。Jarron 等（2020）将乔木层分为优势层、共优势层、亚优势层和亚冠层，Zimble 等（2003）则分为单层林和复层林。我们的分层体系与 Latifi 等（2016）的分类体系基本相同，遵循 IUFRO 的分类规则，均将完整的林分垂直结构分为上层（T_1）、中层（T_2）、下层（T_3）、灌木层和草本层，不同之处是：我们的灌木层高度为 1～3 m，而他们的是 1～5 m。在分类方法方面，不同研究者各不相同。

在本研究中，我们以垂直冠层连续剖面为基础，采用基于规则的方法进行冠层垂直结构分类，其特点是：①由于连续冠层垂直剖面直观地反映冠层物质的垂直分布，所以，该方法更接近实地观测结果。②良好的森林类型和树种普适性及区域适应性。在本研究中，杉木林、松树林、桉树林和阔叶林中全部类型的平均分类精度十分接近，考虑到阔叶林中包含大量树种的情况，因此，本研究构建的分类规则具有良好的森林类型、树种普适性。在森林类型和垂直结构与样地相差很大的制图区域，分类规则的有效执行率也很高，说明了分类规则具有良好的区域适应性。③分类结果准确可靠。本研究的分类结果中，除几个数量很少的类型外，其余类型的用户精度和生产者精度都很高，各个林层的检测精度也很高，说明分类结果准确、可靠。④林层空间位置的隐含性和显现性。本研究的全冠层垂直结构分类结果不但准确地反映了垂直冠层结构情况（如单层林、双层林和三层林），而且由于在分类中使用了层下高等垂直结构参数，使得分类结果实际上隐含了各个林层的空间位置。本研究的乔木层垂直结构分类结果明确了各个乔木层的空间位置。⑤分类结果具有丰富的生态学和林学意义。本研究实现森林全冠层、乔木层的全覆盖制图，分类结果为区域尺度的生态学和林学应用奠定了坚实的基础。总之，本研究采用垂直冠层结构参数建立林分垂直结构分类的方法，可以得到准确可靠、具有丰富意义且用途广泛的分类结果。

7.7.4　分类规则的普适性

在本研究中，我们深入阐明了林分垂直结构与冠层连续剖面的关系，证明了基于离散点云高度-频率伪波形可以准确地进行亚热带森林垂直结构的分类，并且分类结果具有明确的可解析性，为进一步分析和评估森林生态功能奠定基础。然而，本研究分类规则是通过模式剖面提炼的，尽管样地数量超过 1000 个，样地分布范围也很大，样地中既有高度集约经营的桉树工业林，也有一般针叶人工林（杉木林及少量松树林），还有天然针叶林（大部分松树林）和天然阔叶林，就森林类型而言，在中国南方亚热带森林中具有较强的代表性。此外，我们在一个面积为 81 000 hm^2、森林类型和垂直结构类型与样地差异很大的制图区域，取得了全冠层、乔木层分类规则覆盖度分别达 99.7%、99.8%的良好结果，进一步证明了我们构建的模式剖面和分类规则具有良好的可推广性/普适性。由于不同树种的生物学特性相差很大，不同森林类型的垂直结构相差很大，所以，对于更广泛的植被地带区域（如热带、温带等），由于森林组成和结构的复杂性，本研究的林分垂直结构模式剖面、分类规则是否仍具泛化性，仍需开展更多的试验。此外，本研究的分类规则较为复杂，是否能够通过更为有效的方法对连续剖面进行分类，得到更合理的模式剖面，有待于进一步的研究探索。

参 考 文 献

《广西森林》编辑委员会. 2001. 广西森林. 北京: 中国林业出版社.

惠刚盈, 胡艳波, 赵中华. 2018. 结构化森林经营研究进展. 林业科学研究, 31(1): 85-93.

惠刚盈, 赵中华, 陈明辉. 2020. 描述森林结构的重要变量. 温带林业研究, 3(1): 14-20.

温远光, 元昌安, 李信贤, 等. 1998. 大明山中山植被恢复过程植物物种多样性的变化. 植物生态学报, 22(1): 33-40.

Adnan S, Maltamo M, Coomes D A, et al. 2019. A simple approach to forest structure classification using airborne laser scanning that can be adopted across bioregions. Forest Ecology and Management, 433: 111-121.

Baker P J, Wilson J S. 2000. A quantitative technique for the identification of canopy stratification in tropical and temperate forests. Forest Ecology and Management, 127: 77-86.

Bergen K M, Goetz S J, Dubayah R O, et al. 2009. Remote sensing of vegetation 3-D structure for biodiversity and habitat: review and implications for lidar and radar spaceborne missions. Journal of Geophysical Research, 114: G00E06.

Bouvier M, Durrieu S, Fournier R A, et al. 2015. Generalizing predictive models of forest inventory attributes using an area-based approach with airborne LiDAR data. Remote Sensing of

Environment, 156: 322-334.

Brokaw N V L, Lent R A. 1999. Vertical structure. *In*: Hunter M L. Maintaining Biodiversity in Forest Ecosystems. Cambridge: Cambridge University Press: 373-399.

Carrasco L, Giam X, Papes M, et al. 2019. Metrics of lidar-derived 3D vegetation structure reveal contrasting effects of horizontal and vertical forest heterogeneity on bird species richness. Remote Sensing, 11: 743. doi: 10.3390/rs11070743.

Coops N C, Hilker T, Wulder M A, et al. 2007. Estimating canopy structure of Douglas-fir forest stands from discrete-return LiDAR. Trees—Structure and Function, 21: 295-310.

Culbert P D, Radeloff V C, Flather C H, et al. 2013. The influence of vertical and horizontal habitat structure on nationwide patterns of avian biodiversity. Auk, 130: 656-665.

Davison S, Donoghue D N M, Galiatsatos N. 2020. The effect of leaf-on and leaf-off forest canopy conditions on LiDAR derived estimations of forest structural diversity. International Journal of Applied Earth Observation and Geoinformation, 92: 102160. https: //doi.org/10.1016/j.jag.2020. 102160.

Dean T J, Cao Q V, Roberts S D, et al. 2009. Measuring heights to crown base and crown median with LiDAR in a mature, even-aged loblolly pine stand. Forest Ecology and Management, 257: 126-133.

DeVries P J, Murray D, Lande R. 1997. Species diversity in vertical, horizontal, and temporal dimensions of a fruit-feeding butterfly community in an Ecuadorian rainforest. Biological Journal of Linnean Society, 62: 343-364.

Dong T, Zhang X, Ding Z, et al. 2020. Multi-layered tree crown extraction from LiDAR data using graph-based segmentation. Computers and Electronics in Agriculture, 170: 105213. https: //doi. org/10.1016/j.compag.2020.105213.

Ferraz A, Bretar F, Jacquemoud S, et al. 2012. 3-D mapping of a multi-layered Mediterranean forest using ALS data. Remote Sensing of Environment, 121: 210-223.

Fraf R F, Mathys L. 2009. Habitat assessment for forest dwelling species using LiDAR remote sensing: Capercaillie in the Alps. Forest Ecology and Management, 257: 160-167.

Görgens E B, Soares C P B, Nunes M H, et al. 2016. Characterization of Brazilian forest types utilizing canopy height profiles derived from airborne laser scanning. Applied Vegetation Science, 19: 518-527.

Hall S A, Burke I C, Box D O, et al. 2005. Estimating stand structure using discrete-return lidar: An example from low density, fire prone ponderosa pine forests. Forest Ecology and Management, 208: 189-209.

Hamraz H, Contreras M A, Zhang J. 2017a. Vertical stratification of forest canopy for segmentation of understory trees within small-footprint airborne LiDAR point clouds. ISPRS Journal of Photogrammetry and Remote Sensing, 130: 385-392.

Hamraz H, Contreras M A, Zhang J. 2017b. Forest understory trees can be segmented accurately within sufficiently dense airborne laser scanning point clouds. Scientific Reports, 7: 6770-6779.

Hay G, Niemann K, McLean G. 1996. An object-specific image-texture analysis of H-resolution forest imagery. Remote Sensing of Environment, 55: 108-122.

Jarron L R, Coops N C, MacKenzie W H, et al. 2020. Detection of sub-canopy forest structure using airborne LiDAR. Remote Sensing of Environment, 244: 111770.

Jaskierniak D, Lane P N J, Robinson A, et al. 2011. Extracting LiDAR indices to characterise multilayered forest structure using mixture distribution functions. Remote Sensing of Environment, 115: 573-585.

Jeon S W, Kim J A. 2013. Study on the forest classification for ecosystem services valuation. Korean Environment Research Technology, 16: 31-39.

Jiang X, Li G, Lu D, et al. 2020. Stratification-based forest aboveground biomass estimation in a subtropical region using airborne lidar data. Remote Sensing, 12: 1101. doi: 10.3390/rs12071101.

Johnstone J F, Allen C D, Franklin J F, et al. 2016. Changing disturbance regimes, ecological memory, and forest resilience. Frontiers in Ecology and Environment, 14: 369-378.

Korpela I, Hovi A, Morsdorf F. 2012. Understory trees in airborne LiDAR data —selective mapping due to transmission losses and echo-triggering mechanisms. Remote Sensing of Environment, 119: 92-104.

Kwon S-K, Jung H-S, Baek W-K, et al. 2017. Classification of forest vertical structure in south korea from aerial orthophoto and lidar data using an artificial neural network. Applied Science, 7: 1046. https: //doi.org/10.3390/app7101046.

Latifi H, Heurich M, Hartig F, et al. 2016. Estimating over- and understorey canopy density of temperate mixed stands by airborne LiDAR data. Forestry, 89: 69-81.

Lee Y-S, Lee S, Baek W-K, et al. 2020. Mapping forest vertical structure in Jeju Island from optical and radar satellite images using artificial neural network. Remote Sensing, 12: 797. doi: 10.3390/rs12050797.

Lefsky M A, Cohen W B, Acker S A, et al. 1999. Lidar remote sensing of the canopy structure and biophysical properties of douglas-fir western hemlock forests. Remote Sensing of Environment, 70: 339-361.

Lefsky M A, Cohen W B, Parker G G, et al. 2002. LiDAR remote sensing for ecosystem studies. BioScience, 52: 19-30.

Leiterer R, Torabzadeh H, Furrer R, et al. 2015. Towards automated characterization of canopy layering in mixed temperate forests using airborne laser scanning. Forests, 6: 4146-4167.

Liu Q W, Fu L Y, Wang G X, et al. 2020. Improving estimation of forest canopy cover by introducing loss ratio of laser pulses using airborne LiDAR. IEEE Transactions on Geoscience and Remote Sensing, 58: 567-585.

Maltamo M, Eerikäinen K, Pitkänen J, et al. 2004. Estimation of timber volume and stem density based on scanning laser altimetry and expected tree size distribution functions. Remote Sensing of Environment, 90: 319-330.

Maltamo M, Packalén P, Yu X, et al. 2005. Identifying and quantifying structural characteristics of heterogeneous boreal forests using laser scanner data. Forest Ecology and Management, 216(1-3): 41-50.

Moran C J, Rowell E M, Seielstad C A. 2018. A data-driven framework to identify and compare forest structure classes using LiDAR. Remote Sensing of Environment, 211: 154-166.

Morsdorf F, Kötz B, Meier E, et al. 2006. Estimation of LAI and fractional cover from small footprint airborne laser scanning data based on gap fraction. Remote Sensing of Environment, 104: 50-61.

Morsdorf F, Mårell A, Koetz B, et al. 2010. Discrimination of vegetation strata in a multi-layered Mediterranean forest ecosystem using height and intensity information derived from airborne laser scanning. Remote Sensing of Environment, 114: 1403-1415.

Muss J D, Mladenoff D J, Philip A, et al. 2011. A pseudo-waveform technique to assess forest structure using discrete lidar data. Remote Sensing of Environment, 115: 824-835.

Næsset E, Gobakken T, Holmgren J, et al. 2004. Laser scanning of forest resources: the nordic experience. Scandinavian Journal of Forest Research, 19: 6, 482-499.

Næsset E, Gobakken T, Solberg S, et al. 2011. Model-assisted regional forest biomass estimation using LiDAR and InSAR as auxiliary data: a case study from a boreal forest area. Remote Sensing of Environment, 115: 3599-3614.

Neto S E N, Paula A D, Tagliaferre C, et al. 2018. Performance assessment of methodologies for vertical stratification in native forest. Ciência Florestal, 28(4): 1583-1591.

Nijland W, Nielsen S E, Coops N C, et al. 2014. Fine-spatial scale predictions of understory species using climate and LiDAR-derived terrain and canopy metrics. Journal Applied Remote Sensing, 8(1): 16.

Ørka H O, Næsset E, Bollandsås O M. 2009. Classifying species of individual trees by intensity and structure features derived from airborne laser scanner data. Remote Sensing of Environment, 113: 1163-1174.

Parker G G, Brown M. 2000. Forest canopy stratification–Is it useful? The American Naturalist, 155(4): 473-484.

Parker G G, Harmon M E, Lefsky M A, et al. 2004. Three-dimensional structure of an old-growth Pseudotsuga-Tsuga canopy and its implications for radiation balance, microclimate, and gas exchange. Ecosystems, 7: 440-453.

Pascual C, Garcia-Abril A, Garcia-Montero L G, et al. 2008. Object-based semi-automatic approach for forest structure characterization using lidar data in heterogeneous *Pinus sylvestris* stands. Forest Ecology and Management, 255(11): 3677-3685.

Pommerening A, Sánchez Meador A J. 2018. Tamm review: tree interactions between myth and reality. Forest Ecology and Management, 424: 164-176.

Pregitzer K S, Euskirchen E S. 2004. Carbon cycling and storage in world forests: biome patterns related to forest age. Global Change Biology, 10: 2052-2077.

Shugart H H, Saatchi S, Hall F G. 2010. Importance of structure and its measurement in quantifying function of forest ecosystems. Journal of Geophysical Research, 115: 1-16.

Wang Y, Weinacker H, Koch B. 2008. A lidar point cloud based procedure for vertical canopy structure analysis and 3D single tree modelling in forest. Sensors, 8(6): 3938-3951.

Whitehurst A S, Swatantran A, Blair J B, et al. 2013. Characterization of canopy layering in forested ecosystems using full waveform lidar. Remote Sensing, 5: 2014-2036.

Xu Z, Zheng G, Moskal L M. 2020. Stratifying forest overstory for improving effective LAI estimation based on aerial imagery and discrete laser scanning data. Remote Sensing, 12: 2126. doi: 10.3390/rs12132126.

Zhao K, Popescu S, Meng X, et al. 2011. Characterizing forest canopy structure with lidar composite metrics and machine learning. Remote Sensing of Environment, 115: 1978-1996. doi: 10.1016/j.rse.2011.04.001.

Zhao K, Suarez J C, Garcia M, et al. 2018. Utility of multitemporal lidar for forest and carbon monitoring: Tree growth, biomass dynamics, and carbon flux. Remote Sensing of Environment, 204: 883-897.

Zimble D A, Evans D L, Carlson G C, et al. 2003. Characterizing vertical forest structure using small-footprint airborne LiDAR. Remote Sensing of Environment, 87 (2-3): 171-182.

附件 B　模式剖面与全冠层垂直结构分类规则

B.1　无峰剖面

无峰剖面对应于自然整枝尚未开始或刚刚开始的幼中龄林分，存在 T_1 层，无灌木层。当草本层的覆盖度明显大于灌木层（1～3 m，实为幼树）的覆盖度时，说明乔木层较为稀疏，存在草本层。

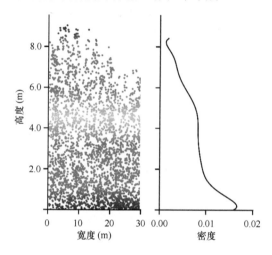

1）当草本层覆盖度与灌木层（实际为幼树）平均覆盖度相差小于 30%时，自然整枝尚未开始，不存在草本层。若草本层覆盖度与灌木层平均覆盖度之差大于或等于 30%，表明灌木层和乔木层较为稀疏，或自然整枝已经开始，存在草本层。

A1：（1）T_1
A2：（8）T_1+H

B.2　单峰剖面

单峰剖面中乔木层的层数及灌木层、草本层存在与否，主要由最大冠层高（hp99）、层下高的位置、层高（长）、层高（长）与冠层表面高（H_{CS}）的比值，以及灌木层、草本层覆盖度等决定，以层下高的位置为基础构建分类规则。

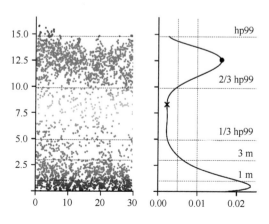

1a）层下高高于或等于最大冠层高（hp99）的 1/2，且亚冠层（T_3 层）覆盖度（C_{T3}）小于 10%，存在 T_1 层。灌木层和草本层存在与否，取决于它们的覆盖度。

$H_{UL} \geqslant 1/2\ hp99\ and\ C_{T3} < 0.1$
B1：（1）T_1
B2：（8）T_1+H
B3：（10）T_1+S
B4：（14）T_1+S+H

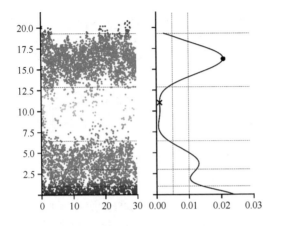

1b）层下高高于或等于 hp99 的 1/2，且 T_3 层覆盖度大于或等于 10%，存在 T_1、T_3 层。灌木层和草本层存在与否，取决于它们的覆盖度。

$H_{UL} \geqslant 1/2$ hp99 and $C_{T3} \geqslant 0.1$

C1：（15）$T_1 + T_3$

C2：（16）$T_1 + T_3 + H$

C3：（11）$T_1 + T_3 + S$

C4：（12）$T_1 + T_3 + S + H$

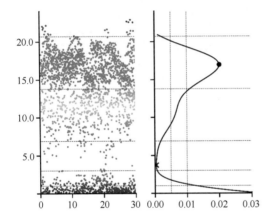

2a）层下高高于 hp99 的 1/3 且低于或等于 hp99 的 1/2，且 T_3 层的覆盖度小于 10%，且冠层高（长）（H_{CL}）与冠层表面高（H_{CS}）的比值大于或等于 0.65，存在 T_1、T_2 层。

（1/3 hp99 $< H_{UL} \leqslant 1/2$ hp99）and C_{T3} < 0.10 and $H_{CL}/H_{CS} \geqslant 0.65$

B1：（2）$T_1 + T_2$

B2：（7）$T_1 + T_2 + H$

B3：（9）$T_1 + T_2 + S$

B4：（13）$T_1 + T_2 + S + H$

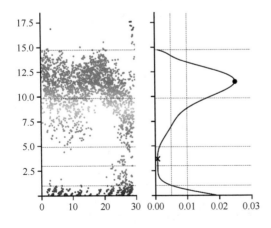

2b）层下高高于 hp99 的 1/3 且低于或等于 hp99 的 1/2，且 T_3 层的覆盖度小于 10%，且冠层高（长）（H_{CL}）与冠层表面高（H_{CS}）的比值小于 0.65，仅存在 T_1 层。

（1/3 hp99 $< H_{UL} \leqslant 1/2$ hp99）and C_{T3} < 0.10 and $H_{CL}/H_{CS} < 0.65$

B1：（1）T_1

B2：（8）$T_1 + H$

B3：（10）$T_1 + S$

B4：（14）$T_1 + S + H$

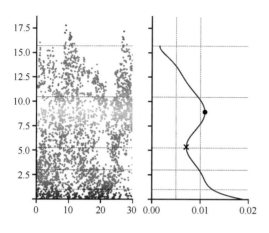

2c）层下高高于 hp99 的 1/3 且低于或等于 hp99 的 1/2，且 T_3 层的覆盖度大于或等于 0.10，且 hp99 高于或等于 15.0 m，存在 T_1、T_2、T_3 层。

（1/3 hp99＜H_{UL}≤1/2 hp99）and C_{T3}≥0.10 and hp99≥15.0

C1：（3）$T_1+T_2+T_3$

C2：（6）$T_1+T_2+T_3+H$

C3：（4）$T_1+T_2+T_3+S$

C4：（5）$T_1+T_2+T_3+S+H$

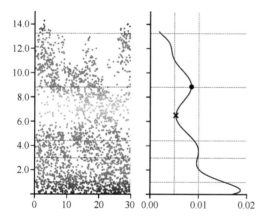

2d）层下高高于 hp99 的 1/3 且低于或等于 hp99 的 1/2，且 T_3 层的覆盖度大于或等于 0.10，且 hp99 低于 15.0 m，存在 T_1、T_2 层。

（1/3 hp99＜H_{UL}≤1/2 hp99）and C_{T3}≥0.10 and hp99＜15.0

C1：（2）T_1+T_2

C2：（7）T_1+T_2+H

C3：（9）T_1+T_2+S

C4：（13）T_1+T_2+S+H

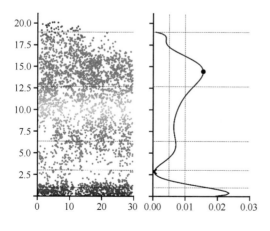

3a）层下高高于 3.0 m，低于或等于 hp99 的 1/3，且 hp99 高于或等于 15.0 m，且冠层高（长）与 H_{CS} 的比值大于或等于 0.80，存在 T_1、T_2 和 T_3 层。

（3.0＜H_{UL}≤1/3 hp99）and hp99≥15.0 and H_{CL}/H_{CS}≥0.80

B1：（3）$T_1+T_2+T_3$

B2：（6）$T_1+T_2+T_3+H$

B3：（4）$T_1+T_2+T_3+S$

B4：（5）$T_1+T_2+T_3+S+H$

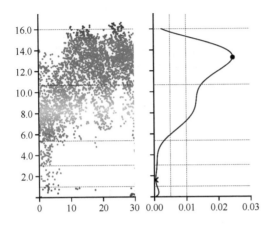

3b）层下高高于 3.0 m，低于或等于 hp99 的 1/3，且 H_{LS} 高于或等于 15.0 m，且冠层高（长）与 H_{CS} 的比值小于 0.80 且大于或等于 0.65，存在 T_1、T_2 层。

（$3.0 < H_{UL} \leqslant 1/3$ hp99） and $H_{LS} \geqslant$ 15.0 and （$0.65 \leqslant H_{CL}/H_{CS} < 0.80$）

B1：（2）$T_1 + T_2$

B2：（7）$T_1 + T_2 + H$

B3：（9）$T_1 + T_2 + S$

B4：（13）$T_1 + T_2 + S + H$

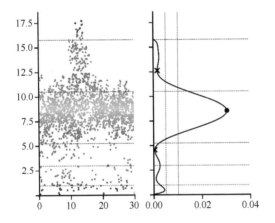

3c）层下高高于 3.0 m，低于或等于 hp99 的 1/3，且 hp99 高于或等于 15.0 m，且冠层高（长）与 H_{CS} 的比值小于 0.65，存在 T_1 层。

（$3.0 < H_{UL} \leqslant 1/2$ hp99） and hp99 $\geqslant$ 15.0 and $H_{CL}/H_{CS} < 0.65$

B1：（1）T_1

B2：（8）$T_1 + H$

B3：（10）$T_1 + S$

B4：（14）$T_1 + S + H$

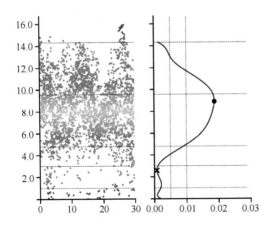

3d）层下高高于 3.0 m，低于或等于 hp99 的 1/3，且 hp99 低于 15.0 m，且林层高（长）与 H_{CS} 的比值大于或等于 0.65，存在 T_1、T_2 层。

（$3.0 < H_{UL} \leqslant 1/3$ hp99） and hp99 < 15.0 and $H_{CL}/H_{CS} \geqslant 0.65$

B1：（2）$T_1 + T_2$

B2：（7）$T_1 + T_2 + H$

B3：（9）$T_1 + T_2 + S$

B4：（13）$T_1 + T_2 + S + H$

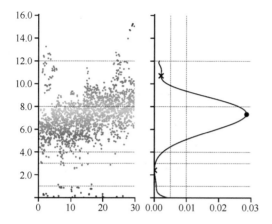

3e）层下高高于 3.0 m，低于或等于 hp99 的 1/3，且 hp99 小于 15.0 m，且冠层高（长）与 H_{CS} 的比值小于 0.65，存在 T_1 层。

（3.0＜H_{UL}≤1/3 hp99）and hp99＜15.0 and H_{CL}/H_{CS}＜0.65

B1：（1）T_1

B2：（8）T_1+H

B3：（10）T_1+S

B4：（14）T_1+S+H

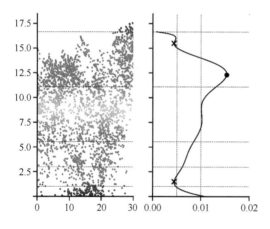

4a）层下高高于 1.0 m，低于或等于 3.0 m，hp99 高于或等于 15.0 m，且冠层高（长）与 H_{CS} 之比大于或等于 0.80，存在 T_1、T_2 和 T_3 层，无冠木层。

（1.0＜H_{UL}≤3.0）and hp99≥15.0 and H_{CL}/H_{CS}≥0.80

A1：（3）$T_1+T_2+T_3$

A2：（6）$T_1+T_2+T_3+H$

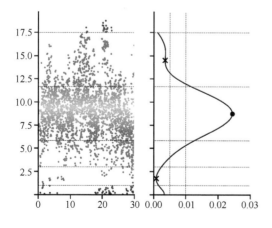

4b）层下高高于 1.0 m，低于或等于 3.0 m，hp99 高于或等于 15.0 m，且冠层高（长）与 H_{CS} 之比小于 0.80，存在 T_1、T_2 层，无冠木层。

（1.0＜H_{UL}≤3.0）and hp99≥15.0 and H_{CL}/H_{CS}＜0.80

A1：（2）T_1+T_2

A2：（7）T_1+T_2+H

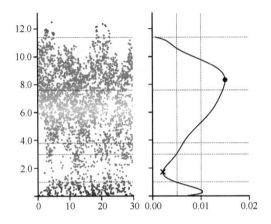

4c）层下高高于 1.0 m，低于或等于 3.0 m，hp99 低于 15.0 m，高于或等于 10.0 m，且冠层高（长）与 H_{CS} 之比大于或等于 0.65，存在 T_1 和 T_2 层，无冠木层。

（1.0＜H_{UL}≤3.0）and（10.0≤hp99＜15.0）and H_{CL}/H_{CS}≥0.75

A1：（2）T_1+T_2

A2：（7）T_1+T_2+H

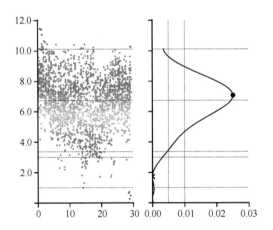

4d）层下高高于 1.0 m，低于或等于 3.0 m，hp99 低于 15.0 m，高于或等于 10.0 m，且冠层高（长）与 H_{CS} 之比小于 0.65，存在 T_1 层，无冠木层。

（1.0＜H_{UL}≤3.0）and（10.0≤hp99＜15.0）and H_{CL}/H_{CS}＜0.75

A1：（1）T_1

A2：（8）T_1+H

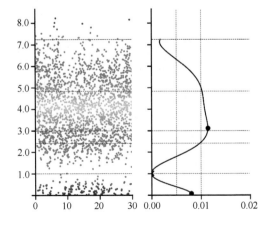

4e）层下高高于 1.0 m，低于或等于 3.0 m，hp99 低于 10.0 m，存在 T_1 层，无冠木层。

（1.0＜H_{UL}≤3.0）and hp99＜10.0

A1：（1）T_1

A2：（8）T_1+H

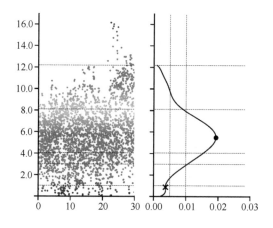

5）层下高低于或等于 1.0 m，未整枝，无冠木层、草本层。

$H_{UL} \leqslant 1.0$

D1：（1）T_1

D2：（2）$T_1 + T_2$

B.3　双峰剖面

双峰剖面至少存在 2 个乔木层，除极少数外，第 1 峰的峰高均高于最大冠层高（hp99）的 2/3，因此，以第 2 峰的峰高在冠层中的位置为基础构建分类规则。

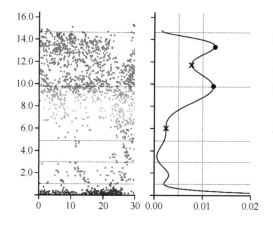

1a）第 1 峰的峰高高于或等于 hp99 的 2/3，第 2 峰的峰高高于或等于 hp99 的 1/3，且第 2 层的层下高高于或等于 3.0 m，且 2 个层的层高（长）之和与 H_{CS} 的比值小于 0.65，仅存在 T_1 层。

$H_{P1} \geqslant 2/3\ hp99$　and　$H_{P2} \geqslant 1/3\ hp99$ and $H_{UL_2} \geqslant 3.0$ and $H_{CL}/H_{CS} < 0.65$

B1：（1）T_1

B2：（8）$T_1 + H$

B3：（10）$T_1 + S$

B4：（14）$T_1 + S + H$

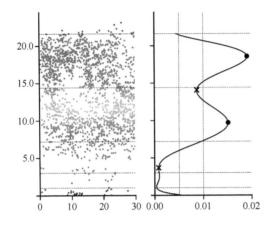

1b) 第 1 峰的峰高高于或等于 hp99 的 2/3，第 2 峰的峰高高于或等于 hp99 的 1/3，且第 2 层的层下高高于或等于 3.0 m，且 2 个层的层高（长）之和与 H_{CS} 的比值大于或等于 0.65，存在 T_1、T_2 层。

$H_{PEAK_1} \geq 2/3\ hp99$ and $H_{P2} \geq 1/3\ hp99$ and $H_{UL_2} \geq 3.0$ and $H_{CL}/H_{CS} \geq 0.65$

B1：（2）T_1+T_2
B2：（7）T_1+T_2+H
B3：（9）T_1+T_2+S
B4：（13）T_1+T_2+S+H

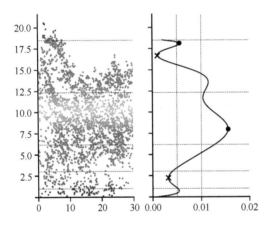

1c) 第 1 峰的峰高高于或等于 hp99 的 2/3，第 2 峰的峰高高于或等于 hp99 的 1/3，且第 2 层的层下高低于 3.0 m，且 hp99 高于或等于 15.0 m，存在 T_1、T_2 和 T_3 层，无灌木层。

$H_{P1} \geq 2/3\ hp99$ and $H_{P2} \geq 1/3\ hp99$ and $H_{UL_2} < 3.0$ and $hp99 \geq 15.0$

E1：（3）$T_1+T_2+T_3$
E2：（6）$T_1+T_2+T_3+H$

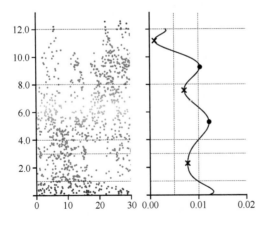

1d) 第 1 峰的峰高高于或等于 hp99 的 2/3，第 2 峰的峰高高于或等于 hp99 的 1/3，且第 2 层的层下高低于 3.0 m，且 hp99 低于 15.0 m，存在 T_1 和 T_2 层，无灌木层。

$H_{P1} \geq 2/3\ hp99$ and $H_{P2} \geq 1/3\ hp99$ and $H_{UL_2} < 3.0$ and $hp99 < 15.0$

E1：（2）T_1+T_2
E2：（7）T_1+T_2+H

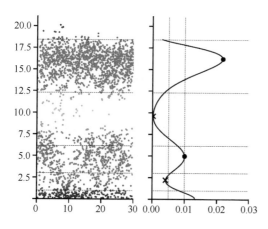

2a）第 1 峰的峰高高于或等于 hp99 的 2/3，第 2 峰的峰高低于或等于 hp99 的 1/3 但高于 3.0 m，且 hp99 高于或等于 15.0 m，且次林层的覆盖度（C_{T2}）小于 0.10，存在 T_1、T_3 层，无灌木层。

$H_{P1} \geqslant 2/3\, hp99$　and　$(3.0 < H_{P2} \leqslant 1/3\, hp99)$ and $hp99 \geqslant 15.0$ and $C_{T2} < 0.1$

E1：（15）$T_1 + T_3$

E2：（16）$T_1 + T_3 + H$

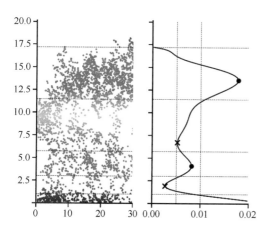

2b）第 1 峰的峰高高于或等于 hp99 的 2/3，第 2 峰的峰高低于或等于 hp99 的 1/3 但高于 3.0 m，且 hp99 高于或等于 15.0 m，且次林层的覆盖度（C_{T2}）大于或等于 0.10，存在 T_1、T_2 和 T_3 层，无灌木层。

$H_{P1} \geqslant 2/3\, hp99$　and　$(3.0 < H_{P2} \leqslant 1/3\, hp99)$ and $hp99 \geqslant 15.0$ and $C_{T2} \geqslant 0.1$

E1：（3）$T_1 + T_2 + T_3$

E2：（6）$T_1 + T_2 + T_3 + H$

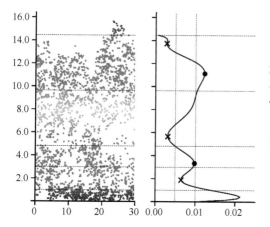

2c）第 1 峰的峰高高于或等于 hp99 的 2/3，第 2 峰的峰高低于或等于 hp99 的 1/3 但高于 3.0 m，且 hp99 低于 15.0 m，存在 T_1 和 T_2 层，无灌木层。

$H_{P1} \geqslant 2/3\, hp99$　and　$(3.0 < H_{P2} \leqslant 1/3\, hp99)$ and $hp99 < 15.0$

E1：（2）$T_1 + T_2$

E2：（7）$T_1 + T_2 + H$

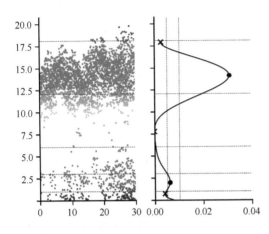

3a）第 1 峰的峰高高于或等于 hp99 的 2/3，第 2 峰的峰高低于 3.0 m 但高于或等于 1.0 m，且 hp99 高于或等于 15.0 m，且第 1 层的层高（长）与 H_{CS} 的比值小于 0.65、第 2 层的层高（长）与 H_{CS} 的比值小于 0.35，有 T_1 层和灌木层。

$H_{P1} \geq 2/3$ hp99 and $(1.0 \leq H_{P2} < 3.0)$ and hp99≥ 15.0 and $H_{LA_1}/H_{CS} < 0.65$ and $H_{LA_2}/H_{CS} < 0.35$

F1：（10）T_1+S

F2：（14）T_1+S+H

F3：（1）T_1

F4：（8）T_1+H

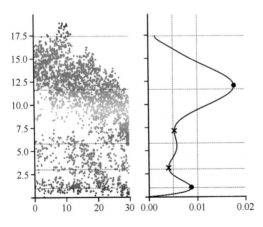

3b）第 1 峰的峰高高于或等于 hp99 的 2/3，第 2 峰的峰高低于 3.0 m 但高于或等于 1.0 m，且 hp99 高于或等于 15.0 m，且第 1 层的层高（长）与 H_{CS} 的比值大于或等于 0.65、第 2 层的层高（长）与 H_{CS} 的比值小于 0.35，有 T_1、T_2 层，当 $C_{P2} \geq 0.0075$ 时，有灌木层。

$H_{P1} \geq 2/3$ hp99 and $(1.0 \leq H_{P2} < 3.0)$ and hp99≥ 15.0 and $H_{LA_1}/H_{CS} \geq 0.65$ and $H_{LA_2}/H_{CS} < 0.35$

F1：（9）T_1+T_2+S

F2：（13）T_1+T_2+S+H

F3：（2）T_1+T_2

F4：（7）T_1+T_2+H

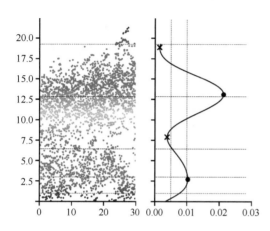

3c）第 1 峰的峰高高于或等于 hp99 的 2/3，第 2 峰的峰高低于 3.0 m 但高于或等于 1.0 m，且 hp99 低于 15.0 m，且第 1 层的层高（长）与 H_{CS} 的比值小于 0.65、第 2 层的层高（长）与 H_{CS} 的比值大于或等于 0.35，且 2 个层的冠高（长）之和与 H_{CS} 的比值大于或等于 0.80，有 T_1、T_2、T_3 层，当 $C_{P2} \geq 0.0075$ 时，有灌木层。

$H_{P1} \geq 2/3$ hp99 and（$1.0 \leq H_{P2} < 3.0$）and hp99 < 15.0 and $H_{LA_1}/H_{CS} < 0.65$ and $H_{LA_2}/H_{CS} \geq 0.35$ and $H_{CL}/H_{CS} \geq 0.80$

F1：（4）$T_1+T_2+T_3+S$

F2：（5）$T_1+T_2+T_3+S+H$

F3：（3）$T_1+T_2+T_3$

F4：（6）$T_1+T_2+T_3+H$

3d）第 1 峰的峰高高于或等于 hp99 的 2/3，第 2 峰的峰高低于 3.0 m 但高于或等于 1.0 m，且 hp99 高于或等于 15.0 m，且第 1 层的层高（长）与 H_{CS} 的比值小于 0.65、第 2 层的层高（长）与 H_{CS} 的比值大于或等于 0.35，且 2 个层的冠高（长）之和与 H_{CS} 的比值小于 0.80，有 T_1、T_3 层。

$H_{P1} \geq 2/3$ hp99 and（$1.0 \leq H_{P2} < 3.0$）and hp99 $\geq$ 15.0 and $H_{LA_1}/H_{CS} < 0.65$ and $H_{LA_2}/H_{CS} \geq 0.35$ and $H_{CL}/H_{CS} < 0.80$

C1：（15）T_1+T_3

C2：（16）T_1+T_3+H

C3：（11）T_1+T_3+S

C4：（12）T_1+T_3+S+H

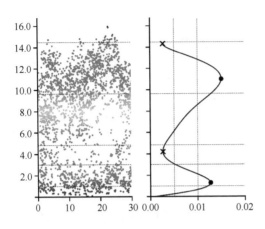

3e）第 1 峰的峰高高于或等于 hp99 的 2/3，第 2 峰的峰高低于 3.0 m 但高于或等于 1.0 m，且第 2 峰的覆盖度 C_{P2} 大于或等于 0.0075，且 hp99 低于 15.0 m，且第 1 层的层高（长）与 H_{CS} 的比值大于或等于 0.65，有 T_1、T_2 层，当 $C_{P2} \geqslant 0.0075$ 时，有灌木层。

$H_{P1} \geqslant 2/3$ hp99 and $(1.0 \leqslant H_{P2} < 3.0)$ and hp99 < 15.0 and $H_{LA_1}/H_{CS} \geqslant 0.65$

F1：（9）T_1+T_2+S
F2：（13）T_1+T_2+S+H
F3：（2）T_1+T_2
F4：（7）T_1+T_2+H

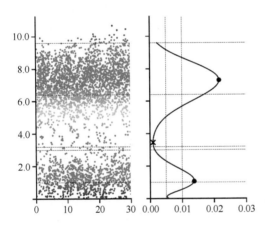

3f）第 1 峰的峰高高于或等于 hp99 的 2/3，第 2 峰的峰高低于 3.0 m 但高于或等于 1.0 m，且 hp99 低于 15.0 m，且第 1 层的层高（长）与 H_{CS} 的比值小于 0.65，有 T_1 层，当 $C_{P2} \geqslant 0.0075$ 时，有灌木层。

$H_{P1} \geqslant 2/3$ hp99 and $(1.0 \leqslant H_{P2} < 3.0)$ and hp99 < 15.0 and $H_{LA_1}/H_{CS} < 0.65$

F1：（10）T_1+S
F2：（14）T_1+S+H
F3：（1）T_1
F4：（8）T_1+H

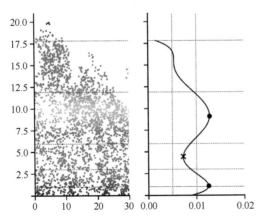

4a）第 1 峰的峰高低于 hp99 的 2/3，但高于或等于 hp99 的 1/3，且 hp99 高于或等于 15.0 m，无灌木层、草本层。若 2 个层的层高（长）之和与 H_{CS} 的比值大于或等于 0.80，有 T_1、T_2 和 T_3 层，否则，有 T_1、T_2 层。

$(1/3\,\mathrm{hp99} \leqslant H_{P1} < 2/3\,\mathrm{hp99})$ and hp99 $\geqslant$ 15.0

G1：（3）$T_1+T_2+T_3$
G2：（2）T_1+T_2

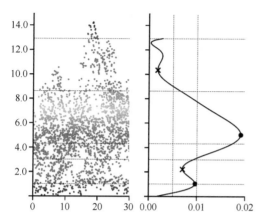

4b）第 1 峰的峰高低于 hp99 的 2/3，但高于或等于 hp99 的 1/3，且 hp99 低于 15.0 m，无灌木层、草本层。若 2 个层的层高（长）之和与 H_{CS} 的比值大于或等于 0.65，小于 0.80，有 T_1、T_2 层，否则，有 T_1 层。

（1/3 hp99 ≤ H_{P1} < 2/3 hp99） and hp99 < 15.0 and H_{LA}/H_{CS} < 0.75

H1：（2）T_1+T_2

H2：（1）T_1

B.4　三峰剖面

绝大部分三峰剖面的冠层最大高（hp99）大于 15 m，一般存在 3 个乔木层，第 3 峰的峰高在冠层中的位置决定了灌木层、草本层的存在与否，故以第 3 峰的峰高在冠层中的位置为基础构建分类规则。

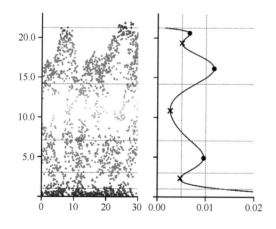

1a）第 3 层的峰高高于或等于 3.0 m，且 3 个层的层高（长）之和与 H_{CS} 的比值大于或等于 0.80，存在 T_1、T_2 和 T_3 层。

H_{P3} ≥ 3.0 and H_{CL}/H_{CS} ≥ 0.8

B1：（3）$T_1+T_2+T_3$

B2：（6）$T_1+T_2+T_3+H$

B3：（4）$T_1+T_2+T_3+S$

B4：（5）$T_1+T_2+T_3+S+H$

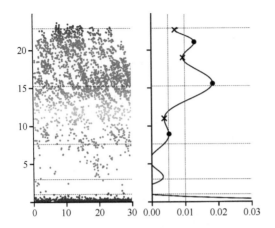

1b）第 3 层的峰高高于或等于 3.0 m，且 3 个层的层高（长）之和与 H_{CS} 的比值小于 0.80，存在 T_1、T_2 层。

$H_{P3} \geq 3.0$ and $H_{CL}/H_{CS} < 0.80$

B1：（2）$T_1 + T_2$

B2：（7）$T_1 + T_2 + H$

B3：（9）$T_1 + T_2 + S$

B4：（13）$T_1 + T_2 + S + H$

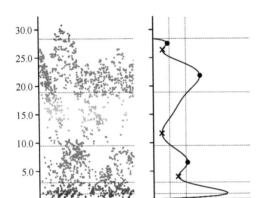

2a）第 3 层的峰高低于 3.0 m，且 3 个层的层高（长）之和与 hp99 的比值大于或等于 0.80，存在 T_1、T_2、T_3 层和灌木层。

$H_{P3} < 3.0$ and $H_{CL}/H_{CS} \geq 0.80$

A1：（4）$T_1 + T_2 + T_3 + S$

A2：（5）$T_1 + T_2 + T_3 + S + H$

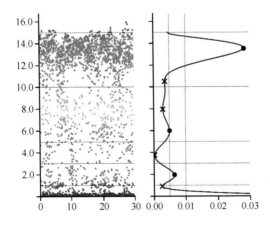

2b）第 3 层的峰高小于 3.0 m，且 3 个层的高（长）之和与 hp99 的比值小于 0.80，存在 T_1、T_2 层和灌木层。

$H_{P3} < 3.0$ and $H_{CL}/H_{CS} < 0.80$

A1：（9）$T_1 + T_2 + S$

A2：（13）$T_1 + T_2 + S + H$

第8章 点云密度和样地大小及数量对机载激光雷达森林参数估测精度的影响

在机载激光雷达区域性森林资源调查监测应用中，点云密度、样地面积大小和样地数量是制定技术方案时需要认真考虑的关键问题，因为它们涉及调查成本和森林参数估测精度。理论上，点云密度越大，激光点云对林分冠层的刻画越精细（García et al.，2011），有利于提高森林参数估测精度（Kellner et al.，2019；Singh et al.，2016），并可获取更为丰富的森林结构信息，为更深入、更广泛的研究提供可能性。然而，提高点云密度，不但会增加激光雷达数据获取成本，而且，海量的点云数据也增加了数据处理耗时和成本。样地面积大小和样地数量与地面调查工作量和成本直接相关。因此，研究点云密度、样地大小和样地数量对机载激光雷达森林参数估测精度的影响规律，可为在机载激光雷达区域性森林资源调查监测应用中综合平衡精度与成本、优化技术方案提供理论技术依据。

8.1 点云密度对机载激光雷达森林参数估测的影响

8.1.1 点云密度对森林参数估测精度影响的研究进展

随着传感器技术的发展，机载激光雷达的数据精度得到了极大改善（Renslow et al.，2000），由离散 LiDAR 系统产生的点云密度与每个脉冲的回波数量呈指数增加趋势（Singh et al.，2016），可以提取枝条尺度信息等十分详细的树冠结构信息（Vauhkonen et al.，2014）。一些传感器如 Riegl 680i 和 YellowScan Mapper 等，正常的点云密度达到了 30~40 点/m^2（Latifi et al.，2015a；Sačkov et al.，2016）。在以直升飞机为平台进行低空飞行和窄扫描角扫描的情况下，激光雷达的点云密度可以高达每平方米上千个甚至数千个（Puliti et al.，2015；Pearse et al.，2018），能够精确地刻画林木的枝、干结构，达到可以取代地基激光雷达、取代地面调查的程度（Kellner et al.，2019）。增加点云密度有助于提高林分冠层垂直剖面描述的精度（García et al.，2011），提高森林参数估测精度。然而，点云密度与数据获取成本呈正相关关系，点云密度高，意味着飞行高度降低，扫描条带变窄，导致数据获取成本增大，并且对于大面积森林监测而言，高密度点云带来的海量 LiDAR 数据的处理仍然是一个挑战（Singh et al.，2016）。因此，大面积森林监测中几乎都使用有人驾驶固定翼飞机获取的低密度（≤4 点/m²）至中密度（4～20 点/m²）雷达数据，极少使用高密度（>20 点/m²）数据（Pearse et al.，2018）。也就是说，需要通过点云密度和估计精度的协调对数据获取参数进行优化，以平衡大面积森林资源监测的成本效率和精度（Jakubowski et al.，2013；Zhao et al.，2009）。

点云密度对面积法机载激光雷达森林参数估测精度的影响已经得到了广泛研究。按数据产生方式，其研究方法可分为 3 种：一是对原有较高密度的数据采用降低密度的方法，得到一系列不同密度的点云数据（Gobakken and Næsset，2008；Magnussen et al.，2010；Tesfamichael et al.，2010；Etheridge et al.，2012；Strunk et al.，2012；Ruiz et al.，2014；Singh et al.，2014，2016；Ota et al.，2015；Garcia et al.，2017；Lim et al.，2010）；二是通过在同一区域以不同方式（不同的飞行高度，或不同的扫描设备等）获取不同密度的数据（Parker and Glass，2004；Næsset，2004b；Thomas et al.，2006）；三是模拟数据（Lovell et al.，2005）等。第二种方法的数据最接近真实场景，但成本太高，第三种方法的数据与真实场景存在较大差异，故第一种方法是最常用的方法。有研究表明系统稀疏方法得到的点云较随机稀疏方法接近真实场景（Raber et al.，2007；Treitz et al.，2012）。分析方法都是比较不同密度下森林参数估测模型的 R^2（或 $\mathrm{adj}R^2$）和 RMSE 值等，以评估不同密度数据对森林参数估测模型的影响。Gobakken 和 Næsset（2008）发现在挪威冷杉（*Picea abies*）和欧洲赤松（*Pinus sylvestris*）为优势种的森林中，当点云密度由 1.13 点/m² 降至 0.25 点/m² 时，森林参数估测精度影响很小。在针叶混交林中，当点云密度由 9 点/m² 降至 1 点/m² 时，激光雷达变量与关键森林参数（树高、胸径、断面积）的相关关系几乎不受影响（Jakubowski et al.，2013）。Watt 等（2013）对新西兰以辐射松（*Pinus radiata*）为绝对优势种的人工林的研究结果表明：在样地面积大于 0.03 hm² 时，当点云密度由 4 点/m² 降到 0.1 点/m² 时，林分蓄积量估测模型的决定系数（R^2）的变化很小，当一个样地的点云个数达到 100 以上时，决定系数变化不明显。实际上，挪威大面积森林调查实践采用的点云密度为 0.7 点/m² 左右（Næsset，2014）。总结有关点云密度的研究，得到的普遍结论是：尽管降低点云密度会增加 LiDAR 变量的变动，但即使点云密度降至很低，其模型精度与较高密度的模型精度也相差很小（Strunk et al.，2012）。

然而，现有关于点云密度优化的研究，主要集中于自然环境，很少关注景观背景对森林结构和生物量估测的影响（Singh et al.，2015），也很少涉及人工林，尤其是高度集约经营的人工林，此外，相关研究的范围均较小，如 Gobakken 和 Næsset（2008）的研究区面积只有 1000 hm²。不同的林木起源和经营管理方式形成不同的森林类型，而不同的森林类型在冠层水平和垂直结构方面相差很大。人工林尤其是高度集约经营的人工林，均为同龄单层纯林，林分结构简单，同质性较高；天然阔叶林多为异龄复层混交林，林分结构复杂，异质性较大；幼龄天然松树林多为同龄单层纯林，大部分老龄天然松树林为异龄复层混交林。因此，不同森林类型中不同点云密度下 LiDAR 变量的变动情况，是 LiDAR 点云密度优化需要面对的问题。此外，现有研究多采用逐步回归法建立多元线性回归模型，由于通过该方法得到的模型变量与数据集紧密相关，林分状况不同、森林参数不同、传感器不同，所选取的模型变量相差很大（Görgens et al.，2015；Giannico et al.，2016；Montealegre et al.，2016；Maltamo et al.，2016；Silva et al.，2017b；Xu et al.，2018），导致不同森林类型、不同参数的估测模型全然不同，不利于模型精度的比较分析。更为重要的是，现有研究只是分析不同点云密度对森林参数估测模型表现的影响，但并未阐明点云密度对估测模型的影响机制。

在本节研究中，我们以南宁试验区为研究对象，通过系统稀疏的方法，评估不同点云密度对激光雷达变量及森林参数（断面积和林分蓄积量）估测精度的影响。首先分析了 4 个不同森林类型（杉木人工林、桉树人工林和天然松树林、天然阔叶林）中 11 个密度的 LiDAR 变量的差异，采用相同 LiDAR 变量构建相同形状的森林参数估测模型，分析不同点云密度对不同森林类型、不同森林参数估测精度的影响，为大区域森林资源调查中 LiDAR 数据获取方案的优化提供科学依据。具体目的包括：①分析点云密度对不同森林类型的样地尺度 LiDAR 变量的影响；②分析点云密度对不同森林类型不同森林参数估测精度的影响。

8.1.2　点云密度效应分析方法

8.1.2.1　研究区概况与数据

研究区为南宁试验区，样地数据和 LiDAR 数据见 4.2 节和 4.3 节。

8.1.2.2　点云稀疏

样地平均点云密度为 4.35 点/m²（全密度）。为分析点云密度对森林参数估测模型表现的影响，采用系统性稀疏的方法将上述经分类后的全部点云分别降低密度至 4.0、3.5、3.0、2.5、2.0、1.5、1.0、0.5、0.2 和 0.1 点/m²，得到 1 个全密度点云数据集和 10 个稀疏点云数据集。点云稀疏的具体方法如下所述。

对于每一个样地，设需要稀疏至的点云密度为 d_i（点/m²），则每个样地需要剔除的点云比例 p（%）为

$$p(\%) = (1 - d_i/4.35) \times 100 \tag{8.1}$$

然后按相同的编号间隔去除激光点。例如，当需要稀疏至的点云密度为 2.5 点/m²时，需去除 43% 的点云（100 个点中去除 43 个点），此时，可去除编号为 2、4、6、8、12、14、16、18……，即每 10 个点中先去除 4 个点，剩余的 3 个点可去除编号为 30、60、90 的点。以此类推，每个森林类型均得到 1 个全密度数据集和 10 个稀疏数据集，所有的数据集源自于由原始点云生产的 DEM 进行归一化处理的植被点。

计算各个数据集中各个样地的 LiDAR 变量，包括：分位数高度（25%、50%、75%），平均高度、最大高度、高度分布的变动系数；分位数密度（25%、50%、75%）、郁闭度。使用全部回波提取 LiDAR 变量。上述与高度相关的高度参数和与密度相关的密度参数较好地描述了林分冠层的三维结构，反映了冠层上部的结构性质，但没有反映林分内部亚优势木和下层林木的信息。而叶面积密度（LAD）剖面包含了林分垂直结构的信息，提供了冠层垂直异质性和下层植被的信息，为此，采用 Bouvier 等（2015）提出的方法计算叶面积密度的均值（LAD_{mean}）和变动系数（LAD_{cv}）。

8.1.2.3 点云密度对激光雷达变量和估测模型精度的影响评价

为分析点云密度对激光雷达变量的影响，采用配对样本 t 检验的方法，分析各个森林类型样地的各个稀疏数据集 12 个激光点云变量与全密度数据集相应变量之间的差异。

为评估点云密度对森林参数估测模型精度的影响，根据样地调查资料和各个数据集的激光点云变量建立各个森林类型的林分蓄积量（VOL）和断面积（BA）2 个森林参数的稳定结构乘幂模型，模型的 LiDAR 变量包括 H_{mean}、CC、LAD_{cv} 和 H_{cv}，4 个变量中有 3 个与 Bouvier 等（2015）的模型相同，不同的是用 H_{cv} 替换 Bouvier 等（2015）模型中的 H_{stdev}，其结构式如下：

$$y = a_0 H_{mean}{}^{a_1} CC^{a_2} LAD_{cv}{}^{a_3} H_{cv}{}^{a_4} \tag{8.2}$$

式中，y 为各个森林类型（层）的森林参数（VOL 或 BA）估计值；a_0，a_1，…，a_4 为模型参数。采用牛顿-高斯迭代法求解模型参数，采用决定系数（R^2）、相对均方根误差（rRMSE）和平均预估误差（MPE）（Zeng et al.，2017，2018）评价模型拟合效果。

为减少随机误差，对于每个森林类型的各个数据集，每次试验重复随机抽取 70% 的样本数据用于建模，30% 用于检验，进行 50 次重复试验，取检验样本的 R^2、rRMSE、MPE 的均值进行模型评价。采用随机样本 t 检验的方法，对各个稀疏数据集的蓄积量和断面积估测值与全密度数据集蓄积量和断面积估测值进行均值的差异的显著性检验。

8.1.3　点云密度效应的表现

8.1.3.1　点云密度对 LiDAR 变量的影响

1. 高度变量

各个森林类型中，各个稀疏数据集的 hp25、hp50、hp75、H_{mean} 与全密度数据集相应变量的差值的均值及其标准差都很小，一般都小于 0.05 m，且标准差都大于均值，当点云密度小于 0.5 点/m² 或 0.2 点/m² 时，差值的均值及其标准差迅速增大（表 8-1）。随着点云密度的降低，各个森林类型的各稀疏数据集中最大高（H_{max}）逐渐减小，与全密度数据集中最大高差值的均值及其标准差逐渐增大，当点云密度由 4.0 点/m² 降低至 0.1 点/m² 时，最大高差值的均值（±标准差）的变化范围：杉木林为 0.013 m（±0.048 m）～ 1.847 m（±1.167 m），松树林为 0.006 m（±0.039 m）～ 1.503 m（±0.978 m），桉树林为 0.025 m（±0.087 m）～ 1.277 m（±0.812 m），阔叶林为 0.016 m（±0.074 m）～ 2.066 m（±1.335 m）。在点云密度为 0.1 点/m² 时，杉木林、松树林、桉树林和阔叶林的最大高比全密度点云的最大高分别低 12.1%、8.5%、6.3% 和 13.2%。各个森林类型中，各个稀疏数据集的高度分布的变动系数（H_{cv}）的均值基本相等。

配对样本 t 检验结果表明（表 8-1）：①在点云密度较低时，4 个森林类型中 hp25、hp50 和 hp75 与全密度点云相应变量之间存在显著性差异（$\alpha \leqslant 0.05$），但不同森林类型、不同变量出现显著性差异时的点云密度不同，松树林 hp50、hp75 在点云密度≤1.5 点/m² 时与全密度点云相应变量之间存在显著性差异，而 hp25 在点云密度≤0.5 点/m² 时与全密度点云相应变量存在显著性差异，杉木林 hp25 在点云密度≤0.1 点/m² 时出现显著性差异；②在点云密度≥2.0 点/m² 时，各个森林类型中虽然也出现某个密度的上述某个变量与全密度点云相应变量之间存在显著性差异，但均不具有规律性；③各个森林类型不同密度点云的 H_{mean} 和 H_{cv} 与全密度点云的相应变量之间基本不存在显著性差异，松树林 H_{mean} 在点云密度≤0.5 点/m² 时存在显著性差异除外；④各个森林类型的各个稀疏数据集的 H_{max} 与全密度点云的 H_{max} 均存在显著性差异。

2. 密度变量

密度变量的变化具有如下特点（表 8-1）：①各个森林类型中，各个稀疏数据集的 CC 的均值与全密度数据集的 CC 的均值之间基本上不存在显著性差异；②阔叶林的 dp25 在点云密度≤1.5 点/m² 时与原始点云的 dp25 存在显著性差异，其余森林类型的 dp25 不存在这种情况；③杉木林和松树林在点云密度≤3.0 点/m²、阔叶林在点云密度≤3.5 点/m² 时，各个稀疏数据集的 dp50 的均值与全密度数据集

表 8-1 不同密度点云和全密度点云的 LiDAR 变量的差值的均值及其标准差

森林类型	变量	4.0 点/m²		3.5 点/m²		3.0 点/m²		2.5 点/m²		2.0 点/m²		1.5 点/m²		1.0 点/m²		0.5 点/m²		0.2 点/m²		0.1 点/m²	
		均值	标准差	均值	标准差	均值	标准差	均值	标准差	均值	标准差	均值	标准差	均值	标准差	均值	标准差	均值	标准差	均值	标准差
杉木林	hp25	0.005 ns	0.033	0.008 ns	0.050	-0.001 ns	0.047	0.003 ns	0.079	0.007 ns	0.080	0.004 ns	0.120	0.029 ns	0.144	-0.009 ns	0.212	0.068 ns	0.476	0.192 *	0.690
	hp50	0.001 ns	0.027	0.006 ns	0.033	0.000 ns	0.040	0.000 ns	0.050	-0.002 ns	0.059	-0.009 ns	0.071	0.011 ns	0.110	-0.005 ns	0.178	0.087 *	0.332	0.086 ns	0.407
	hp75	-0.003 ns	0.024	0.010 *	0.045	0.006 ns	0.047	0.015 *	0.064	-0.013 ns	0.096	0.010 ns	0.109	0.003 ns	0.127	0.034 ns	0.200	0.100 *	0.373	0.187 **	0.513
	H_{mean}	0.002 ns	0.020	0.005 ns	0.033	-0.001 ns	0.035	0.000 ns	0.047	-0.007 ns	0.066	-0.008 ns	0.072	0.003 ns	0.103	-0.023 ns	0.173	0.011 ns	0.330	0.002 ns	0.372
	H_{max}	0.013 *	0.048	0.020 *	0.077	0.093 **	0.200	0.114 **	0.200	0.166 **	0.239	0.258 **	0.313	0.457 **	0.439	0.768 **	0.658	1.217 **	0.996	1.847 **	1.167
	H_{cv}	0.000 ns	0.004	0.001 *	0.005	0.001 *	0.005	0.000 ns	0.006	0.000 ns	0.006	0.000 ns	0.007	0.000 ns	0.009	0.003 ns	0.016	0.004 ns	0.031	0.005 ns	0.033
	dp25	0.000 ns	0.003	-0.001 ns	0.004	0.000 ns	0.005	0.000 ns	0.006	-0.002 *	0.007	-0.001 ns	0.010	-0.001 ns	0.011	-0.006 *	0.015	-0.005 ns	0.026	-0.005 ns	0.033
	dp50	-0.001 ns	0.005	-0.001 ns	0.008	-0.003 ns	0.011	-0.007 **	0.016	-0.011 **	0.019	-0.014 **	0.023	-0.023 **	0.030	-0.046 **	0.070	-0.066 **	0.105	-0.085 **	0.118
	dp75	-0.001 ns	0.009	0.000 ns	0.007	-0.012 **	0.030	-0.012 **	0.025	-0.020 **	0.036	-0.032 **	0.044	-0.052 **	0.065	-0.087 **	0.088	-0.137 **	0.138	-0.234 **	0.166
	CC	0.001 *	0.004	0.000 ns	0.004	0.001 ns	0.006	0.001 ns	0.006	-0.001 ns	0.006	-0.001 ns	0.007	0.000 ns	0.009	-0.003 *	0.013	-0.003 ns	0.023	0.003 ns	0.029
	LAD_m	0.013 **	0.025	0.028 **	0.068	0.035 **	0.075	0.077 **	0.072	0.095 **	0.120	0.138 **	0.157	0.193 **	0.168	0.276 **	0.158	0.406 **	0.201	0.514 **	0.217
	LAD_{cv}	-0.015 ns	0.070	-0.041 **	0.131	-0.022 ns	0.112	-0.014 ns	0.201	-0.061 **	0.194	-0.067 *	0.246	-0.116 **	0.205	-0.210 **	0.310	-0.419 **	0.343	-0.530 **	0.387
松树林	hp25	-0.010 ns	0.058	0.007 ns	0.090	-0.002 ns	0.096	0.010 ns	0.155	-0.009 ns	0.130	0.033 ns	0.249	0.036 ns	0.257	0.133 ns	0.452	0.334 **	1.113	0.426 **	1.411
	hp50	-0.004 ns	0.024	0.008 ns	0.052	-0.003 ns	0.059	0.007 ns	0.081	0.006 ns	0.084	0.026 *	0.106	0.041 **	0.154	0.091 **	0.262	0.126 **	0.324	0.148 ns	0.703
	hp75	-0.008 **	0.019	0.009 *	0.035	-0.003 ns	0.042	0.020 **	0.059	0.004 ns	0.075	0.027 *	0.092	0.031 *	0.118	0.106 **	0.168	0.196 **	0.404	0.134 **	0.508
	H_{mean}	-0.007 **	0.022	0.003 ns	0.042	-0.002 ns	0.050	0.004 ns	0.059	-0.007 ns	0.071	0.012 ns	0.100	0.007 ns	0.137	0.063 **	0.187	0.099 **	0.350	-0.041 ns	0.567
	H_{max}	0.006 ns	0.039	0.046 **	0.147	0.086 **	0.180	0.160 **	0.275	0.235 **	0.281	0.294 **	0.338	0.432 **	0.388	0.812 **	0.606	1.353 **	0.798	1.503 **	0.978
	H_{cv}	0.000 ns	0.005	0.000 ns	0.005	0.000 ns	0.006	0.001 ns	0.007	0.001 ns	0.009	0.001 ns	0.010	0.001 ns	0.014	0.000 ns	0.020	0.001 ns	0.034	0.003 ns	0.045

续表

森林类型	变量	4.0 点/m² 均值	4.0 标准差	3.5 点/m² 均值	3.5 标准差	3.0 点/m² 均值	3.0 标准差	2.5 点/m² 均值	2.5 标准差	2.0 点/m² 均值	2.0 标准差	1.5 点/m² 均值	1.5 标准差	1.0 点/m² 均值	1.0 标准差	0.5 点/m² 均值	0.5 标准差	0.2 点/m² 均值	0.2 标准差	0.1 点/m² 均值	0.1 标准差
松树林	dp25	0.000 ns	0.003	0.000 ns	0.006	−0.001 ns	0.007	−0.002 *	0.008	−0.002 ns	0.008	−0.001 ns	0.011	−0.001 ns	0.013	−0.003 ns	0.022	−0.010 **	0.035	−0.001 ns	0.050
	dp50	0.000 ns	0.005	−0.001 ns	0.007	−0.003 *	0.011	−0.004 **	0.011	−0.006 **	0.012	−0.007 **	0.020	−0.011 **	0.025	−0.017 **	0.034	−0.031 **	0.056	−0.031 **	0.065
	dp75	−0.002 **	0.006	−0.003 *	0.014	−0.008 **	0.020	−0.015 **	0.030	−0.026 **	0.035	−0.029 **	0.042	−0.046 **	0.053	−0.080 **	0.077	−0.138 **	0.112	−0.165 **	0.133
	CC	0.000 ns	0.003	0.000 ns	0.006	0.000 ns	0.004	0.000 ns	0.005	0.000 ns	0.008	0.000 ns	0.009	−0.002 ns	0.012	0.000 ns	0.019	−0.002 ns	0.033	0.002 ns	0.038
	LAD_m	0.019 **	0.052	0.018 **	0.048	0.041 **	0.119	0.041 **	0.077	0.070 **	0.091	0.098 **	0.110	0.137 **	0.105	0.213 **	0.131	0.319 **	0.131	0.421 **	0.196
	LAD_{cv}	0.042 *	0.189	0.001 ns	0.129	0.011 ns	0.182	0.009 ns	0.253	0.023 ns	0.303	0.040 ns	0.275	0.010 ns	0.301	−0.067 ns	0.364	−0.254 **	0.382	−0.491 **	0.431
	hp25	−0.003 ns	0.031	−0.008 ns	0.067	0.000 ns	0.064	0.005 ns	0.124	0.010 ns	0.105	0.013 ns	0.129	0.042 ns	0.232	0.045 ns	0.293	0.189 ***	0.566	0.424 ***	1.238
	hp50	0.000 ns	0.023	−0.001 ns	0.037	0.005 ns	0.04	−0.007 ns	0.059	0.001 ns	0.075	0.007 ns	0.084	0.008 ns	0.12	0.031 ns	0.19	0.113 **	0.297	0.147 **	0.460
	hp75	−0.001 ns	0.02	0.007 ns	0.036	0.000 ns	0.048	0.003 ns	0.051	−0.007 ns	0.06	−0.002 ns	0.075	0.020 ns	0.117	0.024 **	0.168	0.103 **	0.267	0.206 **	0.419
	H_{mean}	0.000 ns	0.026	0.000 ns	0.042	0.005 ns	0.056	−0.006 ns	0.067	0.000 ns	0.09	0.000 ns	0.11	−0.008 ns	0.14	−0.005 ns	0.236	−0.016 ns	0.39	0.043 ns	0.563
	H_{max}	0.025 **	0.087	0.055 **	0.145	0.089 **	0.187	0.081 **	0.179	0.170 **	0.243	0.192 **	0.255	0.349 **	0.37	0.604 **	0.486	0.916 **	0.572	1.277 **	0.812
	H_{cv}	0.000 ns	0.005	0.000 ns	0.006	−0.001 ns	0.007	0.000 ns	0.009	0.000 ns	0.011	−0.001 ns	0.013	0.001 ns	0.015	0.001 ns	0.023	0.005 ns	0.039	0.004 ns	0.057
桉树林	dp25	0.000 ns	0.005	−0.001 ns	0.006	0.000 ns	0.009	0.001 ns	0.009	0.000 ns	0.011	0.002 ns	0.015	0.001 ns	0.017	0.003 ns	0.025	0.007 ns	0.044	0.009 ns	0.067
	dp50	−0.001 ns	0.005	−0.002 *	0.007	0.000 ns	0.009	0.000 ns	0.01	−0.001 ns	0.011	0.000 ns	0.015	−0.001 ns	0.019	−0.002 ns	0.027	0.001 ns	0.047	0.000 ns	0.072
	dp75	−0.003 *	0.011	−0.004 **	0.015	−0.007 **	0.025	−0.006 **	0.02	−0.014 **	0.027	−0.014 **	0.03	−0.030 **	0.054	−0.047 **	0.062	−0.063 **	0.086	−0.087 **	0.110
	CC	0.001 ns	0.005	0.000 ns	0.006	0.001 ns	0.008	0.001 ns	0.01	0.001 ns	0.011	0.003 ns	0.015	0.002 ns	0.017	0.004 ns	0.022	0.011 *	0.041	0.008 ns	0.063
	LAD_m	0.011 **	0.033	0.020 **	0.035	0.028 **	0.052	0.046 **	0.055	0.063 **	0.063	0.101 **	0.059	0.126 **	0.065	0.198 **	0.074	0.303 **	0.085	0.383 **	0.111
	LAD_{cv}	0.025 *	0.109	0.001 ns	0.154	−0.018 ns	0.212	−0.028 ns	0.215	−0.027 ns	0.268	−0.023 ns	0.31	−0.071 **	0.339	−0.177 **	0.333	−0.478 **	0.45	−0.811 **	0.479

续表

森林类型	变量	4.0 点/m² 均值	标准差	3.5 点/m² 均值	标准差	3.0 点/m² 均值	标准差	2.5 点/m² 均值	标准差	2.0 点/m² 均值	标准差	1.5 点/m² 均值	标准差	1.0 点/m² 均值	标准差	0.5 点/m² 均值	标准差	0.2 点/m² 均值	标准差	0.1 点/m² 均值	标准差
阔叶林	hp25	-0.003 ns	0.036	-0.004 ns	0.051	0.018 *	0.078	0.001 ns	0.102	-0.005 ns	0.087	0.006 ns	0.125	0.010 ns	0.191	0.074 *	0.300	0.162 *	0.630	0.241 **	0.740
	hp50	-0.004 ns	0.034	0.001 ns	0.040	0.010 ns	0.058	-0.001 ns	0.079	-0.011 ns	0.101	0.005 ns	0.127	0.007 ns	0.184	0.053 *	0.221	0.038 ns	0.403	0.249 **	0.655
	hp75	0.005 ns	0.033	-0.004 ns	0.048	0.003 ns	0.073	0.000 ns	0.086	0.021 ns	0.107	0.008 ns	0.131	0.018 ns	0.220	0.016 ns	0.258	0.002 ns	0.400	0.388 **	0.839
	H_{mean}	-0.002 ns	0.023	-0.006 ns	0.034	0.007 ns	0.042	-0.006 ns	0.062	-0.001 ns	0.063	0.001 ns	0.093	-0.001 ns	0.139	0.019 ns	0.192	-0.038 ns	0.305	0.097 ns	0.549
	H_{max}	0.016 *	0.074	0.085 **	0.238	0.143 ***	0.341	0.201 **	0.449	0.180 **	0.334	0.367 **	0.601	0.587 **	0.627	0.867 **	0.896	1.284 **	1.159	2.066 **	1.335
	H_{cv}	0.000 ns	0.004	0.000 ns	0.005	0.000 ns	0.007	0.000 ns	0.008	0.000 ns	0.008	0.000 ns	0.010	0.002 ns	0.013	-0.001 ns	0.017	0.000 ns	0.035	0.006 ns	0.050
	dp25	0.000 ns	0.005	-0.002 *	0.006	-0.002 ns	0.010	-0.004 *	0.019	-0.001 ns	0.014	-0.007 **	0.026	-0.008 **	0.021	-0.012 **	0.033	-0.016 **	0.047	-0.024 **	0.067
	dp50	-0.001 ns	0.006	-0.005 **	0.015	-0.007 **	0.021	-0.011 **	0.023	-0.008 **	0.020	-0.019 **	0.033	-0.028 **	0.038	-0.044 **	0.051	-0.065 **	0.073	-0.097 **	0.115
	dp75	-0.001 ns	0.006	-0.005 **	0.018	-0.007 **	0.022	-0.011 **	0.024	-0.013 **	0.024	-0.017 **	0.029	-0.035 **	0.047	-0.050 **	0.062	-0.090 **	0.083	-0.150 **	0.125
	CC	0.000 ns	0.004	0.000 ns	0.005	0.000 ns	0.006	0.000 ns	0.007	0.001 ns	0.009	-0.001 ns	0.011	0.001 ns	0.014	-0.001 ns	0.020	0.001 ns	0.032	0.001 ns	0.054
	LAD_m	0.005 ns	0.050	0.028 **	0.082	0.041 **	0.107	0.060 **	0.126	0.094 **	0.131	0.117 **	0.148	0.167 **	0.139	0.236 **	0.161	0.375 **	0.216	0.423 **	0.273
	LAD_{cv}	-0.001 ns	0.088	0.014 ns	0.138	0.022 ns	0.144	0.012 ns	0.242	0.020 ns	0.235	0.035 ns	0.260	0.014 ns	0.284	-0.005 ns	0.264	-0.145 **	0.341	-0.287 **	0.422

注：ns 表示差异不显著，* 表示 $\alpha=0.05$ 时差异显著，** 表示 $\alpha=0.01$ 时差异显著，*** 表示 $\alpha=0.001$ 时差异显著；LAD_m 为 LDA_{mean}

dp50 的均值之间存在显著性差异，桉树林中各个稀疏数据集的 dp50 的均值与全密度数据集的 dp50 的均值基本上不存在显著性差异；④松树林和桉树林中各个稀疏数据集的 dp75 的均值与全密度数据集的 dp75 的均值均存在显著性差异，杉木林和阔叶林在点云密度分别小于 3.0 点/m^2 和 3.5 点/m^2 时，各个稀疏数据集的 dp75 的均值与全密度数据集 dp75 的均值存在显著性差异。

以上说明了各个森林类型中，各个稀疏数据集的 CC 和中下层分位数密度（dp25）与全密度数据集相应变量之间的差异不显著（阔叶林 dp25 除外），尽管均值的差值很小，但中上层分位数密度（dp50 和 dp75）与全密度数据集中相应变量的均值之间存在显著性差异。

3. 叶面积密度变量

随着点云密度的降低，各个森林类型的 LAD$_{mean}$ 的均值及其标准差逐渐增大，当点云密度≤1.0 点/m^2 时，均值减小的幅度明显加大。当点云密度由 4.35 点/m^2 降低至 0.1 点/m^2 时，杉木林、松树林、桉树林和阔叶林的 LAD$_{mean}$ 分别减小了 42.2%、43.4%、48.6% 和 49.4%。LAD$_{cv}$ 的变化情况与 LAD$_{mean}$ 相似，表现为当点云密度≥1.0 点/m^2 时均值和标准差缓慢增大，在点云密度≤1.0 点/m^2 时，迅速增大。当点云密度由 4.35 点/m^2 降低至 0.1 点/m^2 时，杉木林、松树林、桉树林和阔叶林的 LAD$_{mean}$ 分别增大了 33.5%、28.0%、44.9% 和 16.6%（表 8-1）。

各个森林类型中，稀疏数据集的 LAD$_{mean}$ 的均值与全密度数据集的 LAD$_{mean}$ 的均值均存在显著性差异；在低密度时，稀疏数据集的 LAD$_{cv}$ 的均值与全密度数据集的 LAD$_{cv}$ 的均值均存在显著性差异，但森林类型不同，出现显著性差异时的密度不同，杉木林和桉树林分别为 2.0 点/m^2 和 1.0 点/m^2，松树林和阔叶林为 0.2 点/m^2。

8.1.3.2　点云密度对森林参数估测精度的影响

各个森林类型，不同点云密度的蓄积量和断面积估测值的均值的差值均很小。在 50 次模型适应性检验中，点云密度分别为 0.1 点/m^2 和 4.35 点/m^2 时，模型估测的平均差值（各次中最大差值）为杉木林蓄积量−0.66%（−3.72%），断面积−0.67%（−3.49%）；松树林蓄积量−0.35%（6.68%），断面积−0.44%（3.55%）；桉树林蓄积量−0.35%（−2.22%），断面积 0.00%（−1.78%）；阔叶林蓄积量 0.67%（4.61%），断面积 0.21%（3.24%）。两样本 t 检验结果表明，各个森林类型中各个稀疏数据集的蓄积量和断面积估测值的均值与全密度数据集的蓄积量和断面积估测值的均值之间，均不存在显著性差异。

随着点云密度的降低，在杉木林和桉树林的蓄积量估测模型中，4 个 LiDAR 变量（H_{mean}、CC、LAD$_{cv}$ 和 H_{cv}）对蓄积量变化的解析率（R^2）呈逐渐缓慢减小的趋势，这 2 个模型中，密度为 0.1 点/m^2 时模型的 R^2 分别比密度为 4.35 点/m^2

时模型的 R^2 减小了 11.0% 和 3.9%，松树林和阔叶林蓄积量估测模型的 R^2 则无明显的变化规律（表 8-2）。在 4 个森林类型的断面积估测模型中，点云密度变化对 R^2 的影响为无规律性的。总体上，在点云密度 ≥ 1.0 点/m² 时，4 个森林类型的蓄积量和断面积估测模型的 R^2 变化不大，但当点云密度 ≤ 0.5 点/m² 时，R^2 呈明显减小的趋势。

表 8-2 不同点云密度时蓄积量和断面积的估测精度

森林类型	参数	检验指标	点云密度（点/m²）										
			4.35	4.0	3.5	3.0	2.5	2.0	1.5	1.0	0.5	0.2	0.1
杉木林	VOL	R^2	0.663	0.670	0.666	0.650	0.620	0.662	0.624	0.672	0.631	0.612	0.590
		rRMSE（%）	20.80	20.58	20.67	21.19	22.12	20.88	22.01	20.46	21.83	22.35	23.01
		MPE（%）	7.38	7.30	7.33	7.52	7.85	7.41	7.81	7.26	7.74	7.93	8.16
	BA	R^2	0.446	0.464	0.460	0.438	0.428	0.455	0.426	0.476	0.425	0.307	0.375
		rRMSE（%）	18.03	17.77	17.81	18.15	18.31	17.93	18.35	17.54	18.44	20.20	19.16
		MPE（%）	6.39	6.30	6.32	6.44	6.50	6.36	6.51	6.22	6.54	7.17	6.80
松树林	VOL	R^2	0.753	0.753	0.753	0.746	0.758	0.759	0.746	0.776	0.760	0.737	0.759
		rRMSE（%）	21.07	21.05	21.09	21.39	20.79	20.72	21.47	19.91	20.83	21.62	20.25
		MPE（%）	6.87	6.87	6.88	6.98	6.78	6.76	7.01	6.50	6.80	7.05	6.61
	BA	R^2	0.585	0.586	0.588	0.578	0.592	0.587	0.577	0.596	0.570	0.545	0.575
		rRMSE（%）	19.05	19.03	19.00	19.21	18.82	18.96	19.21	18.77	19.39	19.91	19.31
		MPE（%）	6.22	6.21	6.20	6.27	6.14	6.19	6.27	6.13	6.33	6.50	6.30
桉树林	VOL	R^2	0.765	0.766	0.764	0.765	0.765	0.764	0.768	0.757	0.748	0.731	0.735
		rRMSE（%）	18.37	18.31	18.38	18.36	18.35	18.40	18.24	18.64	19.01	19.63	19.47
		MPE（%）	5.68	5.66	5.68	5.67	5.67	5.69	5.64	5.76	5.88	6.07	6.01
	BA	R^2	0.729	0.730	0.725	0.730	0.728	0.728	0.734	0.711	0.702	0.682	0.689
		rRMSE（%）	15.65	15.62	15.76	15.60	15.69	15.68	15.49	16.16	16.44	16.94	16.74
		MPE（%）	4.83	4.83	4.87	4.82	4.85	4.85	4.79	4.99	5.08	5.23	5.17
阔叶林	VOL	R^2	0.630	0.632	0.652	0.635	0.644	0.637	0.643	0.645	0.651	0.656	0.637
		rRMSE（%）	38.43	38.30	37.11	38.34	37.89	38.15	37.96	37.72	37.38	37.04	38.23
		MPE（%）	12.79	12.75	12.35	12.76	12.61	12.70	12.63	12.55	12.44	12.33	12.72
	BA	R^2	0.550	0.546	0.561	0.555	0.572	0.551	0.557	0.570	0.569	0.588	0.530
		rRMSE（%）	32.18	32.28	31.79	32.11	31.47	32.10	32.01	31.56	31.59	30.81	33.00
		MPE（%）	10.71	10.74	10.58	10.68	10.47	10.68	10.65	10.50	10.51	10.26	10.98

当点云密度由 4.35 点/m² 降低至 0.1 点/m² 时，杉木林和桉树林蓄积量估测的相对均方根误差（rRMSE）呈缓慢增大的趋势，这 2 个模型在点云密度为 0.1 点/m² 时的 rRMSE 比全密度时的 rRMSE 分别增大 10.6% 和 6.0%，不同点云密度的松树林、阔叶林蓄积量估测模型的 rRMSE 分别在 19.91%～21.62%、37.04%～38.43%

呈无规律性的较小幅度的变化。4 个森林类型的断面积估测模型中，rRMSE 均随着点云密度的降低呈缓慢增大的趋势。总体上，当点云密度≤0.5 点/m² 时，各个森林类型的蓄积量和断面积估测模型的 rRMSE 增大的幅度明显增大，阔叶林除外。

随着点云密度的逐渐降低，MPE 的变化与 rRMSE 的变化类似。当点云密度由 4.35 点/m² 逐渐降低至 0.1 点/m² 时，杉木林、桉树林的蓄积量和断面积模型的 MPE 均呈逐渐缓慢增大的趋势，松树林和阔叶林的蓄积量和断面积模型的 MPE 均呈小幅度无规律的变动。当点云密度≤0.5 点/m² 时，杉木林蓄积量和断面积模型的 MPE 增大的幅度较明显，其余森林类型无此特征。

上述各个森林类型蓄积量和断面积估测模型的表现随着点云密度变化而变化的情况可归纳为：①随着点云密度的降低，大部分蓄积量和断面积估测模型的 R^2 呈缓慢减小、rRMSE 和 MPE 呈缓慢增大的趋势，但一些模型的上述指标表现为无明显的规律性；②当点云密度≤1.0 点/m² 或≤0.5 点/m² 时，大多数模型的 R^2 减小、rRMSE 和 MPE 增大的幅度明显增大。

8.1.4　点云密度对 LiDAR 变量和森林参数估测精度影响的机理

8.1.4.1　点云密度对 LiDAR 变量的影响

以上研究结果表明，在采用精确的 DEM 进行点云数据归一化时，降低点云密度对不同森林类型、不同的 LiDAR 高度变量的影响不尽相同：点云平均高、高度分布的变动系数基本上不受点云密度的影响，但最大高存在严重影响；当点云密度降低至较低密度时，hp25、hp50、hp75 等分位数高度出现显著性差异，但不同的森林类型、不同的分位数密度出现差异时的密度上限不同，杉木林、桉树林为 0.2 点/m²，阔叶林为 0.1 点/m²（hp25 为 0.5 点/m²），松树林为 1.5 点/m²（hp25 为 0.5 点/m²）。这个结果与 Garcia 等（2017）在 3 个研究区（分别为橡树林、针叶林和针叶混交林，原始点密度为 20 点/m²；老龄湿润热带林，10.8 点/m²；湿润常绿热带林和雨林，20 点/m²）、样地面积为 900 m² 时的结论不尽相同，在他们的结论中，当点云密度由原始密度降低至 1 点/m² 时，由回波计算的 H_{max} 均存在显著性差异，hp25 和点云高度的标准差（stdev）均不存在显著性差异，H_{mean}、hp50、hp75 在湿润常绿热带林和雨林中存在显著性差异，在橡树林、针叶林和针叶混交林及老龄湿润热带林中不存在显著性差异。其原因可能是：①森林类型不同造成森林三维结构不同。在本研究中，桉树林为高度集约经营人工林，绝大部分为单层林；阔叶林为天然混交林，几乎全为复层林；杉木林为人工林，在幼龄林中多为单层林，但在成熟林中，有相当比重的杉木阔叶树复层混交林或杉木马尾松混交林；松树林多为天然林，为阳性树种，既有单层纯林，又有马尾松阔叶树复层混交林，这些结构的差异导致不同森林类型中激光点云高度分位数的差异，Garcia

等（2017）的 3 个研究区也包含不同的森林类型，其点云分位数的差异情况亦不相同。②Garcia 等（2017）的研究中，不同密度回波的高度的归一化由其相应密度点云生产的 DEM 进行，当点云密度降低时，激光脉冲击中冠层顶部和穿透至地面的概率减小，从而影响 DEM 的精度（Disney et al.，2010）。

正如期望的一样，不同森林类型中，不同密度点云的 CC 均不存在显著性差异。本研究发现，点云密度对分位数密度具有较大影响，但森林类型不同、点云密度不同，不同分位数密度的差异情况各不相同。由于激光脉冲击中树冠顶部的概率减小，所以，当点云密度降低时，各个森林类型、各个密度点云中，上层分位数密度 hp75 基本都存在显著性差异。对于垂直结构简单的桉树人工林而言，不同密度点云的中下层分位数密度（hp25 和 hp50）均不存在显著性差异，对于垂直结构复杂的阔叶林而言，当点云密度降低至 3.5 点/m² 时，hp25 和 hp50 存在显著性差异，对于垂直结构复杂性介于上述两者之间的杉木林和松树林，当点云密度为 3.0 点/m² 时，冠层中部分位数密度（hp50）存在显著性差异，但各个点云密度之间，hp25 不存在规律性的显著性差异。其可能的原因是：森林垂直结构决定了点云的垂直分布，垂直结构越复杂，点云的垂直分布变异越大，当点云密度降低时，由于点云垂直分布的不均匀性而扩大了它们的变异。如表 8-1 所示，尽管不同密度点云的分位数密度的均值相差很小，但它们的标准差随着点云密度的降低而逐渐增大。

叶面积密度剖面的计算依据垂直冠层中给定高度的水平层（本节研究为 0.3 m）的间隙系数（孔隙率）进行，由于一些水平层的点很少（几十个点甚至几个点），当点云密度降低时，间隙系数变化较大，所以，相对于分位数密度，叶面积密度剖面受点云密度影响更大，故各个森林类型中不同密度点云的 LAD_{mean} 均相差较大且存在显著性差异，但其标准差也随着点云密度的降低逐渐增大，因此，叶面积密度分布的变动系数（LAD_{cv}）在点云密度不太小时不存在显著性差异（表 8-1）。

总之，不同森林类型的点云平均高、点云高度分布的变动系数和郁闭度不受点云密度的影响，而点云最大高度和反映冠层垂直结构的叶面积密度均值正好相反，不同点云密度对不同森林类型的分位数高度、分位数密度及叶面积密度分布的变动系数的影响不同，其原因是不同的森林类型具有不同的垂直结构。以我们有限的知识，点云密度对不同森林类型的分位数密度和叶面积密度的影响，或许是我们研究的重要发现。

8.1.4.2　点云密度对森林参数估测模型表现的影响

本研究发现，随着点云密度的降低，各个森林类型的两个森林参数（蓄积量和断面积）估测值的均值均不存在显著性差异，模型精度基本不变，这与很多有关生物量和森林参数估测研究的结论一致（Montealegre et al.，2016；Singh et al.，

2015，2016；Ota et al.，2015；Watt et al.，2014；Jakubowski et al.，2013；Strunk et al.，2012；Treitz et al.，2012；Tesfamichael et al.，2010；Gobakken and Næsset，2008），Thomas 等（2006）甚至认为点云密度降低至 0.035 点/m² 时，森林参数估测精度不受影响。

　　然而，不可否认的事实是，随着点云密度的降低，各个森林类型的两个森林参数（蓄积量和断面积）估测模型的 R^2 呈缓慢减小、rRMSE 和 MPE 呈缓慢增大的趋势，并且当点云密度≤1.0 点/m² 或≤0.5 点/m² 时，大多数模型的 R^2 减小、rRMSE 和 MPE 增大的幅度呈明显增大的趋势（表 8-2）。也就是说，当点云密度降低时，尽管估测结果差异不显著，但模型精度仍然存在微小降低的趋势。我们发现，虽然用于构建估测模型的 4 个变量（H_{mean}、CC、LAD_{cv} 和 H_{cv}）在不同点云密度时的均值与全密度时的均值不存在显著性差异（出现的少量显著性差异属随机误差，不具规律性），但在各个森林类型中，在点云密度由 4.35 点/m² 降低至 0.1 点/m² 时，4 个模型变量中总有 1~3 个变量的变动系数呈较大幅度增大的变化，如杉木林的 CC、LAD_{cv} 和 H_{cv} 的变动系数分别增大了 19.2%、18.6%和 21.0%，松树林的 CC 和 H_{cv} 分别增大了 14.6%和 17.9%，桉树林的 CC 和 H_{cv} 分别增大了 30.0%和 34.6%，阔叶林的 H_{cv} 增大了 13.0%，这意味着模型变量的变动增大，或许这就是模型精度逐渐降低的原因，但仍需要作更深入的研究。

8.1.5　机载激光雷达大区域森林资源调查监测应用的点云密度

　　在本节中，我们分析了点云密度对激光雷达变量和森林参数估测模型的影响。点云密度降低对不同的森林类型、不同的激光雷达变量和不同森林参数估测模型的影响不同。

　　点云密度降低对点云平均高及其变动系数和郁闭度不存在影响，但对点云最大高、中上层分位数密度（如 dp75）、叶面积密度均值存在严重影响。当点云密度低至一定程度时，分位数高度存在显著影响，但不同的森林类型和不同的分位数高度，出现显著影响时的点云密度不同。上层分位数密度受点云密度影响很大，除桉树林外，其余森林类型的中层分位数密度受点云密度的影响也较大，除阔叶林外，下层分位数密度几乎不受点云密度影响。当点云密度降低至一定密度时，叶面积变动系数受到影响，但不同森林类型，出现显著影响的点云密度不同。不同密度点云间各个森林类型的两个森林参数的估测结果不存在显著性差异，但随着点云密度的降低，模型精度呈缓慢降低的趋势，尤其是当点云密度降低至 0.5 点/m² 时，模型精度降低的幅度明显增大。在实际区域性森林资源调查监测应用中，点云密度宜大于 0.5 点/m²。

　　本节研究采用的点云稀疏方法虽然不能重现实际的脉冲分布，也不考虑测量参数改变时脉冲参数的改变效果，但我们关于参数变化格局的结果与其他实际改变测量参数的研究结果基本一致。不同森林类型的点云密度效应结果的一致性加强了我们的结论。

8.2 样地面积对机载激光雷达森林参数估测精度的影响

8.2.1 样地面积对机载激光雷达森林参数估测精度影响的研究进展

有关样地大小对激光雷达森林参数估测精度影响的研究不多。Gobakken 和 Næsset（2008）在采用回归模型估测林分平均高、断面积和蓄积量时发现，较大的样地（400 m²）与较小的样地（200 m²）相比，大多数情况下，模型的 RMSE 减小而 R^2 增大，当样地面积由 200 m² 增大至 300～400 m² 时，模型精度得到改善。Watt 等（2013）的研究表明，当点云密度超过 0.5 点/m²、样地面积超过 400 m² 时，蓄积量模型的 R^2 表现为十分稳定。挪威生产林（productive forests）的研究表明，模型 RMSE 或标准差由 200～250 m² 样地的 20%～25%降低至 1000～4000 m² 样地的 10%～15%（Næsset，2002，2004b，2007）。Zolkos 等（2013）在分析 70 多篇利用不同遥感平台（机载和星载）、不同传感器（雷达和激光雷达）估测地上生物量的公开发表的论文后发现，模型误差与样地大小具有稳健且明显的相关关系，随着样地面积的增大，模型误差迅速减小。然而，有关样地大小对机载激光雷达森林参数估测模型影响的研究明显不足，需要针对不同的森林类型、不同的传感器、不同的样地设置方式（圆形或方形）做更多的研究。

在本节中，我们分析不同森林类型、不同面积样地之间激光雷达变量和样地森林参数的差异，评估不同面积样地对森林参数估测模型精度的影响，为优化样地调查方案提供参考。

8.2.2 样地面积效应分析方法

8.2.2.1 研究区概况

研究区为高峰林场试验区，样地数据和 LiDAR 数据见 4.2 节和 4.3 节。

8.2.2.2 样地组合与数据方法

为分析样地面积大小对机载激光雷达森林参数估测精度的影响，将亚样地组合成面积分别为 100 m²、200 m²、300 m²、400 m²、600 m² 和 900 m² 的 6 个不同面积大小的样地，共有 4 种亚样地组合方案，图 8-1 为第 1 个组合方案的亚样地组合方式，其余组合方案的亚样地组合方式见表 8-3。

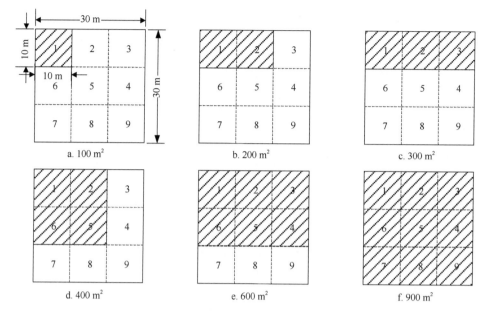

图 8-1　方案 1 的样地组合方式

表 8-3　由亚样地组合为不同面积样地的 4 种组合方案

组合方案	100 m²	200 m²	300 m²	400 m²	600 m²	900 m²
1	P1	P1，P2	P1，P2，P3	P1，P2，P5，P6	P1~P6	P1~P9
2	P2	P2，P5	P2，P5，P8	P2~P5	P2~P5，P8，P9	P1~P9
3	P6	P6，P7	P1，P6，P7	P5~P8	P1，P2，P5~P8	P1~P9
4	P5	P4，P5	P4-P6	P4，P5，P8，P9	P4~P9	P1~P9

注：P1 为亚样地 1，其余类同

　　根据以上组合，共得到 4 个数据集，每个数据集中每个森林类型包含 22~29 个不同面积大小（100 m²、200 m²、300 m²、400 m²、600 m² 和 900 m²）的样地，根据每个亚样地的调查数据计算每个样地的森林参数，其方法是：对于每个给定面积（如 400 m²）的样地，其断面积、林分蓄积量分别为其所包含亚样地（如图 8-1 中 400 m² 样地包含亚样地 1、2、5、6）的相应值之和，平均胸径、平均高分别取其所包含亚样地的相应值的断面积加权平均值，优势高为其所包含亚样地中最高优势木的高。

8.2.2.3　不同面积样地的点云数据处理

　　根据 900 m² 样地 4 个角点的坐标，提取各个样地范围内归一化的植被点云数据，计算激光点云数据的高度、密度等 LiDAR 变量，以及林分冠层叶面积密度均值及其标准差和变动系数（Bouvier et al.，2015）。鉴于 LiDAR 首回波代表了反射信号的第一个重要部分，相对于其余回波而言，由首回波提取的变量完全能够满足生物量估测的需要，其估测精度甚至更好（Singh et al.，2016；Chen et al.，2012，Kim et al.，2016），故本节研究只用首回波提取 LiDAR 变量。

通过内插法得到样地内各个亚样地 4 个角点的坐标。根据各个方案中 6 个不同面积大小样地所包含的亚样地，计算其 LiDAR 变量，计算方法与 900 m² 样地相同。

8.2.2.4 样地面积效应比较分析

为评估样地面积大小对激光雷达变量的影响，以 900 m² 样地为参考，采用配对样本 t 检验方法，对各个数据集中各个森林类型（杉木林、松树林、桉树林和阔叶林）不同面积（100 m²、200 m²、300 m²、400 m²、600 m²）样地与 900 m² 样地激光雷达变量均值进行检验，检验的激光变量包括：平均高（H_{mean}），25%、50% 和 75% 密度分位数高度（hp25、hp50 和 hp75），最大高度（H_{max}），点云高度变动系数（H_{cv}），郁闭度（CC），25%、50% 和 75% 高度分位数密度（dp25、dp50 和 dp75），叶面积密度均值（LAD_{mean}）及其变动系数（LAD_{cv}）。统计分析 4 个数据集中各个激光雷达变量出现显著性差异的情况。

采用上述相同的方法，统计分析不同森林类型不同面积样地之间森林参数（DBH、H、H_{mean}、BA、VOL）实测值的均值的差异情况。

为评估样地面积大小对森林参数估测模型精度的影响，采用激光点云平均高（H_{mean}）、郁闭度（CC）、叶面积密度变动系数（LAD_{cv}）、点云高度变动系数（H_{cv}）和 50% 高度分位数密度（dp50）建立各个森林类型的林分蓄积量（VOL）和断面积（BA）估测模型，其结构式如下：

$$y = a_0 H_{mean}{}^{a_1} CC^{a_2} LAD_{cv}{}^{a_3} H_{cv}{}^{a_4} dp50^{a_5} \qquad (8.3)$$

式中，y 为各个森林类型的森林参数（VOL 或 BA）的估计值；a_0，a_1，$\cdots$，a_5 为模型参数。采用 R^2、MPE、rRMSE 评价模型的拟合效果。

8.2.3 样地面积效应的表现

8.2.3.1 样地面积对 LiDAR 变量的影响

1. 高度变量

4 个数据集中，不同森林类型不同面积（600 m²、400 m²、300 m²、200 m² 和 100 m²）样地激光点的高度变量（hp25、hp50、hp75、H_{mean}、H_{max} 和 H_{cv}）与 900 m² 样地相应变量的差值的均值很小，其标准差比均值约大一个数量级，随着样地面积的减小，差值的均值变化表现为无明显规律性的变化，但其标准差呈现为迅速增大的趋势。图 8-2a 为 4 个数据集中杉木林不同面积样地与 900 m² 样地激光点云平均高的差值及其标准差随样地面积变化的变化情况。

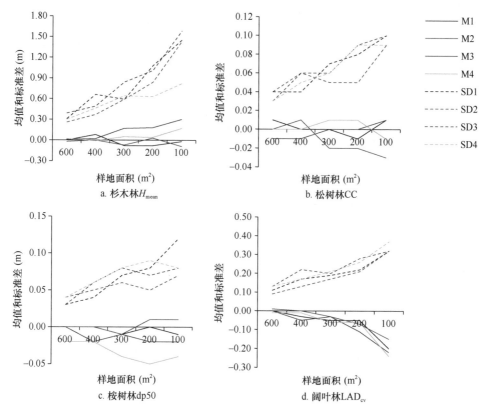

图 8-2　不同面积样地与 900 m² 样地的 LiDAR 变量差值的均值及其标准差

M1、M2、M3、M4 分别表示 4 个方案的差值的均值；SD1、SD2、SD3、SD4 为差值的标准差

对每个数据集中不同面积样地的 6 个激光雷达高度变量作配对（600 m² VS 900 m²，400 m²VS 900 m²，300 m² VS 900 m²，200 m² VS 900 m²，100 m² VS 900 m²）样本 t 检验（有 4 个数据集，共进行了 4 次 t 配对检验），统计它们出现显著性差异的次数，结果表明（表 8-4）：①每个森林类型中每个不同面积样地 H_{max} 的均值与 900 m² 样地 H_{max} 的均值出现显著性差异（α=0.05）的频数达到了 4 个，说明各个森林类型的各个数据集中，不同面积样地 H_{max} 的均值与 900 m² 样地 H_{max} 的均值都存在显著性差异；②其余 5 个高度变量中，出现显著性差异的次数最多为 2 个，说明这些变量不存在有规律性的显著性差异。

表 8-4　4 个数据集中不同面积样地与 900 m² 样地的 LiDAR 变量差值均值配对样本 *t* 检验中出现显著性差异（$\alpha \leqslant 0.05$）的频数统计

森林类型	比较方案	hp25	hp50	hp75	H_{mean}	H_{max}	H_{cv}	CC	dp25	dp50	dp75	LAD_{mean}	LAD_{cv}
杉木林	600m² VS 900m²	0	0	0	0	4	0	0	0	1	2	0	2
	400m² VS 900m²	1	0	0	0	4	0	0	0	3	4	1	1
	300m² VS 900m²	1	0	0	0	4	0	0	0	2	4	3	2
	200m² VS 900m²	0	0	0	0	4	0	0	0	2	4	1	4
	100m² VS 900m²	1	0	0	0	4	0	0	0	3	4	3	4
松树林	600m² VS 900m²	2	2	0	2	4	0	0	0	1	3	2	0
	400m² VS 900m²	2	2	0	1	4	0	0	0	1	4	4	0
	300m² VS 900m²	1	1	0	0	4	1	1	1	2	4	4	2
	200m² VS 900m²	1	1	0	0	4	1	0	0	4	4	4	4
	100m² VS 900m²	2	0	0	0	4	1	0	2	4	4	4	4
桉树林	600m² VS 900m²	0	0	0	0	4	0	0	0	0	0	0	0
	400m² VS 900m²	0	0	0	0	4	1	0	0	0	1	0	0
	300m² VS 900m²	0	0	1	0	4	0	0	0	0	2	0	0
	200m² VS 900m²	0	0	0	0	4	0	0	0	0	2	1	1
	100m² VS 900m²	1	1	0	0	4	0	0	1	0	2	3	2
阔叶林	600m² VS 900m²	0	0	0	0	4	0	0	0	0	1	3	0
	400m² VS 900m²	0	1	0	0	4	0	0	0	2	4	4	0
	300m² VS 900m²	0	1	0	0	4	0	0	0	2	4	3	0
	200m² VS 900m²	1	1	0	0	4	0	0	0	2	4	4	1
	100m² VS 900m²	0	1	2	0	4	1	0	0	3	4	4	4

　　森林类型不同，激光雷达高度变量随着样地面积变化的情况不尽相同。在杉木林和桉树林的 4 个数据集中，不同面积样地的 H_{mean} 均无显著性差异，只有变量 hp25、hp50、hp75 和 H_{cv} 出现少数几次无规律性的显著性差异；松树林中，不同面积样地的 hp75 均无显著性差异，变量 hp25、hp50、H_{mean} 和 H_{cv} 在 4 个数据集中共出现了 1~2 次显著性差异，但均出现在不同的数据集中，无明显的规律性；阔叶林中，不同面积样地的 H_{mean} 均无显著性差异，其他变量的情况与松树林相似，也无明显的规律性。以上不同森林类型不同面积大小样地的激光点高度变量的变化情况可总结为：①不同面积样地激光点高度变量与 900 m² 样地激光点高度变量之间，除 H_{max} 均存在显著性差异外，其余变量虽然出现一些显著性差异，但均无规律性；②不同面积样地与 900 m² 样地之间，H_{mean} 和 H_{cv} 很少出现显著性差异；③不同面积样地与 900 m² 样地之间，松树林和阔叶林的激光点云高度变量出现显著性差异的概率多于杉木林和桉树林；④代表林分冠层中下层的高度变量（hp25 和 hp50）出现显著性差异的概率远高于代表林分冠层中上层的高度变量（hp75）（主

要出现在松树林中)。

由于不同面积样地间 H_{max} 存在显著性差异,说明 H_{max} 的变化极不稳定,不适宜用作森林参数估测的变量(Gobakken and Næsset,2008)。

进一步分析结果表明(表 8-5):①随着样地面积的增大,各个森林类型的 hp50、H_{mean} 的标准差呈逐渐减少的趋势,并且当样地面积≥400 m² 时,这 2 个变量的标准差十分接近,随着样地面积的增大而减少的幅度很小;②H_{cv} 的标准差在不同面积样地中保持基本恒定。

表 8-5　不同样地面积的激光点云变量和样地森林参数的标准差

森林类型	样地面积(m²)	hp50	H_{mean}	H_{cv}	CC	dp50	LAD_{cv}	H	VOL	BA
杉木林	100	2.50	1.93	0.16	0.15	0.17	0.37	2.62	68.49	7.35
	200	1.92	1.62	0.15	0.13	0.17	0.29	2.18	54.82	5.91
	300	1.81	1.50	0.15	0.14	0.16	0.26	2.05	50.46	5.48
	400	1.34	1.39	0.14	0.13	0.15	0.23	1.88	45.66	5.12
	600	1.31	1.36	0.14	0.13	0.15	0.23	1.81	44.73	5.01
	900	1.29	1.34	0.14	0.14	0.16	0.23	1.81	43.86	4.89
松树林	100	5.08	3.88	0.19	0.17	0.22	0.45	3.67	90.63	10.43
	200	4.46	3.80	0.17	0.15	0.21	0.36	3.55	79.54	8.48
	300	4.34	3.80	0.16	0.14	0.20	0.33	3.55	78.11	8.26
	400	4.40	3.82	0.15	0.13	0.21	0.31	3.65	75.79	7.98
	600	4.38	3.80	0.15	0.13	0.20	0.30	3.54	74.80	7.75
	900	4.36	3.78	0.14	0.12	0.20	0.29	3.56	74.45	7.61
桉树林	100	5.95	3.73	0.13	0.22	0.16	0.62	3.57	76.16	7.05
	200	5.42	3.63	0.13	0.22	0.15	0.55	3.42	74.06	6.62
	300	5.51	3.59	0.13	0.22	0.15	0.50	3.41	73.73	6.52
	400	5.24	3.59	0.13	0.21	0.15	0.46	3.56	71.80	6.22
	600	5.04	3.49	0.12	0.21	0.14	0.47	3.43	72.15	6.25
	900	4.77	3.37	0.12	0.21	0.14	0.46	3.41	72.09	6.23
阔叶林	100	5.85	5.47	0.21	0.19	0.26	0.34	4.04	93.61	9.90
	200	5.47	5.34	0.20	0.19	0.26	0.27	3.92	83.39	8.90
	300	5.50	5.36	0.20	0.19	0.27	0.25	3.85	81.65	8.44
	400	5.52	5.37	0.21	0.19	0.27	0.24	3.79	79.89	8.34
	600	5.51	5.35	0.20	0.19	0.27	0.22	3.72	77.72	8.12
	900	5.51	5.34	0.20	0.18	0.28	0.22	3.66	76.25	8.03

2. 密度变量

与激光点高度变量相似,不同森林类型中不同面积样地激光雷达的密度变量(CC、dp25、dp50 和 dp75)与 900 m² 样地激光点的密度变量的差值的均值均很小,其标准差也比均值约大一个数量级，随着样地面积的减小，差值的均值的变化表现为无明显规律性的变化，但其标准差呈现为迅速增大的趋势。图 8-2b、图 8-2c 分别为 4 个数据集中松树林郁闭度（CC）、桉树林 50%高度分位数密度（dp50）的不同面积样地与 900 m² 样地差值的均值及其标准差随着样地面积减小的变化情况。

在各个森林类型中，不同面积样地的 CC 与 900m² 样地的 CC 的差值的均值、标准差均最小，并且只在松树林中出现 2 次、桉树林中出现 1 次显著性差异，dp25只在松树林的 300 m²、200 m²、100 m² 样地中出现 1～2 次显著性差异（表 8-4），说明不同森林类型、不同面积样地之间，CC 和 dp25 不存在有规律的显著性差异。除桉树林外，其余 3 个森林类型中各个面积样地的 dp50 均出现 1～4 次显著性差异，说明在这 3 个森林类型中 dp50 存在较大的差异。杉木林、松树林和阔叶林中，当样地面积≤400 m² 时，dp75 出现显著性差异的次数均达到了 4 次，说明这 3 个森林类型的每个数据集中，面积≤400 m² 的样地的 dp75 与 900 m² 样地的 dp75 均存在显著性差异，600 m² 样地的 dp75 也出现了 2～3 次显著性差异；桉树林中，600 m² 样地的 dp75 不存在显著性差异，其余面积样地均出现 1～2 次显著性差异。上述不同面积样地的密度变量的 t 配对检验结果可归纳为：①4 个森林类型中不同面积样地的 CC 和下层分位数密度（dp25）与 900 m² 之间不存在有规律性的显著性差异，但上层分位数密度（dp75）存在显著性差异（桉树林除外）；②不同面积样地的 dp50 与 900 m² 的 dp50 之间，除桉树林不存在显著性差异外，其余 3 个森林类型均不同程度地存在显著性差异，但都不具有规律性。

表 8-5 表明，各个森林类型中主要密度变量（CC 和 dp50）的标准差在不同样地面积中保持基本恒定，变化很小。

3. 叶面积密度变量

与高度变量、密度变量不完全相同，随着样地面积的减小，不同森林类型不同面积样地的激光点垂直结构变量（LAD$_{mean}$ 和 LAD$_{cv}$）与 900 m² 样地相应变量的差值的均值呈逐渐减小的趋势，而其标准差呈现为迅速增大的趋势。图 8-2d 为 4 个数据集中阔叶林不同面积样地与 900 m² 样地叶面积密度变动系数的均值及其标准差随着样地面积减小的变化情况。当样地面积由 100 m² 增大至 900 m² 时，各个森林类型的 LAD$_{cv}$ 的标准差逐渐减小，400 m²、600 m² 和 900 m² 样地的 LAD$_{cv}$的标准差十分接近（表 8-5）。

在 4 个数据集中，松树林和阔叶林的 LAD$_{mean}$ 在各个面积大小样地之间出现显著性差异的次数达到了 2～4 次（表 8-4），说明这 2 个森林类型中不同面积样地的 LAD$_{mean}$ 与 900 m² 样地的 LAD$_{mean}$ 均存在显著性差异。杉木林 600 m² 样地的 LAD$_{mean}$ 与 900 m² 样地的 LAD$_{mean}$ 不存在显著性差异，其余面积样地的 LAD$_{mean}$ 出现 1～3 次显著性差异，当样地面积≥300 m² 时，桉树林的 LAD$_{mean}$ 与 900m²

样地的 LAD$_{mean}$ 不存在显著性差异。桉树林和阔叶林在样地面积 ≥300 m^2 时、松树林在样地面积 ≥400 m^2 时，LAD$_{cv}$ 不存在显著性差异，这 3 个森林类型在其余面积样地和杉木林在各个面积样地中，均出现多次数的显著性差异。以上说明了桉树林、阔叶林中的林分冠层垂直结构的同质性好于松树林和杉木林。

8.2.3.2　样地面积对森林参数的影响

与激光点变量相似，不同森林类型不同面积样地的森林参数（DBH、H、H_{mean}、BA 和 VOL）与 900 m^2 样地的森林参数的差值的均值均很小，并随着样地面积的减小而呈无规律性的变化，但其标准差较大，并随着样地面积减小而迅速增大（图 8-3）。

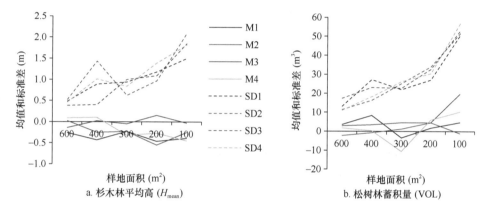

图 8-3　4 个数据集中不同面积样地与 900 m^2 样地林分平均高和蓄积量差值的均值（M1、M2、M3、M4）及其标准差（SD1、SD2、SD3、SD4）的变化图

配对样本 t 检验结果表明：4 个森林类型中大多数数据集的不同面积样地的 H_{mean} 与 900 m^2 样地的 H_{mean} 均存在显著性差异，其余森林参数中只有少数数据集中存在显著性差异，说明不同森林类型不同面积大小样地的森林参数中，除 H_{mean} 普遍存在显著性差异外，其余森林参数不存在或基本上不存在显著性差异。

当样地面积由 100 m^2 逐步增大至 900 m^2 时，各个森林类型的样地林分主要参数（H、VOL 和 BA）的标准差均呈逐渐减小的趋势（表 8-5），说明随着样地面积的增大，森林参数的变动逐渐减小。

8.2.3.3　样地面积对森林参数估测精度的影响

总体上，各个森林类型中不同面积样地与 900 m^2 样地的林分蓄积量和断面积的估计值的平均差值，随着样地面积的减小而呈增大的趋势，且蓄积量的差值大于断面积的差值。杉木林蓄积量和断面积的最大相差分别为 7.38% 和 −7.6%，松树林分别为 −14.38% 和 −8.66%，桉树林分别为 −12.57% 和 −9.48%，阔叶林分别为 −10.07% 和 −8.20%。此外，随着样地面积的减小，各个森林类型的蓄积量和断面积的估计值的标准差总体上呈增大的趋势。

配对样本 t 检验结果表明，尽管每个森林类型在一些数据集的一些面积样地的蓄积量和断面积的估计值与 900 m² 样地相应估计值之间存在显著性差异，但均不具规律性，即不同面积样地的蓄积量和断面积的估计值与 900 m² 样地相应估计值之间不存在显著性差异。然而，对 4 个数据集中不同面积样地的蓄积量估测模型的优度和拟合效果精度指标取均值，结果表明（表 8-6）：随着样地面积的增大，各个森林类型的蓄积量和断面积估测模型的 R^2 呈逐渐增大、rRMSE 和 MPE 呈逐渐减小的趋势，当样地面积为 900 m² 时，R^2 最大，rRMSE 和 MPE 最小，说明随着样地面积的增大，蓄积量和断面积估测模型的拟合效果逐渐趋好。

表 8-6　不同面积样地森林参数估测模型优度和精度指标的均值

森林类型	样地面积（m²）	蓄积量			断面积		
		R^2	rRMSE（%）	MPE（%）	R^2	rRMSE（%）	MPE（%）
杉木林	100	0.390	29.31	13.93	0.313	25.00	11.88
	200	0.433	22.38	10.64	0.310	19.77	9.40
	300	0.354	21.56	10.25	0.211	19.21	9.13
	400	0.424	19.07	9.071	0.327	17.10	8.13
	600	0.467	18.11	8.61	0.337	16.55	7.87
	900	0.554	16.28	7.74	0.378	15.58	7.41
松树林	100	0.327	43.69	17.48	0.098	37.88	15.15
	200	0.445	34.13	13.66	0.172	29.34	11.74
	300	0.527	30.73	12.29	0.247	27.13	10.86
	400	0.517	30.41	12.17	0.235	26.53	10.61
	600	0.572	28.06	11.23	0.302	24.51	9.81
	900	0.596	26.93	10.77	0.331	23.46	9.39
桉树林	100	0.669	30.75	13.48	0.569	26.96	11.81
	200	0.772	24.48	10.73	0.710	20.42	8.95
	300	0.812	22.05	9.66	0.770	17.90	7.85
	400	0.864	18.26	8.00	0.823	15.03	6.59
	600	0.877	17.37	7.61	0.835	14.45	6.33
	900	0.905	15.18	6.65	0.876	12.46	5.46
阔叶林	100	0.698	38.73	15.83	0.560	31.45	12.85
	200	0.779	30.84	12.60	0.657	25.68	10.49
	300	0.788	28.89	11.81	0.668	23.46	9.59
	400	0.802	27.43	11.21	0.665	23.73	9.70
	600	0.821	25.37	10.37	0.668	22.94	9.37
	900	0.847	23.13	9.45	0.690	21.89	8.94

当样地面积由 100 m^2 增加至 200 m^2 时，各个森林类型的蓄积量和断面积估测模型的 R^2 增加的幅度、rRMSE 和 MPE 减小的幅度最大，当样地面积≥200 m^2 时，各个森林类型蓄积量和断面积 rRMSE、MPE 逐渐减小的幅度基本相同。

各个森林类型的不同面积样地蓄积量和断面积估测模型的 rRMSE 与样地面积之间呈良好的幂函数关系（图 8-4）。

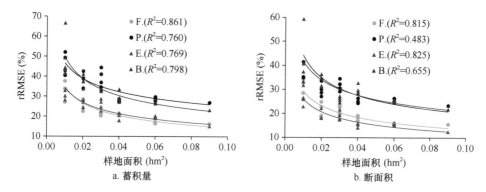

图 8-4　4 个数据集的蓄积量和断面积估测模型的 rRMSE 与样地面积的关系
F.为杉木林；P.为松树林；E.为桉树林；B.为阔叶林

上述 rRMSE 与样地面积的关系，与 Zolkos 等（2013）在归纳 30 多篇有关离散回波激光雷达森林生物量估测的研究论文后，认为剩余标准差[RSE（%）]与样地面积大小之间呈对数关系的结果不尽不同。

8.2.4　样地面积对 LiDAR 变量和森林参数估测精度影响的机理

有关样地面积大小对激光雷达变量影响的研究少见报道。在本节研究中，我们阐明了激光点云高度变量（25%、50%和 75%密度分位数高度，平均高，最大高和高度的变动系数）、密度变量（郁闭度，25%、50%和 75%高度分位数密度）和垂直结构参数（冠层叶面积密度均值及其变动系数）在不同森林类型（杉木林、松树林、桉树林和阔叶林）、不同面积大小样地的变化情况。本研究结果表明：尽管各个森林类型中不同面积样地的激光雷达高度变量、密度变量和垂直结构变量的差值的均值很小且表现为无规律性的变化，但它们的标准差随着样地面积的减小均呈迅速增大的趋势；各个森林类型中不同面积样地的点云最大高、上层分位数密度（dp75）、叶面积密度均值（LAD$_{mean}$）（杉木林和桉树林除外）存在显著性差异，点云平均高，25%、50%和 75%分位数高度，点云高度分布的变动系数，郁闭度，25%和 50%分位数密度，叶面积密度分布的变动系数等激光雷达变量在某些或某个面积样地存在显著性差异，但不具规律性。此外，我们还发现了不同森林类型不同面积大小样地的森林参数中，除林分优势高普遍存在显著性差异外，平均高、平均直径、断面积和蓄积量等其余森林参数不存在或基本上不存在显著性差异。

8.2.4.1 森林结构的异质性

森林树种组成的复杂性、林木分布的不均匀性和林木生长的差异性造成的森林冠层垂直结构的异质性（尤其是单层林和复层林的存在）和水平结构的异质性（林隙的存在、林木直径大小不一），导致激光点云垂直和水平分布的不均匀性是产生以上不同面积样地激光雷达变量差异的主要原因：①由于不同地段林分的垂直结构和水平结构存在差异，并且激光点云数量随着样地面积的减小而减少，由此造成了不同面积样地激光点云的垂直分布和水平分布的异质性增大，尽管它们的均值相差很小，但标准差增大；②由于林分不是绝对同龄林且林木生长速度不完全相同，林分冠层表面参差不齐，当样地面积增大时，更高的林木出现的概率更大，进一步增大了冠层中上部的异质性，由此导致不同面积样地的林木最大高、点云分布最大高、上层分位数密度（dp75）普遍存在显著性差异；③由于冠层垂直和水平结构的异质性存在，当样地面积减小时，森林枝叶垂直和水平分布的差异增大，由此导致不同面积样地之间的叶面积密度均值存在显著性差异；④森林类型不同，其树种组成、林木起源和经营管理强度等均不相同，故不同的森林类型的垂直结构和水平结构存在较大差异，由此解析了一些激光雷达变量和一些森林参数虽然不存在有规律性的显著性差异，但在一些森林类型的一些面积样地中也存在一些显著性差异的情况。

以上有关不同森林类型、不同面积样地中不同激光雷达变量和森林参数的变化情况及其分析，将有助于我们解释不同面积大小样地对森林参数估测模型表现的影响。

8.2.4.2 样地形状

以我们所知，有关样地面积大小对激光雷达森林参数估测精度影响的研究中，所采用的样地大多为圆形样地，通过设置不同直径的同心圆样地（Gobakken and Næsset，2008），或通过罗盘仪或全站仪进行每木定位后，采用同心圆模拟样地进行分析（Watt et al.，2013；Ruiz et al.，2014），其好处是不同面积大小样地的中心点相同，不同面积样地在中心点附近完全重叠，样地的各项数据的可比性较高，其不足是圆形样地的边界难以确定，尤其是在坡度大、坡面变化大、下层林木和草本茂盛的热带、亚热带山地丘陵地区，容易造成边界木测量错误，此外，也要求达到较高的样木定位精度。在本节研究中，我们采用 30 m×30 m 方形样地，通过亚样地组合，每个样地得到 100m^2、200m^2、300m^2、400m^2、600m^2 和 900m^2

共 6 个不同面积的样地进行分析，其优点是样地边界的测量简单、准确，有效保证样地数据的准确性，缺点是不同面积样地不完全重叠，且重叠部分不在样地中心（图 8-1）。方形样地是中国国家森林资源连续清查体系和其他森林资源监测调查通常采用的样地设置方式。

有很多研究表明：样地面积越大，模型的解析能力（R^2）越大、误差（RMSE%）越小（Næsset et al.，2011；Watt et al.，2013；Ruiz et al.，2014；Hernández-Stefanoni et al.，2018；Lombardi et al.，2015；Zolkos et al.，2013），本研究也证明了上述结论。

8.2.4.3　样地森林参数的稳定性

尽管各个森林类型中不同面积样地之间的激光点云平均高（H_{mean}）、郁闭度（CC）、叶面积密度的变动系数（LAD_{cv}）、点云高度的变动系数（H_{cv}）、50%密度分位数高度（dp50）等林分冠层生物物理变量与 900 m² 样地相应变量之间无显著性差异或不具规律性的显著性差异，不同面积样地森林参数（平均直径、平均高、断面积、蓄积量）实测值与 900 m² 样地相应参数实测值之间的差异也不明显（表 8-5），但蓄积量和断面积估测模型的决定系数（R^2）均随着样地面积的增大而增大，各项误差指标（rRMSE 和 MPE）均随着样地面积的增大而减小（表 8-6），其可能的原因是：①尽管不同面积样地之间的激光点云冠层生物物理变量、样地森林参数的均值的差异不明显，但随着样地面积的增大，它们的标准差逐渐减小（图 8-2），亦即随着样地面积增大，冠层激光点云生物物理变量和样地森林参数的稳定性增大，从而降低模型估测误差；②随着样地面积的增大，样地的边缘效应减小（Mascaro et al.，2011；Næsset et al.，2013），从而提高模型估测精度。

模型拟合效果表明，在本节研究的点云密度（1.87 点/m²）和样地数量（杉木林 22 个、松树林 25 个、桉树林 29 个、阔叶林 28 个）情况下，各个森林类型中不同面积样地的蓄积量和断面积估测模型的拟合效果相差较大（表 8-6）：对于林分结构简单、林分冠层结构同质性好的桉树林，400 m² 样地即可取得较好的蓄积量和断面积拟合效果（$R^2 \geq 0.8$，RMSE $\leq$ 20%）；对于林分结构较为复杂、林分冠层结构同质性较差的杉木林，400 m² 样地的蓄积量和断面积的均方根误差虽然小于 20%，但模型变量对蓄积量和断面积变化的解析率均小于 50%；对于林分结构复杂的松树林而言，只有在样地面积等于 900 m² 时，蓄积量估测模型的 RMSE% 才接近 25%；而对于林分结构相对简单、冠层结构同质性较好的阔叶林而言，当样地面积 $\geq$ 600 m² 时，蓄积量和断面积估测模型的 RMSE% 均接近或小于 25%。据此，以本节研究的条件（点云密度和样地数量），我们建议各个森林类型适宜的样地面积为杉木林和松树林 900 m²，桉树林 400 m²，阔叶林 600 m²。

样地数量对模型精度存在较大影响（Gobakken and Næsset，2008）。本节研究只有 104 个样地，每个森林类型的样地数均少于 30 个，杉木林、松树林蓄积量和断面积模型的 R^2 均较小，其原因或许与样地数量少有关。

8.2.4.4 估测模型的可比性

大多数研究通常采用逐步回归模型进行机载激光雷达森林参数估测（Xu et al.，2018；Görgens et al.，2015；Giannico et al.，2016；Montealegre et al.，2016；Silva et al.，2017a；Maltamo et al.，2016），由于逐步回归模型受到森林类型或研究地点的限制，也因森林 3D 结构变化而受到时间限制，模型不具泛化能力（Popescu and Hauglin，2014；Knapp et al.，2020）。本节研究采用的森林参数估测模型，是在 Bouvier 等（2015）研究的基础上，将他们的模型变量 H_{mean}、CC、LAD_{cv} 和 H_{stdev} 改变为 H_{mean}、CC、LAD_{cv}、H_{cv} 和 LAD_{cv}，4 个森林类型和 2 个森林参数估测模型均具相同的模型结构式，模型变量具有明确的生物物理意义，模型形状相同，使不同森林类型、不同面积大小样地对机载激光雷达森林参数估测精度影响的评估具有可比性。

8.2.4.5 估测精度与成本效率

在亚热带山区，坡度较大，样地调查是一项十分艰苦且耗时的工作。据我们在东部试验区 351 个 600 m^2 样地（样地设置和调查方法与本节研究相同）的调查统计，每个样地调查的平均实际耗时（不含到达样地和返回驻地的时间）分别为，杉木林样地（$n=86$）为 368 min，松树林样地（$n=93$）为 344 min，桉树林样地（$n=105$）为 317 min，阔叶林样地（$n=90$）为 355 min。若样地面积增大至 900 m^2，上述耗时将增加 1/3 左右。对表 8-6 中各个森林类型森林参数估测模型的表现分析结果表明，杉木林和桉树林 600 m^2 样地的蓄积量估测模型的 rRMSE 比 900 m^2 样地的 rRMSE 大 10%以上，阔叶林也大 8%以上。因此，在实际森林资源调查中，样地面积的确定是一个艰难的过程，既要考虑模型估测精度，又需评估样地调查的工作量。Ruiz 等（2014）指出，对于林分蓄积量、生物量和断面积估测而言，样地的最小面积应在 500～600 m^2，Lombardi 等（2015）认为在评估森林调查因子时样地面积至少为 500 m^2，Adnan 等（2017）认为在估测林木直径分布的基尼系数时，最优的样地面积为 250～400 m^2。实际上，在公开发表的研究中，尽管相当一部分的样地面积大于 600 m^2，有的甚至达 3000 m^2 以上，但大部分的样地面积均小于 400 m^2（Ruiz et al.，2014）。根据不同森林类型的结构特点，结合点云密度和样地数量确定适宜的样地面积，是大规模森林资源调查需要考虑的现实问题。

8.2.5　机载激光雷达大区域森林资源调查监测应用最适宜的样地面积

通过本节分析，我们得出如下结论。

（1）不同森林类型不同面积大小样地之间的激光点云 25%、50% 和 75% 密度分位数高度，点云平均高及其变动系数，高度的变动系数，郁闭度，25% 和 50% 高度分位数密度，冠层叶面积密度的变动系数无显著性差异或差异无明显的规律性，但它们的标准差均随着样地面积的增大而逐渐减小。激光点云最大高普遍存在显著性差异，冠层叶面积密度均值和 75% 高度分位数密度也常出现显著性差异。

（2）不同森林类型不同面积大小样地之间的森林参数，除林分优势高普遍存在显著性差异外，其余森林参数（平均直径、平均高、断面积和蓄积量）也无显著性差异或它们的差异也无明显的规律性，但标准差也都随着样地面积的增大而逐渐减小。

（3）当样地面积由 100 m^2 增大至 900 m^2 时，各个森林类型的蓄积量和断面积估测模型的决定系数（R^2）逐渐增大，各项误差（rRMSE 和 MPE）逐渐减小，模型拟合效果趋好，其原因可能是随着样地面积的增大，激光点云的高度变量和样地森林参数的变动逐渐减小，即模型的自变量和因变量的变动都随着样地面积的增大而减小，提高了模型的稳健性。

（4）根据本节研究结果，初步建议亚热带人工林中用于机载激光雷达森林参数估测建模的各个森林类型适宜的样地面积为杉木林和松树林 900 m^2，桉树林 400 m^2，阔叶林 600 m^2，但仍需要开展更多的试验。

8.3　样地数量对机载激光雷达森林参数估测精度的影响

8.3.1　样地数量对机载激光雷达森林参数估测精度影响的研究进展

样地调查是 ABA 森林参数估测中十分关键的工作，同时也是一项工作量大、劳动强度高、成本高、效率低的工作（Luo et al.，2013；Dube et al.，2017；Jarron et al.，2020）。由于样地调查成本占机载激光雷达森林参数估测成本的较大比重，所以如何优化样地调查、提高样地调查的成本效益（Junttila et al.，2013；Fassnacht et al.，2014），是大区域机载激光雷达森林资源调查监测应用中需要面对的问题。

样地数量、样地面积大小、样地定位精度要求是影响样地调查成本的主要因素。Gobakken 和 Næsset（2008）在采用回归模型估测林分平均高、断面积和蓄积量时发现，与较小的样地（200 m^2）相比，大多数情况下，较大的样地（400 m^2）

模型的 RMSE 减小而 R^2 增大，当样地面积由 200 m² 增大至 300~400 m² 时，模型精度得到改善。很多研究也支持这一结论（Næsset et al.，2011；Watt and Watt，2013；Ruiz et al.，2014；Hernández-Stefanoni et al.，2018；Lombardi et al.，2015；Zolkos et al.，2013）。Ruiz 等（2014）指出，对于林分蓄积量、生物量和断面积估测而言，样地的最小面积应在 500~600 m²，Lombardi 等（2015）认为在评估森林调查因子（investigated indicators）时样地面积至少为 500 m²，Adnan 等（2017）认为在估测林木直径分布的基尼系数时，最优的样地面积为 250~400 m²。Gobakken 和 Næsset（2008）发现，无论样地大小和森林状况如何，高达 1 m 的位置误差对预测精度的影响很小。放宽对定位精度的要求可缩短 GPS 观测时间、提高样地调查效率和使用更便宜的 GPS 接收机，有利于降低调查成本。实际上，样地数量是影响样地调查成本最重要的因素。Gobakken 和 Næsset（2008）通过蒙特卡罗模拟（Monte Carlo Simulation）发现，当样地数量由初始的 50 个、34 个和 48 个分别减少至上述数量的 75% 甚至 50% 时，森林参数估测精度缓慢降低。Silva 等（2020）关于样本量和桉树蓄积量估测的综合影响的结果表明：使用 63 个样地建模就能达到传统森林清查方法相当的精度，随着样地数量增加，模型精度逐渐提高。样地数量的多少取决于研究区大小及森林结构的复杂性、建模方法、抽样方法等。一般而言，当研究区较大时，需要的样地数量较大，反之则需要的样地数量较少（Xu et al.，2018；Ioki et al.，2010），样地在地理空间和变量的特征空间上的覆盖性亦十分重要（Junttila et al.，2013）。一些研究认为，森林参数估计技术对样本效率的影响比样地选择方法的影响更大，如随机森林归责模型在最少样本量（小于 50）时最有效（Yang et al.，2019），也有研究认为最小二乘法需要的样地数量少于随机森林（Silva et al.，2020），显然，不同的建模方法，对样地的需求量确有差异，但更多的研究集中于样地的抽样方法。Maltamo 等（2011）分析了随机抽样、森林类型预分层内随机抽样、根据地理位置抽样和根据 ALS 数据抽样对非参数模型估测精度的影响，结果表明：利用 ALS 数据辅助进行抽样，精度最高。有很多研究表明，在技术方案设计阶段，利用 ALS 数据作为先验信息对研究区的森林进行分层后再布设样地，有助于在保持精度的前提下减少样地数量（Hawbaker et al.，2009；Maltamo et al.，2011；Grafströ and Ringvall，2013）。根据这一方法，挪威的森林资源调查中，每个层的样地为 50 个左右（Næsset，2015）。然而，在热带和亚热带地区，由于降水量大，雨雾天气多，天气影响导致大区域机载激光雷达数据获取和样地调查的时间都较长，加上林木生长迅速（如桉树人工林高生长量达 5~8 m/a），若采用 LiDAR 数据辅助抽样，容易造成激光雷达数据与样地调查数据间隔期较长的情况，故难以采用。有关样地数量对机载激光雷达大区域亚热带森林参数估测模型表现的影响，相关研究明显不足。

在本节研究中，我们通过 4 个森林类型的目的抽样（典型抽样）得到 1003 个样地，探讨样地数量对机载激光雷达森林参数估测精度的影响，具体目标：①探明不同样地数量对机载激光雷达变量和样地森林参数的影响；②通过乘幂模型，探明样地数量对不同森林类型不同森林参数估测精度的影响；③尝试探明不同样地数量对森林参数估测精度影响的机理；④试图确定机载激光雷达大区域森林资源调查应用中最小和最大的样地数量。

8.3.2　样地数量效应分析方法

8.3.2.1　研究区和数据

研究区为广西全境，样地数据和 LiDAR 数据见 4.2 节和 4.3 节。

8.3.2.2　机载激光雷达变量和样地森林参数统计

为分析不同样地数量对机载激光雷达变量和样地森林参数的影响，在各个森林类型的全部样地数量中，采用重复抽样方法，从 30 个样地开始，以 5 为步长，按 30、35、…、200、205、…构建不同数量级的样地数据集，为减少随机误差，通过重复随机抽样方法，为每个数量级样地建立 50 个亚数据集。然后，计算各个数量级样地 13 个 LiDAR 变量和 4 个样地森林参数（DBH、D、BA 和 VOL）的统计量（均值、标准差）。此外，通过式（8.4）计算各个数量级样地的激光雷达变量和森林参数的变动范围：

$$\mathrm{VR}_x = (x_{\max} - x_{\min}) \times 200 / (x_{\max} + x_{\min}) \qquad (8.4)$$

式中，VR_x 为某个数量级样地中某个激光雷达变量或森林参数的变动范围；$x_{\max}$ 和 $x_{\min}$ 分别为该数量级样地中该激光雷达变量或森林参数的最大值和最小值。采用 t 检验方法，分析不同数量级样地的 LiDAR 变量和森林参数的均值与全数量样地相应变量和参数的均值的差异的显著性。

8.3.2.3　模型拟合和检验

目前已经发表了大量机载激光雷达森林参数估测模型，既有线性模型，又有非线性模型；既有参数模型，又有非参数模型（Asner and Mascaro，2014；Goetz and Dubayah，2011；Zolkos et al.，2013；Latifi et al.，2015a，2015b；Maltamo et al.，2016）。这些模型对于特定的研究区、特定的森林类型和特定的森林参数，都取得了良好的估测效果——最大的解释能力（R^2）、最小的估测误差（RMSE）和最小的系统误差（Zolkos et al.，2013）。

在 6.2 节中，我们将 13 个机载激光雷达变量分为 3 个组：高度变量组、密度变量组和垂直结构变量组，在每个组的变量中选取 1～2 个变量进行有规则的组合，得到 86 个模型结构式。采用全部样地数据进行拟合和检验，得到了 4 个森林类型各个森林参数的跨区域泛化模型结构式（表 8-7）（关于模型的建立，见 6.2 节）。

表 8-7　森林参数估测模型结构式

森林类型	参数	模型
杉木林	DBH	$DBH = a_0 hp95^{a_2} CC^{a_3} H_{cv}^{a_4} dp50^{a_5} LAD_{cv}^{a_6}$
	H	$H = a_0 hp95^{a_2} CC^{a_3} H_{stdev}^{a_4} dp50^{a_5} LAD_{cv}^{a_6}$
	BA	$BA = a_0 hp95^{a_2} CC^{a_3} H_{cv}^{a_4} LAD_{mean}^{a_5}$
	VOL	$VOL = a_0 H_{mean}^{a_1} CC^{a_2} H_{cv}^{a_3} LAD_{mean}^{a_4}$
松树林	DBH	$DBH = a_0 H_{mean}^{a_2} CC^{a_3} H_{cv}^{a_4} LAD_{mean}^{a_5}$
	H	$H = a_0 H_{mean}^{a_2} CC^{a_3} H_{cv}^{a_4} VFP_{mean}^{a_5}$
	BA	$BA = a_0 H_{mean}^{a_2} CC^{a_3} H_{cv}^{a_4} dp75^{a_5} VFP_{mean}^{a_6}$
	VOL	$VOL = a_0 H_{mean}^{a_2} CC^{a_3} H_{cv}^{a_4} dp50^{a_5} LAD_{mean}^{a_6}$
桉树林	DBH	$DBH = a_0 hp95^{a_2} CC^{a_3} H_{stdev}^{a_4} dp75^{a_5} LAD_{stdev}^{a_6}$
	H	$H = a_0 H_{mean}^{a_2} CC^{a_3} H_{cv}^{a_4} dp50^{a_5} VFP_{mean}^{a_6}$
	BA	$BA = a_0 hp95^{a_2} CC^{a_3} H_{stdev}^{a_4} dp75^{a_5} VFP_{stdev}^{a_6}$
	VOL	$VOL = a_0 hp95^{a_2} CC^{a_3} H_{cv}^{a_4} dp75^{a_5} VFP_{cv}^{a_6}$
阔叶林	DBH	$DBH = a_0 H_{mean}^{a_2} CC^{a_3} LAD_{mean}^{a_4}$
	H	$H = a_0 H_{mean}^{a_2} CC^{a_3} VFP_{mean}^{a_4}$
	BA	$BA = a_0 H_{mean}^{a_2} CC^{a_3} VFP_{stdev}^{a_4}$
	VOL	$VOL = a_0 H_{mean}^{a_2} CC^{a_3} VFP_{stdev}^{a_4}$

采用不同数量级的样地数据集，对上述模型进行拟合和检验，其中，模型拟合采用牛顿-高斯迭代法，模型检验采用留一交叉检验法。为减少随机误差，做 50 次试验，计算各次建模和检验样本的 R^2 和 rRMSE。

8.3.2.4　森林参数估测最少和最大样地数量的确定

对于每个森林类型的每个森林参数，每个数量级样地做 50 次模型拟合后，计算 rRMSE 的变动系数 CV_{rRMSE}，对 CV_{rRMSE} 随着样地数量变化而变化的数列采用回归方法拟合，得到 CV_{rRMSE} 与样地数量关系的理论模型。当 CV_{rRMSE} 小于 5% 时，可以认为该森林类型该参数估测模型的精度已经趋于稳定，增加样地数量对提高模型估测精度帮助不大，此时，对应的样地数量即为最大的样地数量。经多次试验，CV_{rRMSE} 与样地数量的关系以 Logsitc 曲线拟合效果最好，其模型式为

$$CV_{rRMSE}(\%) = 1/(a_0 + a_1 \times a_2^n) \tag{8.5}$$

式中，n 为样地数量；a_0、a_1 和 a_2 为模型参数。

增加样地数量有助于提高森林参数估测模型的精度（Silva et al., 2020），但增加样地数量意味着调查成本增加。因此，可把达到可以接受的森林参数估测模

型精度时需要的样地数量确定为最小样地数量。很多研究表明，不同的研究区、不同的森林类型、不同的森林参数估测精度变化很大（Wang and Glenn，2008；Bouvier et al.，2015；Kauranne et al.，2017），因此，很难为各个森林类型、各个森林参数确定一个可以接受的最低估测精度，如 rRMSE 小于 20%，或 R^2 大于 0.7 等。我们认为当 CV_{rRMSE} 小于 10%时，模型的表现基本稳定，据此，可以确定最小的样地数量。

8.3.3　样地数量效应的表现

8.3.3.1　样地数量对 LiDAR 变量和森林参数的影响

各个森林类型中，不同数量级样地 LiDAR 变量的均值十分接近，它们的变化范围一般不超过 1.0%，极少超过 2.0%，最大不超过 5.0%（表 8-8）。t 检验结果表明：各个森林类型中，不同数量样地各个 LiDAR 变量与全数量样地相应变量的均值都不存在显著性差异（$\alpha=0.05$）。说明样地数量的变化并不影响 LiDAR 变量的稳定性。

表 8-8　不同数量级样地的 **LiDAR** 变量的均值（**mean**）和标准差（**std.**）的变化范围

（%）

森林类型	统计量	hp95	H_{mean}	H_{stdev}	H_{cv}	CC	dp50	dp75	LAD_m	LAD_{sd}	LAD_{cv}	VFP_m	VFP_{sd}	VFP_{cv}
杉木林	VR_{mean}	0.91	0.97	1.05	0.77	0.36	1.00	1.94	4.81	2.72	0.55	0.91	0.68	0.59
	$VR_{std.}$	1.65	3.92	2.15	3.12	6.85	5.34	3.30	16.72	10.38	0.84	2.78	0.73	2.20
松树林	VR_{mean}	0.82	0.83	1.29	0.53	0.25	0.67	1.34	3.73	4.41	0.41	0.89	0.44	2.86
	$VR_{std.}$	2.04	1.52	1.31	2.32	2.79	2.11	0.72	11.04	10.44	2.68	4.70	2.41	1.82
桉树林	VR_{mean}	0.71	0.67	1.16	0.46	0.23	0.33	0.93	2.14	3.66	1.13	0.81	0.37	0.56
	$VR_{std.}$	5.41	1.87	2.58	3.12	1.21	3.10	2.64	6.55	6.48	1.85	1.62	2.02	1.35
阔叶林	VR_{mean}	0.95	0.88	0.99	0.35	0.30	0.52	1.62	1.26	1.41	0.47	1.34	0.44	0.75
	$VR_{std.}$	2.25	2.08	1.93	2.43	4.38	10.15	2.03	3.08	8.64	1.13	1.42	1.06	1.20

注：LAD_m 为 LAD_{mean}，LAD_{sd} 为 LAD_{stdev}，VFP_m 为 VFP_{mean}，VFP_{sd} 为 VFP_{stdev}

总体上，各个森林类型中不同数量级样地的 LiDAR 变量的标准差也较为接近，绝大部分相差不超过 5.0%，但它们的变动范围明显大于均值的变化范围，最大达到 16.72%（图 8-5）。随着样地数量的增加，各个变量的标准差均呈逐渐减小的趋势。计算各个数量级样地各个 LiDAR 变量的标准差与全数量样地相应变量的标准差的相对相差（ΔSD）后，可以发现随着样地数量的增加，它们的相对相差均呈逐渐减小的趋势（图 8-5）。

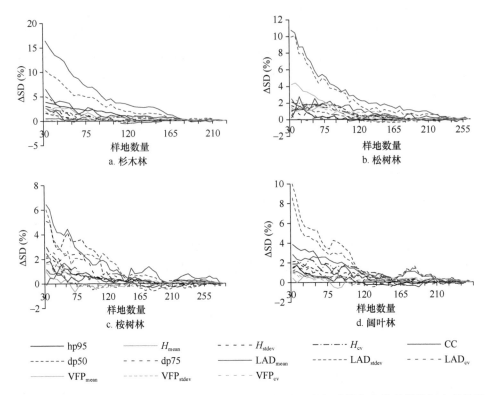

图 8-5　随着样地数量的增加，各个数量级样地 LiDAR 变量的标准差与全数量样地相应变量的标准差的相对相差呈减小的趋势

　　总体上，桉树林各个 LiDAR 变量的标准差的变化范围最小，随着样地数量的增加，其变化范围迅速减小，当样地数量达到 110 个左右时，大部分变量的标准差的变化范围都小于 1%；阔叶林各个 LiDAR 变量的标准差的变化范围略大于桉树林，当样地数量达到 115 个左右时，大部分变量的变化范围小于 1%。松树林、杉木林的变化范围较大，大部分变量的变化范围小于 1% 时的样地数量分别为 120 个和 125 个左右。

　　样地森林参数的变化与 LiDAR 变量的变化相似，但变化范围明显小于后者。各个森林类型中不同数量级样地的森林参数的均值十分接近，变量范围均不超过 1.5%，与全数量样地的森林参数的均值也不存在显著性差异（$\alpha=0.05$）。不同数量级样地的森林参数的标准差的变化范围大于其均值的变化范围，并且随着样地数量的增加，各个森林类型的各个森林参数的标准差也呈逐渐减小的趋势（图 8-6）。

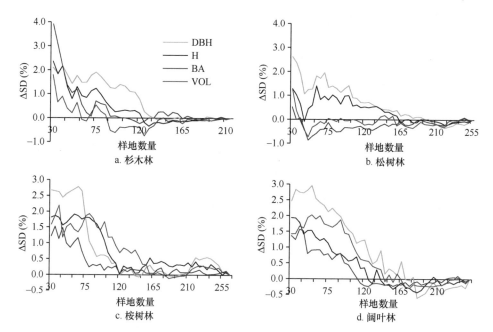

图 8-6　随着样地数量的增加，各个森林参数的标准差与全数量样地相应参数的标准差的相对相差呈减小的趋势

　　总体上，不同数量级样地之间，平均直径的标准差的变化范围最大，其次是蓄积量，断面积和平均高标准差的变化范围相对较小。

　　可将上述 LiDAR 变量和森林参数随着样地数量变化而变化的规律总结如下：①不同数量级样地之间，激光雷达变量和森林参数的均值十分接近，变化范围很小，且无显著性差异（$\alpha=0.05$），它们的标准差也较为接近，但变化范围明显大于其均值；②随着样地数量的增加，LiDAR 变量和森林参数的标准差的变化范围逐渐减小，但森林类型不同，它们减小的速率有一定的差异。

8.3.3.2　样地数量对森林参数估测精度的影响

　　对于每个森林类型每个森林参数的估测，每个数量级样地都通过 50 次重复抽样进行拟合和检验。样地数量为 30 个和全数量时，各个森林类型的各个参数估测模型的检验结果如表 8-9 所示。

　　当样地数量由 30 个逐渐增加至全数量时，各个森林类型各个参数估测模型的检验样本的 R^2 的均值呈逐渐增大、rRMSE 的均值呈逐渐减小的趋势（图 8-7），说明所有模型的精度都得到提高。

表 8-9　样地数量为 30 和全数量时森林参数估测模型的检验样本的 R^2 和 rRMSR 的均值

森林类型	样地数量	VOL		BA		H		DBH	
		R^2	rRMSE（%）	R^2	rRMSE（%）	R^2	rRMSE（%）	R^2	rRMSE（%）
杉木林	215	0.761	22.18	0.582	11.78	0.804	11.78	0.617	16.79
	30	0.651	24.08	0.422	19.88	0.717	12.78	0.444	18.62
松树林	255	0.824	19.69	0.655	18.62	0.854	10.30	0.506	20.01
	30	0.756	22.04	0.542	20.41	0.779	11.72	0.295	22.63
桉树林	275	0.811	19.09	0.716	18.17	0.790	8.95	0.714	11.32
	30	0.715	22.16	0.608	20.61	0.701	9.82	0.582	12.51
阔叶林	250	0.617	36.16	0.484	29.37	0.595	17.09	0.428	31.16
	30	0.478	39.57	0.361	31.01	0.415	19.12	0.379	32.06

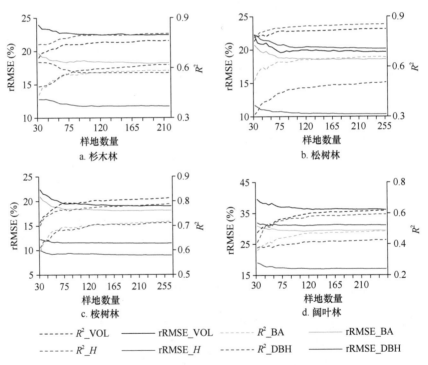

图 8-7　不同数量级样地估测模型检验样本的 R^2 和 rRMSE 的均值变化图

由图 8-7 和表 8-9 可以看出，各个模型的 R^2 和 rRMSE 的均值随着样地数量增加的变化趋势相差很大。当样地数量由 30 个增加至全数量时，杉木林蓄积量模型的 R^2 提高了 16.89%，rRMSE 减小了 7.89%，桉树林蓄积量模型的 R^2 提高了 13.43%，rRMSE 减小了 13.85%（表 8-9），说明样地数量对各个森林类型各个参数估测模型表现的影响不同。

当深入考察各个森林类型各个森林参数的各个数量级样地的 50 次模型拟合和检验结果时，发现当样地数量级较小时，检验样本的 R^2 和 rRMSE 的变化幅度很大，且 R^2 的均值较小、rRMSE 的均值较大，随着样地数量的增加，它们的变化范围呈逐渐减小的趋势，且 R^2 的均值逐渐增大、rRMSE 的均值逐渐减小（图 8-8）。以松树林蓄积量估测模型为例，样地数量为 30 时检验样本的 R^2、rRMSE 的变化范围（均值）分别为 0.419～0.886（0.756）和 14.27%～32.63%（22.04%），当样地数量为 255 时，R^2、rRMSE 的变化范围（均值）分别为 0.816～0.839（0.824）和 18.92%～19.93%（19.69%）。

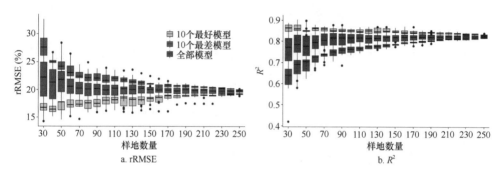

图 8-8　每个数量级样地作 50 次拟合和检验时松树林蓄积量估测模型检验样本的 R^2 和 rRMSE 的分布

显然，随着样地数量的增加，各个森林类型各个森林参数估测模型的 R^2、rRMSE 的变动系数也呈逐渐减小的趋势（图 8-9）。

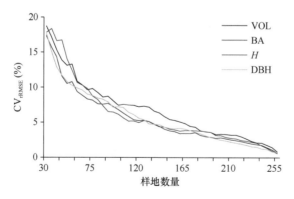

图 8-9　松树林 4 个参数估测模型的 rRMSE 的变动系数随着样地数量增加的变化趋势

出现以上现象的可能原因：①在全部样地随机抽取一定数量样地进行组合时，当样地数量级较小（如 30 个）时所需样本较少，不同的组合中样本构成相差较大，一些组合得到较高的模型精度，而另一些组合的精度较低，故 R^2、rRMSE 变化的范围较大，它们的标准差较大；②当样地数量级较大（如 250 个）时，不同的组合中样本构成相差不大，各个样本组合得到的模型精度接近，变化范围较小；③当样地数量级较小时，由于模型精度变化范围较大，其均值较小，而当样地数量级较大时，模型精度变化范围较小，均值较大。

在各个森林类型各个参数各个数量级样地的 50 次拟合和模型检验中，以检验样本的 rRMSE 为评判标准，表现最好的 10 个模型的 R^2 和 rRMSE 的变化范围也随着样地数量的增加而减小。以松树林为例，当样地数量为 35 时，10 个表现最好模型的 R^2、rRMSE 的变化范围（均值）分别为 0.727～0.907（0.851）、13.31%～17.39%（16.01%），当样地数量为 255 个，它们的变化范围（均值）分别为 0.825～0.839（0.828）、18.92%～19.61%（19.46%）。就均值而言，总体上，随着样地数量的增加，10 个表现最好的模型的 R^2 的均值呈逐渐减小、rRMSE 的均值呈逐渐增大的趋势，即模型精度呈逐渐降低的趋势，10 个表现最差的模型的 R^2、rRMSE 的变化趋势与之相反（图 8-8）。以上表明只要样地选取得当，即使是样地数量很小，也可以取得很高的模型精度，说明模型精度与样地选取密切相关，样地数量增加不是模型精度改善的必要条件。

对各个森林类型各个森林参数估测模型中表现最好、最差的 10 个模型的目标变量（如平均直径、平均高、断面积、蓄积量等）和 LiDAR 变量的变动情况进行分析，结果表明：①表现最好的 10 个模型的目标变量的标准差的均值，小于全数量样地目标变量的标准差的均值，而表现最差的 10 个模型的目标变量的标准差的均值，则大于全数量样地目标变量的标准差的均值；②在表现最好的 10 个模型的 LiDAR 变量中，总有 1 个或 1 个以上的变量，它（们）的标准差的均值明显小于全数量样地模型 LiDAR 相应变量标准差的均值，尤其是在样地数量较小时，而在表现最差的 10 个模型中，该变量的标准差明显大于全数量样地的标准差；③随着样地数量的增加，表现最好、最差的 10 个模型的目标变量和 LiDAR 变量的标准差与全数量样地相应变量的标准差越来越接近。图 8-10 显示了不同数量级样地松树林蓄积量估测中，表现最好、最差 10 个模型和全数量样地模型的蓄积量及其 5 个 LiDAR 变量的标准差的变化情况，当样地数量不是很大时，表现最好的 10 个模型的蓄积量、H_{cv}、dp50 的标准差明显小于全数量样地模型相应参数和变量的标准差，而表现最差的 10 个模型的变化情况则正相反。

由图 8-10 和图 8-8，我们可以作如下推测：模型样本中目标变量和 LiDAR 变量的标准差是决定模型精度的关键因素，当目标变量和 LiDAR 变量的标准差较小时，模型精度较高，反之，模型精度较低。

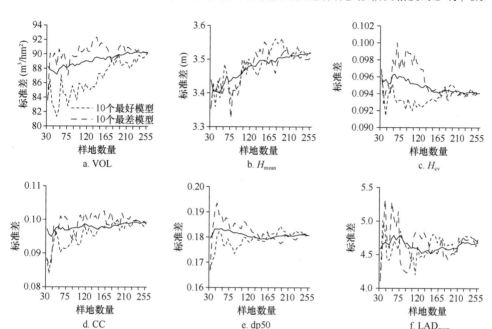

图 8-10　松树林蓄积量估测中表现最好和最差的 10 个模型及全部模型的目标变量（a）和
LiDAR 变量 H_{mean}（b）、H_{cv}（c）、CC（d）、dp50（e）、LAD_{mean}（f）的标准差随样地数量增加
的变化趋势

8.3.3.3　最小样地数量和最大样地数量的确定

　　4 个森林类型各 4 个参数估测模型的 rRMSE 的变动系数（CV_{rRMSE}）随着样
地数量变化的 Logistic 曲线的拟合结果良好，R^2 的变化范围为 0.943~0.991，rRMSE
全部小于 15%，见图 8-11，说明随着样地数量的增加，各个森林参数估测模型的
rRMSE 的变动系数的变化具有良好的规律性。

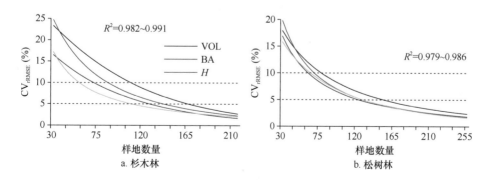

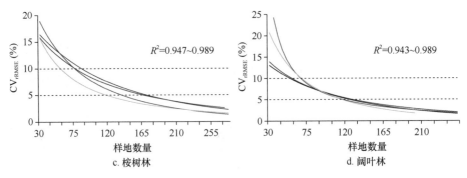

图 8-11　森林参数估测模型的 rRMSE 的变动系数随着样地数量增加而变化的 Logistic 曲线

由各个森林类型各个森林参数估测模型的 CV$_{rRMSE}$ 随样地数量增加的变化曲线,可以确定当 CV$_{rRMSE}$ 分别小于 10% 和 5% 时的样地数量,这 2 个样地数量为各个森林类型各个森林参数估测需要的最小样地数量和模型精度达到稳定时需要的样地数量(最大样地数量)(表 8-10)。

表 8-10　森林参数估测需要的最小样地数量和模型精度达到稳定时需要的最大样地数量

森林类型	VOL		BA		H		DBH		全部参数	
	最小数量	最大数量	最小数量	最大数量	最小数量	最大数量	最小数量	最大数量	最小数量	最大数量
杉木林	110	170	75	130	85	145	60	105	110	170
松树林	80	155	65	125	70	130	65	130	80	155
桉树林	80	165	85	170	80	140	60	120	85	170
阔叶林	55	125	60	130	70	120	70	115	70	130

由表 8-10 可以看出,不同森林类型不同森林参数估测需要的最小样地数量不同,模型精度达到稳定时需要的样地数量(最大样地数量)亦不同。总体上,阔叶林需要的最小样地数量最少,杉木林最多,杉木林和桉树林需要的最大样地数量最多,阔叶林最少。同一森林类型,不同的参数需要的最小、最大样地数量也相差较大,总体上,蓄积量估测需要的最小、最大样地数量最多,平均直径最少。不同森林类型不同森林参数估测中,模型精度达到稳定时需要的样地数量的情况与最小样地数量相似,阔叶林最少,杉木林和桉树林最多,蓄积量估测需要的样地数量最多,平均直径最少。当 4 个森林参数都需要进行估测时,杉木林、松树林、桉树林和阔叶林需要的最小样地数量分别为 110 个、80 个、85 个和 70 个。各个森林类型的各个森林参数估测中,需要的最小样地数量比模型精度达到稳定时的样地数量相差 55%~120%,其中,杉木林各个参数最小最大样地数量的相差最小,为 55%~75%,阔叶林和桉树林相差最大,分别为 64%~127%、75%~106%,说明当样地达到一定数量后,随着样地数量的增加,各个森林类型各个森林参

估测模型的精度的改善速度不同。

最小样地数量时,各个森林类型各个森林参数估测模型的 rRMSE 与全数量样地时相应模型的 rRMSE 的相差大多小于 5%,最大为 6.12%。当模型精度达到稳定状态时,各个森林类型各个参数估测模型的 rRMSE 与全数量样地的 rRMSE 的相差,大多数小于 1%,最大相差不超过 3%,说明即使再增加样地数量,模型精度提高的幅度已经十分有限。

8.3.4　样地数量对 LiDAR 变量和森林参数估测精度影响的机理

样地调查是机载激光雷达大区域森林参数估测必不可少的工作,也是一项工作量大、劳动强度高且成本较高的工作,因此,样地数量是机载激光雷达大区域森林调查监测应用技术方案制定中需要考虑的关键事项之一。尽管已有一些学者对样地数量对机载激光雷达生物物理变量及森林参数估测精度的影响进行了研究,但以我们有限的知识,这些研究多集中于温带森林且研究区较小,有关大区域亚热带森林的研究未见报道。在本节研究中,我们对森林类型多样、景观复杂的大区域亚热带森林研究区,通过大量样本对这一问题进行了深入研究,初步探明了样地数量对 LiDAR 变量和森林参数估测模型表现的影响,研究发现具有普遍参考价值。

在本节研究中,对于森林景观极为复杂(包括高度集约经营的桉树人工林、人工针叶纯林和阔叶纯林、天然针叶纯林、人工针叶天然阔叶混交林、天然针叶阔叶混交林、天然阔叶混交林)的大区域($237.6×10^3$ km^2)亚热带研究区,我们以 1003 个地面样地为基础,通过 50 次重复抽样和统计检验方法,分析了 4 个森林类型中,当样地数量不同时用于刻画林分三维结构的 LiDAR 变量和森林参数的差异;采用多元乘幂模型,通过 50 次重复抽样分析了不同数量样地对 4 个森林类型的 4 个森林参数估测模型表现的影响,在此基础上,对各个数量级样地中表现最好、最差 10 个模型的目标变量及 LiDAR 变量的差异进行了分析,最后建立了各个森林类型各个森林参数估测模型的 rRMSE 的变动系数与样地数量的回归模型,进一步探讨了机载激光雷达大区域森林资源调查应用中各个森林类型各个森林参数估测需要的最小、最大样地数量。本次研究区域之大、森林背景之复杂、样地数量之多、森林参数之多,目前尚未见报道。

本节研究表明:在典型选样的情况下,不同数量级样地的 LiDAR 变量和森林参数的均值十分接近,但随着样地数量的增加,它们的标准差在开始阶段呈迅速减小,到达一定数量样地后,呈缓慢减小的趋势,各个森林类型各个森林参数估测模型的相对均方根误差(rRMSE)的变化趋势与 LiDAR 变量标准差的变化趋势基本相同,LiDAR 变量对森林参数变化的解释率(R^2)则相反,说明随着样地数量的增加，森林参数估测模型的表现逐渐趋好。由于未见类似研究报道，我们无法进行深入的比较分析。White 等（2017）指出，面积法需要的样地数量取决于森林环境的复杂性、建模方法、估测的目标参数、分层的数量和期望精度等。我们的研究也部分证明了这一结论。同一森林参数，杉木林、松树林、桉树林和阔叶林估测模型的 R^2 和 rRMSE 的变化趋势相差很大，同一森林类型，平均直径、平均高、断面积和蓄积量估测模型的表现也相差很大。Gobakken 和 Næsset（2008）对挪威东南部挪威云杉（*Picea babies*）的研究结果表明：当样地数量由 132 个减少至 66 个时，平均高、断面积和蓄积量估测精度降低不是很大。这一结论与我们的研究结论不完全不同。实际上，研究区森林结构的复杂性可能是影响模型估测精度的主要因素之一。一般而言，研究区越大，森林结构的异质性越大。在很多小区域的研究中，即使每个层的样地数量不足 50 个，机载激光雷达森林参数估测也可以取得很高的精度（Gobakken et al.，2013；Zhang et al.，2017；Bouvier et al.，2015；Patenaude et al.，2004；Silva et al.，2017b；Montealegre et al.，2016），在一些研究中，样地数量小于 25 个（Ioki et al.，2010；Ruiz et al.，2014；Görgens et al.，2015），甚至只有 10 个（Giannico et al.，2016），模型精度亦较高。有很多研究表明，在技术方案设计阶段，利用 ALS 数据作为先验信息（如点云平均高及其标准差、95%分位高度、郁闭度等）对研究区的森林进行分层后再布设样地，有助于在保持精度的前提下减少样地数量（Hawbaker et al.，2009；Maltamo et al.，2011；Grafströ and Ringvall，2013）。根据这一方法，挪威森林资源调查中，每个层的样地为 50 个左右（Næsset，2015）。然而，这一方法在降水量大、林木生长迅速（桉树人工林高生长量达 5~8 m/a）的大区域亚热带地区难以采用。如前所述，本节研究的 3 个研究区，不包含 LiDAR 数据预处理时间，仅机载激光雷达数据获取的时间最少需要 6 个月，最长超过 1 年，雨雾天气影响是最主要的原因。样地调查也需要 4 个月以上，也同样受天气原因影响。当激光雷达数据获取时间与样地调查时间的间隔期较长时，激光点云对森林结构存在较大的偏差，尤其是生长迅速的森林类型，导致估测结果的不确定性增加。因此，在实际应用中，我们采用机载激光雷达数据获取与样地调查同步进行的方案。面对知之甚少且区域极大的总体，适当增加样地数量是确保森林参数估测精度最有效、最保险的办法。但通过 LiDAR 数据后分层的方法也可以改善估测精度的结论（McRoberts et al.，2012），对于我们而言值得开展进一步的试验研究。本节研究的另外一个发现是：样地数量不是影响森林参数估测模型精度的必要条件，只要样本选择得当，即使是样地数量很小（如 30 个），也可以取得很高的模型精度，说明了模型精度与样地选取密切相关。这也解释了一些小区域的研究中，即使样地数量很少也可以取得较高的估测精度。然而，在大区域森林资源调查监测应用中，面对范围巨大的总体，样地的布设只能依靠可靠性有限的资料通过典型选样方法进行，为减少森林参数估测结果的不确定性, 尽可能地增加样地数量是最可靠的选择, 为此, 针对亚热带地区不同的森林类型, 我们提出了机载激光雷达大区域森林资源调查应用需要的最小样地数量, 期望能够为机载激光雷达大区域森林资源调查应用技术方案制订提供参考。

研究表明, 随着样地数量的增加, 各个森林类型各个森林参数估测模型精度改善的趋势与目标参数及 LiDAR 变量标准差减小的趋势基本相同, 样地的森林参数和构造模型的 LiDAR 变量的变动是影响模型估测精度的关键因素, 这也阐明了样地数量对森林参数估测精度的影响机理——模型的目标参数和 LiDAR 变量变动的大小决定模型精度的高低。这一发现不但有效解释了 LiDAR 分层选择样地可以减少样地数量的原因, 对于目的抽样等其他各种样地布设方法及 LiDAR 数据后分层的森林参数估测, 具有指示意义。

在本节研究中, 我们对刻画森林冠层三维结构的 13 个 LiDAR 变量, 通过穷举法建立了各个森林类型各个森林参数估测乘幂模型式, 在此基础上探讨样地数量对森林参数估测模型的影响。然而, 基于 LiDAR 的森林参数估测模型的种类繁多, 尽管我们不可能穷尽所有的模型, 但仍有必要进行更多的模型拟合和检验试验, 以更深入地摸清样地数量对森林参数估测精度的影响。

8.3.5　机载激光雷达大区域森林资源调查监测应用中最少的样地数量要求

通过对结构复杂、异质性大的机载激光雷达大区域亚热带森林估测的研究, 我们初步阐明了样地数量对机载激光雷达森林参数估测精度的影响规律: 随着样地数量增加, 各个森林类型各个森林参数估测模型的精度逐渐提高, 其主要原因是目标变量和 LiDAR 变量的变异随着样地数量的增加而逐渐减小。在机载激光雷达大区域亚热带森林估测应用中, 杉木林、松树林、桉树林和阔叶林的样地数量应分别不少于 110 个、80 个、85 个和 70 个。本节的研究结论, 对大区域同类研究和应用具有重要参考价值, 有利于优化森林资源调查的成本和整体效率。

参 考 文 献

Adnan S, Maltamo M, Coomes D A, et al. 2017. Effects of plot size, stand density, and scan density on therelationship between airborne laser scanning metrics and the Gini coefficient of tree size inequality. Canadian Journal of Forest Research, 47: 1590-1602.

Asner G P, Mascaro J. 2014. Mapping tropical forest carbon: calibrating plot estimates to a simple LiDAR metric. Remote Sensing of Environment, 140: 614-624.

Bouvier M, Durrieu S, Fournier R A, et al. 2015. Generalizing predictive models of forest inventory attributes using an area-based approach with airborne LiDAR data. Remote Sensing of

Environment, 156: 322-334.

Chen Q, Laurin G V, Battles J J, et al. 2012. Integration of airborne lidar and vegetation types derived from aerial photography for mapping aboveground live biomass. Remote Sensing of Environment, 121: 108-117.

Disney M I, Kalogirou V, Lewis P, et al. 2010. Simulating the impact of discrete-return LiDAR system and survey characteristics over young conifer and broadleaf forests. Remote Sensing of Environment, 114(7): 1546-60.

Dube T, Sibanda M, Shoko C, et al. 2017. Stand-volume estimation from multi-source data for coppiced and high forest *Eucalyptus* spp. silvicultural systems in KwaZulu-Natal, South Africa. ISPRS Journal of Photogrammetry and Remote Sensing, 132: 162-169.

Etheridge D, Nesbitt D, Pitt D, et al. 2012. LiDAR sampling density for forest resource inventories in Ontario, Canada. Remote Sensing, 4(4): 830-848.

Fassnacht F E, Hartig F, Latifi H, et al. 2014. Importance of sample size, data type and prediction method for remote sensing-based estimations of aboveground forest biomass. Remote Sensing of Environment, 154: 102-114.

García M, Riaño D, Chuvieco E, et al. 2011. Multispectral and LiDAR data fusion for fuel type mapping using support vector machine and decision rules. Remote Sensing of Environment, 115 (6): 1369-1379.

Garcia M, Saatchi S, Ferraz A, et al. 2017. Impact of data model and point density on aboveground forest biomass estimation from airborne LiDAR. Carbon Balance and Management, 12(1): 1-18.

Giannico V, Lafortezza R, John R, et al. 2016. Estimating stand volume and above-ground biomass of urban forests using LiDAR. Remote Sensing, 8: 339. doi: 10.3390/rs8040339.

Gobakken T, Korhonen L, Næsset E. 2013. Laser-assisted selection of field plots for an area-based forest inventory. Silva Fennica, 47(5): article id 943. https://doi.org/10.14214/sf.943.

Gobakken T, Næsset E. 2008. Assessing effects of laser point density, ground sampling intensity, and field sample plot size on biophysical stand properties derived from airborne laser scanner data. Canadian Journal of Forest Research, 38: 1095-1109.

Goetz S, Dubayah R. 2011. Advances in remote sensing technology and implications for measuring and monitoring forest carbon stocks and change. Carbon Managment, 2(3): 231-244.

Görgens E B, Packalen P, da Silva A G P, et al. 2015. Stand volume models based on stable metrics as from multiple ALS acquisitions in Eucalyptus plantations. Annals of Forest Science, 72: 489-498.

Grafströn A, Ringvall A H. 2013. Improving forest field inventories by using remote sensing in novel sampling designs. Canadian Journal of Forest Research, 43: 1015-1022.

Hawbaker T, Keuler N, Lesak A, et al. 2009. Improved estimates of forest vegetation structure and biomass with a LiDAR-optimized sampling design. Journal of Geophysical Research, 114(4): 1-11.

Hernández-Stefanoni J L, Reyes-Palomeque G, Castillo-Santiago M Á, et al. 2018. Effects of sample plot size and GPS location errors on aboveground biomass estimates from LiDAR in tropical dry forests. Remote Sensing, 10: 1586. doi: 10.3390/rs10101586.

Ioki K, Imanishi J, Sasaki T, et al. 2010. Estimating stand volume in broad-leaved forest using discrete-return LiDAR: plot-based approach. Landscape Ecology Engineering, 6: 29-36.

Jakubowski M K, Guo Q H, Kelly M. 2013. Tradeoffs between lidar pulse density and forest measurement accuracy. Remote Sensing of Environment, 130: 245-253.

Jarron L R, Coops N G, MacKenzie W H, et al. 2020. Detection of sub-canopy forest structure using airborne LiDAR. Remote Sensing of Environment, 244: 111770. https://doi.org/10.1016/j.rse. 2020.111770.

Jensen J L R, Humes K S, Conner T, et al. 2006. Estimation of biophysical characteristics for highly variable mixed-conifer stands using small-footprint lidar. Canadian Journal of Forest Research, 36: 1129-1138.

Junttila V, Finley A O, Bradford J B, et al. 2013. Strategies for minimizing sample size for use in airborne LiDAR-based forest inventory. Forest Ecology and Management, 292: 75-85.

Kauranne T, Pyankov S, Junttila V, et al. 2017. Airborne laser scanning based forest inventory: Comparison of experimental results for the Perm Region, Russia and prior results from Finland. Forest, 8: 72. doi: 10.3390/f8030072.

Kellner J R, Armston J, Birrer M, et al. 2019. New opportunities for forest remote sensing through ultra-high-density drone LiDAR. Surveys in Geophysics, 40(4): 959-977.

Kim E, Lee W K, Yoon M, et al. 2016. Estimation of Voxel-based above-ground biomass using airborne LiDAR data in an intact tropical rain forest, Brunei. Forests, 7(11): 259.

Knapp N, Fischer R, Cazcarra-Bes V, et al. 2020. Structure metrics to generalize biomass estimation from lidar across forest types from different continents. Remote Sensing of Environment, 237: 111597. https: //doi.org/10.1016/j.rse.2019.111597.

Latifi H, Fassnacht F E, Hartig F, et al. 2015b. Stratified aboveground forest biomass estimation by remote sensing data. International Journal of Applied Earth Observation and Geoinformation, 38: 229-241.

Latifi H, Fassnacht F E, Müller J, et al. 2015a. Forest inventories by LiDAR data: a comparison of single tree segmentation and metric-based methods for inventories of a heterogeneous temperate forest. International Journal of Applied Earth Observation and Geoinformation, 42: 162-174.

Lim K, Treitz P, Woods M, et al. 2010. Operationalizing the use of LiDAR in forest resources inventories: what is optimal point density? ASPRS 2010 Annual Conference, San Diego, California, April 26-30, 2010.

Lombardi F, Marchetti M, Corona P, et al. 2015. Quantifying the effect of sampling plot size on the estimation of structural indicators in old-growth forest stands. Forest Ecology and Management, 346: 89-97.

Lovell J L, Jupp D L B, Newnham G J, et al. 2005. Simulation study for finding optimal LiDAR acquisition parameters for forest height retrieval. Forest Ecology and Management, 214: 398-412.

Luo S Z, Wang C, Zhang G B, et al. 2013. Forest leaf area index (LAI) estimation using airborne discrete-return LiDAR data. Chinese Journal of Geophysics, 56(3): 233-243.

Magnussen S, Næsset E, Gobakken T. 2010. Reliability of LiDAR derived predictors of forest inventory attributes: A case study with Norway spruce. Remote Sensing of Environment, 114(4): 700-712.

Maltamo M, Bollandsas O M, Gobakken T, et al. 2016. Large-scale prediction of aboveground biomass in heterogeneous mountain forests by means of airborne laser scanning. Canadian Journal of Forest Research, 46: 1138-1144.

Maltamo M, Bollandså O M, Næset E, et al. 2011. Different plot selection strategies for field training data in ALS-assisted forest inventory. Forestry, 84(1): 23-31.

Maltamo M, Eerikainen K, Packalen P, et al. 2006. Estimation of stem volume using laser scanning-based canopy height metrics. Forestry, 79(2): 217229. doi: 10.1093/forestry/cpl007.

Maltamo M, Packalen P. 2014. Species-specific management inventory in Finland. Chapter 11. *In*: Maltamo M, Næset E, Vauhkonen J. Forestry Applications of Airborne Laser Scanning: Concepts and Case Studies. Dordrecht: Springer: 464.

Mascaro J, Detto M, Asner G P, et al. 2011. Evaluating uncertainty in mapping forest carbon with airborne LiDAR. Remote Sensing of Environment, 115(12): 3770-3774.

McRoberts R E, Gobakken T, Næsset E. 2012. Post-stratified estimation of forest area and growing stock volume using lidar-based stratifications. Remote Sensing of Environment, 125: 157-166.

Montaghi A, Corona P, Dalponte M, et al. 2013. Airborne laser scanning of forest resources: An overview of research in Italy as a commentary case study. International Journal of Applied Earth Observation and Geoinformation, 23: 288-300.

Montealegre A L, Lamelas M T, de la Riva J, et al. 2016. Use of low point density ALS data to estimate stand-level structural variables in Mediterranean Aleppo pine forest. Forestry, 89: 373-382.

Næsset E. 2002. Predicting forest stand characteristics with airborne scanning laser using a practical two-stage procedure and field data. Remote Sensing of Environment, 80(1): 88-99.

Næsset E. 2004a. Practical large-scale forest stand inventory using a small airborne scanning laser. Scandinavian Journal of Forest Research, 19: 164-179.

Næsset E. 2004b. Effects of different flying altitudes on biophysical stand properties estimated from canopy height and density measured with a small-footprint airborne scanning laser. Remote Sensing of Environment, 91(2): 243-255.

Næsset E. 2007. Airborne laser scanning as a method in operational forestinventory: status of accuracy assessments accomplished in Scandinavia. Scandinavian Journal of Forest Research, 22: 433-442.

Næsset E. 2014. Area-based inventory in Norway-from innovation to an operation reality. *In*: Maltamo M, Næsset E, Vauhkonen J. Forestry Applications of Airborne Laser Scanning: Concepts and Case Studies, Managing Forest Ecosystems, 27. Dordrecht: Springer Science+ Business Media: 215-240.

Næsset E, Bollandsås O M, Gobakken T, et al. 2013. Model-assisted estimation of change in forest biomass over an 11 year period in a sample survey supported by airborne LiDAR: A case study with post-stratification to provide "activity data". Remote Sensing of Environment, 128: 299-314.

Næsset E, Gobakken T, Holmgren J, et al. 2004. Laser scanning of forest resources: the nordic experience. Scandinavian Journal of Forest Research, 19: 482-499.

Næset E, Gobakken T, Solberg S, et al. 2011. Model-assisted regional forest biomass estimation using LiDAR and InSAR as auxiliary data: a case study from a boreal forest area. Remote Sensing of Environment, 115: 3599-3614.

Ota T, Kajisa T, Mizoue N, et al. 2015. Estimating aboveground carbon using airborne LiDAR in Cambodian tropical seasonal forests for REDD+ implementation. Journal of Forest Research, 20(6): 484-492.

Packalen P, Maltamo M. 2014. Species-specific management inventory in Finland. *In*: Maltamo M, Næsset E, Vauhkonen J. Forestry Applications of Airborne Laser Scanning: Concepts and Case Studies, Managing Forest Ecosystems, 27. Dordrecht: Springer Science+Business Media: 241-252.

Parker R C, Glass P A. 2004. High-versus low-density LiDAR in a double-sample forest inventory. Southern Journal of Applied Forestry, 28(4): 205-210.

Patenaude G, Hill R A, Milne R, et al. 2004. Quantify forest above ground carbon content using LiDAR remote sensing. Remote Sensing of Environment, 93: 368-380.

Pearse G D, Dash J P, Persson H J, et al. 2018. Comparison of high-density LiDAR and satellite photogrammetry for forest inventory. ISPRS Journal of Photogrammetry and Remote Sensing, 142: 257-267.

Popescu S C, Hauglin M. 2014. Estimation of biomass components by airborne laser scanning. *In*: Maltamo M, Næsset E, Vauhkonen J. Forestry Applications of Airborne Laser Scanning:

Concepts and Case Studies, Managing Forest Ecosystems, 27. Dordrecht: Springer Science+ Business Media: 157-175.

Puliti S, Orka H O, Gobakken T, et al. 2015. Inventory of small forest areas using an unmanned aerial system. Remote Sensing, 7: 9632-9654.

Raber G T, Jensen J R, Hodgson M E, et al. 2007. Impact of LiDAR nominal post-spacing on DEM accuracy and flood zone delineation. Photogrammetric Engineering and Remote Sensing, 73: 793-804.

Renslow M, Greenfield P, Guay T. 2000. Evaluation of multi-return LIDAR for forestry applications. RSAC-2060/4810-LSP-0001-RPT1. US Department of Agriculture Forest Service—Remote Sensing Applications Center: 12.

Ruiz L A, Hermosilla T, Mauro F, et al. 2014. Analysis of the influence of plot size and LiDAR density on forest structure attribute estimates. Forests, 5: 936-951.

Sačkov I, Santopuoli G, Bucha T, et al. 2016. Forest inventory attribute prediction using lightweight aerial scanner data in a selected type of multilayered deciduous Forest. Forests, 7: 307. doi: 10.3390/f7120307.

Silva C A, Hudak A T, Klauberg C, et al. 2017a. Combined effect of pulse density and grid cell size on predicting and mapping aboveground carbon in fast-growing *Eucalyptus* forest plantation using airborne LiDAR data. Carbon Balance Management, 12: 13. doi. 10.1186/s13021-017-0081-1.

Silva C A, Klauberg C, Hubdak A T, et al. 2017b. Modeling and mapping basal area of *Pinus taeda* L. plantation using airborne LiDAR data. Anais Da Academia Brasileira Ciencias, 89(3): 1895-1905.

Silva V S D, Silva C A, Mohan M, et al. 2020. Combined impact of sample size and modeling approaches for predicting stem volume in *Eucalyptus* spp. forest plantations using field and LiDAR data. Remote Sensing, 12: 1438.

Singh K K, Chen G, McCarter J B, et al. 2014. Effects of LiDAR point density and landscape context on estimates of urban forest biomass. ISPRS Journal of Photogrammetry and Remote Sensing, 101: 310-322.

Singh K K, Chen G, Vogler J B, et al. 2016. When big data are too much: Effects of LiDAR returns and point density on estimation of forest biomass. IEEE Journal of Selected Topics in Applied Earth Observations & Remote Sensing, 9: 3210-3218.

Singh K K, Davis A J, Meentemeyer R K. 2015. Detecting understory plant invasion in urban forests using LiDAR. International Journal of Applied Earth Observation and Geoinformation, 38: 267-279.

Strunk J, Temesgen H, Andersen H-E, et al. 2012. Effects of LiDAR pulse density and sample size on a model-assisted approach to estimate forest inventory variables, Canadian Journal of Remote Sensing, 38(5): 644-654.

Tesfamichael S G, Ahmed F B, Van Aardt J A N. 2010. Investigating the impact of discrete-return LiDAR point density on estimations of mean and dominant plot-level tree height in *Eucalyptus grandis* plantations. International Journal of Remote Sensing, 31(11), 2925-2940.

Thomas V, Treitz P, Mccaughey J H, et al. 2006. Mapping stand-level forest biophysical variables for a mixedwood boreal forest using LiDAR: an examination of scanning density. Canadian Journal of Forest Research, 36(1): 34-47.

Treitz P, Lim K, Woods M, et al. 2012. LiDAR sampling density for forest resource inventories in Ontario, Canada. Remote Sensing, 4: 830-848.

Turner R, Goodwin N, Friend J, et al. 2011. A national overview of airborne lidar applications in

Australian forest agencies. *In*: Proceedings SilviLaser 2011. 16-19 October 2011, Hobart, Tasmania, Australia: 13.

Vauhkonen J, Ørka H O, Holmgren J, et al. 2014. Tree species recognition based on airborne laser scanning and complementary data sources. *In*: Maltamo M, Næsset, E, Vauhkonen J. Forestry applications of airborne laser scanning: concepts and case studies, managing forest ecosystems, 27. Dordrecht: Springer Science+Business Media: 135-156.

Wang C, Glenn N F. 2008. A linear regression methods for tree canopy height estimation using airborne lidar data. Canadian Journal of Remote Sensing, 34(S2): S217-S227.

Watt M, Adams T, Aracil S G, et al. 2013. The influence of LiDAR pulse density and plot size on the accuracy of New Zealand plantation stand volume equations. New Zealand Journal of Forestry Science, 43(1): 1-10.

Watt M S, Meredith A, Watt P, et al. 2014. The influence of LiDAR pulse density on the precision of inventory metrics in young unthinned Douglas-fir stands during initial and subsequent LiDAR acquisitions. New Zealand Journal of Forestry Science, 44: 18.

Watt P, Watt M S. 2013. Development of a national model of *Pinus radiate* stand volume from lidar metrics for New Zealand. International Journal of Remote Sensing, 34(15-16): 5892-5904.

White J C, Tompalski P, Vastaranta M, et al. 2017. A model development and application guide for generating an enhanced forest inventory using airborne laser scanning data and an area-based approach. Natural Resources Canada, Canadian Forest Service, Canadian Wood Fibre Centre, Information Report FI-X-018.

White J C, Wulder M A, Varhola A, et al. 2013. A best practices guide for generating forest inventory attributes from airborne laser scanning data using the area-based approach. Information Report FI-X-10. Canadian Forest Service, Canadian Wood Fibre Centre, Pacific Forestry Centre, Victoria, B.C. 50. http: //www.cfs.nrcan.gc.ca/pubwarehouse/pdfs/34887.pdf. [2020-10-20].

Xu C, Manley B, Morgenroth J. 2018. Evaluation of modelling approaches in predicting forest volume and stand age forsmall-scale plantation forests in New Zealand with RapidEye and LiDAR. International Journal of Applied Earth Observation and Geoinformation, 73: 386-396.

Yang T-R, Kershaw Jr J A, Weiskittel A R, et al. 2019. Influence of sample selection method and estimation technique on sample size requirements for wall-to-wall estimation of volume using airborne LiDAR. Forestry, 92: 311-323.

Zeng W, Duo H, Lei X, et al. 2017. Individual tree biomass equations and growth models sensitive to climate variables for *Larix* spp. in China. European Joural of Forest Research, 136: 233-249.

Zeng W, Fu L, Xu M, et al. 2018. Developing individual tree-based models for estimating-aboveground biomass of five key coniferous species in China. Journal of Forest Research, 29(5): 1251-1261.

Zhang Z, Cao L, She G. 2017. Estimating forest structural parameters using canopy metrics derived from airborne LiDAR data in subtropical forests. Remote Sensing, 9: 940. doi: 10.3390/rs9090940.

Zhao K, Popescu S, Nelson R. 2009. LiDAR remote sensing of forest biomass: ascale-invariant estimation approach using airborne lasers. Remote Sensing of Environment, 113(1): 182-196.

Zolkos S G, Goetz S J, Dubayah R. 2013. A meta-analysis of terrestrial aboveground biomass estimation using lidarremote sensing. Remote Sensing of Environment, 128: 289-298.

第9章　历史调查资料挖掘和森林自然环境与经营管理属性信息自动提取

第4～第7章介绍了通过高分遥感图像目视解译提取小班基本属性的方法、机载激光雷达估测森林参数的方法、森林垂直结构分类、森林参数制图。如2.1节所述，小班调查内容除包含基本属性信息和林分调查因子信息外，还包含地形地貌、坡度、坡向，土壤类型（名称）、土层厚度等自然环境和权属、林种、公益林事权等级等经营管理信息。在现行方法中，这些信息都是在实地调查填写，通过键盘输入计算机，不但工作量较大，而且在很大程度上受调查人员的理论技术水平、经验积累及责任心的影响，调查质量难以控制，错误甚至是低级错误也难以避免。广西于20世纪90年代研制了小班调查卡片扫描识别录入系统，历经涂块式、点阵式、手写体式3代技术演变，解决了小班调查数据的自动录入问题，但仍需要填写小班调查卡片，质量问题依然存在。实际上，我国大多数森林经营单位和县域都开展过多次森林资源调查，积累了丰富的历史调查资料，并在生态公益林区划及调整、林地变更调查等工作中积累了大量的经营管理资料。机载激光雷达点云数据可以生产高精度的数字高程模型（DEM）、数字表面模型（DSM）和冠层高度模型（CHM）等产品。通过这些资料挖掘并自动提取小班自然环境和管理属性信息，不但可以有效克服现行方法存在的问题，而且还可以大大提高工作效率。

9.1　DEM地形分析和地貌区划

9.1.1　DEM重采样和地形分析

由机载激光雷达点云数据生产的数字高程模型（DEM）的空间分辨率一般都较高（广西全域均为2 m），详细地刻画了地形的起伏情况，但数据量很大，实际应用中相关计算耗时较长。在森林资源调查的小班信息提取中，并不需要如此详细的数据。为此，可将DEM进行重采样，以减少数据量。

DEM重采样的空间分辨率依用途不同而定。对于坡度、坡向等地形信息提取的微观应用，为确保细小、狭长小班信息的准确性，空间分辨率以10 m为宜；对于地貌区划的宏观应用，空间分辨率可低至20 m甚至30 m而不影响区划结果的可靠性。

采用重采样后的 DEM，在 GIS 软件平台上分别进行坡度分析和坡向分析，分别得到坡度和坡向分析图。

坡位是指坡面沿地貌延伸、自上而下切开的纵剖面地形元素，具有典型的层级特征（王彦文和秦承志，2017）。然而，尽管坡位的定义十分明确，以前很多学者也进行了大量的研究（Pennock et al.，1987；Skidmore，1990；Heuvelink and Burrough，1993），但迄今为止坡位分析尚缺乏成熟算法（刘鹏举等，2016）。在本研究中，利用 Land Facet Analysis 插件工具的 Topographic Position Index Tools 模块（Jenness et al.，2013）在 ArcGIS 平台上生成坡位分析图。该算法根据 Weiss（2001）提出的地形位置指数（TPI）开发。经过大量试验，总结了适用于山地、丘陵和喀斯特 3 个地貌的坡位分析参数，见表 9-1。

表 9-1　基于 Topographic Position Index Tools 的坡位分析的参数设置

编号	类型	山区	丘陵区
1	山谷	TPI≤–1 SD	TPI≤–1 SD
2	下坡	–1 SD< TPI ≤–0.5 SD	–1 SD< TPI ≤–0.5 SD
3	平坡	–0.5 SD< TPI ≤0.5 SD，Slope≤5°	–0.5 SD< TPI ≤0.5 SD，Slope≤5°
4	中坡	–0.5 SD< TPI ≤0.5 SD，Slope>5°	–0.5 SD< TPI ≤0.5 SD，Slope>5°
5	上坡	0.5 SD< TPI ≤1 SD	0.5 SD< TPI ≤1 SD
6	山脊	TPI >1 SD	TPI >1 SD

注：SD 为高程的标准差，Slope 为坡度

结果如图 9-1 所示。

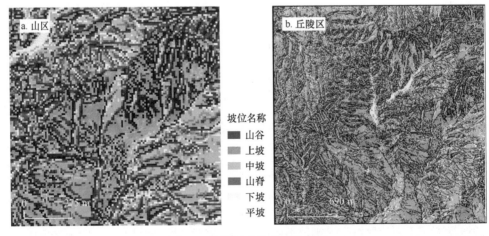

图 9-1　不同地貌的坡位分析图

9.1.2　地貌区划

地貌区划以重采样后的 DEM 为基础进行。首先，在 GIS 软件平台中对 DEM 进行地形晕渲，将 DEM 和渲染结果图叠合并建立一个地貌区划图面状图层，然后，根据地貌划分标准进行地貌区划。在地貌区划过程中，应遵循从宏观到微观、由易及难的原则，根据山脉的分布、走向进行细致区划，以确保区划结果的准确性，如图 9-2a 所示。

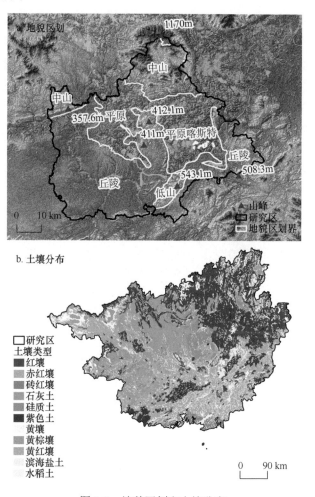

图 9-2　地貌区划和土壤分布

9.2　历史调查资料与经营管理资料的整理和标准化

9.2.1　历史调查资料整理和标准化

历史调查资料包括历次森林资源规划设计调查小班空间数据库、专业机构编制的地质图和土壤分布图等。绝大多数森林经营单位和县级林业主管部门都组织开展过一次以上的森林资源规划设计调查，相关专业机构在各自领域也开展过地质区划和土壤调查等，充分利用这些资料不但可以有效提高工作效率，也有助于确保调查结果的一致性，减少错误。

历史调查资料有矢量和栅格两种数据格式，它们的整理方法不同。对于以小班为基本单元的矢量格式的历史资料，根据信息提取目的，采用如下方法进行整理和标准化。

（1）投影转换：未经整理的历史调查资料可能存在北京 54、西安 80 和 WGS-84 等多种投影，需要转换为 2000 国家大地坐标系（CGCS2000），其方法是，在上述坐标系的图和 CGCS2000 的图中，按均匀分布原则找到若干同名点，准确计算 2 个坐标系下的坐标，然后通过求解坐标转换方程，得到 2 个坐标系的转换参数。坐标误差应小于 5 m。

（2）土壤类型分布专题图编制：将小班图与 DEM 及其地形渲染图叠合后作土壤类型（名称）专题图显示，根据土壤水平和垂直地带分布规律的知识和经验及调查技术标准，逐一核对和修正错误。土壤分布地带性较强，且难以确定明显的分界线，故主要修改小班属性数据，无需修改小班边界。修改完成后按土壤类型进行融合（dissolve），得到土壤类型分布专题图。在可能的情况下，通过专业机构获取土壤分布图（图 9-2b），更能保证成果材料的准确性和可靠性。

（3）土层厚度分布专题图和土壤石砾含量等级分布专题图编制：对于森林资源调查而言，土层厚度以分级表示为宜，若原有土层厚度用连续数值表示，先将其按等级划分，然后将小班图与 DEM 及其地形渲染图叠合后作土层厚度专题图显示，根据经验逐一核对和修正错误，融合后得到土层厚度分布专题图。土壤石砾含量分布专题图的整理方法类似。

（4）成土母质分布图：成土母质的确定具有较强的专业性，宜从相关专业机构获取，若无法取得，以原小班调查结果为基础，按照上述类似方法进行整理和标准化。

（5）林地质量等级分布专题图编制：林地质量与土壤类型、土层厚度、石砾含量、海拔、坡位、坡向和地貌类型密切相关，因此，首先需要编制详细的林地质量评价表，然后采用相关图层通过空间叠置分析方法，得到林地质量等级分布专题图。

栅格格式的历史调查资料的整理较为复杂，直接对栅格图进行编辑时，需要具有编程能力的图像处理专业人员完成。比较简单的方法是通过栅格-矢量转换后，对矢量图层采用上述方法进行编辑整理。

9.2.2 林地保护利用规划成果材料整理和标准化

小班的生态公益林事权等级、重点公益林保护等级需要与生态公益林区划及调整成果相衔接，林地保护等级也需与林地保护利用规划成果相衔接。因此，采用 9.1.2 节的方法分别编制公益林事权等级分布专题图、重点林保护等级分布专题图、生态公益林林种分布专题图和林地保护等级分布专题图。

9.2.3 经营管理资料整理

退耕还林工程验收图、天然林保护工程验收图、防护林（如珠江流域防护林、海防林等）工程验收图、国家木材战略储备工程验收图及其他林业工程验收图和其他造林验收图等，对于小班林种的准确确定十分重要。可以通过空间叠置分析方法，将这些图合并为一张林种分布专题图。

9.2.4 其他辅助资料收集与整理

除森林经营单位和林业主管部门外，一些部门和机构也可能拥有与森林资源调查有关的技术资料，如测绘主管部门可能拥有地貌区划专题图，土壤肥料管理部门可能拥有土壤（图 9-2b）和成土母质分布专题图，充分利用这些资料，不但有助于提高森林资源调查数据的准确性，也有助于提高调查成果的权威性。

9.3 小班属性信息自动提取算法

地理空间的数据除分为栅格数据、矢量数据等数据格式外，还可将其属性分为连续型数据和离散型数据。离散型数据也称为分类数据或定性数据，其像元或斑块具有可定义的已知边界，如土地类型、地貌类型、坡向等，都是用不连续的数据表示。连续型数据也称为定量数据，是指像元或斑块之间没有突然明确间隔的数据，如小班面积、林分平均高、蓄积量等。

小班信息自动提取在小班图（矢量面）与辅助数据严格叠合的基础上进行，因此，相关数据均需采用相同的投影。根据辅助数据的格式、类型，有多种提取算法。

9.3.1 栅格信息提取

小班图与其最小外接矩形的栅格像元的空间拓扑关系包括相含（图 9-3 的像元 A）、相交（像元 B）、相离（像元 C），显然，相离像元不参与小班信息提取。根据其数据类型，栅格数据的信息提取有 2 种方法。

9.3.1.1 加权平均法

加权平均法适用于连续型栅格数据（定量栅格数据）的信息提取，包括林分平均直径、平均高、断面积、蓄积量等森林参数估测数据，也包括海拔数据。小班信息提取算法如下所述。

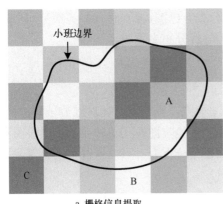
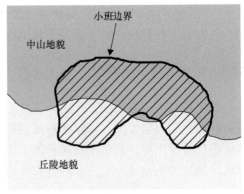

a. 栅格信息提取　　　　　　　　b. 矢量信息提取

图 9-3　小班图与栅格数据（a）和矢量数据（b）的叠合

设某一小班最小外接矩形中包含 n 个相交和相含像元（不含相离像元），每个像元的值为 x_i，面积为 a_i（对于相含像元，a_i 等于其空间分辨率的平方，对于相交像元，需计算其位于小班范围内的面积），则该小班的值为

$$X = \sum_{i=1}^{n} a_i x_i \Big/ \sum_{i=1}^{n} a_i \tag{9.1}$$

遍历当前小班最小外接矩形的所有像元后，即可得到该小班的计算值。

当小班面积较大且形状较为规则时，为提高运算速度，可以不考虑相交的像元，只计算相含像元。

遍历所有小班，即可完成该调查因子的信息提取。

森林参数估测以森林类型为基础，因此，为避免出现森林类型混合的情况，在提取森林参数过程中，对于相交像元，只计算面积大于 $200 \ \mathrm{m}^2$ 的像元。

9.3.1.2　众数法

众数法适用于离散型栅格数据（定性栅格数据）的信息提取，如坡向、坡位和成土母质、土层厚等级、石砾含量等级、林地等级等。

（1）设待提取因子共包含 k 类（如坡向分为 9 个），建立 k 个计数器 $N_i (i = 1, 2, \cdots, k)$，分别用于存储各小班中属于不同类别的单元数量；

（2）计算小班最小外接矩形，设当前小班最小外接矩形包含的像元数量为 n，判定这些像元与当前小班边界的拓扑关系；

（3）若像元中心落在小班内，读取像元值，判定其类别并给对应类别的计数器 $N_i (i = 1, 2, \cdots, k)$ 加 1；

（4）处理完当前小班最小外接矩形的全部像元后，对各类别计数器 $N_i (i = 1, 2, \cdots, k)$ 值进行排序，值最高的计数器所代表的类别为当前小班待提取因子的类别值，即

当前小班的类别 T 可按式（9.2）计算：

$$T = \max\left\{N_i(i=1,2,\cdots,k)\right\} \tag{9.2}$$

（5）对计数器初始化处理，按步骤（2）～（4）遍历所有小班，即可完成待提取调查因子属性信息的提取。

9.3.2　矢量信息提取

用于小班信息（主要为管理属性信息，包括林种、公益林事权等级、重点公益林保护等级、林地保护等级和林业工程类别等，也包括地貌区划图等）提取的辅助矢量数据均为分类数据（离散型矢量数据），因此，采用面积优势法进行提取。以地貌因子提取为例，其算法如下所述。

（1）将小班图与待提取因子（如地貌等）的辅助数据（地貌区划专题图）叠合（图 9-2a）；

（2）设待提取因子为 k 类（如地貌分为 7 个类型），建立 k 个面积计算器 $A_i(i=1,2,\cdots,k)$，设某一小班与辅助数据叠合后分为 m 个斑块，计算各类的面积 $A_i(i=1,2,\cdots,k)$（若某类有 2 个或多个斑块，如图 9-2 中丘陵地貌有 2 个斑块，合计该类的面积，若该小班不包含该类，则该类的面积为 0）；

（3）小班包含 k 个面积计算器中面积最大的类为该小班的因子值，其表达式为

$$T = \max\left\{A_i(i=1,2,\cdots,k)\right\} \tag{9.3}$$

（4）对面积计算器初始化处理，按步骤（2）～（3）遍历所有小班，即可完成待提取因子属性值的提取。

9.4　小班属性信息自动提取的实现

9.4.1　各类小班属性信息提取的参考数据源

9.4.1.1　行政区划、森林区划和国有林区划信息

村级以上行政代码、国有林场分场（含工区）以上代码和林班号，由林班图（矢量）自动赋值，但小班号和国有林小班需通过软件自动编号。

9.4.1.2　自然环境信息

（1）地貌类型：由地貌区划图（矢量）提取；

（2）海拔：由 DEM 直接提取；

（3）坡向和坡度：分别由坡向、坡度分析专题图（栅格）提取；

（4）成土母质：由区域成土母质分布专题图（矢量或栅格）提取；

（5）土壤类型（名称）：由区域土壤分布专题图（矢量或栅格）提取；

（6）土壤石砾含量等级：由经历史调查资料编辑、整理的土壤石砾含量专题图（矢量或栅格）提取；

（7）林地质量等级：由以上各项因子通过林地质量评价表自动赋值。

9.4.1.3 经营管理信息

（1）土地所有权和林木权属：国有林场和农场或其他国有单位，土地和林木权属为国有，其余均为集体，由林班图自动赋值；

（2）林种：对于生态公益林（含自然保护区和森林公园）、重点林业工程涉及的小班，以融合后的林种分布专题图提取，其他小班根据小班优势树种的经营目的自动赋值，如桉树人工林赋为短轮伐期工业原料林，荔枝、龙眼、八角、肉桂、油茶等赋为经济林，也可以通过空间分析进行赋值，如城镇、村庄周边的乔木林、竹林，属环境保护林；

（3）生态公益林事权等级和重点公益林等级：由生态公益林专题图提取；

（4）林地保护等级：由林地保护利用规划图提取；

（5）林业工程类型：由整合后的重点林业工程验收图提取。

9.4.1.4 林分因子、散生木/四旁树、空间结构信息

（1）林分平均直径、平均高、断面积与蓄积量等林分因子：由森林参数估测结果专题图提取；

（2）郁闭度/（灌木林）覆盖度：由 LiDAR 变量提取；

（3）林分优势高：由 CHM 提取；

（4）群落结构类型和林层结构类型：由林分垂直结构分类结果图提取；

（5）散生/四旁树蓄积等散生木/四旁树因子：由森林参数估测结果专题图提取。

9.4.1.5 林分平均年龄

林分平均年龄涉及龄级划分，对于森林经营管理十分重要，是重要的林分调查因子。对于造林档案完善的森林经营单位，可以准确确定林分平均年龄。在现行方法中，林分年龄通过实地调查确定（国有林场的人工林参考造林档案，存在伐根的针叶林通过伐根确定），对于天然林或无造林档案、无伐根的人工林，林分年龄极难准确确定。

机载激光雷达森林资源调查应用中，林分年龄的问题同样难以解决。在实践中，通过建立林分平均高–年龄或林分优势高–年龄的回归模型，可在一定程度上解决这一问题，但由于林分高生长受立地条件、经营管理水平等影响，回归关系极不显著，结果亦不准确、可靠，因此，需要根据经验，参考林分平均高和优势

高，综合考虑立地条件和经营水平差异等，确定林分平均年龄。

9.4.2　软件实现

根据以上算法，研制森林小班信息自动提取程序，程序主界面见图 9-4。需要注意的是，由于不同的森林经营单位和区域的辅助数据不完全相同，如有些单位和区域存在权威的土壤分布图，一些单位和区域无生态公益林分布，因此，在程序设计时，需要指定每个小班属性因子的信息提取图层名称。实践结果表明：一个中等县 20 万个小班的属性信息提取不超过 3 h。

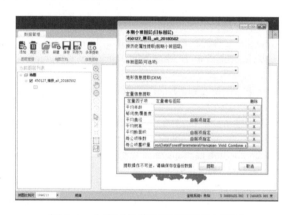

图 9-4　小班属性信息提取程序主界面

提取结果如图 9-5 所示。

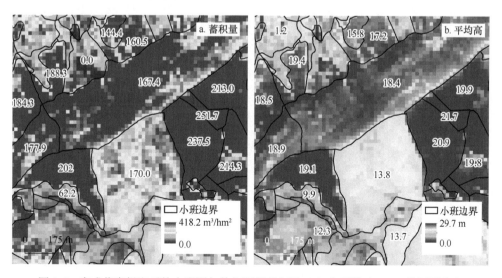

图 9-5　完成信息提取后的小班图与单位面积蓄积量（a）与平均高（b）估测图叠合

由图 9-5 还可以直观地看出,尽管小班区划过程中强调了小班林分状况的同质性,但同一小班内部,不同地段(400 m^2)的平均高、蓄积量仍然存在一些差异,说明机载激光雷达森林参数估测得到的信息十分详细、丰富。

在森林蓄积量和断面积提取时,需要设置一些条件,如面积大的小班的蓄积量不能小于 10 m^3 等。对于散生木、四旁树,全部通过阔叶林估测结果专题图提取。

参 考 文 献

刘鹏举, 夏智武, 唐小明. 2016. 基于 DEM 和坡面特征的位生成方法. 北京林业大学学报, 38(2): 68-73.

王彦文, 秦承志. 2017. 地貌形态类型的自动分类方法综述. 地理与地理信息科学, 33(4): 16-21.

Heuvelink G B M, Burrough P A. 1993. Error propagation in cartographic modelling using boolean logic and continu-ous classification. International Journal of Geographical Information Systems, 7(3): 231-246.

Jenness J, Brost B, Beier P. 2013. Land facet corridor designer. http: //www.corridordesign.org. [2020-10-10].

Pennock D J, Zebarth B J, Jong E D. 1987. Landform classifica-tion and soil distribution in hummocky terrain, Saskatche-wan, Canada. Geoderma, 40(3-4): 297-315.

Skidmore A K. 1990. Terrain position as mapped from a gridded digital elevation model. International Journal of Geographical Information Systems, 4(1): 33-49.

Weiss A. 2001. Topographic Position and Landforms Analysis. Proceedings of ESRI User Conference, San Diego, CA, USA, 9-13 July 2001. http: //www.jennessent.com/arcview/TPI_Weiss_poster. htm. [2020-10-12]

第10章 天空地一体化森林资源调查监测新技术体系的广西实践

　　广西壮族自治区第四次森林资源规划设计调查（二类调查）于 2008～2010 年完成，按照 10 年的调查周期，2018 年开展第五次全区（省）性森林资源规划设计调查。自 2013 年以来，中国的政府机关、事业单位的管理体制发生了较大的变化，过往主要依靠县级林业主管部门公务员、事业单位工作人员中的专业人员完成森林资源调查的工作机制已经不再适用。尽管广西有 350 多家森林调查机构和公司，但大多数人员规模较小，多以承担伐区设计调查等小型业务为主，技术水平参差不齐，难以承担技术性较强的区域性森林资源调查工作。总之，过往依靠大量人力完成森林资源调查工作的条件不再存在，因此，必须在调查技术上作出重大改变。在这种情况下，出于未雨绸缪的考虑，我们于 2015 年底至 2016 年初开始思考森林资源调查的技术路线问题，在自治区林业主管部门的支持下，开始构建新的森林资源调查监测技术体系并进行小规模试验，掌握了一些知识和积累了一定经验后，于 2017 年开展了较大规模的应用试点，试点取得圆满成功后，于 2018 年开始在广西全域推广应用，利用新技术体系完成了全区（省）第五次森林资源规划设计调查。本章介绍新技术体系在广西实践的过程及其技术、人员组织、调查工期和调查成本的可行性分析。

10.1 广西第五次森林资源规划设计调查的过程

10.1.1 概念设计

　　2013 年以前，广西森林资源规划设计调查（二类调查）的外业工作均由县（区）级林业主管部门（含二级机构）的专业人员承担，内业工作委托专业森林资源调查机构完成。鉴于 2013 年后政府机关及其下属机构的管理体制发生了很大变化，过往的工作机制需要发生根本性的改变。为此，于 2015 年底至 2016 年初，我们开始思考新的森林资源调查技术路线问题。在 2008～2010 年广西第四次森林资源二类调查中，我们采用了 SPOT5 HRG、ALOS prism 等高空间分辨率卫星遥感辅助进行小班区划，积累了丰富的遥感图像处理与应用经验。因此，在新技术路线中，小班区划毫无疑问以高分遥感图像为依据进行。尽管当时我们从未接触过机载激光雷达，但对机载激光雷达在森林参数估测中的可靠性已有一定了解，并通过文献了解到北欧的挪威、芬兰等国家早于 2002 年已经应用机载激光雷达开展了大区域森林资源调查，故考虑采用机载激光雷达进行森林调查因子的估测。自 2010 年以后，经过重点公益林区划调整、森林资源年度变更调查，广西积累了丰富的森林资源管理档案资料，这些资料可用于提取林种、林地权属、林地土壤类型等小班自然环境和管理属性信息。经过深入思考、充分讨论并广泛征求相关专家意见，初步形成了高分遥感图像小班区划→机载激光雷达小班调查因子估测与制图→小班自然环境和管理属性信息自动提取的森林资源二类调查新技术路线。

10.1.2 高峰林场小区域试验

2016 年 8 月，在取得广西壮族自治区林业主管部门的支持后，在广西国有高峰林场开展了新技术路线的小区域试验。参加试验的单位包括广西大学、广西壮族自治区林业勘测设计院、中国林业科学研究院资源信息研究所、西安科技大学、广西基础地理信息中心、广西三维遥感信息工程技术有限公司。试验区面积为 4770 hm^2，主要试验内容包括：①机载（直升机）激光雷达、光学遥感数据获取、预处理和 DEM、DOM 等产品生产；②地面样地设计与调查（含样地精准定位）；③基于航空 DOM 的小班区划和基本属性识别；④机载激光雷达森林参数估测与制图；⑤小班自然环境（地貌、坡向、土壤等）和管理属性（林地权属、林种等）自动提取。

试验工作至 2016 年年底基本完成。通过试验，解决了新技术路线的关键技术，包括：①样地面积优化与样地定位方案；②机载激光雷达森林参数估测与制图的方法技术；③小班调查因子设置与信息提取方法与技术；④航空影像小班基本属性快速准确识别技术。至 2017 年 5 月，制定了《机载激光雷达森林参数估测地面样地调查技术规程》（初稿）、《高空间分辨率遥感图像小班区划技术规程》（初稿）等 8 个技术标准，研究了"小班属性信息提取软件"等 10 个应用软件。

10.1.3 南宁市应用试点

根据高峰林场小区域试验成果，广西壮族自治区林业厅于 2017 年 6 月 23 日下发了《关于开展森林资源规划设计调查试点工作的通知》（桂林政发〔2017〕13 号），决定在南宁市开展新技术路线的大面积应用试点。试点范围覆盖全市 7 区 6 县，面积为 2.21 万 km^2。试点任务旨在进一步验证和完善新技术路线的各项技术，积累大面积应用的经验。试点内容与高峰林场试验相同。技术方法上，改进优化了样地面积，由高峰林场试验的 900 m² 改为 600 m²。由于范围大，激光雷达数据获取以固定翼有人驾驶飞机进行。小班区划和基本属性识别以广西壮族自治区测绘地理信息局提供的 2015～2016 年真彩色航空正射图像（空间分辨率为 0.2 m）为基础结合当年度高分辨率卫星遥感影像进行，全部由广西壮族自治区林业勘测设计院完成，样地调查（500 个样地）由广西壮族自治区林业勘测设计院和南宁林业勘测设计院等多家单位完成。

试点工作于 2018 年 10 月基本结束，完成了南宁市各区（县）的森林资源规划设计调查，并进一步修订完善了技术标准和应用软件。

10.1.4　试点总结与全面推广应用

在南宁市试点顺利推进的过程中，广西壮族自治区人民政府办公厅于 2017 年 12 月 1 日下发了《广西壮族自治区人民政府办公厅关于开展新一轮全区森林资源规划设计调查工作的通知》（桂政办电〔2017〕245 号），决定自 2018 年开始，用 2 年时间分批完成全区森林资源规划设计调查工作。

基于南宁市试点的初步总结，我们正式提出了天空地一体化森林资源调查监测新技术体系，制定了《全区第五次森林资源规划设计调查总体技术方案》（简称《技术方案》），并于 2018 年 4 月 28 日向中国科学院院士、中国林业科学研究院资源信息研究所唐守正研究员汇报。2018 年 5 月 17 日广西壮族自治区林业厅在南宁组织召开专家论证会，与会专家和唐守正院士（出具书面意见）高度肯定了《技术方案》，认为新技术体系"理论技术先进，可实现森林资源的精准、快速、高效、多产监测，是一个具有突破性的技术体系，促进了森林资源调查监测技术进步""该体系的各项技术基本成熟，总体技术方案科学，技术经济可靠，可在广西全区推广应用"。此外，新技术体系也得到了国家林业和草原局有关领导的高度肯定。2018 年 5 月 24 日广西壮族自治区林业厅下发了《广西壮族自治区林业厅关于印发广西森林资源规划设计调查工作方案的通知》（桂林政发〔2018〕14 号），在全区第五次森林资源规划设计调查中全面应用天空地一体化森林资源调查监测新技术体系。

全区推广应用分 2 个年度进行，2018 年完成东部试验区的 10 个设区市，2019 年完成西部试验区的 3 个设区市。

在全区应用中，小班区划和基本属性识别由广西壮族自治区林业勘测设计院等 20 余家具有林业调查规划设计乙级以上资质的森林资源专业调查机构（公司）承担，地面样地调查由广西壮族自治区林业勘测设计院组织南宁林业勘测设计院、玉林市林业勘测设计院等多家专业机构完成，机载激光雷达数据获取与预处理通过招投标由中科遥感科技集团有限公司、飞燕航空遥感技术有限公司、广州建通测绘地理信息技术股份有限公司等多家专业公司完成，机载激光雷达森林参数估测模型研制由广西大学和中国林业科学研究院资源信息研究所的专家团队完成，森林参数制图、小班属性信息提取由广西壮族自治区林业勘测设计院专业团队完成。

2020 年 6 月，全区第五次森林资源规划设计调查工作全面完成。

10.2　调　查　质　量

10.2.1　调查成果的丰富程度

广西第五次森林资源规划设计调查成果，主要包括森林资源数据库和文本报告 2 个组成部分。其中，森林资源数据库包括以下几个方面。

（1）全区小班数据集（含行政界线、森林经营界线等）（ArcGIS shp 格式）；

（2）覆盖全境的高空间分辨率（优于 2.5 m）卫星 DOM 数据集（tiff 和 img 格式）；

（3）覆盖全境（边境地区除外）的机载激光雷达点云数据集（las 格式）（现行方法无此项）；

（4）覆盖全境（边境地区除外）的数字高程模型（DEM）、数字表面模型（DSM）和冠层高度模型（CHM）数据集（tiff 格式），空间分辨率均为 2 m（现行方法无此项）；

（5）地面样地数据集（ArcGIS shp 格式、dbf 格式、MS EXCEL xlsx 格式）（现行方法无此项）；

（6）覆盖全境（边境地区除外）的激光雷达点云主要特征参数（LiDAR 变量）数据集（tiff 格式，20 m×20 m）（现行方法无此项）；

（7）覆盖全境的森林参数估测结果数据集（tiff 格式，20 m×20 m 格网）（现行方法无此项）；

（8）全区及各市、各县森林分布图数据集。

文本报告包括（含电子文档）：

（1）全区及各市、各县森林资源调查分析报告；

（2）全区及各市、各县森林资源统计报表；

（3）全区及各市、各县森林分布图；

（4）机载激光雷达森林参数估测模型（现行方法无此项）。

由上述可以看出，新技术体系的成果种类远多于现行方法。在森林结构信息的丰富程度方面，新技术体系具有现行方法无可比拟的优势。在现行方法中，不论面积大小，每个小班的每个调查因子，都只有 1 个均值（图 10-1a），新技术体系由于能够以 20 m×20 m 的格网进行制图，每个小班的每个调查因子，可以得到很多数值，这些数值反映了小班内部不同地段林分生长的差异（图 10-1b），可为森林经营管理提供更为详细的森林结构信息，有助于针对不同的地段调整森林经营措施。这也是加拿大称这种方法为增强型森林资源调查（enhanced forest inventory）的原因（McRoberts et al.，2005；White et al.，2013，2016，2017；Fekety et al.，2015）。

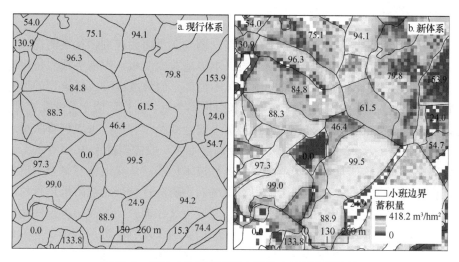

图 10-1　新技术体系和现行方法的小班蓄积量比较

10.2.2　调查精度

表 5-2 和表 5-1 反映了小班区划精度（平均误差为 0.5%）和基本属性识别精度（优势树种组正判率为 97.5%），显然，新技术体系的小班区划和基本属性调查精度明显高于现行方法。然而，需要指出的是，由于调查区域多，参与调查的单位和人员多，技术水平参差不齐，一些单位技术存在培训不到位、质量控制不够等问题，并不是每个县的小班区划和基本属性识别都能达到表 5-2 和表 5-1 的水平。

6.1 节至 6.5 节的模型检验结果均表明了森林参数估测模型的精度（如表 6-4、表 6-8 等），表 6-34 显示了机载激光雷达森林参数估测结果与小班全林实测结果十分接近。模型估测结果均表明：杉木林、松树林、桉树林的森林蓄积量平均误差小于 5%，阔叶林小于 10%，超过 75% 的样地的误差小于 ±25%（阔叶林为 50%）；杉木林、松树林和桉树林平均高误差小于 1.0%，阔叶林小于 2.5%，超过 80% 的样地的平均高误差小于 ±15%（阔叶林为 67%）。以上结果表明，机载激光雷达森林参数估测精度是可以接受的。

根据 GB/T 26424—2010 要求，小班面积、树种组成、平均高、平均直径、每公顷断面积、每公顷蓄积量的允许误差限分别为 5%、10%、10%、10%、10%、20%。显然，机载激光雷达森林参数估测结果完全达到上述要求。然而，如 10.2.3

节所述，由于地面调查质量的不可控性，客观地说，绝大部分现行森林资源规划设计调查项目也均达不到上述要求。由于每道工序的质量都可以控制，我们有理由认为新技术体系的调查质量优于现行调查方法。

10.2.3　调查质量的可控性

森林资源调查是一项极为艰苦的工作。调查队员需要在荆棘丛生的森林边走边调查，往返于山脚、山腰和山顶之间，不停地跋山涉水，常常头顶烈日，汗流浃背，劳动强度极高。南方山地的山体虽不很高，但坡度极大，陡坡到处可见，也时常遇到悬崖、峭壁、沟壑，雷电、暴雨也不少见，工作环境十分恶劣；毒虫、毒蛇、捕兽铁夹的存在，又使调查队员常受安全威胁；并且，每组调查队员承担的调查任务一般较重，工作量很大，外业调查工作一般需要持续3～4个月。在这种情况下，要求调查队员自始至终严格执行技术标准，认真地做好每个小班的调查工作，是不现实的。在实际工作中，不进入小班进行调查而在附近进行目测，甚至在家进行"调查"的情况并不鲜见（通过将过往调查小班的边界与高空间分辨率遥感影像进行叠合，不难发现这一问题）。此外，现行小班调查需要大量调查队员，理论技术水平参差不齐。因此，客观地说，大部分现行森林资源调查项目的成果质量是不够可靠的，也是难以控制的。

在广西第五次森林资源规划设计调查中，除小班补充调查外（每个县级行政区域多为2000～5000个），其余工作全部在办公室内完成，工作条件得到极大改善。调查人员可随时修改小班区划和基本属性识别错误，质量控制人员也可以随时进行质量检验。机载激光雷达数据获取和预处理由专业测绘公司负责完成，按自检、监理、验收程序完成；森林参数估测与制图只需少数几个专家即可完成；辅助资料的整理也仅需1～2人负责；小班自然环境和管理属性信息等提取由计算机自动完成。总之，在新技术体系中，每个环节、每道工序都可核查，成果质量完全可以控制。

10.3　人员投入和调查工期

10.3.1　现行技术体系的人员投入和调查工期

以南宁市的横县和江南区为例，介绍2008～2010年森林资源二类调查的人员投入和调查工期。以下数据中，除投入时间率为笔者推定外，其余来源于南宁市横县、江南区《森林资源调查报告》。

2008～2010年，横县（总面积346 426.4 hm^2，林地面积169 174.3 hm^2）森林资源规划设计调查过程和人员投入情况如下。

（1）前期准备工作：2008 年 11 月 15 日～2008 年 12 月 31 日，历时 1.5 个月；

（2）技术培训和试生产：2009 年 1 月 5～15 日，历时 10 天；

（3）外业调查：2009 年 1 月 16 日～2009 年 9 月 15 日，投入人员 69 人（不含质量检查人员，为县林业局、乡镇林业工作站、国有林场的专业技术人员），历时 8 个月；

（4）内业工作：2009 年 10 月 10 日～2010 年 5 月 10 日，投入人员 9 人（为广西壮族自治区林业勘测设计院专业技术人员），历时 7 个月。

横县整个调查工作历时 16 个月，其中，外业调查历时 8 个月，内业工作历时 7 个月。鉴于外业调查人员均兼承担其他日常管理工作，其投入于调查的时间按 40%计，则全县外业调查约需 220 人·月，内业工作人员也同时承担其他工作，其投入于内业的时间按 20%计，则全县内业工作约需 12 人·月，全县外业、内业共需 232 人·月（不含技术培训 23 人·月），折合为 232 人·月×30 日×0.7（工作日率）=4872 工作日，相当于 20 人工作 1 年。

2009～2010 年，南宁市江南区（总面积 118 823.5hm²，林地面积 42 207.9 hm²）森林资源规划设计调查过程和人员投入情况如下。

（1）外业调查：2009 年 8～11 月，广西大学林学院老师、学生 70 人，历时 3 个月；

（2）内业工作：2009 年 11 月 16 日～2010 年 2 月 28 日，广西大学林学院老师、学生 13 人，历时 3.5 个月。

江南区整个调查历时 6.5 个月，外业调查投入约 126 人·月（投入时间按 60%计），内业工作投入 18.2 人·月（投入时间按 40%计），江南区共投入 144 人·月，折合为 2725 个工作日。

10.3.2　新技术体系的人员投入和调查工期

在新技术体系中，调查工作分全域性工作和区域性工作两个部分。全域性工作包括机载激光雷达数据获取与预处理、地面样地调查、森林参数估测模型研制与制图，区域性工作是指县域森林小班勾绘与基本属性识别、地面补充调查、成果编制等工作。

10.3.2.1　机载激光雷达数据获取与预处理

南宁试验区、东部试验区和西部试验区的机载激光雷达数据获取时间分别为 2017 年 10 月至 2018 年 5 月、2018 年 10 月至 2019 年 9 月和 2019 年 8 月至 2020 年 1 月。

为及时提供成果数据，专业公司在获取一定数量架次的机载激光雷达数据后，即开展数据预处理工作并陆续提交数据预处理成果，最后一批数据一般在数据获取后 1～2 个月内提交。

总体上，机载激光雷达数据获取的时间较长，主要原因是：①天气影响。广西地处亚热带，多雨多雾，不利于激光雷达扫描仪工作。②民航机场限制飞机起降。由于南宁试验区和东部试验区机载平台使用的都是主要民航机场，航班较多，导致数据获取平台飞机起降时间受限较多。③部队训练的空域管制。④数据预处理能力不足。个别公司设备和数据处理人员配备不足，效率较低，也出现了质量控制不严导致返工的情况。⑤合同执行的时间控制不严，东部试验区的数据获取工期远超合同规定。个别数据获取公司出现将设备调往他处工作的情况。

10.3.2.2 地面样地调查

全区共布设了 1749 个样地进行调查，其中，杉木类 287 个，松树类 288 个，速生桉 305 个，阔叶树类 338 个，竹类 250 个，石山灌木 281 个。南宁试验区、东部试验区和西部试验区的样地调查时间分别为 2016 年 10 月至 2017 年 1 月、2018 年 11 月至 2019 年 5 月、2019 年 8 月至 2020 年 1 月。广西壮族自治区林业勘测设计院、南宁林业勘测设计院等 9 个专业森林资源调查机构共 75 人参与样地调查。

样地调查工组按照 5 人配备（司机 1 人，专业技术人员 4 人），必要时还需临时聘请当地向导和民工协助完成。正常情况下，1 个工组完成 1 个样地调查约需 1 天。但受天气影响，以及工组转移等，导致样地调查工期较长。

10.3.2.3 县域人员投入和调查工期

本次调查，县域需完成的主要工作包括：①前期准备工作；②小班区划和基本属性识别（含技术培训）；③小班实地补充调查；④遥感图像变化检测与小班空间和属性数据修正；⑤成果编制。

以前述南宁市的横县和江南区为例，介绍本次采用新技术体系开展森林资源二类调查的人员投入和调查工期。

横县（总面积 346 137.06 hm^2，林地面积 155 683.74 hm^2）人员投入情况和调查工期见表 10-1，具体包括以下几个方面。

表 10-1　横县的人员投入和调查工期

工作内容	工作量（工作人·日）	参与人员数量	工期/天	工作进度						备注
				第1月	第2月	第3月	第4月	第5月	第6月	
前期准备/技术培训	44	6	10.5							
小班区划底图制备	44	6	10.5							
小班区划	307	6	73.1							同一组人员，共需107.4天
小班基本属性识别	133	6	31.7							

续表

工作内容	工作量/（工作人·日）	参与人员数量	工期/天	工作进度						备注
				第1月	第2月	第3月	第4月	第5月	第6月	
小班实地补充调查	100	10	14.3							可委托外包
变化检测与小班界线修正	17	5	4.9							
森林参数估测	5	1	7.1							由广西壮族自治区林业勘测设计院负责完成
信息提取	6	1	8.6							
成果编制	33	3	15.7							
合计	689		176.4							

注：1）工期=工作量/（参与人数×0.7），其中：0.7 为扣除节假日后每个月工作的工作人·日比率，每个月约工作 21 天。

2）浅灰色表示可容忍的工期延误

（1）前期准备与技术培训：包括工作条件准备和技术培训。

①工作条件准备：2 个工作人·日；

②技术培训：6 人，培训 7 个工作人·日，42 个工作人·日。

小计：44 个工作人·日。

（2）小班区划底图制备。包括交通运输用地图层制作、林班界线及调整、小班区划底图分发等。

①交通运输用地图层制作：平均每个乡镇需 2 个工作人·日，17 个乡镇，全县需 34 个工作人·日。

②林班界线调整：一个人平均每天完成 2.5 个乡镇，全县需 7 个工作人·日。

③小班区划底图分发及其他：3 个工作人·日。

小计：44 个工作人·日。

（3）小班区划。全县约 20 万个小班，包括小班区划和空间拓扑错误修正。

①小班区划：每个工作人·日完成 700 个小班，需 290 个工作人·日。

②空间拓扑错误修正：每个乡镇需 1 个工作人·日，全县共需 17 个工作人·日。

小计：307 个工作人·日。

（4）小班基本属性识别。每个工作人·日完成 1500 个小班，需 133 个工作人·日。

（5）小班实地补充调查。不超过 1000 个小班需要进行补充调查，广西已经实现了"村村通"，林区交通尚算方便，每个调查工组（2 人）每天至少可调查 20 个小班，需 100 个工作人·日。

（6）高分卫星遥感图像变化检测与小班界线修正。包括图像预处理、变化检测与结果编辑、小班图更新等。

①图像预处理：全县需 3 个工作人·日。

②变化检测：全县需 2 个工作人·日。

③检测结果编辑：全县约 7000 个斑块，需 7 个工作人·日。

④小班图更新：全县约需 5 个工作人·日。

小计：17 个工作人·日。

（7）森林参数估测：平均每个县需 5 个工作人·日。

（8）小班自然环境和经营管理信息提取，包括历史调查资料整理准备、信息提取。

①历史调查资料整理与修正：全县需 5 个工作人·日。

②信息提取：全县需 1 个工作人·日。

小计：6 个工作人·日。

（9）成果编制，包括报表统计、图件编制、报告编写。

①报表统计：全县 3 个工作人·日；

②图件编制：全县 10 个工作人·日；

③报告编写：全县 20 个工作人·日。

小计：33 个工作人·日。

合计：全县共需 689 个工作人·日。

以上工作计划与表 10-1 规定计划密切关联，均须严格执行，任何一个环节的延误，均影响整个调查工期。

南宁市江南区（总面积 118 313.26 hm²，林地面积 42 538.42 hm²）森林资源规划设计调查过程和人员投入情况具体如下。

（1）前期准备工作（含技术培训）：2017 年 10 月底启动，参与人员 3 人，历时 22 天；

（2）小班区划与基本属性识别：2017 年 12 月～2018 年 6 月完成，投入人员 4 人，历时约 82 天，中间穿插开展其他工作；

（3）小班实地补充调查：2018 年 4 月～2018 年 6 月完成，根据小班区划与基本属性识别进度分批开展，投入人员 6 人（为专业调查公司技术人员），历时约 12 天；

（4）遥感图像变化检测与小班空间和属性数据修正：2018 年 6 月底完成，投入人员 2 人，历时约 7 天；

（5）森林参数制图与信息提取：由广西壮族自治区林业勘测设计院专业人员完成，投入人员 1 人，历时约 16 天；

（6）成果编制：包括图、文、表、数据库成果编制，2018 年 7 月中旬完成初步成果，投入人员 3 人，历时约 15 天。

江南区整个调查工作历时 8.5 个月（中间穿插其他工作），参与专业技术人员 12 人，投入约 373 个工日。

10.3.2.4　机载激光雷达森林参数估测模型研制与制图

机载激光雷达森林参数估测与制图任务包括以下步骤。

（1）数据预处理成果的检查与处理。主要是检查有无归一化点云高度异常的点（主要发生在喀斯特山区中），采用 4 邻域法进行处理，或返回给 LiDAR 数据获取机构（公司）处理。

（2）样地 LiDAR 变量提取与区域全覆盖的 LiDAR 变量制图。

（3）主要森林参数估测模型研制、检验与验证（通过全林实测小班进行）。

（4）区域全覆盖森林参数制图。

由于专业性极强，理论技术水平要求较高，并且 LiDAR 变量制图和森林参数制图均由计算机自动完成，所以广西全域的森林参数估测与制图只有 4 人参与。实际有效工作时间为 300 个工作日左右。

10.4　调查费用

近 10 年来，我国的经济社会得到了快速发展，各地的地区生产总值（GDP）、财政收入和工资收入都得到了很大的提高，因此，2018～2020 年广西第五次森林资源规划设计调查的经费投入与 2008～2010 年第四次调查的经费投入，不具现实可比性。为分析新技术体系的经费投入的可行性，将广西部分县（区）与近年来开展调查的外省部分县（区）的经费预算进行比较。

10.4.1　自治区本级财政投入

机载激光雷达数据获取与预处理、样地调查的经费由自治区本级财政投入，实际投入经费如下。

（1）机载激光雷达数据获取与预处理（含监理费用）：全广西共 7200 万元，全广西森林面积 23 167.50 万亩[①]，单位森林面积经费为 0.31 元/亩。

（2）样地调查：全广西共 1000 万元，平均每个样地 5717 元，单位森林面积经费为 0.04 元/亩。

以上 2 项合计，自治区本级财政投入 8200 万元，按森林面积计算，单位面积经费为 0.35 元/亩。

10.4.2　地方财政投入

由于很难掌握广西各县（区）森林资源规划设计调查经费的实际投入情况，

---

① 1 亩≈666.67 m²。

更无法掌握全国各地的经费实际投入情况，故通过互联网搜索政府采购公开招标信息及森林面积信息，得到广西部分县（区）和外省部分县（区）经费预算，见表10-2。

表 10-2　广西部分县和外省部分县森林资源规划设计调查经费投入

省/县（区）名称	森林面积（万亩）	预算经费（万元）	单位面积经费（元/亩）	省/县（区）名称	森林面积（万亩）	预算经费（万元）	单位面积经费（元/亩）
灵山县	291.2	580.0	1.99	广东惠州市惠城区	78.7	237.0	3.01
浦北县	240.9	451.3	1.87	广东惠东县	382.5	885.5	2.32
阳朔县	160.2	262.8	1.64	广东和平县	346.2	527.6	2.14
防城区	264.5	451.7	1.71	广东揭西县	116.4	258.0	2.22
陆川县	130.2	227.0	1.74	广东德庆县	222.0	376.3	1.70
资源县	222.5	496.0	2.23	贵州兴义市	213.3	236.0	1.11
田林县	653.1	902.5	1.38	贵州望谟县	319.3	317.0	0.99
三江县	280.8	464.0	1.65	贵州贵安新区	24.2	78.1	3.23
钦北区	198.3	350.0	1.77	浙江余姚市	82.1	278.9	3.40
宾阳县	161.0	225.6	1.40	浙江常山县	124.3	300.0	2.41
环江县	535.1	712.7	1.33	海南五指山市	131.5	345.0	2.62
昭平县	407.4	647.0	1.59	海南东方市	148.2	464.1	3.13
融水县	530.7	699.0	1.32	湖南宁远县	230.9	148.0	0.64
大新县	267.6	530.0	1.98	湖北随县	259.8	860.8	3.31
金城江区	274.8	400.0	1.46	陕西延安市安塞区	64.5	380.9	5.90
忻城县	252.0	530.0	2.10	四川汉源县	141.9	450.0	3.17

注：表中的经费预算，绝大部分为招标金额，少数几个县（区）为中标金额

平均分摊自治区本级投入经费后，广西各县（区）的经费投入总体上高于贵州各县，略低于广东省，低于其他各省。

10.5　新技术体系的技术经济可行性

1）新技术体系通过航空遥感和高分卫星遥感准确提取森林空间信息和基本属性信息，通过机载激光雷达结合地面样地数据建模估测森林参数，通过历史调查资料和辅助数据提取森林自然环境和经营管理属性信息，技术方法和手段先进、成熟、可靠、易推广，实现了森林资源精准、快速、高效、多产调查监测。

2）新技术体系的绝大部分工作均在室内由专业技术人员和专家完成，调查质量可控，调查精度显著提高，并且极大地降低了森林资源规划设计调查的劳动强度。

3）按新技术体系，不含机载激光雷达数据获取及预处理、样地调查，一个中等县整个调查工作需 500～600 个工作日，而现行方法需 4500～5000 个工作日，新技术体系减少工作量约 85%。调查工期由 9～15 个月缩短至 6 个月，缩短 40% 以上。现行方法需要抽调县级林业主管部门及乡镇林业工作站专业人员 50～80 人组成调查队伍，在当前政策制度下已难以为继，而新技术体系不需组织大规模调查队伍，具有现实可行性。

4）广西第五次森林资源规划设计调查经费预算，高于采用现行方法的相邻的贵州省，低于广东省和其他省。

总之，天空地一体化森林资源调查新技术体系充分利用高分遥感和机载激光雷达遥感的优势，技术和手段先进可靠、调查精度高，成果质量可控可靠；大幅度减少野外调查工作量，减轻劳动强度，缩短调查工期；大幅度减少人员投入，调查队伍易于组织；调查成本低于现行方法，经济上可行。该方法是当前政策制度和技术条件下森林资源二类调查最适用、最可行的方法。

10.6　新技术体系实践中存在的问题及对策

广西的实践证明，新技术体系在技术体系的科学性和可靠性，调查质量的可控性，人员组织、调查工期和经济的可行性等各个方面，全面优于现行方法，实现了森林资源的精准、高效、多产监测。然而，在新技术体系实施过程中，仍然存在一些问题，这些问题不但很大程度上影响了调查工作的完成进度，也在较大程度上影响了调查成果质量。本节介绍这些问题并提出解决方案。

10.6.1　机载激光雷达数据获取工期的难可控性

机载激光雷达数据获取和预处理是新技术体系中一项最重要的基础性工作，也是专业性极强的技术工作。在广西的实践中，该项工作均通过招投标方式由专业测绘技术公司承担完成。受天气（降水和云雾）、机场调度（民航航班起降架次）、空中飞行管制（空军训练区域和频次）等多种因素影响，该项工作的困难程度远超预期，成为新技术体系中进度最难控制的工作。南宁试验区机载激光雷达数据获取实际只飞行 36 个架次，总飞行时间只有 174 h，但历时 6 个月。东部试验区 1 标段于 2018 年 12 月 17 日至 2019 年 3 月 12 日，只飞行了 5 个架次，总飞行时间只有 34 h。东部试验区 2 标段有效飞行 18 个架次，飞行时间 93.5 h，但历时 7 个月。东部试验区机载激光雷达数据获取时间历时长达 16 个月，南宁试验区和西部试验区也均长达 6 个月，除了其他一次因素影响外，主要受上述 3 个因素影响。由于机载激光雷达数据获取时间远超计划规定的时间，严重影响了整个工作的进度。

总结广西在机载激光雷达数据获取工作中的经验教训，得到如下建议。

（1）将调查区域尽可能地划分更多的标段，鼓励更多的专业公司参与该项工作。

（2）尽可能地选择客流量小的机场，优先考虑使用通用机场，减少民航航班起降架次的影响。

（3）可考虑采用直升飞机进行数据获取，减少对民航机场的依赖。

（4）鼓励中标公司尽可能增加租用飞机和设备数量，缩短航摄数据获取工期。

（5）可利用夜间飞行获取数据。

10.6.2 高空间分辨率遥感图像的可获性

空间分辨率优于 0.5 m 的遥感图像应用，是当前技术水平下确保森林资源调查成果质量的基本条件。我国各省（自治区、直辖市）测绘主管部门在各种大区域性专项工作中积累了大量的航空影像，如土地调查、农村土地确权、不动产登记、地形图更新等，只要间隔期不太长（视林地变化程度而定，在南方集体林区，以不超 5 年为宜），森林资源调查可充分利用这些影像。

在缺乏航空影像的地区，可以采用高空间分辨率卫星遥感图像代替。广西中越边境 25 km 以内区域，由于航空图像不覆盖，采用了 WordView-2/3、BJ-2、GF-2 等卫星遥感图像代替，尽管效果不如航空图像，但实践证明仍基本可用。

10.6.3 航空影像目视解译的困难性

航空图像目视解译的正判率决定了小班区划和基本属性识别的质量，决定了森林面积的精度，也影响了林分蓄积量等定量调查因子的统计结果。对于训练有素的专业人员而言，航空影像的地物表征十分明显，通过目视解译决策树很容易识别图像，实现小班的精细化区划和基本属性的准确识别。但是，在实际工作中发现相当一部分操作人员存在较多的识别错误，正判率甚至低于 80%。其主要原因是：①大部分操作人员缺乏遥感理论知识，并且缺乏森林资源调查经验；②技术培训时间不足、效果不好。为此，有如下建议。

（1）对操作人员进行严格的遥感图像解译技术培训和训练，培训时间不少于15 天，并进行 500 个地物的识别考核，正判率达到 95%以上方能上岗操作。

（2）操作人员通过实地考察、参阅历史调查资料的方式，深入了解调查区域森林种类组成、分布情况和经营管理习惯。

（3）实行严格的质量管理制度，在小班区划和基本属性识别过程中，加强技术指导、抽查，以乡镇为单位进行识别质量验收，最大限度减少识别错误。

10.6.4　样地调查错误的避免

地面样地调查是新技术体系重要组成内容之一，样地调查数据的可靠性对森林参数估测结果具有重大影响。在广西的样地调查过程中，存在着一些样地闭合差不合格、漏测样木、平均木和优势木选择不合理、树高测量不准确等错误，甚至出现优势高低于平均高的低级错误。究其原因，一是调查人员技术水平不高，对调查技术规程理解不透、把握不准；二是调查工作不够认真细致。为确保地面样地调查质量，需要采取如下措施。

（1）加强调查人员技术培训，确保他们深入理解技术规程，掌握各种仪器使用方法。

（2）加强调查人员质量意识教育，提高调查人员严格执行技术规程的自觉性。

（3）在调查工作的初期阶段，加强技术指导，提高调查人员技术水平。

（4）按照技术规程实行严格的质量检查和验收制度。

参 考 文 献

Fekety P A, Falkowski M J, Hudak A T. 2015. Temporal transferability of LiDAR-based imputation of forest inventory attributes. Canadian Journal of Forest Research, 45: 422-435.

McRoberts R E, Bechtold W A, Patterson P L, et al. 2005. The enhanced forest inventory and analysis program of the USDA forest service: historical perspective and announcement of statistical documentation. Journal of Forestry, 103(6): 304-308.

White J C, Coops N C, Wulder M A, et al. 2016. Remote sensing technologies for enhancing forest inventories: a review. Canadian Journal of Remote Sensing, 42(5): 619-641.

White J C, Tompalski P, Vastaranta M, et al. 2017. A model development and application guide for generating an enhanced forest inventory using airborne laser scanning data and an area-based approach; Canadian Wood Fibre Centre: Victoria, BC, Canada.

White J C, Wulder M A, Varhola A, et al. 2013. A best practices guide for generating forest inventory attributes from airborne laser scanning data using the area-based approach. Forestry Chronicle, 89(6): 722-723.

缩 略 词

英文简写	英文全称	中文全称
ABA	area-based approach	面积法
AE	auto encoder	自动编码器
ALS	airborne laser scanning	机载激光雷达
ASPRS	American Society for Photogrammetry and Remote Sensing	美国摄影测量与遥感协会
BA	basal area	断面积
RBF	radial basis function	径向基函数法
CC	canopy closure	郁闭度
CE	commisson error	误检率
CGCS2000	China geodetic coordinate system 2000	2000 国家大地坐标系
CHM	canopy height model	冠层高度模型
CNN	convolutional neural networks	卷积神经网络
CorS	continuous operational reference system	连续运行参考站服务系统
DBH	diameter at breast height	胸高直径
DBN	deep belief network	深度信念网络
DEM	digital elevation model	数字高程模型
DOM	digital orthophoto map	数字正射图像
DSM	digital surface model	数字表面模型
GIS	geographic information system	地理信息系统
GNSS	global navigation satellite system	全球导航卫星系统
GPS	global positioning system	全球定位系统
IDW	inverse distance weighted	反距离加权法
IMU	inertial measurement unit	惯性测量单元
INS	inertial navigation system	惯性导航系统
IUFRO	International Union of Forestry Research Organization	国际林业研究组织联盟（国际林联）

英文简写	英文全称	中文全称
k-NN	k-nearest neighbors algorithm	k 最邻近算法
LiDAR	light detection and ranging	激光雷达
MPE	mean prediction error	平均预估误差
MPSE	mean percent standard error	平均百分标准误差
MSE	mean system error	平均系统误差
NN	natural neighbor	自然邻近法
OE	omission error	漏检率
PA	producer's accuracy	生产者精度
PCA	principal component analysis	主成分分析
POS	position orientation system	定位定向系统
RF	random forest	随机森林
RMSE	root mean squared error	均方根误差
rRMSE	relative root mean squared error	相对均方根误差
SAR	synthetic aperture radar	合成孔径雷达
SEE	standard error of estimation	估计值的标准差
SLS	spaceborne laser scanner	星载激光雷达
SVM	support vector machine	支持向量机
TIN	triangulated irregular network	不规则三角网法
TL	transfer learning	迁移学习
TLS	terrestrial laser scanner	地基激光雷达
TRE	total relative error	总相对误差
UA	user's accuracy	用户精度
VOL	volume	蓄积量
WGS-84	world geodetic system 1984	WGS-84 坐标系